MONOGRAPHIEN AUS DEM GESAMTGEBIET DER PHYSIOLOGIE DER PFLANZEN UND DER TIERE

HERAUSGEGEBEN VON

M. GILDEMEISTER-LEIPZIG · R. GOLDSCHMIDT-BERLIN
C. NEUBERG-BERLIN · J. PARNAS-LEMBERG · W. KUHLAND-LEIPZIG

ZWÖLFTER BAND

KOHLEHYDRATSTOFFWECHSEL UND INSULIN

VON

J. J. R. MACLEOD

BERLIN

VERLAG VON JULIUS SPRINGER

1927

KOHLEHYDRATSTOFFWECHSEL UND INSULIN

VON

J. J. R. MACLEOD

F. R. S., M. B., LL. D. (ABDN.), D. SC. (HON.) (TORONTO)
PROFESSOR DER PHYSIOLOGIE
AN DER UNIVERSITÄT TORONTO (CANADA)

INS DEUTSCHE ÜBERTRAGEN

VON

DR. HANS GREMELS

ASSISTENT AM PHARMAKOLOGISCHEN INSTITUT
DER UNIVERSITÄT HAMBURG

MIT 33 ABBILDUNGEN

BERLIN

VERLAG VON JULIUS SPRINGER

1927

ISBN-13: 978-3-642-88804-5   e-ISBN-13: 978-3-642-90659-6
DOI: 10.1007/978-3-642-90659-6
Softcover reprint of the hardcover 1st edition 1927

Vorwort zur deutschen Ausgabe.

Der Zweck der vorliegenden Monographie liegt nicht so sehr darin, eine vollständige Übersicht der gesamten Literatur des Kohlehydratstoffwechsels im tierischen Organismus zu geben, als vielmehr in der Darlegung solcher der Untersuchungen, die mich bei der Gewinnung eines Gesichtspunktes in Hinsicht auf die Hauptprobleme des Kohlehydratstoffwechsels direkter beeinflußt haben. Bei dieser Stellungnahme mag es scheinen, das den Ergebnissen der Untersuchungen, die unter meiner eigenen Leitung ausgeführt worden sind, ein größeres Gewicht beigemessen wurde, als denen anderer, besonders der europäischen Forscher. Ich hoffe, daß mir diese Stellungnahme verziehen wird, zumal es in der mir zur Verfügung stehenden Zeit unmöglich gewesen sein würde, die Vorbereitung der Monographie ohne Verzögerung in Angriff zu nehmen.

Auch möchte ich der Hoffnung Ausdruck geben, daß ungeachtet dieser Unterlassungen diese Ausgabe der Monographie von meinen deutschen Kollegen als brauchbar befunden wird, und daß sie sie als einen Beitrag zur Kenntnis des Gebietes des Kohlehydratstoffwechsels hinnehmen mögen, der wert ist, den Arbeiten hinzugefügt zu werden, die sie selbst auf diesem Gebiete geleistet haben und noch leisten.

Toronto, Februar 1927.

J. J. R. Macleod.

Vorwort zur englischen Ausgabe.

Der Hauptzweck der vorliegenden Monographie ist es, eine umfassende Übersicht über die Fortschritte zu geben, die während der letzten Jahre und besonders seit der Entdeckung des Insulins in Hinsicht auf den Kohlehydratstoffwechsel gemacht worden sind. Der eigentlichen Aufgabe geht eine Darstellung der Untersuchungen voran, die zur Isolierung des Insulins führten, und außerdem eine Übersicht über die Beweisführung seiner Abstammung von den Langerhansschen Inseln des Pancreas. Ebenso wird die Natur des diabetischen Zustandes, der nach der Entziehung des Insulins eintritt, besprochen.

Das Studium der Literatur und die Einordnung der Resultate, die in den zahlreichen Arbeiten veröffentlicht worden sind, an die ihnen zukommende Stelle hat sich als keine leichte Aufgabe erwiesen. Wenn die Arbeiten, die unter meiner eigenen Leitung über diesen Gegenstand ausgeführt worden sind, ein ihnen vielleicht nicht zukommendes Gewicht beigemessen worden ist, so hoffe ich, daß dieses. mir auf Grund der Tatsache verziehen wird, daß es mir anderweitig unmöglich gewesen wäre, diese Monographie vorzubereiten. Ich möchte diese Arbeit meinen Mitarbeitern widmen als eine Gabe meiner Wertschätzung und Dankbarkeit. Ohne ihre hingebende Mitarbeit würde alles, was in meinem Laboratorium geschaffen worden ist, nicht durchzuführen gewesen sein. Ich hoffe, daß ich meine Aufgabe als Berichterstatter zu ihrer Zufriedenheit ausgeführt habe, um ihnen diese Widmung annehmbar zu machen.

Toronto (Canada), Januar 1926.

J. J. R. Macleod.

Inhaltsverzeichnis.

Inhaltsverzeichnis. IX

I. Über den Bau der Langerhansschen Inseln.

Einführung. Es ist nicht unsere Aufgabe, eine vollständige Literaturübersicht über das außerordentlich ausgedehnte Gebiet der Histologie der Langerhansschen Inseln zu geben, wir verweisen da auf die zusammenfassenden Arbeiten von Laguesse, Diamare, Schäfer, Allen, Lombroso, Warthin, Biedl und Swale Vincent. Uns interessiert hier nur der Teil, welcher sich mit der innersekretorischen Tätigkeit der Langerhansschen Inseln beschäftigt und damit ein Licht auf die Zusammenhänge zwischen diesen anatomisch wohl charakterisierten Gebilden und den Vorgängen im Kohlehydratstoffwechsel wirft. Diese Theorie hat ihren Ursprung in sehr sorgfältigen vergleichend anatomischen und histologischen Untersuchungen, die in so weitem Maße dann durch physiologische und klinische Beobachtungen bestätigt werden konnten.

Langerhans, der 1869 als erster diese Zellgruppen beschrieben hat, äußerte keine bestimmte Meinung über ihre physiologische Bedeutung. Er beschreibt nur den nahen Zusammenhang zwischen den Inseln und nervösen Elementen des Pankreas, obwohl er nicht imstande ist, eine direkte Verbindung zu finden. Von manchen Seiten, so z. B. Lea und Kühne (1882), Sokoloff (1883), Krause (1884) und Ellenberger (1887) wurden die Langerhansschen Inseln als dem lymphoiden System zugehörige Elemente angesehen, eine Ansicht, die teils durch sorgfältigere Untersuchungen von Laguesse (1893), Harris und Gow. (1894), Diamare (1895) und Schäfer (1895) und teils durch die Beobachtung von Gentes (1901), daß bei Fällen von Leukämie die Langerhansschen Inseln an der am lymphatischen System beobachteten Hypertrophie nicht teilnehmen, widerlegt worden ist. Als man die Zugehörigkeit der die Inseln bildenden Zellen zu den Epithelien erkannt hatte, brachte man ihre Funktion in Zusammenhang mit der exkretorischen Funktion der Acinuszellen, so Harris and Cow (1894) als Diastasebildner und Sajous (1904) als Erzeuger eines Cofermentes, welches zusammen mit einem anderen in der Milz gebildeten zur Trypsinbildung beiträgt. Als Gegengründe einer sekretorischen Funktion seien angeführt: das Fehlen von Ausführungsgängen, die Persistenz der Langerhansschen Inseln nach dem Untergang des sekretorischen Pankreasgewebes durch Unterbindung der Ausführungsgänge, die Unmöglichkeit, mit Extrakten der bei Knochenfischen vorkommenden isolierten Körperchen, die in ihrer Struktur den Langerhansschen Inseln der Vertebraten entsprechen, eine digestive Wirkung zu beobachten.

Andere Autoren, wie Lewachew (1886), Tschassownikow (1900) und Minkowski (1900—1902) lehnen den Zusammenhang von excretorischer Funktion des Pankreas und der Funktion der Inseln ab; nach ihrer Ansicht handelt es sich vielmehr um eine Rückbildung erschöpfter Acini, denen die Langerhansschen Inseln ihren Ursprung verdanken. Eine Ansicht, die begründeten Widerspruch erfuhr, als man die sehr reichliche Blut- und Nervenversorgung in den Kreis der Betrachtungen einbezog. Zwei wohlbekannte Forscher, Giannelli (1899—1902) und Oppel (1902) kamen durch vergleichend anatomische und embryologische Untersuchungen zu der Auffassung, daß es sich um rudimentäre Reste einer Gewebsart handelt, die bei den niederen Tieren und den unteren Stufen der höheren Tiere wichtige sekretorische Aufgaben haben. Nach Giannelli findet man im Pankreas der niederen Wirbeltiere Zellstrukturen, die eine sekretorische Tätigkeit haben, deren Verfolgung in der aufsteigenden Reihe der Vertebraten ein Verschwinden der tubulären Bauart zeigt, indem an ihre Stelle solide Epithelstränge treten, die wir bei den Wirbeltieren als Langerhanssche Inseln kennen. Oppel gibt der Anschauung Ausdruck, daß es sich um eine Form von Praepankreas handele, dessen Ursprung in der Reihe der niederen Wirbeltiere zu suchen ist und welches seine Aufgabe als Verdauungsdrüse zugunsten eines neugebildeten Pankreas verloren hat; den Grund zu dieser Ansicht gaben ihm Untersuchungen an Elasmobranchiern, bei denen diese Organe eine ziemlich ausgedehnte Form haben. Dieser Theorie zufolge wird das Inselgewebe bei den höheren Vertebraten durch die sich entwickelnden Acini mehr und mehr verdrängt, obwohl beide von derselben Embryonalanlage hergeleitet werden müssen. Diese Interpretation der Entstehung des Inselgewebes und ihre Betrachtung als rudimentäres Gewebe widerspricht nach Laguesse vollständig den Tatsachen. Die Abwesenheit der Zymogengranula ist nicht, wie Oppel glaubt, ein Zeichen der Rückbildung, sondern vielmehr das einer Höherentwicklung, wie bei der Besprechung der in den Inselzellen auftretenden Granula noch gezeigt werden wird: Wie überhaupt rein anatomisch betrachtet die Anschauung von der rudimentären Stellung des Inselgewebes nicht in Einklang zu bringen ist mit der Masse desselben im Verhältnis zum übrigen Pankreas, und der außerordentlich reichlichen Blutversorgung der Langerhansschen Inseln.

Die ersten, die sich für die innersekretorische Funktion der Langerhansschen Inseln ausgesprochen haben, waren Laguesse (1893) und Diamare (1895); ihr Standpunkt wurde von E. Sharpey Schäfer (1895) angenommen, der späterhin als Namen für dieses innere Sekret Insulin vorschlug (1916). Laguesse selbst glaubte nicht, daß die Inselzellen und das sezernierende Gewebe des Pankreas vollständig unabhängig voneinander seien, sondern er setzte einen gewissen Gleichgewichtszustand zwischen beiden Zellarten voraus. R. R. Bensley gibt in folgendem die Laguessesche Ansicht wieder: „Laguesse dachte, daß sowohl die innere als auch die äußere Sekretion des Pankreas eine Tätigkeit beider Zellarten, d. h. Insel- und acinösen Zellen wäre und daß die Bildung von Inselzellen als eine Art Umkehrung der Zellpolarität zum Zwecke der inneren Sekretion sei."

Diese Annahme wurde von ihm auf die Anwesenheit von einer Art Zwischentyp beider Zellarten basiert, er setzte voraus, daß ein gewisser physiologischer Kontrollmechanismus vorhanden war, der von Zeitpunkt zu Zeitpunkt die Relation beider ·Gewebsarten nach den Bedürfnissen der inneren und äußeren Sekretion bestimmte (Harvey Vorlesung). Zur Unterstützung dieses Gesichtspunktes wurden folgende Feststellungen gemacht: 1. Es ist möglich, im Pankreas Zellarten nachzuweisen, die in ihrer mikrochemischen Reaktion sowohl von den insulären als auch von den acinösen Zellen abweichen; 2. diese intermediären Typen variieren unter verschiedenen physiologischen Bedingungen; 3. man kann beobachten, daß Inselzellen in offenbarem Zusammenhange mit acinösen Zellen stehen. Eine starke Unterstützung schien diese Auffassung durch die Arbeiten von Dale und Vincent und Thompson zu finden, wenn auch, wie Bensley anführt, ihre Rückschlüsse nicht so weit gingen, die Realität der Inselzellen in Frage zu stellen und so die Lewaschewsche Theorie wieder zu beleben, so stellten sie doch fest, daß während aktiver Pankreastätigkeit tatsächlich Übergänge von den acinösen Zellen zu den intermediären beobachtet werden, die aber in der Ruhe wieder in die ersteren zurückgebildet werden. Die Beobachtungen dieser Forscher hatten das Verschwinden der Zymogengranula zur Grundlage, nicht aber andere positive zytologische Merkmale. Neuerliche Versuche, diese Befunde zu erheben, sind nicht gelungen, wohl aber haben Lane, Bensley, Homans und andere unter Zuhilfenahme modernerer Färbemethoden feststellen können, das weder nach langem Hungern, noch nach Erschöpfung der acinösen Zellen durch fortgesetzte Sekretininjektionen eine Vermehrung der Langerhansschen Inseln über die Norm festzustellen ist.

Die große Mehrzahl der Anatomen neigt heute zur Ansicht, die zuerst von Diamare klar ausgesprochen worden und von Rennie und Schafer bekräftigt worden ist, daß die Langerhansschen Inseln eine von dem übrigen Pankreas verschiedene Gewebsart sind, denen die spezifische innere Sekretion zuzuschreiben ist. Um einen Vergleich anzuführen, sei an das Ver-

1*

hältnis Thyreoidea und Parathyreoidea oder an Mark und Rinde in der Nebenniere erinnert. Gerade wie bei der letzteren besteht eine enge anatomische Vereinigung, obwohl die physiologischen Funktionen voneinander getrennt sind.

Obgleich jetzt Diamares Gesichtspunkt sowohl von den Anatomen als auch von den Physiologen allgemein angenommen ist, so wird seine Feststellung einer vollständigen Absonderung der Inseln von dem Gangsystem der Drüse durch neuere Arbeiten, besonders die von Bensley, nicht unterstützt, in denen nach Vitalfärbungen endgültig Verbindungen zwischen Inseln und Gängen gezeigt worden sind. Diamare betont, daß die Inseln Knospen des Pankreasgewebes sind (d. h. von derselben Embryonalanlage abstammen), aber er hält seine Ansicht aufrecht, daß sie sich abzweigen und oft von einer Kapsel umgeben sind und nur Beziehungen zu den Blutgefäßen haben.

Gewisse Anatomen, wie Renaut, haben unter dem Eindruck der Tatsache, daß man bei niederen Vertebraten, wie *Ophidia*, ein Lumen zwischen den Inselzellreihen sehen kann, den Schluß gezogen, daß die Zellen sowohl ein äußeres als auch inneres Sekret absondern. Solch eine Ansicht ist in bezug auf die Säugetiere unhaltbar, wenn auch unter Annahme von Laguesses Lehre, daß Inselzellen von acinösen abgeleitet werden könnten, ein Stadium vorhanden sein müßte, wo die letzteren ein inneres und äußeres Sekret abgeben müßten.

Zytologische Eigenarten. Das Vorhandensein der Inselzellen bei allen Vertebraten, ihre relative Fülle im fetalen Pankreas und ihr naher Zusammenhang mit den Blutgefäßen sind Tatsachen, die ihre physiologische Wichtigkeit dartun. Durch sehr sorgfältige anatomische Untersuchungen ist es ziemlich klargestellt worden, daß die cytologischen Unterschiede zwischen insulären und acinösen Zellen auf die Verschiedenartigkeit ihrer Funktion hinweisen. Viele der sich mit diesen Fragen beschäftigenden Untersuchungen haben unter unzureichenden Fixations- und Färbemethoden gelitten. Wir fangen daher am besten mit den Arbeiten von Bensley und Lane an, denen wir viele Verbesserungen in der Technik zu verdanken haben, ohne aber auch die anderen bedeutenden Arbeiten besonders von Laguesse und Diamare aus den Augen zu lassen.

Lane arbeitete mit Gewebe, das Tieren unmittelbar nach dem Tode entnommen war, um auf diese Weise jeder postmortalen Veränderung aus dem Wege zu gehen. Um zu sehen, ob die

Fixation einen Einfluß auf die Granula der verschiedenen Zellen habe, wurden die Gewebsstücke in verschiedene Fixationsflüssigkeiten gelegt. (Als Ausgangsflüssigkeit diente Alkohol, Wasser oder Säure.) Darauf wurden die fixierten Stücke mit neutralem Gentianaviolett gefärbt, um die Verschiedenheiten der mikrochemischen Eigenschaften der Granula festzustellen. Es zeigte sich, daß die Zymogengranula nach Fixation mit Alkohol (70vH) sich nicht färbten, sondern nur nach Behandlung mit Kaliumbichromat und Mercurichlorid (Chromsublimatlösung). Es war möglich, in den Inselzellen zwei genau unterscheidbare Granulatypen aufzufinden. Nach Alkoholfixation und Färbung mit Gentianaviolett fanden sich in einer großen Anzahl von Inselzellen überhaupt keine sichtbaren Granula, wohl aber fand sich eine geringere Anzahl von Zellen, die voll von Granula waren. Andererseits zeigte sich, daß nach Chromsublimatfixation die Mehrheit der Zellen tief gefärbte Granula enthielt, aber die Zellen, bei denen nach Alkoholfixation welche vorhanden waren, erwiesen sich als granulafrei. Lane bezeichnete die relativ zahlreichen granulahaltigen Zellen nach Chromsublimatfixation als β-Zellen und die nach Alkoholfixation Granulaaufweisenden, aber in der Zahl hinter den anderen zurücktretenden als α-Zellen. Außerdem deuten mehrere Beobachtungen darauf hin, daß die α-Zellen im Säugetierpankreas gewöhnlich mehr an der Peripherie der Inseln zu finden sind, was eine Erklärung für die von Laguesse, Szobolow, Tschassownikow als intermediäre Zellen angesprochenen Typen gibt. Für das Pankreas von *Raja* ist die periphere Lage der α-Zellen zweifelsfrei nachgewiesen.

Die Methoden zur Unterscheidung der α- und β-Zellen sind wesentlich dadurch vereinfacht worden, daß man diesen Zweck durch verschiedene Färbungen erreicht hat. Dazu ist es natürlich notwendig, eine Fixationsmethode zu benutzen, die die Erhaltung aller Granula sicherstellt, und außerdem müssen die verwendeten Farbstoffe mit den Granula spezifische Färbungen abgeben. Bensley empfiehlt eine Fixationsflüssigkeit, die Osmiumsäure, Kaliumbichromat und eine Spur Essigsäure enthält; der einzige Nachteil dieser Lösung ist, daß sie sehr schwer in die Gewebsstücke eindringt, was natürlich durch den Gebrauch dünner Stücke und eine möglichste Reinigung von anhängendem Fettgewebe ausgeglichen werden kann. Eine gute Färbung erzielt man mit einem Gemisch von Säurefuchsin und Methylgrün, die α-Zellen färben sich rot, die β-Zellen grün. Nach unserer Erfahrung sind die von Martin und Bowie beschriebenen Methoden (siehe das in Tab. 1 von D. J. Bowie gezeichnete Schema) am

Tabelle 1. (Bowie.)

Fixation	Neutral. Gentian.	Saur. Azo-fuchsin Bas. Äthylviolett	Anilin Säurefuchsin Methylgrün	Eosin Methylenblau	Äthylviolett Scharlach (Biebrich)	Ehrlichs Hämatoxylin Eosin
7,0 vH Alkohol	α = violett β = gelb					
Alkohol-Chromsublimat	α = violett β = gelb	α = violett β = ziegelrot		α = blau β = rot		
Bensleys Essigsäure-Osmiumsäure-Bichromat			α = tiefrot β = grün γ = ungef.			
Zenker (2 vH Essigsäure)	α = violett β = violett	α = violett β = ziegelrot γ = hellrot	α = grün β = dunkelrot γ = hellrot	α = blau β = ziegelrot γ = hellrot	α = blau β = purpurn γ = hellrot	α = dunkelrot β = mittelrot γ = hellrot
Zenker	α = gelb β = violett	α = rot β = violett			α = rot β = blau	
Formalin Essigsäure-Osmiumsäure-Bichromat			α = dunkelrot β = grün γ = rot			

besten mit frischem Gewebe auszuführen. Es können auch verschiedene andere Färbekombinationen benutzt werden, unter der Voraussetzung, daß das Gewebe ordentlich fixiert ist, so z. B. Eosin-Methylenblau nach F. M. Allen.

In gut fixierten und gefärbten Schnitten ist es leicht, die charakteristischen Eigenschaften von insulären und acinösen Zellen auseinander zu halten. Zwischen den meisten modernen Autoren (Bensley, Lane, Homans, Allen, Cecil und Bowie) besteht Übereinstimmung in bezug auf die Tatsache, daß es zwischen den Zellen der Langerhansschen Inseln und denen der Acini keine Zwischenstufe gibt. Der einzige Gegner dieser Anschauung ist Saguchi, dessen Forschungen sich mehr auf allgemeine cytologische Merkmale (Mitochondrien, Kernformen, Erscheinungsformen der Granula) beziehen und weniger auf die Farbreaktionen der Granula ausgehen. Auf Grund seiner Arbeiten am Froschpankreas kommt er zum Schluß, daß ein ganz gradueller Übergang von den Zellen der Acini zu denen der Inseln besteht, und er unterscheidet nicht weniger als fünf Arten von Inselzellen. Die von Bensley beschriebenen γ-Zellen des Säugetierpankreas, welche auch Bowie in ziemlicher Menge in den Hauptinselapparaten bestimmter Fische beobachten konnte, sind vielleicht als Übergangsformen zwischen Zellen der Pankreasausführungsgänge und den α- und β-Zellen anzusehen.

Die Unterscheidung der Zellen des Inselapparates von denen der Acini ist nicht nur durch die Verschiedenheit der Granula bedingt, sondern auch durch andere allgemeine cytologische Eigenschaften. Die Acinuszellen weisen in ihren inneren Zweidritteln die Zymogengranula auf, während das äußere Drittel durch eine mehr oder weniger homogene Schicht gebildet wird, die sich mit basischen Farbstoffen färbt und die nach Hertwig als Chromidialsubstanz bezeichnet wird. Unter bestimmten Bedingungen sieht man in frischen Präparaten eine feine radiäre Streifung und in fixierten Schnitten, die mit Fuchsin-Methylgrün gefärbt sind, sieht man, daß diese Streifung feinen, fadenartigen Gebilden, die sich rot färben, zuzuschreiben ist. Das sind die in allen Zellen vorkommenden Mitochondrien, wenn auch für die Acinuszellen ihre ungewöhnliche Größe charakteristisch ist. Die Zellkerne sind groß, chromatinreich und weisen einen großen acidophilen Nucleolus auf; in sehr gut gefärbten Präparaten sieht man auch ein Netzwerk von feinen, klare Flüssigkeit enthaltenden Kanälen nahe dem inneren Kernpole. Die zentroacinären Zellen und die Zellen der intralobulären Ausführungsgänge sind leicht durch die Abwesenheit der Zymogengranula, das Fehlen der Chromidialsubstanz und die kleinen und unregelmäßig verteilten Mitochondrien zu erkennen.

Die Inselzellen haben in ihrem allgemeinen Zellcharakter eine Ähnlichkeit mit den Zellen der Ausführungsgänge und den zentroacinären Zellen; auch hier finden wir keine Chromidialsubstanz, die Mitochondrien erscheinen als feinste Fäden im Zellplasma verstreut, der Nucleolus ist oft überhaupt nicht sichtbar oder doch sehr klein. Um zu einem Urteil zu kommen, ob es zwischen den acinösen Zellen und den anderen Formen Übergänge gibt, die zur Ansicht einer Entwicklung der anderen Zellformen berechtigt, muß man den allgemeinen Bau dieser Zellen und die für die einzelnen Formen charakteristischen Granula einer Prüfung unterziehen, wie es Bensley getan hat. Er kommt auf Grund seiner Untersuchungen zu dem Schluß, daß keine Wahrscheinlichkeit eines Überganges einer Zellform in die andere besteht. Manchmal gelingt es, beim Meerschweinchen durch Hafer- und Heufütterung eigentümliche histologische Veränderungen in den Zellen der Acini hervorzurufen. Im äußeren Drittel der acinären Zellen verschwindet die Chromidialsubstanz und an ihre Stelle treten Granula, die etwas gröber sind als die der Inselzellen und sowohl in Alkohol als auch in Wasser unlöslich sind (Mankowskische Granula). Unter Umständen nimmt ihre Zahl so zu, daß sie die Zymogengranula vollständig verdrängen, ebenso sieht man, wie die Mitochondrien sich auflösen und verschwinden, was als Anzeigen eines pathologischen Vorganges angesehen werden kann. Diese Veränderungen beschränken sich aber nur auf den acinösen Anteil, während die Inselzellen nicht betroffen werden.

Leider ist es unmöglich, die beschriebenen Färbemethoden, die zur Charakterisierung der Inselzellen notwendig sind, an der Diabetesleiche anzuwenden. Wenn man in der Lage wäre, unmittelbar nach dem Tode Pankreasgewebsstücke nach den oben beschriebenen Methoden zu behandeln, so würde das aller Wahrscheinlichkeit nach zur Entscheidung der Existenzfrage der von manchen Pathologen beschriebenen Übergangsformen dienen.

Die Anzahl der Langerhansschen Inseln. Auch mit Hilfe der modernen Färbetechnik ist es unmöglich, an Hand von Schnitten eine brauchbare Auskunft üher die Mengenverhältnisse von Acinus- und Inselgewebe zu erhalten, wohl aber kann man gelegentlich den Zusammenhang zwischen Inseln, Blutgefäßen und Ausführungsgängen studieren.

Um alle diese Dinge zu beobachten, muß man sich einer Vitalfärbungsmethode bedienen, die wir zum größten Teile auch wieder K. K. Bensley verdanken. Dieser Forscher injizierte Meerschweinchen unmittelbar nach dem Tode durch die Aorta entweder mit Janus-Grün 1 : 15 000 in physiologischer NaCl-Lösung oder mit Neutralrot.

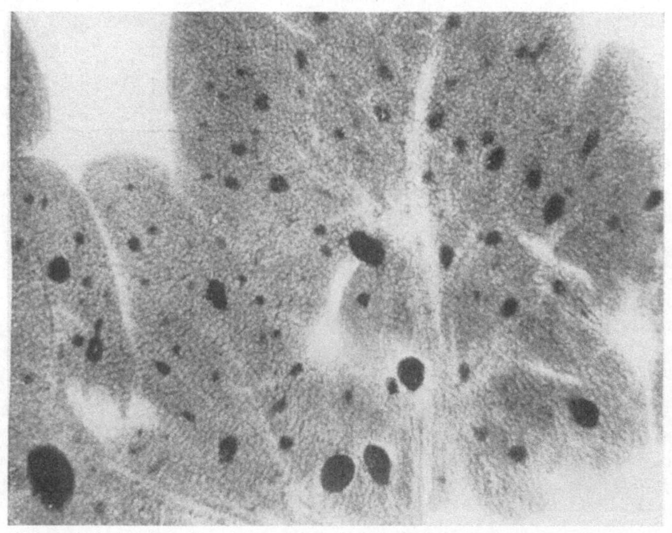

Abb. 1. Mikrophotogramm eines Meerschweinchenpankreas, Injektion von Neutralrot in die Blutgefäße. Vergr. 38 ×. (R. R. Bensley: Americ. journ. of anat. Bd. 22, S. 297. 1911.)

Mit Janusgrün färbt sich das ganze Pankreas zuerst tiefblau, hält man das Präparat unter Luftabschluß, so reduzieren die Acinuszellen den blauen Farbstoff zu einem roten, während die Reduktion in den Inselzellen sehr viel langsamer vor sich geht, so daß letztere ihre blaue Farbe behalten. Ist dieser Zustand erreicht, so fixiert man das Ganze durch eine Ammoniummolybdatinjektion in den Pankreasausführungsgang, dann schneidet man dünne Stücke heraus, die in Wasser und Alkohol gewaschen werden, worauf man nach Aufhellung mit Toluol unter dem Mikroskop die Zählung vornehmen kann (siehe Abb. 1). Neutralrotpräparate haben den Nachteil, daß sie sich nicht aufheben lassen. Trotzdem scheint Bensley sie für Zählungen zu bevorzugen.

Mit Hilfe dieser Methoden „wird die enorme Menge des Inselgewebes auf einmal augenscheinlich, und man kann sich die Ungenauigkeit der Zählungen in Schnitten vorstellen und sie ablehnen".

Im Meerschweinchenpankreas fand sich als Durchschnittszahl von Inseln pro Kubikmillimeter Pankreas 22, das Pankreasgewicht

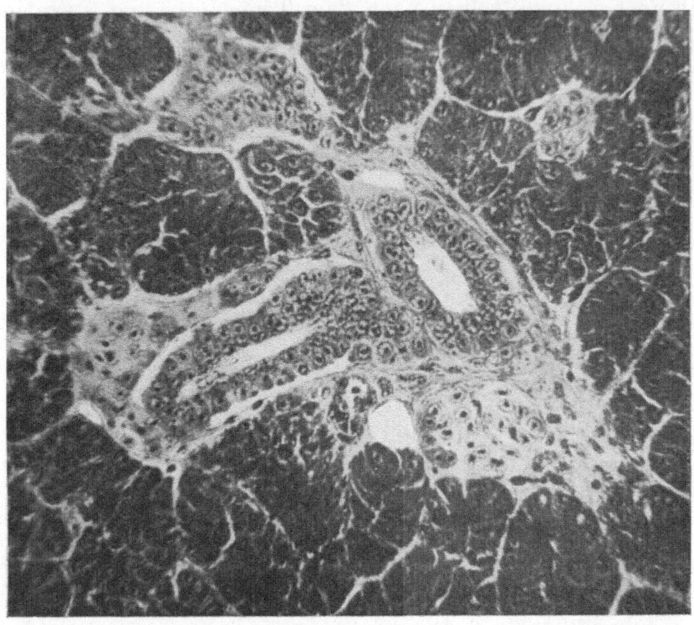

Abb. 2. Schnitt aus dem Pankreas des Glattrocheus. Bemerkenswert ist die Verbindung des Inselgewebes mit der Außenschicht der Gangzellen. Vergr. 320×. Eisenhämatoxylin und Kongorot. (Slater Jackson: Journ. of metabolic research Bd. 11. 1922.)

schwankte zwischen 3—6 g. Diese Zahl übertrifft die von Laguesse und Dewitt, die an Schnitten gemacht wurden, um das Zwanzigfache. Dieser Unterschied findet seine Erklärung in der Tatsache, daß die Injektionsmethode alle Inseln und auch isolierte Inselzellen sichtbar macht, die bei anderen Methoden unsichtbar bleiben. Auch sieht man keine unbestimmten Übergangsformen, im Gegenteil treten die Inseln als scharf umrissene histologische Einheiten auf. Im ganzen Pankreas des Meerschweinchens sind bis zu 56 000 Inseln gezählt worden, was einem erst einmal die

große Menge des endokrinen Anteils am Gewebe klar werden läßt
und uns von der alten Vorstellung seiner verhältnismäßigen Spär-
lichkeit freimacht.

Durch Vergleiche der Anzahl der Inseln bei verschiedenen Tierarten hat sich eine große Verschiedenheit der Zahlen herausgestellt, aber nicht nur bei verschiedenen Tierarten, sondern auch
bei verschiedenen Tieren der gleichen Art und, was sehr wichtig ist,
in verschiedenen Teilen desselben Pankreas. Es ist wohl kaum nötig,
zu sagen, daß es ein vergebliches Unternehmen ist, wenn man aus
Zählungen weniger Schnitte etwas über die physiologischen und
pathologischen Zahlen der Langerhansschen Inseln aussagen
zu können glaubt. Sogar, wenn man mit Zählnetzen versehene
Objektträger benutzt und zahlreiche Schnitte von jedem Teile
des Pankreas durchzählt, so ist die Fehlerquelle trotzdem eine
große. Die besten Resultate vor Bensley und seinen Mitarbeitern erzielte Heiberg, der von sorgfältig gewählten Schnitten
Umrißzeichnungen der Inseln auf dickem Papier machte, die Area
ausschnitt und wog. Auf Grund der alten Zählungsmethoden sind
Schlüsse auf Umformung von acinösem in insuläres Gewebe und
umgekehrt gezogen worden, die man aber mit den neuen Methoden nicht hat bestätigen können.

Die Resultate, die man mit Bensleys und Heibergs Methoden bekommen hat, stimmen darin überein, daß nach ihnen die
Inseln im Schwanzteil des Pankreas zahlreicher sind als im Kopf-
und Mittelteil der Drüse.

Bensley und seine Mitarbeiter zählten bei 46 Meerschweinchen die
Zahl der Inseln pro Milligramm Pankreas, indem sie von den drei Teilen
der Drüse schmale Stücke exzidierten, die Auszählung vornahmen und
dann die Stücke wogen. Es zeigte sich, daß der Schwanzteil an erster
Stelle in 39 Fällen, an zweiter Stelle in 7 Fällen war, während der Mittelteil 7 mal die höchste, 29 mal die zweithöchste und 10 mal die dritte Stelle
einnahm, der Pankreaskopf war in keinem Falle an erster Stelle, in 10 Fällen an zweiter und in 36 Fällen an dritter Stelle zu finden: Folgende Zahlen
sind typisch:

Gewicht des Meerschweinchens 647 g.

Zahl der Inseln pro Milligramm Pankreas:

<pre>
          Schwanzteil. 31,3
          Körper. 22,4
          Kopf. . . . . 17,0.
</pre>

Bei jungen Tieren sind die Inseln noch zahlreicher, was aus den folgenden bei einem 74 g schweren Tier erhobenen Zahlen hervorgeht:

Schwanzteil pro Milligramm 190
Körper   ,,   ,,   161
Kopf   ,,   ,,   156.

Aller Wahrscheinlichkeit nach sind die Zahlenunterschiede sogar noch größer, wenn man berücksichtigt, daß im Pankreas eines jungen Tieres die Inseln außerordentlich nahe beieinander liegen, was die Zählung erschwert.

Es ist ganz klar, wenn man, ohne weiter in Einzelheiten zu gehen, die relativen Zahlen betrachtet, daß die Anzahl der Inseln auch bei Tieren gleichen Alters und Gewichtes sogar in ganz nahe aneinander liegenden Teilen der Drüse nicht konstant ist. Aus diesem Grunde ist es ganz unmöglich, ein feststehendes Abhängigkeitsverhältnis aufzustellen, es bleibt eben nur eine Zählung der Inseln im ganzen mit Janus-Grün oder Neutralrot injiziertem Pankreas als sichere Möglichkeit übrig. Die wichtigste Anwendung haben diese Methoden in der Zurückweisung der Schlüsse gehabt, die seinerzeit von H. H. Dale, Swale Vincent und Thompson in Hinsicht auf den Einfluß verschiedener physiologischer Faktoren auf die relative Zahl der Inseln gezogen wurden, besonders wohl den Einfluß der Inanition und der Überreizung des nach außen sezernierenden Gewebes durch wiederholte Sekretininjektionen. Man glaubte, daß unter diesen Umständen ein beträchtliches Zunehmen der Inseln ohne Zellteilung nur durch die bloße Erschöpfung der acinösen Zellen stattfände. Die Bedeutung dieses Schlusses liegt, wie Bensley betont, nicht allein in einer Degradation der Inseln von der Stellung eines unabhängigen Gewebes, das eine eigene spezifische endokrine Funktion hat, zu einer nur als erschöpfte Acini anzusehenden Gewebsart, sondern es würde auch sonst von weittragender Bedeutung sein, insofern, als die Verschiedenheit in der Bauart der Gewebe eines zusammengesetzten Organs nicht auf die Verschiedenheit ihrer Funktion schließen lassen könnte. Die Realität der Inseln schien durch die Umformungsmöglichkeit der acinösen und insulären Zellen in Frage gestellt, so daß Bensley es unternahm, durch aktuelle Zählungen diese Annahme zu bestätigen oder zurückzuweisen.

Die Sekretionsversuche fielen im entgegengesetzten Sinne zu denen von Dale aus. Wenn Meerschweinchen 8—10 Stunden nach Sekretininjektion untersucht wurden, so stellte es sich heraus, daß wohl die Zymogengranula infolge der Erschöpfung aus den acinösen Zellen verschwunden waren, aber die Inselzellen wie normalerweise sich tief mit Neutralrot gefärbt hatten, ohne daß es möglich gewesen wäre, Übergangsformen zu finden.

Die Anzahl der Inseln fiel in die Grenzen der normalen nicht injizierten Tiere, die aus der gleichen Zucht stammten und unter gleichen Bedingungen aufgezogen worden waren. Gleiche Resultate wurden mit Kröten erhalten, einer Tierart, die leicht auf Sekretin anspricht. Wenn man die Tiere 4—7 Tage unter Sekretin hielt, waren weder die Zahl der Inseln gegenüber Normaltieren vermehrt, noch zeigten sich irgendwelche Zellübergangsformen.

Die Resultate nach Inanition waren dieselben. Neben Dale beschrieben Statkewitsch (1894), Vincent und Thompson (1907) und Laguesse (1910) eine Vermehrung des Inselgewebes nach Inanition, in der man einen ähnlichen Effekt wie in der Überreizung sah. Auch wenn man annimmt, daß das der Fall ist, was zu bezweifeln augenscheinlich gar keinen Grund hat, so folgt daraus noch nicht, daß ipso facto diese erschöpften acinösen Zellen zu Inselzellen werden. Die sorgfältigste Arbeit dieser Art verdanken wir Laguesse (1911), der an Tauben arbeitete. Er fand, daß seine Kontrolltiere 4,5 Inseln per Quadratmillimeter aufwiesen, nach 5—10tägigem Hunger 7,8 und Tiere, die zuerst gehungert hatten und darauf wieder gefüttert wurden, 4,3. Auf Grund dieser Resultate glaubte er schließen zu dürfen, daß unter bestimmten Bedingungen Inselgewebe auf Kosten von acinösem Gewebe entstünde, obwohl er den Standpunkt einer unabhängigen Funktion beider vertritt. Mit Hilfe der Janusgrün- und der Neutralrotmethode war es nicht möglich, weder am Meerschweinchen, noch am Hunde eine relative Vermehrung des Inselgewebes nach Inanition nachzuweisen.

Ganz abgesehen von der wichtigen Aufklärung des Verhältnisses zwischen Acini und Inseln haben die Resultate dieser Untersuchungen einen Standardwert für zukünftige Arbeiten. Außerdem ist durch sie einwandfrei festgestellt, daß die Langerhansschen Inseln von dem sezernierenden Gewebe des Pankreas so verschieden sind, wie z. B. Parathyreoidea und Thyreoidea. Dieser Schluß ist noch gefestigt worden durch das Studium der Blutversorgung des Pankreas, von der man weiß, daß gerade die Inseln sehr reichlich bedacht sind. Um die Blutgefäße sichtbar zu machen, werden sie mit Karmingelatine injiziert, nachdem man vorher eine Vitalfärbung mit Janusgrün, die von einer Reduktion des Farbstoffes gefolgt wird, vornimmt; in diesen Präparaten färben sich die Wände der Arteriolen tiefblau mit Janusgrün, die Capillaren sind purpurrot und die Venen tiefrot. Man sieht, daß zu jeder Insel wenigstens eine Arteriole läuft. Zu den größeren oft mehrere sogar isolierte Inselzellen stehen in naher Beziehung zu erweiterten Capillarschlingen, Sinusbildungen, wie in der Milz, sind nicht vorhanden. Es besteht also kein Zweifel an der zuerst von Kühne und Lea festgestellten Tatsache der reichen Blutversorgung der Inselapparate, wie wir sie auch bei anderen Drüsen ohne Ausführungsgang beobachten. Nicht einmal die Anhänger der Mutationshypothese leugnen diese Tatsache, nur suchen sie die Erklärung der starken Vascularisation in einer Gewebsschrumpfung, wenn die Acini in Inseln übergehen.

Über die Embryologie der Inselapparatur ist nur sehr wenig Bestimmtes bekannt. Die früheste autoritative Arbeit ist die von Laguesse (1894—1897); als Resultat seiner Arbeit an Schafembryonen findet er, daß sich Inseln vom System der Ausführungsgänge entwickeln, bevor die Acini differenziert sind. Später entwickeln sich dann sekundäre Inseln von den Acini und die primären degenerieren und es setzt eine ausgedehnte Vascularisation der sekundären ein, die an Zahl und Größe zunehmen, bis ein „Gleichgewichtszustand" mit der Deckung des Bedürfnisses an innerem Sekret für den Organismus erreicht ist. Diamare (1899—1905) stellte auf der anderen Seite fest, daß Inseln sich zuerst als solide Zellstränge von den Ausführungsgängen abzweigen, die ausgiebig vascularisiert werden und dann sich von den Gängen abtrennen. M. K. Pearce (1903) beschrieb die Inseln im Pankreas eines 54 mm langen menschlichen Foetus folgendermaßen: „Kleine Zellgruppen liegen neben einem Drüsenfortsatz und sind mit ihm in direkter Verbindung ... sie sind zusammengesetzt aus 10—15 Zellen, welche runde, leicht färbbare Kerne und einen verhältnismäßig großen Betrag fein granulierten Protoplasmas haben, das sich stark mit Eosin färbt". In älteren Foeten fand man, daß die Inseln sich von den Ausführungsgängen abtrennten und umgeben von acinösem Gewebe eine zentrale Position in den Acini einnahmen, doch war z. B. Kuester (1904) in der Lage, Verbindungen mit epithelialen Strängen festzustellen. Weichselbaum und Kyrle (1909) bestätigten die Befunde von Pearce, doch stimmten sie der Ansicht über die zentrale Lage der Inseln nicht zu. Helly (1906) beobachtete in der Pankreasanlage von 6 mm langen Embryonen der Meersau (*Scorpaena scrofa*) Zellen, die er für die Vorläufer der Inselzellen hielt. Da in allen diesen Untersuchungen die modernen Differentialfärbemethoden zur Unterscheidung der α- und β-Granula nicht angewandt worden sind, ist eine sichere Unterscheidung der Zelltypen außerordentlich schwer.

Ein augenscheinlich hoffnungversprechender Weg, dem Problem näher zu kommen, ist die Untersuchung der verschiedenen Entwicklungsstadien der Inseln in einer Fischart wie *Myoxocephalus*: W. C. M. Scott, der sich mit dieser Frage beschäftigt, hat mir freundlicherweise eine summarische Zusammenstellung der von ihm bisher gefundenen bedeutenden Befunde zur Verfügung gestellt: „Im jüngsten bisher untersuchten Larvenstadium (5,5 mm) ist der Inselapparat, der später an der Milz anliegt, schon isoliert und eingekapselt. Später bildet sich eine Ausstülpung des Pankreasausführungsganges nahe am Dünndarm, von dem sich durch Teilung eine Inselgruppe abtrennt, die in der Nähe der Ductus choledochus liegt. Der Inselapparat an der Milz ist schon zu einer Zeit isoliert und eingekapselt, wenn die Milzanlage sich noch nicht differenziert hat, und in dieser Hinsicht variiert sein Ursprung von den vorher erwähnten Beschreibungen, in dem von Pearce beschriebenen 54 mm langen menschlichen Fetus würde die Milzanlage schon gut entwickelt sein. Wir glauben nach unseren Untersuchungen sagen zu können, daß die Inseln sich von dem System der Ausführungsgänge entwickeln und möglicherweise auch von primitiven gangähnlichen Gebilden, die uns in der erwachsenen Form als Acini bekannt sind. Diese Inseln behalten ihre Verbindung mit dem exkretorischen Gewebe für eine unbegrenzte Periode. Um zu einer Kenntnis der Zeit der Differenzierung zu kommen, muß eine genauere Methode verfügbar sein, mit der man zu jeder gegebenen Zeit der Entwicklung den ganzen Betrag an Inselgewebe bestimmen kann".

Das Verhältnis der Inseln zu den Pankreasausführungsgängen. In dem einfachen Pankreas, wie wir es bei den Elasmobranchiern (*Raja*) sehen, besteht zweifelsohne eine nahe Beziehung von Ausführungsgängen und Inselgewebe. Eine Übersicht über frühere Arbeiten (Diamare, Oppel usw.) findet man in der Arbeit von Slater Jackson (1922), in der gezeigt wird (Fig. 2), daß große, unregelmäßig geformte Massen von Inselzellen längs der Ausführungsgänge angeordnet sind. Schmalere Inseln, ähnlich denen im Säugetierpankreas, werden hier und da auch beobachtet, zuweilen in die Acini eingebettet (auf der linken Seite des Schnittes). Es scheint augenscheinlich keine Beziehung zu den Ausführungsgängen zu bestehen, wahrscheinlich ist allerdings, daß es sich um quergetroffene Zweigstränge von Inselgewebe handelt. Mit der Laneschen Methode fand Slater Jackson „große und kleine Inseln ... bestehen aus zwei Zelltypen, die sich in Größe, Form, Beziehung, Zahl und Chromatingehalt unterscheiden, das Cytoplasma der größeren Zellen zeigt sich nach Alkoholfixation (α-Zellen) angefüllt mit sehr kleinen, sich stark färbenden Granula, während die kleineren und zahlreicheren (β-Zellen) ungefärbt erscheinen". Andererseits zeigen nach Fixation in nichtalkoholischen Flüssigkeiten die β-Zellen Granula, während die α-Zellen frei sind. Eine sehr wichtige Tatsache ist, daß bestimmte Zellen der äußeren Zellage der Epithelien der Ausführungsgänge sich ebenso wie die α-Zellen verhalten. Im Schnitt (Abb. 2) ist das sehr deutlich zu sehen und führt zweifelsohne zu dem Schluß, daß der Ursprung dieser Zellen in den Ausführungsgängen zu suchen ist. Darin findet die Ansicht von Helly und Pearce, daß der embryonale Ursprung der Inselzellen in den Gängen zu suchen sei, eine Stütze, außerdem stimmt er mit der Tatsache überein, die Weichselbaum und Kyrle beobachteten; „daß auch beim Erwachsenen den Epithelien der Ausführungsgänge die Fähigkeit der Inselbildung zukommt". Dieser Tatsache kommt in Fällen von Diabetes, bei denen durch geeignete Behandlung der Inselapparat entlastet wird, eine große Bedeutung zu.

So augenscheinlich auch die Verhältnisse in dem primitiven Pankreas von *Raja* sind, so lassen sie sich doch nicht ohne weiteres auf das Verhältnis der Inseln und Ausführungsgänge im Säugetierpankreas übertragen; tatsächlich beschreiben auch Pearce und andere, daß die Inseln im Laufe der Entwicklung diesen Zusammenhang verlieren. Andererseits beschreiben Lewaschew (1886) und Laguesse (1983/94) an Präparaten, die durch die Ausführungsgänge injiziert sind, Verbindungen der letzteren mit den Inseln, obwohl ihnen keine Lumina zukommen. Nach einer Diskussion der verschiedenen Meinungen in diesem Zusammenhang kommt Laguesse zu folgendem Schluß: daß im allgemeinen die Gänge die Inseln nicht durchwachsen, wohl aber gewöhnlich ein oder mehrere Zweige zu den Inseln gehen, die gleichsam als Stiele anzusehen sind. Diese Stiele brechen sehr oft infolge der Schrumpfung durch die Fixation.

Allem Anschein nach sind Schnitte nicht die geeignete Methode zur Demonstration dieser Verbindungen, da sie entweder zerstört werden oder gar nicht in der Schnittebene liegen. Auch hier wiederum verdanken wir Bensley die Entwicklung einer befriedigenden Methode, als deren Resultat es jetzt als sicher angesehen werden kann, daß die Inselzellen durch Epithelstränge mit den Inseln verbunden sind, die entweder solid sind, oder, wenn ein Lumen vorhanden ist, so schließt es sich, bevor es die Insel erreicht. Die Ausführungsgänge kann man durch Injektion von Pyronin, Acridinrot oder Methylenblau in die Aorta färben. Eine Kombination von Pyronin entweder mit Janusgrün, Neutralrot oder Methylenblau gibt zugleich eine Färbung von Inseln und Ausführungsgängen. Eine intravitale Methylenblaufärbung ist besonders geeignet zur Darstellung der feinsten Gänge, der zentroacinären Zellen und Nervenfasern. Die Verzweigungen der Gänge beobachtet man besser in Ganzpräparaten, d. h. gepreßten Gewebsstücken, als in Schnitten, obwohl diese zur Darstellung von Verbindungen der tief in dem acinösen Gewebe eingebetteten Inseln notwendig sind. Es muß ausdrücklich betont werden, daß

es unmöglich ist, das Gangsystem vollständig durch den Hauptausführungsgang zu injizieren. Der Grund liegt darin, daß die
feinen Epithelstränge, die gleich noch näher beschrieben werden
sollen, mit Schleim angefüllt und an ihrem Ende verschlossen sind,
so daß die Injektionsmasse nicht in sie eindringen kann.

Bensley hat mit Hilfe dieser Methode am Pankreas des Meerschweinchens zeigen können, daß ein System von fein verzweigten,
gewundenen Tubuli oder Strängen von den größeren Ausführungsgängen ausgeht (Abb. 3). Die Zweige anastomosieren oft unter-

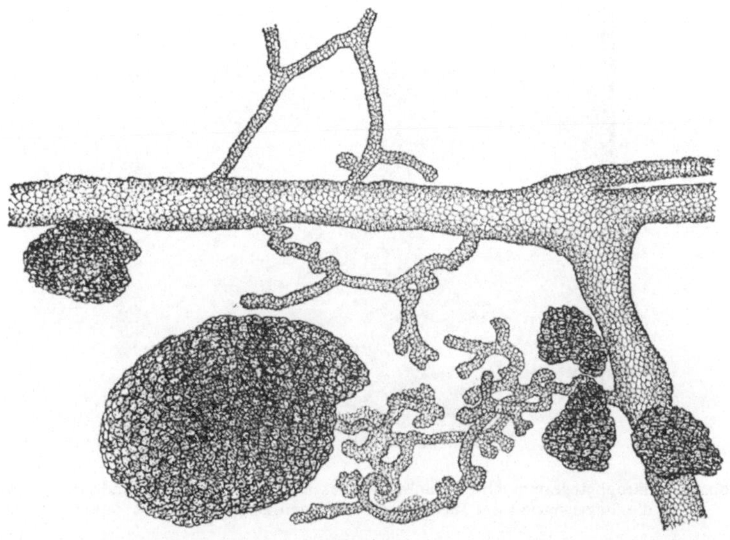

Abb. 3. Ausführungsgang mit Verzweigungen, der die Verbindung der starkverzweigten
Tubuli mit dem Ausführungsgang und einer Insel zeigt. Vitalfärbung mit Pyronin und
Neutralrot. Vergr. 77×. (R. R. Bensley: Americ. journ. of anat. Bd. 22, S. 297. 1911.)

einander oder sind mit Inseln verbunden; kleinere Inseln sitzen
sehr oft an der Seite dieser Verzweigungen, an denen man auch
Ausbuchtungen beobachten kann, die kleinen Schleimdrüsen zuzuschreiben sind. Die Wände der Tubuli bestehen aus kubischen
Epithelien, deren Kerne häufig mitotische Teilungsformen aufweisen. Hier und da findet man Zellen, die sich ähnlich wie die
der Inseln färben. „Augenscheinlich haben wir es hier mit einem
Gewebe niederen Differenzierungsgrades zu tun, das unter ge-

eigneten Bedingungen fähig ist, durch Mitose und Differenzierung Inseln, Acini und Schleimdrüsen zu bilden.‘‘

Bei doppelt gefärbten Präparaten, in denen Gänge und Inseln dargestellt sind, teilt Bensley letztere in 4 Gruppen ein:

1. Inseln im interstitiellen Gewebe des Pankreas, in keiner Verbindung mit den Acini, aber nahe gelegen den Ausführungsgängen oder mit ihnen entweder direkt oder indirekt durch epitheliale Tubuli verbunden:

2. Inseln im Drüsenläppchen gelegen, unverbunden mit den Acini, wohl aber durch epitheliale Tubuli mit dem interlobulären Gangsystem verbunden.

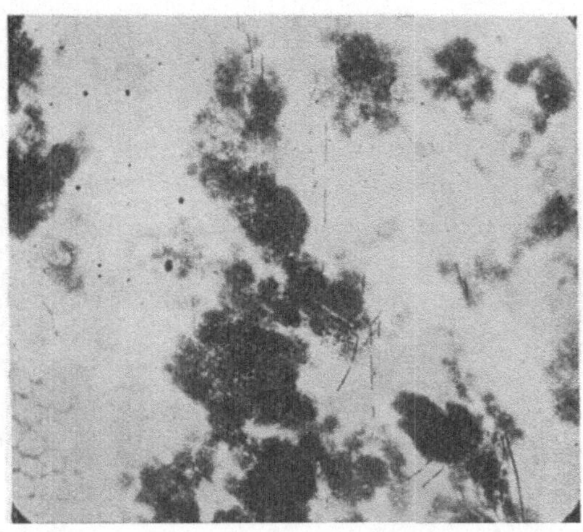

Abb. 4. Mikrophotogramm eines Kaninchenpankreas nach Gangunterbindung, welches die Regeneration der Inseln nach 533 Tagen zeigt (R. R. Bensley).

3. Inseln im Drüsenläppchen entweder mit den Acini oder mit den Gängen verbunden:

4. Inseln der Gruppe 1 und 2, die ihre Verbindungen verloren haben.

Die meisten Inseln gehören der Gruppe 3 an, sind also in engem Zusammenhang mit den Acini, was auch der Ansicht von Laguesse entspricht: Zwischen den insulären und acinösen Zellen befinden sich keine verbindenden Gewebsfasern, es handelt sich nur um ein Nebeneinanderliegen; auch hat Bensley nie Übergangsformen finden können, wie es nach der Hypothese des reziproken Eintretens einer Art für die andere nötig wäre (Laguesse): Der wichtigste Punkt ist, daß alle Inseln des Pankreas auf irgendeine Art mit den Ausführungsgängen in Verbindung stehen, obwohl diese Verbindungen in Schnitten nicht immer sichtbar sein müssen wie in Gruppe 3.

II. Strukturelle Veränderungen im Pankreas unter verschiedenen experimentellen Bedingungen.

Zum Zwecke der Unterscheidung von insulärem und acinösem Gewebe ist eine große Menge von Untersuchungen angestellt worden. Da nun dem letzteren allein Ausführungsgänge zukommen, war zu erwarten, daß eine Unterbindung der Ausführungsgänge wohl in erster Linie das acinöse Gewebe einer Veränderung unterwerfen würde. In den ersten Experimenten, in denen man die Unterbindung des Hauptausführungsganges unternahm, zeigte sich, daß wenigstens beim Hund durch diesen Eingriff eine dauernde Unterbrechung der Verbindung zwischen Pankreas und Duodenenum unmöglich ist. Sei es, daß überzählige Gänge beim Hund häufig sind (Otto Hess 1907), oder sei es, daß unter bestimmten Bedingungen eine Neubildung von Gängen stattfindet (Allen 1913). Ssobolew (1902) wies darauf hin, daß man durch vollständige Quertrennung alles mit dem Pankreas und Duodenum zusammenhängenden Gewebes und Dazwischennähen einer Mesenterialfalte eine Neubildung von Gängen verhindern könnte.

Die technischen Schwierigkeiten der Unterbindung des Ausführungsganges sind durch eine andere Art der Untersuchungsmethodik umgangen worden, indem man nämlich Transplantate des Pankreas unter die Haut des Abdomens brachte, so daß keine Verbindungsmöglichkeit mehr bestand. Eine neue Schwierigkeit bot sich aber für die Erklärung der eingetretenen Veränderungen durch eine starke Wucherung fibrösen Narbengewebes in dem Transplantat. Die neueste von Allen eingeführte Methode besteht nun darin, daß man einen großen Teil des Pankreas reseziert und den Rest ruhig in Verbindung mit dem Duodenum läßt, so daß in dem acinösen Gewebsanteil sich nichts ändert; wohl aber zeigen sich dann Veränderungen am Inselapparat, von denen man vermutet, daß sie als eine Folge der Überanstrengung des zurückgebliebenen insulären Gewebes durch das Bedürfnis des Körpers an innerem Sekret anzusehen sind. Wir wollen nun kurz einige der markantesten Veränderungen betrachten.

2*

1. Unterbindung der Ausführungsgänge.

Einen guten Überblick über dieses Gebiet findet man in Allens Monographie.

Die frühesten Beobachtungen sind die von d'Arnozan und Vaillard (1884), in denen der Pankreasausführungsgang ganz unterbunden wurde; obgleich nun in der degenerierten Drüse gewisse Strukturen bestehen blieben, ist es unklar, ob es sich um acinöse oder insuläre Zellen handelt. Nachdem es möglich geworden war, Inselzellen und acinöse Zellen anatomisch zu untersuchen, studierte Ssobolew die histologischen Veränderungen, die nach Unterbindung der Ausführungsgänge eintraten, indem er entweder die Gänge unterband und durchschnitt oder sie mit Öl injizierte. Bei allen Tieren (Hunde, Katzen und Kaninchen) fand sich Atrophie der Acini mit gleichzeitiger Fibrosis, dazwischen aber lagen strukturell erhaltene Gewebspartien, die als Langerhanssche Inseln identifiziert werden konnten. Der atrophische Prozeß fängt mit dem Verlust der Granula an, so daß die Zellen im Aussehen denen der Ausführungsgänge ähnlich werden, von denen die letzteren späterhin oft Regenerationserscheinungen aufweisen, diese regenerative Proliferation der Zellen der Ausführungsgänge war besonders am Kaninchenpankreas zu beobachten. Wenn man das Pankreas ein Jahr nach der Unterbindung untersuchte, fand sich, daß das fibröse Gewebe durch Fettgewebe ersetzt worden war, in das eingebettet Zellgruppen vorgefunden wurden, die man wegen des Fehlens von Zymogengranula und der Abwesenheit von Verbindungen mit Ausführungsgängen als Inselzellen ansprach. Ungefähr um dieselbe Zeit berichtete Schulze (1900) über Beobachtungen an Meerschweinchen, bei denen ein kleiner Teil des Pankreas von dem übrigen isoliert worden war mit dem Resultat, daß die Acini verschwanden, während die Inseln in fibrösem Gewebe eingebettet zurückblieben.

Es ist hauptsächlich als eine Folge der Arbeit dieser beiden Autoren anzusehen, daß die Veränderungen im Pankreas nach Unterbindung des Gangsystems intensiv in verschiedenen Laboratorien untersucht worden sind. Diamare (1905) beobachtete an Hunden, daß nach Ölinjektion in den Pankreasgang sowohl Inseln als auch Acini verschwanden und 1908 stellte er fest, daß die vollständige Isolierung des Pankreas beim Frosch eine Atrophie der Drüse zur Folge hatte, so daß nur wenige Acini erhalten blieben, während die Zahl der erhaltenen Inseln sehr viel größer war. Nach Tschassownikow (1906) findet man auch bei Kaninchen eine Degeneration der Acini nach Unterbindung des Ausführungsganges mit Bestehenbleiben der Inseln, die Zeitdauer seiner Beobachtungen erstreckt sich bis zu 57 Tagen.

Eine beträchtliche Aufmerksamkeit nahm die zur selben Zeit geäußerte Ansicht von Laguesse, daß Zellübergangsformen von acinösem Gewebe gebildet würden, in Anspruch, und verschiedene Autoren beschrieben auch solche Zellübergangsformen, die sich nach Unterbindung des Ausführungsganges einstellten. Wir erwähnen unter diesen Marrassini (1907), der an Kaninchen mit der Modifikation arbeitete, daß er nach Unterbindung Dextrose injizierte. 60 Tage nach der Operation zeigte sich, daß noch Inseln vorhanden waren, wenn auch augenscheinlich viele untergegangen waren. Gelle (1908) beschrieb ähnliche Veränderungen. Laguesse zusammen mit Gontier de la Roche fand, daß nach Gangunterbindung am Meerschweinchen die Acini sehr bald untergingen, während die Inseln erhalten blieben, wohingegen um das Ende des zweiten Monats infolge der Verdrängung durch sklerotisches Gewebe viele Inseln atrophierten. In ähnlichen Beobachtungen am Kaninchen, in denen es gelang, die Tiere über 3 und 4 Jahre am Leben zu erhalten, zeigte sich, daß die Ausführungsgänge und Acini vollständig untergegangen waren, die Inseln besonders im Schwanzende sich erhalten vorfanden. Eine ausführliche Beschreibung dieser Beobachtungen findet sich in der Laguesseschen Monographie.

Demnach scheint es, daß die Acini sehr schnell degenerieren, während die Inseln erhalten bleiben, obgleich nicht alle Autoren diesen Gesichtspunkt vertreten haben. Stufenweiser Untergang von Inseln ist in Unterbindungsexperimenten von Pende und Carraro am Kaninchen beobachtet worden (l. c. Allen) und Pratt und Sporner (1911) fanden, daß bei Hunden praktisch das gesamte Pankreasgewebe nach Unterbindung des Ausführungsganges untergeht.

Zweifelsohne ist die Quelle der Diskrepanz zwischen den Resultaten verschiedener Autoren in der unvollständigen Unterbindung der Gänge zu suchen. In den Arbeiten, wo über Erhaltensein beider Gewebsarten berichtet wird, findet man keine Angabe, ob diese Fehlerquelle entsprechend kontrolliert worden ist. Unter Vermeidung dieser Fehler untersuchte Tiberti (1909) besonders die Regeneration des acinösen Gewebes, welche der anfänglichen Degeneration folgt. Er fand, daß bei Kaninchen in dem ersten Monat nach der Unterbindung nur atopierte Acini zu sehen waren, während nach $2^1/_2$ Monaten normale Acini mit Zymogengranula auftraten, wenn auch ihre Anzahl gering war. Nach 4—5 Monaten beobachtete er neben normalen Langerhansschen Inseln auch andere, die verschiedene Stadien der Degeneration aufwiesen, besonders im Schwanzende des Pankreas. In anderen Versuchen an Hunden beschreibt dieser Autor Erhaltensein sowohl von acinösem als auch insulärem Gewebe. Lombroso (1910) zeigte, daß im Pankreas der Taube nach Unterbindung eines Lappens eine Atrophie des acinösen Gewebes ohne merkliche Veränderungen im Inselapparat eintrat, die dann nach 2 Monaten in Degeneration überging.

An Hand von Versuchen, in denen verschiedene Lappen zu verschiedenen Zeiten unterbunden worden waren und auf diese Weise die Acini in einem Lappen schon wieder Regenerationserscheinungen aufwiesen, während in einem anderen die Degeneration im vollen Gange war, kommt der Autor zu der hypothetischen Schlußfolgerung, daß die Acini eine innersekretorische Funktion haben müßten, die auf irgendeine Art und Weise mit dem Stoffwechsel in Verbindung stehe. Wenn diese Unterbindungen derart gemacht wurden, daß kein normales oder regeneriertes Gewebe vorhanden war, starben die Tiere an einer nicht diabetischen

Kachexie, da ja die Inseln intakt waren. Eine Wiederholung dieser
Versuche an anderen Tierarten wie am Hund und am Kaninchen veran-
laßte Lombroso davor zu warnen, Befunde, die an einer Tierart erhoben
werden, ohne weiteres zu verallgemeinern. Als ein Haupteinwand gegen
die Untersuchungen mit Unterbindung der Pankreasgänge bleibt die Unsicherheit der dauernden Blockade einer äußeren Sekretion[1]).

Clark fand bei seinen Untersuchungen in Benslyes Laboratorium, daß nach Gangunterbindung zuerst eine Degeneration der
Acini und wahrscheinlich auch der ihnen benachbart gelegenen
Inseln, die sehr eng mit ihnen verbunden sind, einsetzt. Nach
7 Tagen fanden sich beim Meerschweinchen viele Zellen, die
sich von Ausführungsgangszellen nicht unterscheiden ließen und
die man als entdifferenzierte Acinuszellen ansah, ,,auf Grund ihrer
dachziegelförmigen Lagerung über den Enden der interlobulären
Gänge''. Diese Zellen als auch die der Gänge, denen sie weitgehend
glichen, wiesen zahlreiche Mitosen auf, ein immerhin wahrscheinliches Anzeichen dafür, daß die Regenerationsprozesse, wie sie
besonders in späteren Stadien augenscheinlich werden, ihren Ursprung von diesen Zellen nehmen. Im Laufe eines Monats waren
die regenerativen Prozesse deutlich ausgeprägt, was sich aus der
Bildung neuer Inseln und Acini ergab, aber gleichzeitig wurden
die großen ursprünglichen Inseln, die noch nach einer Woche
deutlich sichtbar waren, durch einwachsendes sklerotisches Gewebe verdrängt. Es schien, als ob das neue Inselgewebe von
dem Gangsystem, mit dem es auch in Verbindung blieb, aus-
ginge; diese Gewebsart entwickelte sich nach und nach sehr
umfangreich, während andererseits die Acini, obwohl dauernd
welche gebildet wurden, sich rückbildeten und entdifferenzierten.
,,Die neugebildeten Acini, sobald sie zu dem Punkte kommen,
wo sie sezernieren können, werden cystisch und unterliegen retro-
graden Veränderungen.'' Das Inselgewebe breitete sich im Verlauf von $5^1/_2$ Monat in Form einer verzweigten Masse entlang
dem Gangsystem aus, so daß auf diese Art ein Bild zustande kam,

---

[1]) Daß es tatsächlich zu Regenerationen kommt, zeigt eine Beobachtung Clarks, die Bensley in seiner Harveyvorlesung erwähnt.
Bei einem Kaninchen war der Hauptausführungsgang zwischen zwei
Ligaturen durchschnitten worden, nach 15 Monaten hatte sich eine neue
Verbindung in einer Entfernung von ungefähr 2 cm vom Stumpfe gebildet. Durch den neugebildeten Gang konnte man eine gefärbte Flüssigkeit vom Pankreas in das Duodenum injizieren.

welches dem von Slater Jackson beschriebenen Primitivpankreas des Glattrochens nicht unähnlich war (s. Abb. 2, S. 10). Das Gewebe war mit Vitalfarben färbbar und auch die Zellen enthielten die für sie charakteristischen Granula. Indessen waren die Acini in viel geringerer Anzahl zu sehen, obwohl als solche deutlich erkennbar an den Zymogengranula. Eine exakte Bestimmung des Zeitraumes nach der Unterbindung des Ausführungsganges, in dem das acinöse Gewebe vollständig verschwindet, konnte nicht gemacht werden, wohl aber war es bei einem Kaninchen 533 Tage nach der Gangunterbindung unmöglich, durch Vitalfärbung und sehr sorgfätiges Suchen acinöses Gewebe aufzufinden, obwohl in dem Fettgewebe, das an die Stelle des Pankreas getreten war, beträchtliche Mengen von Inselgewebe zu beobachten waren, die mit säulenartig angeordneten undifferenzierten Zellen zusammenlagen (Abb. 4). Hinzugefügt mag werden, daß das Tier keine Glykosurie aufwies. Bei einem 21 Monate nach der Unterbindung noch lebendem Kaninchen zeigte sich (sichtbar gemacht durch eine Kombination einer Vitalfärbung mit Janusgrün und Injektion der Gefäße mit Carmingelatine), daß die Inseln die für sie charakteristische Gefäßanordnung aufwiesen, nämlich eine direkte arterielle Versorgung und ein reiches Capillarnetz. Alle diese mühevollen Untersuchungen zeigen, daß beim Kaninchen und Meerschweinchen wenigstens mehrere Monate notwendig sind, bevor jede Spur acinösen Gewebes verschwindet. Wie lange es beim Hunde dauert, ist bis jetzt noch nicht bestimmt worden[1]).

Bemerkenswert ist jedenfalls der Nachweis regenerierter Acini, deren Zellen Zymogengranula enthalten.

2. Pankreastransplantate.

Bei Pankreastransplantationen benutzt man gewöhnlich den mittleren oder den Schwanzteil (Processus uncinatus) der Drüse, indem man die den betreffenden Teil versorgenden Gefäße, welche in dem das Pankreas mit dem Duodenum verbindenden Teile des Mesenteriums verlaufen, erhält. Hat man das Transplantat unter

---

[1]) Die ausgebildete Entwicklung fibrösen Gewebes beim Hunde verdunkelt die Veränderungen der glandulären Elemente und ist letzten Endes auch die Ursache dafür, daß sowohl Acini als auch Inseln zum Verschwinden gebracht werden, wahrscheinlich durch Störungen in ihrer Blutversorgung (l. c. F. M. Allen).

die Bauchhaut verpflanzt, so ist es verhältnismäßig einfach, von Zeit zu Zeit Probeexzisionen zum Zwecke histologischer Untersuchung zu machen. Wenn man diese Operation am Hunde ausführt, scheinen die konstantesten Veränderungen ein ausgeprägtes Wachstum von interlobulärem Bindegewebe zu sein (Sklerose), wobei dann verschiedene Grade von degenerativen Erscheinungen an den acinösen und insulären Zellen zu beobachten sind, vorherrschend sind jedenfalls die der Acini.

Indessen fand Pratt (1912), daß 6 Monate nach Verpflanzung des Pankreasschwanzes in die Milz und gleichzeitiger Exstirpation des übrigen Pankreas nur acinöses Gewebe übrig geblieben war, während das Inselgewebe verschwand. Dieser ungewöhnliche Befund ist auch von Milne und Peters (1912) bei verschiedenen Tieren nach Isolierung des Pankreasschwanzendes erhoben worden. Diese Autoren glaubten, die von ihnen beobachteten Zellgruppen wegen einer mit Ausführungsgängen und atrophischen Acini bestehenden Verbindung als acinöses Gewebe identifizieren zu müssen. Von denen, die das Fortbestehen sowohl von Acini als auch von Inseln berichten, mögen Kyrle (1908) und Tiberti (l. c. Allen), die das Verhalten von Transplantaten in der Milz und Leber beobachteten, erwähnt werden. Laguesse (Le Pancreas) beschreibt in einem 3 Monate vorher in die Wand des Abdomens verpflanzten Transplantat Veränderungen, die sowohl Acini als auch Inseln betreffen; Dewitt (1906) band bei Katzen Teile des Pankreas ab und beobachtete bei den Tieren, die überlebten, daß in dem entstehenden fibrösen Gewebe immer Inseln aufzufinden waren, obwohl die Acini eine ausgedehnte Degeneration aufwiesen. MacCallum (1909) isolierte beim Hunde ein Drittel des Pankreas durch Abbinden und als nach 7 Monaten dieser Teil der Drüse atrophiert war, exstirpierte er den übrigen Teil des Pankreas. Nach 20 Tagen wurde auch das atrophische Überbleibsel entfernt, wobei es sich zeigte, daß es aus Zellen bestand, die denen der Inseln weitgehend ähnlich waren.

In den früheren Untersuchungen mit Ausnahme derer von Laguesse und Gontier de la Roche basierte man die Erkennung der Inseln hauptsächlich auf die Abwesenheit der Zymogengranula und nicht auf die Anwesenheit der α- und β-Granula, die jetzt als für sie charakteristisch angesehen werden. Die Erkennung der Inselzellen war, wie R. R. Bensley betont, abhängig von negativen und nicht von positiven Kennzeichen; nicht nach der Tatsache, welche Art Granula sie aufwiesen, sondern welche sie nicht besaßen, wurden sie beurteilt. Unter solchen Gesichtspunkten wurden alle Zellen, mit Ausnahme der augenscheinlichen Ausführungsgangszellen, die keine Zymogengranula aufwiesen, als Inselzellen betrachtet.

Kirkbride (1912) unterband das distale Ende des Pankreas beim Meerschweinchen und fand, indem sie sich den Vorteil der neueren cytologischen Methoden zunutze machte, nach 15 Monaten einen stark erweiterten Ausführungsgang vor, der von Überbleibseln des Pankreas umgeben war. Schnitte dieses Gewebes, mit Hilfe der Laneschen Methode gefärbt, ließen die Zellen als Inselzellen erkennen, während kein acinöses Gewebe mehr aufzufinden war. Aber sogar diese Verfeinerung der Technik kann die Resultate der Gangunterbindungen und auch der Transplantationen nicht als absolut befriedigend erscheinen lassen, da eben unvollständige Obliteration der Gänge, ihr Wiederwachstum und das Auftreten von Sklerose immer wieder Grund zu Verwirrungen geben. Nichtsdestoweniger besteht fast vollständige Einmütigkeit in bezug auf die Tatsache, daß Inseln auch in stark atrophierten Pankreasresten in situ anwesend sind, wenigstens beim Kaninchen und Meerschweinchen. Hingegen ist es nicht sicher, ob nicht auch einige Acini vorhanden sind, denn, wie Bensley betont, ist das Nichtauffinden von acinösem Gewebe in einem Schnitte, der nur durch eine Ebene geht, noch kein angemessener Beweis für die Tatsache, daß es im ganzen Rest der Drüse nicht vorhanden ist. Um wirklich zu zeigen, ob irgendwelches acinöses Gewebe übriggeblieben ist, ist es nach diesem Autor notwendig, eine der Vitalfärbungsmethoden zu benutzen und den ganzen Rest der Drüse systematisch danach abzusuchen.

3. Pankreasreste.

Homans (1913) und F. M. Allen (1913) griffen die Frage der spezifisch antidiabetischen Funktion der Inseln des Pankreas mit Hilfe einer anderen Methode an, deren Prinzip in der Entfernung eines genügend großen Teiles des Pankreas besteht, die genügt, um einen milden Diabetes hervorzurufen; dann werden in dem zurückbleibenden Rest die Veränderungen untersucht. Unter diesen Umständen entwickeln sich die diabetischen Symptome stufenweise zu einem immer schwerer werdenden Bilde oder sie entstehen bei anfänglicher Abwesenheit später, was durch eine Kohlehydratfütterung noch begünstigt wird. Waren die diabetischen Symptome sehr milder Natur, so fand Homans, daß die Granula der β-Zellen (nach der Bensleyschen Methode gefärbt[1]) an Zahl zurückgingen. Später zeigte er, daß, wenn ein schwerer Diabetes vorhanden war, eine ausgesprochene Degeneration dieser Zellen auftrat, die durch Verlust der Granula, Veränderungen des Protoplasmas, welche als hydropische Degeneration der β-Zellen bekannt ist, und durch Kernveränderungen gekennzeichnet war. Die acinösen Zellen auf der anderen Seite blieben durchaus normal.

Auch fand Homans, nachdem er während einer Periode von 9 Stunden einem Hunde Sekretin injiziert hatte (mit dem Resultat, daß 210 ccm Pankreassaft sezerniert wurden), daß die Zymogengranula praktisch aus den Acinuszellen verschwunden waren (nur die fuchsinophilen Mitochondrien waren zurückgeblieben), wohingegen die Inseln keinerlei Veränderungen zeigten und im Gegenteil schärfer als gewöhnlich sich von dem acinösen Gewebe abhoben. Ein Anzeichen für den Übergang von acinösem zu insulärem Gewebe lag nicht vor. Nach einer fast vollkommenen Entfernung des Pankreas beschreibt er Schrumpfung der acinösen Zellen in einem mehrere Wochen unter der Haut zurückgebliebenen Transplantat. Es bestand kein Anhaltspunkt für eine Verwandlung von acinösen in insuläre Zellen, wohl aber „ein Hinweis auf eine Rückverwandlung von Inseln in Ausführungsganggewebe". Diese nahe Verbindung der Inseln mit den Gängen wird ausdrücklich betont. Gleichzeitig fand sich, daß die β-Zellen von Bensley und Lane dazu neigten, ihre Granula zu verlieren und dadurch den Zellen der Ausführungsgänge ähnlich zu erscheinen.

Homans neigt zu der Ansicht, daß diese Veränderungen an den Inselzellen Erschöpfungsresultate sind, die er einer Überanstrengung durch die Entfernung des größeren Teiles des Pankreas zuschreibt. Offensichtlich muß doch eine Art eines kritischen Niveaus bestehen, unterhalb dessen das Inselgewebe nicht reduziert werden darf, wenn es die Anstrengungen überleben soll, die in einer zur Verhinderung einer Diabetesentwicklung ausreichenden inneren Sekretion bestehen. Sobald der Pankreasrest, ob transplantiert oder in situ gelassen, von solcher Größe ist, daß die Anforderungen an die Inselzellen nicht allzu groß sind, was durch die Milde des Diabetes angezeigt wird, dann kann die Degeneration einiger Inselzellen durch Proliferation neuer aus den Zellen der Gänge ausgeglichen werden. Andererseits aber, wenn der nach einer partiellen Pankreasexstirpation zurückbleibende Teil klein ist und

---

[1]) Die in diesem Falle gebrauchte besondere Technik bestand in einer Färbung mit Anilin-Säurefuchsin-Methylgrün nach Osmium-Chromsäurefixation. Der Autor stellte eine besondere Brauchbarkeit dieser Methode für das Hundepankreas fest.

außerdem auch noch aus dem, wie wir schon gesehen haben, wenige Inseln enthaltenden *Processus uncinatus* besteht, ist die dauernde Überanforderung so groß, daß vielleicht neugebildete Zellen dasselbe Schicksal erleiden, wie die degenerierenden älteren.

F. M. Allen (1913) beschrieb im selben Jahr als Homans genau dieselben Veränderungen in Pankreasresten wie dieser Autor. Durch die Entfernung von ungefähr $^9/_{10}$ des Pankreas beim Hunde,

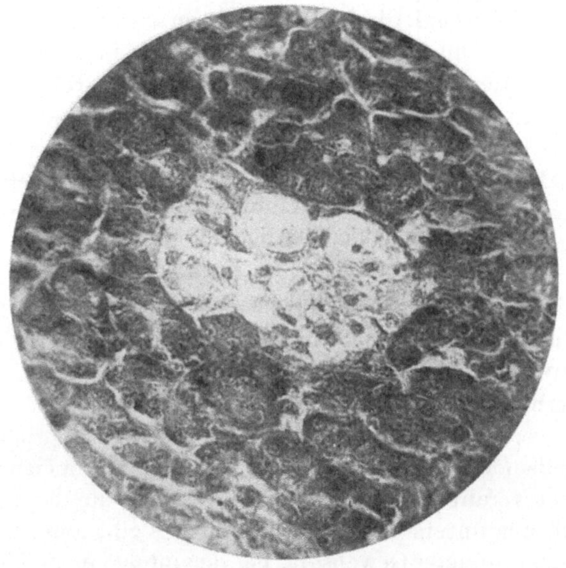

Abb. 5. Hydropische Zelldegeneration einer Insel in einem 14 Tage nach der Exstirpation der übrigen Drüse in situ gelassenen Pankreasteile (D. J. Bowie).

wobei der zurückbleibende Teil nahe am Ausführungsgang gelassen wurde, konnte er eine Form des experimentellen Diabetes hervorrufen, die unmittelbar nach der Operation durch die Abwesenheit oder die relative Milde der diabetischen Symptome ausgezeichnet war, wenn sie auch späterhin sich in ihrer vollen Stärke entwickelten. Durch mikroskopische Untersuchung des zurückgebliebenen Teiles (gewöhnlich mit Eosin-Methylenblau gefärbt) fand Allen in den frühen Stadien (gekennzeichnet durch die milden diabetischen Symptome) keine sichtbaren Veränderungen in den Inseln, was in einem gewissen Sinne auf einen funktionellen Diabetes hinweist. In späteren Stadien fand sich, daß die Inselzellen an Zahl zurückgegangen waren und außerdem viele der zurückbleibenden häufig Quellungserscheinungen und Zeichen von Kerndegenerationen (Pyknose) aufwiesen. In Fällen längerer Dauer waren positiv erkennbare Inseln verschwunden. Andererseits blieben in allen Fällen die Acini normal. Seitdem hat Allen (1922) diese Beobachtungen weiter ausgedehnt und durch eine Reihe ausgezeichneter Mikrophotographien klar gezeigt, daß es die β-Zellen und nicht die α-Zellen sind, die die Involutionserscheinungen aufweisen. In Abb. 5 sieht man das Mikrophotogramm eines noch 14 Tage nach der Entfernung des übrigen Pankreas im Körper verbliebenen Restes, bei dem eine ausgesprochene hydropische Degeneration der Inselzellen vorhanden ist (D. J. Bowie).

W. B. Martin beschreibt nach der Benutzung spezieller Farbstoffe (neutrales Äthylviolett-Azofuchsin oder neutrales Äthylviolett-Orange) folgende vier Stadien: 1. Die β-Zellen erscheinen aufgetrieben und schärfer begrenzt, begleitet von einem Kleinerwerden der Granula; 2. Vakuolisierung der β-Zellen ohne Kernveränderungen; 3. Kernschrumpfung und Zerfall des Zellkörpers; 4. Verschwinden der β-Zellen.

In Verbindung mit dem Werk von Homans und Allen muß es betont werden, daß die Hypothese, daß Überbeanspruchung der zurückbleibenden Inselzellen für die in ihnen erscheinenden Veränderungen verantwortlich zu machen ist, nicht durch eine direkte Beweisführung unterstützt werden kann. Es gibt unseres Wissens keine andere animale Gewebsart, bei der infolge einer Überbeanspruchung strukturelle Veränderungen auftreten, die denen an den Inselzellen beobachteten ähnlich sind.

III. Die Langerhansschen Inseln der Fische und ihr Gehalt an Insulin.

1. Vergleichende Anatomie.

Es würde ganz unmöglich sein, an dieser Stelle eine vollständige Übersicht der zahlreichen Forschungen über die vergleichende Anatomie des Inselgewebes zu geben, wohl aber ist es von Bedeutung, den Arbeiten, die sich mit seiner Verteilung bei den Fischen beschäftigen, einige Aufmerksamkeit zuzuwenden.

Im Jahre 1846 beschrieb Stannius als Blutdrüsen bestimmte Gebilde in der Bauchhöhle von Teleostiern und verschiedenen anderen niederen Vertebraten, von denen späterhin Diamare (1899) zeigen konnte, daß sie mit den Langerhansschen Inseln der höheren Vertebraten identisch waren. Er stellte fest, daß man häufig drei oder vier von ihnen in der Nachbarschaft der Milz und der Leber finden kann und daß außerdem auch mehrere kleinere, gerade mit dem bloßen Auge noch wahrnehmbare, von dünnem und wenig entwickeltem Pankreasgewebe eingehüllt vorhanden sind. Bei gewissen Fischarten wie z. B. beim Seeteufel (*Lophius piscatorius*) und der Meersau (*Scorpaena scropha*) besitzen diese Zellgruppen eine eigene Kapsel, die sie offensichtlich vom Pankreasgewebe trennt; auch sind sie hier von solcher Größe, daß man sie leicht exstirpieren kann.

Diamare (1904) erkannte klar, daß die Zellen, aus denen diese Gebilde bestanden, mit denen der Langerhansschen Inseln des Pankreas der höheren Vertebraten übereinstimmten, und er versuchte auch zu zeigen, daß sie ein inneres Sekret produzierten, welches den Kohlehydratstoffwechsel beeinflußte. Zu diesem Zwecke zerrieb er die großen Inselorgane von *Lophius* mit Glasstaub und extrahierte sie mit destilliertem Wasser. Es zeigte sich, daß dieser Extrakt die Hydrolyse einer gekochten Stärkelösung nicht beeinflußte, wohingegen ein Extrakt aus Pankreasgewebe als Kontrolle eine deutliche Diastasewirkung aufwies. In einer anderen Reihe von Versuchen, bei denen Inselextrakte von *Scorpaena* benutzt wurden, beobachtete er Anzeichen einer geringen Glykolyse in einer Traubenzuckerlösung. In einer späteren Veröffentlichung stellte Diamare ausdrücklich fest, daß die Langerhansschen Inseln im Körper eine endokrine Funktion in Verbindung mit dem Zuckerstoffwechsel haben und daß ein Zusammenhang zwischen Hyperglykämie, Diabetes und ihrer unzureichenden Funktion besteht. Noch vor Diamares Arbeiten wies Massari (1898) auf mögliches Inselgewebe beim Aal, *Anguilla vulgaris*, hin, er beschrieb zwei Zellarten, die chromatophilen und die achromatophilen Zellen. Weitere Arbeiten über die niederen Vertebraten findet man in der Monographie von Laguesse (1906).

Ungeachtet der beträchtlichen Literatur, die sich bis 1904 auf diesem Gebiete angesammelt hatte, bestanden erhebliche Meinungsverschiedenheiten über die wahre Natur dieser Gebilde, als in diesem Jahre Rennie eine wichtige Arbeit „Die epithelialen Inseln im Pankreas der Teleostier" veröffentlichte, die Diamares Gesichtspunkte entschieden unterstützte. Rennie untersuchte die Inselorgane bei 25 Arten von Teleostiern und fand gewöhnlich eine Insel von relativer Größe und konstanter anatomischer Lage bei jeder Fischart, der er den Namen „Hauptinsel" gab[1]). Bei einigen Arten fand sich nur ein solches Gebilde, während bei anderen sich mehrere zeigten, die aber in ihrer Zahl nicht konstant waren, wohl aber war immer eine größere unter ihnen. Durch den Vergleich verschiedener Fische konnte Rennie verschiedene Grade des Zusammenhanges zwischen insulären und acinösen Zellen unterscheiden und er kam dabei zu dem Schluß, daß sowohl die Hauptinseln als auch die anderen getrennten Inselorgane in direkter Beziehung zu den Langerhansschen Inseln des Säugetierpankreas stehen[2]).

Auch betonte er, daß manchmal Pankreaselemente (zymogenhaltiges Gewebe) in die Inseln eindringen, wobei die beiden Zellarten durch Bindegewebe getrennt sind. Von Interesse zu wissen ist, daß bei bestimmten Fischen, so bei *Pholis gunnellus* und *Zoarces viviparus*, Pigment, welches im Peritoneum und längs den mesenterialen Blutgefäßen vorkommt, auch in den Kapseln der Inseln enhalten ist. Ebenso wird auf die ungewöhnlich reiche Blutversorgung der isolierten Inseln angespielt, wenn auch keine ins einzelne gehende Beschreibung der cytologischen Charakteristik der Zellen gegeben wird. Rennie war vollständig davon überzeugt, daß die Inseln eine innersekretorische Funktion hätten; in einer späteren Arbeit zusammen mit Fraser (1907) werden eine Reihe von Versuchen angeführt, in denen es unternommen wurde, zu beweisen, ob Inselextrakte die Art der Glykolyse von Zuckerextrakten beeinflußten und ob die Symptome des menschlichen Diabetes damit zum Verschwinden gebracht werden konnten. Auf diese spätere Arbeit ist schon früher hingewiesen worden.

Aus dem vorhergehenden kurzen Überblick ist ersichtlich, daß als ein Resultat hauptsächlich anatomischer Forschungen eine große Wahrscheinlichkeit einer Übereinstimmung zwischen den Gebilden, die wir beim Säugetier als Langerhanssche Inseln kennen, und den Hauptinseln der Teleostier besteht. Bevor diese Identität festgelegt werden konnte, war es notwendig darzutun,

---

[1]) 1903 brachte er eine vorläufige Mitteilung, nachdem er sechs Arten von Fischen untersucht hatte.

[2]) Der Kürze halber bezeichnen wir als Hauptinseln sowohl die von Rennie so bezeichneten als auch die anderen isolierten Inselorgane.

ob erstens die Zellen beider dieselben cytologischen Eigenschaften besaßen und zweitens, ob das funktionelle Verhältnis in Hinsicht auf den Kohlehydratstoffwechsel auch das gleiche war. Mit Rücksicht auf die cytologischen Charakteristika der Zellen kann gesagt werden, daß zu dieser Zeit (1904) die histologischen Methoden noch nicht genug in den Einzelheiten entwickelt waren, um eine uns jetzt wohlkekannte Tatsache zu zeigen, nämlich daß in den Langerhansschen Inseln wenigstens zwei Zellarten vorhanden sind, von denen keine in einer Beziehung zu den zymogengranulaführenden Zellen zu stehen scheint. Wahr ist, daß verschiedene Beobachter, unter ihnen auch Laguesse und Diamare, erkannt hatten, daß zwei Zellarten existierten, ohne aber klare Hinweise zu geben, wie sie mit Sicherheit unterschieden werden konnten. Erst durch die Arbeiten von Lane (1907) wurden die Unterscheidungsmerkmale endgültig festgelegt und die beiden Zellarten als α- und β-Zellen bezeichnet.

Slater Jackson nahm unter Zuhilfenahme dieser Methoden die histologische Untersuchung der Fischinseln wieder auf (1922). Er konnte zeigen, daß im Pankreas der Elasmobranchier (*Raja*) α- und β-Zellen unterscheidbar waren und auch, daß diese beiden Zellarten in den Hauptinseln der Teleostier (*Pholis gunnellus*) vorkamen. N. A. Mc Cormick (1924) untersuchte an die 90 Arten von Fischen und fand bei der größten Mehrzahl Hauptinseln. Bei den verschiedenen Arten bestanden beträchtliche Verschiedenheiten in bezug auf Lage, Größe und Zahl der Inseln, ebenso traten interessante Tatsachen über das Verhalten des zymogengranulaführenden zu dem insulären Gewebe zutage. Zwischen Fischen verschiedener Ordnungen wurden unterschiedliche Arten der Verteilung beobachtet, wenn auch keine allgemeinen Regeln festgelegt werden konnten, so bestand doch augenscheinlich ein gewisser Grad eines Zusammenhanges zwischen der Form und Lokalisation der Inseln und der angenommenen Klassifizierung der Fische.

Wenn man diese vergleichenden Untersuchungen anstellt, ist es von Vorteil, daran zu denken, daß im Pankreas der Elasmobranchier das Inselgewebe in Form von großen irregulären Massen in das kompakte und scharf abgegrenzte Pankreasgewebe eingebettet ist, wie es bei den Säugetieren der Fall ist. Auch stehen sie in einer einfachen Verbindung mit dem Gangsystem der

Drüse. Bei den Glanzschuppenfischen, deren Artunterschied von den Elasmobranchiern nicht sehr groß ist, ist das Pankreas mit Inseln besetzt und zeigt in der Form eines kompakten Gewebes die Tendenz, sich in der Umgebung der Portalgefäße auszubreiten, ohne ihnen aber in die Leber zu folgen. Bei den niederen Arten der Teleostier sind die Inseln in Massen von zymogengranulaführendem Gewebe eingebettet, welches beim Aufsteigen in der Reihe immer diffuser zu werden scheint und zu einer Einwanderung in anderes Gewebe neigt, so besonders in die Leber. Mc Cormick und Bowie beobachteten bei *Ameiurus lacustris* einen Vorgang, den man als einen Schritt in dem Isolationsprozeß der Inseln vom Pankreas ansehen könnte. Im Mesenterium fanden sich zahlreiche kleine (Durchmesser 1 mm), grauweiße, ovale Körperchen, die im Schnitt zeigten, daß sie aus einem Kern von Inselzellen, der von einer dicken Lage von acinösem Gewebe ohne eine fibröse Membran umgeben war, bestanden. Ebenso findet man eine einzelne große Insel, die von eingewanderten Streifen zymogenen Gewebes durchzogen ist. *Pollachius virens*, der zu einer höheren Ordnung gehört, zeigt eine weitgehendere Isolation des Inselgewebes. Bei einer genauen Untersuchung fand sich ein großes, etwas abgeflachtes Gebilde im Mesenterium, das mit der Gallenblase verbunden war; gelegentlich beobachtete man eine Teilung in zwei Körperchen. Die Hauptmasse besteht aus Inselzellen, sie ist von zymogengranulahaltigem Gewebe umgeben, das zum Teil das Inselgewebe durchsetzt. Im Schnitte hat man den Eindruck einer von verzweigten Reihen zymogengranulaführenden Gewebes durchsetzten Inselgewebsmasse, wobei die zymogenen Gewebselemente ihren Ausgang von einer dicken Kapsel gleicher Art nehmen. Ähnliche Verhältnisse in bezug auf insuläres und zymogenes Gewebe wurden bei einer großen Anzahl der gemeinen Fische wie dem Schellfisch (*Melanogrammus aeglefinus*), dem Kabljau (*Gadus callarias*) und *Merluccius bilinearis* entdeckt. Bei vielen anderen Fischen wie *Lophius piscatorius, Myoxocephalus, Pholis gunnellus* und *Pseudopleuronectes americanus* bestehen eingekapselte Inseln, die offenbar nicht von zymogenem Gewebe durchwachsen sind; die vollständigste Isolation besteht vielleicht bei *Zoarces* und *Myoxocephalus*. Eine vollständige Übersicht der Beziehungen des insulären und zymogenen Gewebes findet sich in der oben erwähnten Arbeit von Mc Cormick.

2. Der Gehalt der Inselkörper der Fische an Insulin.

Macleod (1923) zeigte, daß es möglich war, durch alkoholische Extraktion der Hauptinseln von *Lophius piscatorius*, *Myoxocephalus* und anderen Teleostiern große Mengen Insulin zu gewinnen,

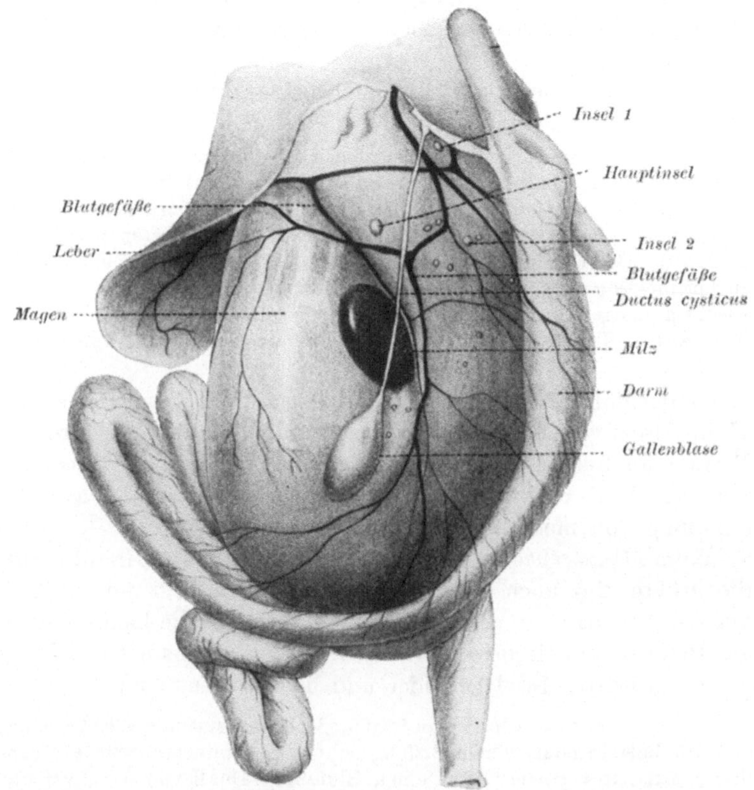

Abb. 6. Die Lage der „Hauptinseln" bei *Lophius piscatorius*. (Nach J. Kennie.)

wohingegen nur wenig oder überhaupt nichts aus dem zymogenen Gewebe extrahiert werden konnte. Bei *Lophius* findet man zwei große Inseln (s. Abb. 6), von denen nach der Beschreibung von Kennie die eine konstant ist und im Mesenterium in der Nachbarschaft der Milz an dem auffällig langen Gallenausführungsgang gelegen ist. Die größte Insel wiegt ungefähr $^1/_2$ g. Eine andere, etwas kleinere Insel, liegt in der Nähe des Pylorus und ist gewöhnlich von einer Anzahl sehr kleiner im Mesenterium verstreuter begleitet. Das Pankreasgewebe umgibt in Form von Streifen die mesenterialen und portalen Venen, mit dem bloßen Auge kann man in ihm wenigstens im unteren Mesenterium keine Inseln unterscheiden, obwohl Slater Jackson bei mikroskopischer Untersuchung gelegentlich kleine Ansammlungen von Inselzellen entdeckte.

Die bemerkenswerte Wirkung eines Hauptinselextraktes zeigen die folgenden Resultate:

Von 1,15 g frischer Inseln wurden nach Vertreiben des Alkohols 12 ccm Extrakt erhalten, von dem einen Kaninchen mit Durchschnittsgewicht 2 ccm injiziert wurden. Daraufhin fiel der Blutzucker innerhalb einer Stunde von 0,108 vH auf 0,042 vH und in einer weiteren Stunde auf 0,024 vH. Das Kaninchen bekam typische Krämpfe, die durch Traubenzuckerinjektionen vorübergehend zurückgingen um 2 Stunden später wieder aufzutreten, als der Blutzucker wieder auf 0,025 vH gefallen war. Eine zweite Traubenzuckerinjektion stellte das Tier vollkommen wieder her.

In nachfolgenden Versuchen, bei denen große Quantitäten von Hauptinseln von *Lophius* extrahiert wurden, konnten viel größere Beträge an Insulin erhalten werden, die nach Berkefeldfiltration von Dr. W. R. Campbell mit ausgezeichnetem Erfolge zur Behandlung von menschlichem Diabetes benutzt wurden.

Beim *Myoxocephalus* finden sich gewöhnlich zwei Hauptinseln, die größte und auch konstanteste von ihnen liegt unmittelbar vor der Milz nahe an der Vena portae, während die kleinere nahe am Pylorus sitzt, in dessen Nachbarschaft meistens noch mehrere gerade sichtbare Inselchen hier und da verstreut sind.

Ein Extrakt dieser Inseln (in toto 0,58 g) betrug nach der Entfernung des Alkohols 12 ccm; einem 2,25 kg schweren Kaninchen wurde 1 ccm dieses Extraktes injiziert, was einen Blutzuckerabfall von 0,092 vH auf 0,042 vH zur Folge hatte. Es entwickelten sich Krämpfe und ein tiefes Koma, wobei der Blutzucker weiter auf den verschwindend geringen Betrag von 0,010 vH abfiel. Traubenzuckerinjektionen stellten das Tier vorübergehend wieder her, sie mußten aber zur Wiederherstellung des Normalzustandes mehrfach wiederholt werden.

Pankreasextrakte von *Lophius* und *Myoxocephalus*, die aus großen Mengen von Pankreasgewebe, das vom unteren Mesenterium verschiedener Fische präpariert wurde, genau auf dieselbe Weise gewonnen wurden, hatten sogar nach Injektion der ge-

samten Extraktes einen geringen Effekt auf den Blutzucker,
wenn überhaupt von einem solchen die Rede sein konnte.

So z. B. ergab das gesamte Pankreasgewebe zweier Exemplare von
Lophius nach dem Eindampfen 5 ccm, die gesamte Menge wurde einem
2,4 kg schweren Kaninchen injiziert. Eine Stunde nach der Injektion
zeigte der Blutzuckerspiegel noch seinen Ausgangswert (0,124 vH), nach
einer weiteren Stunde war er auf 0,110 gefallen: In einem anderen Falle
wurde Pankreasgewebe von *Myoxcephalus* extrahiert, dieser Extrakt
rief einen geringen Blutzuckeranstieg im Laufe einer Stunde von 0,110 vH
auf 0,118 vH hervor, der von einem weiteren Anstieg in 3 Stunden auf
0,124 vH und in 4 Stunden auf 0,156 vH gefolgt wurde.

Durch diese Resultate wurde die Hypothese, daß das Insulin,
wie ja auch sein Name sagt, von den insulären und nicht den
zymogenen Gewebsarten des Pankreas herstammt, entschieden

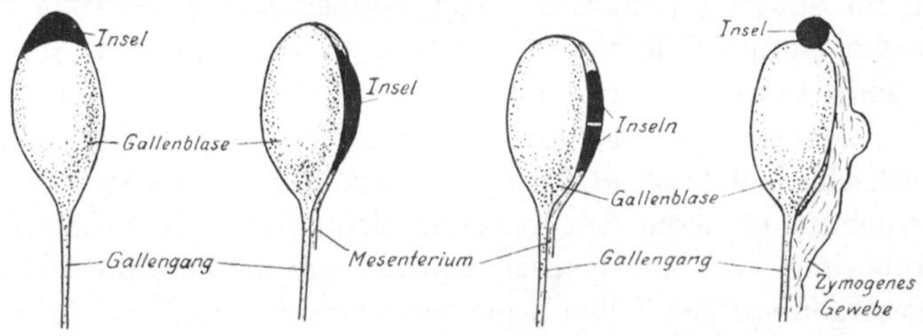

Abb. 7. Die Lage der „Hauptinseln" in Beziehung zur Gallenblase bei einigen
gewöhnlichen Fischen (McCormick).

augenscheinlich gemacht. Weitere Untersuchungen haben gezeigt,
daß aus den Inseln des Dorsches und Schellfisches ungeachtet
ihrer Verbindung mit Zymogengewebe sehr große Mengen an
Insulin dargestellt werden können, wenn man sowohl die Alkoholmethode als auch die Pikrinsäuremethode benutzt. In der Tat
waren die Erträge so groß, daß Mc Cormick und Noble (1924)
Untersuchungen über die Möglichkeit einer kommerziellen Aus-
beutung anstellten. Es gelang, besonders vom Dorsch, ein Insulin
von hoher Reinheit bei verhältnismäßig geringen Ausgaben her-
zustellen. So erhielt man beispielsweise von einem Gesamtgewicht
von 22 000 Pfund Fisch 2400 klinische Einheiten, d. h. 109 Einheiten auf 1000 Pfund zu einem Preise von weniger als 1 Pfennig
die Einheit. Nach der sorgfältigen Erforschung der kommerziellen
Möglichkeiten und nach Erwägung der Schwierigkeiten in bezug
auf das Einsammeln der Inseln durch ungeübtes Personal, kamen

3*

Mc Cormick und Noble zu dem Schluß, daß die fabrikmäßige Herstellung von Insulin aus Fischen in Ländern mit einer großen Fischindustrie, die ununterbrochen das ganze Jahr im Gange ist, rentabel sein müßte. Die allgemeine Verteilung der Inseln der gewöhnlichen Fische ist aus Abb. 7 ersichtlich.

3. Die cytologischen Charakteristika der Fischinseln.

Die vollständigste Darstellung der Zellcharakteristika der Hauptinseln stammt von D. J. Bowie (1924). Schon Diamare, Laguesse und Rennie beschrieben diese Eigenschaften soweit es ihnen mit den damaligen Färbemethoden möglich war. Sie, als auch Slater Jackson, der modernere Methoden benutzte, erbrachten Beweise, daß die Zellen denen der Langerhansschen Inseln im Säugetierpankreas gleichzustellen waren. Bowie studierte die Hauptinseln von *Neomaenis griseus*, indem er sie mit einer modifizierten Zenkerlösung (mit 2 vH Essigsäure) fixierte und sie mit einem neutralen Farbgemisch, welches aus Äthylviolett und Biebrichscharlach bestand, färbte. Als am besten brauchbar für die Untersuchung erwiesen sich Inseln mittlerer Größe. Bei schwacher Vergrößerung wird eine Kapsel sichtbar, um die herum eine Zone von zymogenhaltigen Zellen liegt, deren Granula groß und intensiv dunkel gefärbt sind. Von der Kapsel der größeren Inseln ziehen Trabekel nach innen zwischen die Inselzellen, die das Bild etwas verwirren; bei den kleineren Inseln, die keine Trabekel haben, findet sich eine mehr oder weniger unregelmäßige zentrale Zone von dicht granulierten Zellen, die von einer peripheren Zone weniger granulierter Zellen umgeben ist. Nach einer näheren Untersuchung mit stärkerer Vergrößerung in Schnitten, die mit Biebrichscharlach oder auch nach Chrom-Sublimatfixation mit neutralem Gentianaviolett oder Eosin-Methylenblau gefärbt worden waren, kommt Bowie zu dem Schluß, daß die Zellen der Zentralzone den α-Zellen des Säugetierpankreas entsprechen, während die der peripheren Zone aus zwei Varietäten bestehen, von denen die eine mit den β-Zellen übereinstimmt und die andere eine Zellart (γ-Zellen) darstellt, die im Säugetierpankreas entweder gar nicht nachweisbar oder spärlich vorhanden ist (Abb. 8).

Die α-Zellen sind dicht mit Granula angefüllt, die sich nach Bowies Färbung, mit Eosin-Methylenblau und neutralem Gentianaviolett blau färben. Sie variieren beträchtlich an Zahl in den verschiedenen Inseln und

fehlen zuweilen ganz in sehr kleinen. Nach Fixation mit dem Laneschen
α-Zellenfixativ färben sich nur allein diese Zellen blau. Die α-Zellen sind
oft in Form von gedrehten Säulen angeordnet, die einzelnen Zellen sind
mehr oder weniger birnenförmig und grenzen mit dem dünneren Ende
an ein Blutgefäß. Wird eine dieser Zellsäulen quer getroffen, so erkennt
man eine rosettenförmige Anordnung der Zellen um das zentrale Blutgefäß. Die Kerne befinden sich auf der entgegengesetzten Seite zu dem
Blutgefäß in dem breiteren Ende der Zelle, sie sind oft oval in der Form
und ihre Längsachse steht rechtwinkelig zu der Zelle. Zuweilen sind nicht
alle die Blutgefäße umgebenden Zellen der α-Varietät zugehörig, sondern

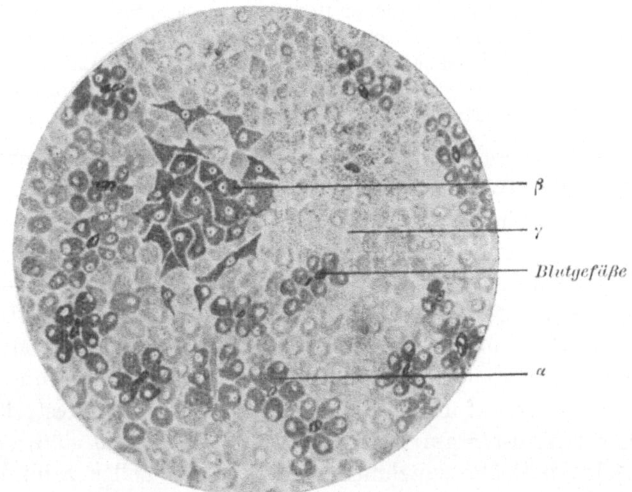

Abb. 8.　Schnitt einer kleinen Hauptinsel von *Neomaenis griseus*, Färbung: Äthylviolett
und Biebrich-Scharlach, Vergr. 360 (D. J. Bowie).

auch untermischt mit anderen Arten, besonders in den den größeren
Inseln ist die Beziehung der α-Zellen zu den Blutgefäßen nicht so ausgesprochen. Die β-Zellen, von denen man glaubt, daß sie die Quelle des
Insulins im Säugetierpankreas darstellen, färben sich in den Hauptinseln nach der Bowie-Färbung purpurrot und nach der modifizierten
Zenkerschen Fixierung mit Eosin-Methylenblau ziegelrot. Sie sind nicht
so dicht granuliert wie die α-Zellen und haben entweder eine periphere
Lage oder befinden sich in der Nähe der Trabekel, wenn solche vorhanden
sind. Auch sind sie unregelmäßiger in der Form als die α-Zellen und besitzen manchmal lange Fortsätze, die sich zwischen die anderen Zellen
(Gamma) erstrecken. Obgleich nicht so regelmäßig als bei den eigenartig
angeordneten α-Zellen, so kommen doch auch Gruppierungen von β-Zellen
in gewissen Inseln in Form kompakter Haufen vor. Eigenartigerweise
sind die β-Zellen weniger zahlreich als die α- und γ-Zellen, auch zeigen

sie gewöhnlich keine so klaren Beziehungen zu den Blutgefäßen. Die Granula sind etwas größer als die der anderen Zellen der Inseln, einige mögen sogar die Größe kleiner Zymogengranula erreichen, was einen beeinflussen könnte, sie als Übergangsformen zum acinösen Gewebe anzusehen. Der Kern ist gewöhnlich rund und hat einen acidophilen Nucleolus in seiner Mitte.

Die γ-Zellen, die vielleicht den von Bensley im Säugetierpankreas beschriebenen gleich sind, färben sich mit der Bowie-Färbung und mit Eosin-Methylenblau leuchtend rot. Sie sind weitgehend für das hellere Aussehen der Außenzone der Inseln verantwortlich. Das Aussehen dieser Zellen ist viel weniger gut charakterisierbar als das der anderen Zellarten, mit denen sie in verschiedener Beziehung stehen, sie sind entweder gleichmäßig zwischen ihnen verstreut oder auch zusammen in losen Haufen, in denen Blutgefäße nicht sichtbar sind. Der Kern nimmt eine zentrale Lage ein, ist sphärisch oder elliptisch in seiner Form und enthält einen oder mehrere kleine Nucleoli.

Abgesehen von den eben beschriebenen eingekapselten Inseln, kann man auch sehr kleine Ansammlungen von Inselzellen verstreut zwischen den zymogenen Zellen beobachten, die von keiner Kapsel umgeben sind. In einer Reihe sofgältiger Untersuchungen einer großen Anzahl von Präparaten konnte Bowie niemals irgendeinen Nachweis von Übergangsformen, wie sie Laguesse beschrieb, bringen. Er glaubt, daß die Inselzellen von den Epithelien der kleinsten Ausführungsgänge ihren Ursprung nehmen.

In bezug auf ihr Vorhandensein stellte Bowie fest, daß in den kleinsten Inseln am meisten γ-Zellen vorhanden sind. Wenn die Inseln an Größe zunehmen, werden die β-Zellen zahlreicher und α-Zellen erscheinen nach der Mitte zu. Ein Kontakt zwischen α- und β-Zellen ist selten, und es ist möglich, daß die γ-Zellen, die zwischen ihnen liegen, als der Ursprung der α-Zellen, wenn nicht auch der β-Zellen anzusehen sind. Bensley gab auch der Meinung, daß die von ihm im Meerschweinchenpankreas beschriebenen γ-Zellen als Quelle der α-Zellen anzusehen seien, Ausdruck.

4. Die Wirkung der Entfernung der Inseln.

Bei *Myoxocephalus* ist es ein Leichtes, die beiden größten Hauptinseln, ohne das Pankreasgewebe zu berühren, herauszuschneiden.

Zu diesem Zwecke wählt man Fische von einem Durchschnittsgewicht von 1 kg; nachdem man sie in feuchte Tücher eingewickelt hat, wird das Abdomen geöffnet und die beiden Hauptinseln werden durch Beiseiteziehen der Därme sich zugänglich gemacht und nach einer Massenligatur des Gewebes, in dem sie liegen, herausgeschnitten. Die ganze Operation einschließlich der Naht der Bauchwunde nimmt eine Zeit von 15 Minuten in Anspruch. Die Fische schwimmen unmittelbar nach der Operation in normaler Weise umher, wenn sie in Seewasser zurückgebracht werden.

Mc Cormick und ich (1924) fanden durch Bestimmung des Zuckers im Blut, das durch Herzpunktion bei in verschiedenen Zeitintervallen herausgenommenen Fischen gewonnen wurde, eine hochgradige Hyperglykämie, die bis zu elf Tagen nach der Operation andauerte. Dies rechtfertigt allerdings noch nicht den Schluß, daß die Inselexstirpation die einzige Ursache dieser Hyperglykämie ist, da wir bei anderen Fischen gefunden haben, daß das Aussetzen an die Luft wie es zu der Operation erforderlich ist, für

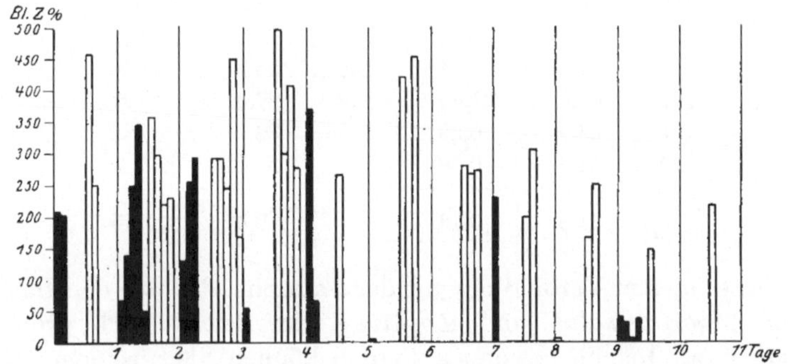

Abb. 9. Die weißen Säulen stellen den Blutzuckergehalt in Proben dar, die bei Myoxocephalus an verschiedenen Tagen nach der Exstirpation der Inseln entnommen wurden. Die schwarzen Säulen stellen den Blutzucker von Kontrollfischen dar.

sich allein eine ausgesprochene Hyperglykämie hervorruft, die zweifellos durch die Asphyxie bedingt ist. Aber diese dauerte nicht länger als im äußersten Falle fünf Tage und war im Durchschnitt nicht annähernd so hoch, wie die der insellosen Fische. Die Resultate dieser Beobachtungen finden sich in Abb. 9, wo die weißen Säulen die Zuckerprozentzahlen der operierten Fische und die schwarzen die der Kontrollen angeben, auf der Abszisse ist die Zeit in Tagen nach der Operation angegeben. Erwähnt mag werden, daß bei anderen Untersuchungen, die Dauer der Asphyxiewirkung bei *Myoxocephalus* betreffend, der Blutzucker innerhalb von vier Tagen zur Norm (zwischen 0,010 und 0,035) zurückgekehrt war.

Simpson hat neuerdings zweifellos nachgewiesen, daß diese Hyperglykämie von den Inseln abhängig ist, außerdem ist ein weiterer Beweis dafür, daß dieses Symptom bei Fischen wie bei den Säugetieren von anderen für den Diabetes charakteristischen begleitet ist, durch die Tatsache gegeben, daß die Lebern der insellosen Fische weniger Glykogen und mehr Fett enthielten als die der Kontrolltiere. Dies ist aus der folgenden Tabelle zu ersehen.

Inselexstirpation			Kontrollen		
Nr.	Fett vH	Glykogen vH	Nr.	Fett vH	Glykogen vH
259	19,4	0,54	166	5,7	3,30
198	21,8	0,30	168	12,8	0,10
165	29,4	0,14	287	14,3	Spur
146	35,3	0,30	130	15,2	0,19
157	37,4	1,34	136	26,8	6,36
117	42,0	Spur	142	27,6	0,05
151	43,0	0,20	276	32,7	0,24
140	54,0	0,56			
Durchschnitt	35,3	0,42		18,6	1,46

Alles dies in Verbindung mit der Tatsache, daß aus den Inseln von *Myoxocephalus* und *Lophius* sehr leicht viel größere Mengen an Insulin gewonnen werden können als aus dem Pankreas, läßt wenig Zweifel über die Inseln als Insulinquelle zu. Die geringeren Quantitäten an Insulin, die in anderen Geweben enthalten sein sollen, werden wahrscheinlich auf dem Blutwege zu ihnen gebracht und dort aufgestapelt. Auf jeden Fall ist es niemals gezeigt worden, daß das Herausschneiden irgendeines anderen Gewebes als des Pankreas der Säugetiere und der Hauptinseln der Fische eine dauernde Hyperglykämie verursachen kann. Um die Beweiskette der Hypothese der Inselfunktion zu schließen, würde es wünschenswert sein, sich zu überzeugen, ob eine Injektion von Insulin (gewonnen aus den Hauptinseln) die Hyperglykämie der inselexstirpierten Fische herabdrücken könnte. Versuche in dieser Richtung sind im Gange.

5. Übersicht über die Wahrscheinlichkeit der Tatsache, daß Insulin von den Inseln herstammt.

Verschiedene Forscher betrachteten die Inseln als von den Acini abstammend, und tatsächlich wurde behauptet, daß die ersteren nichts anderes als Gruppen erschöpfter Acinuszellen seien. Zur Unterstützung dieser Ansicht glaubten einige ein relatives Anwachsen der Inselzahl dadurch demonstrieren zu können, daß sie die äußere Sekretion durch Sekretinjektionen dauernd reizten (H. H. Dale), während andere (Swale Vincent und Thompson) durch Unterdrückung dieser Funktion durch langen Hunger dasselbe bezwecken wollten. Diese Untersuchungen wurden vor den Arbeiten von Lane und R. R. Bensley ausgeführt, die gezeigt hatten, daß für eine solche Anschauung kein Grund vorhanden ist, wenn man die Erkennung der Zellen nicht bloß von dem Fehlen der Zymogengranula, sondern vielmehr von der Anwesenheit spezifischer Granula und anderer cytologischer Merkmale abhängig macht. Wie Bensley betont hat, ist die Bedeutung der endgültigen Lösung dieser Frage an sich eine viel größere, als wenn es sich nur um die Beziehung des Pankreas zum Kohlehydratstoffwechsel handelte; denn wenn zwei Zellarten nichts mehr als dieselbe anatomische Struktur in verschiedenen Aktivitätsstadien darstellten, würde das eine Herausforderung der Lehre bedeuten, daß Verschiedenheit der Zellstruktur ein Beweis von Funktionsdifferenzen ist. Wahr ist, daß eine dritte Möglichkeit besteht, nämlich daß dieselben Zellen in einem Stadium als Quelle der äußeren Sekretion und in einem anderen als die einer inneren Sekretion dienen. Diesen Gesichtspunkt verteidigte Laguesse. Er setzt voraus, daß eine vikariierende Beziehung zwischen Acini und Inseln besteht und als Beweis beschreibt er Übergangsformen zwischen diesen beiden Zellarten. Nach seiner Ansicht werden, wenn der Bedarf an Insulin anwächst, Inselzellen auf Kosten der acinösen gebildet und vice versa. Entsprechend diesem Gesichtspunkte sezerniert die Acinuszelle nicht gleichzeitig Insulin und Pankreassaft, wohl aber mag sie eine Funktion aufgeben und dabei ihre anatomische Struktur ändern, um dann die andere Funktion aufzunehmen. Drei vollständig verschiedene Gesichtspunkte sind in Hinsicht auf die physiologisch-anatomischen Beziehungen der Pankreaszellen aufgestellt worden: 1. Daß alle dieselbe Funktion haben; 2. daß zwei sowohl in bezug auf den Bau als auch die Funktion vollständig verschiedene Gruppen bestehen; 3. daß eine Art in die andere, sowohl was Funktion als auch was den Bau anbetrifft, übergehen kann.

Die vergleichend anatomischen Studien über die Inselorgane,

ihr Gehalt an Insulin und der Effekt ihrer Exstirpation bringen die große Wahrscheinlichkeit zum Ausdruck, daß sowohl physiologisch als auch anatomisch Acini und Inseln so verschieden und getrennt voneinander sind, wie der Vorder- und Hinterlappen der Hypophyse oder Mark und Rinde in der Nebenniere oder Parathyreoidea und Schilddrüse. Diese Wahrscheinlichkeit mag wie folgt zusammengefaßt werden:

1. Das Inselgewebe gewisser Teleostier z. B. *Myoxocephalus* und *Lophius* ist vollständig von einer Kapsel umgeben. Wenn zufällig irgendwelche zymogenen Zellen in der Nähe der Hauptinsel liegen, sind sie vollständig getrennt von den Zellen, aus denen diese besteht.

2. Bei anderen Fischen (*Pollachius*, *Gadus* usw.) kann eine beträchtliche Menge zymogenen Gewebes in der direkten Umgebung der Hauptinsel beobachtet werden, aber entweder liegt es außerhalb ihrer Kapsel oder ist vom Inselgewebe durch fibröses Gewebe, aus denen die Trabekel, mit denen zusammen zymogene Zellen in die Inseln vordringen, bestehen, getrennt.

3. Durch sehr sorgfältige Untersuchungen an Pankreasschnitten von Tieren, bei denen eine nahe Beziehung zwischen Inselgewebe und Acini besteht und wo die Schnitte mit besonderen zur Differenzierung des Inselgewebes entwickelten Methoden fixiert und gefärbt waren, konnten Bowie und andere Forscher die Feststellungen von Laguesse, daß Übergangsformen zwischen insulären und azinösen Zellen bestehen, nicht bestätigen.

5. Macht man einfache Säurealkoholextrakte der Inselorgane von *Myoxocephalus*, *Lophius* oder *Pseudopleuronectes*, in denen sich nur Spuren von zymogenen Zellen finden, so erhält man einen sehr hohen Betrag an Insulin, wohingegen Extrakte des praktisch inselfreien Pankreasgewebes dieser Fische keinen oder einen nur sehr geringen Ertrag an Insulin geben. Dies ist an sich noch kein Beweis, daß im zymogengranulaführenden Gewebe nicht auch Insulin vorhanden ist, denn es mag entweder durch die Pankreasfermente zerstört worden sein oder es mögen die für das Inselgewebe zureichenden Methoden für das zymogene Gewebe unzureichend sein. Tatsächlich waren Swale, Vincent, Dodds und Dokens in der Lage mit der Pikrinsäuremethode aus dem Zymogengewebe von *Lophius* Erträge an Insulin zu erzielen, die ein Fünftel bis ein Siebentel dessen der Inseln betrugen

(bei gleichen Gewichtsmengen). Auch aus anderen Drüsen wie der Parotis und den Hoden der Säugetiere konnten sie und andere große Mengen Insulin extrahieren. Aber das tut der Beweisführung keinen Eintrag, da auch diese Forscher zugestehen, daß die bei weitem größten Insulinmengen aus den Hauptinseln gewonnen werden, mit denen aber nur geringe Mengen von zymogenem Gewebe verbunden sind. Es ist ja durchaus möglich, daß das Insulin in allen aktiven Körperzellen in einer physiologisch inaktiven Form vorhanden ist, wo es vorübergehend aufgespeichert wird; gebildet wird es aber in den Inselzellen, wenn auch Spuren von ihm in anderen Geweben, zu denen es auf dem Blutwege gekommen ist, gefunden werden.

5. Nach Entfernung der beiden Hauptinseln bei *Myoxocephalus* steigt der Blutzucker auf mehr als das Zwanzigfache und bleibt auf dieser Höhe so lange diese Tiere am Leben erhalten werden können (bis zu einundzwanzig Tagen). Das überschreitet bei weitem die Zeit, während der Asphyxie für die Störung des Kohlehydratstoffwechsels verantwortlich gemacht werden kann.

Es ist wahr, daß acinöse und insuläre Zellen von derselben Embryonalanlage abgeleitet werden, aber es hat sich als sehr schwierig erwiesen die Entwicklung durch alle Stadien zu verfolgen. R. M. Pearce und neuerdings W. C. M. Scott haben viel zur genauen Kenntnis dieses Gebietes beigetragen. Der letztere hat bei *Myoxocephalus* und *Pseudopleuronectes* gezeigt, daß der embryonale Sproß, aus dem sich die Inseln bilden, sehr früh eine endgültige Struktur zeigt, und von den Zellen, die späterhin zu acinösen werden, getrennt bleibt. Beide Zellarten haben augenscheinlich denselben embryonalen Ursprung. Sie können sich aber, nachdem sie einmal differenziert sind, nicht in die andere Form zurückverwandeln. Es ist möglich, daß rudimentäre Reste der ursprünglichen Mutterzellen während des ganzen Lebens vielleicht in Verbindung mit den Ausführungsgängen erhalten bleiben, so daß neue acinöse oder insuläre Zellen sich von ihnen aus entwickeln können; es ist dies von Interesse, wenn man die Möglichkeit betrachtet, daß eine solche Entwicklung angereizt werden könnte, sobald ein dringendes Bedürfnis nach dem besonderen inneren Sekret, das diese Zellen produzieren, entsteht. Auf diese Art ist es möglich, wenn die innersekretorische Funktion des Pankreas durch krankhafte Zerstörung der Inselzellen gehemmt ist, daß von den Ausführungsgangepithelien neue gebildet werden und die mangelhafte Funktion wenigstens teilweise wiederhergestellt wird.

Ein Vergleich der Inselverteilung im Pankreas der Elasmobranchier mit der in den Pankreasresten der Säugetiere nach einer Ausführungsgangunterbindung gibt der Regenerationsmöglichkeit der Inseln eine Stütze. Unglücklicherweise können diese Untersuchungen nur am Kaninchen und Meerschweinchen gemacht werden. Bei diesen Tieren sind aber Stoffwechseluntersuchungen schwer ausführbar und beim Kaninchen ist es auch unmöglich einen genügend großen Teil des Pankreas, um einen Diabetes zu erzeugen, zu entfernen.

IV. Pankreatektomie.

Obgleich verschiedene der früheren Forscher, angeregt durch die klinischen Beobachtungen, daß bei schwerem Diabetes pathologische Veränderungen des Pankreas gewöhnlich sind, versuchten durch Pankreasexstirpation bei Tieren diesen Zustand hervorzurufen, wurde doch bis zum 22. Mai 1889 kein erfolgreiches Resultat berichtet. An diesem Tage verkündeten von Mering und Minkowski ihre wohlbekannte Entdeckung und 1893 beschrieb Minkowski die Einzelheiten der Pankreasexstirpation zusammen mit einer vollständigen Schilderung des daraus resultierenden diabetischen Zustandes. Zwischen der vorläufigen Mitteilung (im Jahre 1889) und der endgültigen Arbeit (1893) erschienen zwei andere auf die kurz hingewiesen werden soll, da sie die Daten verschiedener bedeutender Entdeckungen enthalten. Sie erschienen als Vorlesungen in den Jahren 1890 und 1892; in ihnen stellt Minkowski fest, daß eine partielle Exstirpation des Pankreas keinen Diabetes hervorruft, vorausgesetzt, daß mehr als ein Zehntel der Drüse im Körper zurückgelassen wird; ferner, daß weder die Schädigung des benachbarten Nervengewebes noch die Unterbindung der äußeren Sekretion der Drüse für das Auftreten des Diabetes verantwortlich zu machen sind. Bei einem Hund, dem neun Zehntel seines Pankreas entfernt worden waren, trat eine leichte Form von Diabetes auf, das Tier schied Zucker aus, wenn es mit Kohlehydraten gefüttert wurde, nicht aber wenn es Fleisch und Milch bekam. Es ist dies eine

Art von experimentellem Diabetes, dem Sandmeyer (1895) und später F. M. Allen 1913) ihre Aufmerksamkeit zugewandt haben.

Minkowski schrieb den Mangel an Erfolg verschiedener Autoren, die versucht hatten seine Resultate zu bestätigen, entweder der unvollständigen Exstirpation der Drüse oder der Tatsache zu, daß das Tier die unmittelbare Wirkung der Operation nicht überstand; auch zeigte er, daß die angebliche Erzeugung eines Diabetes durch Speicheldrüsenexstirpation nur eine vorübergehende operative Glykosurie war.

Es wurde auf die Bedeutung eines konstanten $D:N$ Quotienten bei hungernden oder fleischgefütterten Tieren als ein Zeichen der Zuckerbildung aus Eiweis hingewiesen, auch wurde in bezug auf das Verschwinden des Zuckers aus dem Urin der pankreaslosen Tiere im letzten Stadium die Ansicht geäußert, daß es sich um ein Zurückgehen der Zuckerbildung aus Eiweiß handeln könne. Die Möglichkeit, daß irgendein anderes Organ eine antidiabetische Funktion entwickeln könne, wurde verneint. Beim Vergleich des Pankreasdiabetes mit dem Phlorrhizindiabetes wurde die wichtige Tatsache gefunden, daß wenn man einem pankreasdiabetischen Hunde Phlorrhizin gibt, nicht nur die gesamte ausgeschiedene Zuckermenge ansteigt, sondern daß auch dieser Anstieg über den des Stickstoffes hinausgehen kann, was einen Anstieg des $D:N$ Quotienten über den des Diabetes hinaus zur Folge hatte; ein Ergebnis, welches man der größeren Durchlässigkeit der Niere Zucker gegenüber zuschrieb. In der Diskussion der wesentlichen Ursachen des Pankreasdiabetes kam Minkowski zum Schluß, daß irgendeine spezielle Funktion des Pankreas dafür verantwortlich zu machen sei; um diese Ansicht zu stützen wies er auf zuerst von ihm ausgeführte Versuche hin, in denen nach der Implantation eines Pankreasstückes in die Bauchwand die nachfolgende Exstirpation des Pankreas keinen Diabetes zur Folge hatte, der aber einsetzte, wenn auch das Transplantat exstirpiert wurde. Auf Grund dieser Resultate betrachtete es Minkowski als unwahrscheinlich, daß das Pankreas einen lokalen Einfluß auf den Zuckergehalt des Blutes bei dessen Durchgang durch die Drüse habe und das darauf die antidiabetische Wirkung des Pankreas beruhe, sondern er kam zu dem Schlusse, daß diese Drüse irgendeinen Stoff in das

Blut sezernieren müsse, der irgendwo im Körper den Zuckerstoffwechsel beeinflußt. Somit spricht er klar die Hypothese einer inneren Sekretion des Pankreas aus, ohne aber der schon vorher von Lépine ausgesprochenen Ansicht, daß dieses innere Sekret als ein glykolytisches Ferment wirke, beizutreten.

In dem Bericht über seine Forschungen im Jahre 1893, der sicher eine der besten je auf dem Gebiete medizinischer Wissenschaft veröffentlichten Arbeiten ist, findet sich eine vollständige und kritische Anführung seiner eigenen Arbeiten und auch derer anderer Autoren.

Nach einer Beschreibung der Methoden der operativen Pankreasentfernung beim Hunde und Schweine kommt er zur Feststellung, daß eine Pankreatektomie beim Kaninchen unmöglich ist, weil dessen Pankreas über das Mesenteruim ausgebreitet ist. Die Operation ist einfach bei Vögeln (Tauben und Gänsen), wird aber nicht von einer Glykosurie gefolgt, wenigstens nicht bei den pflanzenfressenden Arten. Bei fleischfressenden Vögeln andererseits (Habicht) berichtet Weintraud von dem Entstehen einer Hyperglykämie und Glykosurie. Bei Fröschen erhielt man zweifelhafte Resultate.

In einem Überblick über die D : N - Quotienten betont Minkowski, daß abweichende Werte nicht ungewöhnlich sind, und er führt als Beispiel an, daß er nur bei vorher schlecht gefütterten Hunden nach der Pankreatektomie allmählich auf 2,8 ansteigt, während er bei gut genährten für wenige Tage über diesem Niveau sein kann. Die Glykogenvorräte des Körpers sind die Quelle des frühauftretenden Zuckers, die geringen Schwankungen des Quotienten, die nach Erschöpfung der Glykogenvorräte auftreten, müssen durch die ungleiche Ausscheidungsgeschwindigkeit des vom Eiweiß abstammenden Zuckers und Stickstoffes erklärt werden. Diese Unregelmäßigkeit des D : N - Quotienten zusammen mit einer mangelhaften Resorption vom Darm eines mit Zucker gefütterten diabetischen Tieres aus macht es schwierig, den Anteil des gefütterten Zuckers aus der im Urin ausgeschiedenen Gesamtmenge zu berechnen.

Zur Durchführung solcher Versuche empfiehlt Minkowski, die Tiere auf einer Fleischdiät zu halten, bis der D : N - Quotient konstant ist, bevor man Zucker verabreicht. Von der ausgeschiedenen Gesamtmenge muß dann die vom Eiweiß abstammende aus dem vorher beobachteten D : N - Quotienten berechnete Zuckermenge abgezogen werden. Es ist ganz augenscheinlich, daß diese Berechnung ungenau wird, wenn eine eiweißsparende Wirkung auftritt, da nun aber die Ansicht, daß beim Diabetes die Gewebe die Fähigkeit Kohlehydrate zu verbrennen verloren haben, zum Teil auf die Resultate der Minkowskischen Versuche aufgebaut sind, so ist es wesentlich einige seiner Resultate hier zu betrachten.

In der ersten Beobachtung war der D : N - Quotient vor der Zuckergabe 1,7, nach der Eingabe von 15 g Traubenzucker wurden 34,5 g Zucker und 11,8 g Stickstoff ausgeschieden, also wurden 34,5—11,8 × 1,7 = 14,4 g der eingegebenen Menge wieder ausgeschieden. Während der nächsten 3 Tage wurde mit Hilfe der gleichen Berechnungsmethode eine Mehrausscheidung von 6 g gefunden. In einer zweiten Beobachtung war der D : N - Quotient 2,74, nach einer Gabe von 18 g Zucker enthielt der Urin an dem Tage 30,4 g Zucker und 4,44 g Stickstoff, also wurden 30,4—4,44 × 2,74 = 18,2 g wieder ausgeschieden. Auch hier wurden am nächsten Tage bei einer Fleischdiät 4,1 g Zucker mehr ausgeschieden. Die Protokolle des dritten und vierten Versuches sind entweder unzureichend für die Berechnung oder wegen einer entstandenen Diarrhoe unverwendbar. In keinem der beiden Versuche konnte der gesamte verabreichte Zucker im Urin wiedergefunden werden.

Minkowski zieht hieraus den Schluß, daß auf der Höhe des Diabetes keine bemerkenswerte Menge Zucker verbrannt werden kann; die Tatsache, daß der ausgeschiedene Betrag tatsächlich größer als der mit der Nahrung zugeführte ist, wird nicht erklärt. Bei der Erörterung der Ursache des gewöhnlich auftretenden Abfalles des D : N - Quotienten, sobald das Tier schwach wird, zeigt er, daß verfütterter Traubenzucker zeitweilig nicht mehr in toto wiedergefunden werden kann. Bei der Erörterung dieses Befundes neigt er zu der Ansicht, daß es eher eine Störung der Zuckerbildung aus Eiweiß als die Verbrennung eines Teiles des gebildeten Zuckers sei, der man den Abfall der Zuckerausscheidung zuschreiben müsse.

Die zahlreichen Untersuchungen über partielle Pankreatektomie und Pankreastransplantate, auf die wir schon vorher hingewiesen haben, werden in der Arbeit vom Jahre 1893 ins Einzelgehende angeführt, teils um zu zeigen, daß alle Grade des menschlichen Diabetes mellitus experimentell reproduziert werden können, teils um die Frage nach den Beziehungen zwischen der äußeren und inneren Sekretion des Pankreas etwas zu beleuchten. Er kommt zu einer Übereinstimmung mit Thiroloix, daß keine Beziehung zwischen den beiden Sekretionen besteht; so daß zum Beispiel eine starke äußere Sekretion eines Transplantates nach einer Zeit aufhören kann, ohne daß dabei irgendeine Veränderung in dem diabetischen Zustand eintritt.

Wenn man die von den Duodenalgefäßen zu einem subkutanen Pankreastransplantat gehenden Blutgefäße unterbindet, kommt es bestimmt zu einer Entwicklung diabetischer Symptome, ein Anzeichen dafür, daß die neuen Gefäßverbindungen für die Erzeugung und den Transport des inneren Sekretes unzureichend sind.

Der Durchschnitts-D:N-Quotient, wie man ihn bei einem vollkommen pankreaslosen Hunde findet, ist kleiner als der, den man erhalten müßte, wenn der gesamte Kohlenstoff des Eiweißes in Zucker verwandelt würde. Ist es nun aus diesem Grunde möglich, daß ein Teil des aus Eiweiß gebildeten Zuckers doch im Körper verbraucht wird? Um diese Frage aufzuklären gab Minkowski drei pankreaslosen Hunden Phlorrhizin[1].

Zwei von ihnen waren schon sehr schwach, als das Phlorrhizin gegeben wurde und sie überlebten ebenso wie auch der dritte, der in einem besseren Zustande war, die Phlorrhizingabe nicht länger als einen oder zwei Tage. Immerhin schieden die Tiere während dieser kurzen Zeit verhältnismäßig mehr Zucker aus als Stickstoff, was doch zu zeigen scheint, daß nach der Pankreasexstirpation nicht aller Zucker ausgeschieden wird. Fernerhin sind zwei Punkte der Phlorrhizinwirkung bemerkenswert, nämlich, daß nach der ersten Dose (nicht aber nach der zweiten) die Zuckerausscheidung vor der Stickstoffausscheidung anstieg, so, daß der D:N-Quotient einen höheren Anstieg als er theoretisch vom Eiweiß aus möglich war, aufwies. Sowohl die Entfernung der Speicheldrüsen als auch des Duodenums verursachten eine vorübergehende Glykosurie und nur wenn später das Pankreas exstirpiert wurde, trat ein richtiggehender Diabetes auf.

Die Untersuchung der Wirkung verschiedener außer Traubenzucker verfütterter Kohlehydrate führte in bezug auf die Lävulose zu einem interessanten Ergebnis. Nach einer Gabe von 15 g erschienen nur 0,4 g als solche im Urin verbunden mit einem zweifelhaften Anstieg des Traubenzuckers; bei größeren Mengen von Lävulose wurde im Urin zusammen mit Traubenzucker viel mehr ausgeschieden. Gab man Innulin, das Polysacharid der Lävulose, so wurde ungefähr die Hälfte der in ihm vorhandenen

---

[1] Minkowski weist hier auf die Versuche hin, bei denen die Wiedergewinnung von eingegebenem Zucker keine vollständig klaren Resultate gab.

Lävulose als Traubenzucker ausgeschieden. Lävulose wird also zum Teil verbraucht, zum Teil in Traubenzucker umgewandelt und teils unverändert ausgeschieden. Auf die gleiche Art gegebener Rohrzucker und auch Milchzucker riefen nur einen Anstieg der Traubenzuckerausscheidung hervor.

Tötete man die Tiere drei bis sechsundzwanzig Tage nach der Pankreasexstirpation, so fanden sich nur noch Spuren von Glykogen in der Leber, auch wenn vorher Brot oder Traubenzucker verfüttert worden waren (4 Fälle). Andererseits fand man nach Verfütterung von Lävulose beträchtliche Mengen von Leberglykogen in einem Falle und einemäßige Menge in einem anderen. Hédon (1891) konnte bei fünf pankreaslosen Hunden auch kein Glykogen in der Leber nachweisen. Hinzugefügt mag werden, daß Cruickshank (1913) neuerdings nicht in der Lage war, nach der Verfütterung von Lävulose eine Glykogenablagerung in der Leber nachzuweisen.

Nach der Erörterung der verschiedenen Gesichtspunkte über den Mechanismus der Pankreaswirkung in Hinsicht auf die Verhütung des Diabetes (wie z. B. die Intoxikationstheorie, die lokale Wirkung des Pankreas und Lépines Glykolysetheorie) schlägt Minkowski folgende möglichen Erklärungen vor: 1. Daß die Verwandlung von Zucker in Glykogen einen wesentlichen und vorläufigen Schritt zu seinem Verbrauch im Gewebe darstellt und daß dieser Vorgang einer „inneren Sekretion" des Pankreas bedarf, die entweder am Zucker selbst oder an den Zellen der Leber oder Muskeln angreift. Die Glykogenbildung aus Lävulose kann eintreten, ohne daß dazu aus irgendeinem Grunde der Pankreaseinfluß notwendig ist; 2. daß das Pankreas entweder auf irgendeine Art am Gewebe angreift und es zur Bildung einer Verbindung mit dem Zuckermolekül veranlaßt oder daß es an einer losen Zuckerverbindung, in der Traubenzucker in der Zirkulationsflüssigkeit vorhanden ist, angreift und so den Zucker für die Verbrennung in den Geweben freimacht.

Die Ausscheidung von Acetonkörpern war in Minkowskis Beobachtungen kein ausgesprochenes Merkmal. Bei drei von fünf Fällen wurde β-Oxybuttersäure (2,4 g) im Urin ausgeschieden, nachdem der Diabetes zwei oder drei Wochen bestanden hatte und die Zuckerausscheidung der stark abgemagerten Tiere sehr viel geringer geworden war als vorher. Möglicherweise ist im

Organismus sehr viel mehr gebildet worden, denn es zeigte sich, daß bei einem pankreaslosen Hunde nach Eingabe von 10 g oxybuttersaurem Natrium nur 0,4 g im Urin wiedergefunden wurden, deren Ausscheidung von soviel Karbonaten begleitet war, daß der Urin alkalisch wurde. Es wird der Meinung Ausdruck gegeben, daß die β-Oxybuttersäure ein Vorläufer des aus Eiweiß entstehenden Zuckers sein könnte oder daß sie nur dann entsteht, wenn die Zuckerbildung aus dieser Quelle gestört wird. Minkowski glaubt, daß die zweite Möglichkeit die wahrscheinlichere ist. Komplikationen wie Peritonitis, Nekrose des Duodenums, Abszesse usw. können von einem ausgesprochenen Zurückgehen der Zuckerausscheidung gefolgt sein.

In einer 1908 erschienenen Arbeit diskutiert Minkowski die Frage, ob das pankreaslose Tier vollständig die Fähigkeit der Zuckerverwertung verloren hat oder nicht, in diesem Zusammenhange wird auf die Versuche von Allard (1908) und von Seo hingewiesen.

Seo hatte gefunden, daß die Zuckerausscheidung eines teilweise pankreaslosen Tieres nach Muskelarbeit geringer wurde, wohingegen ein vollständig pankreasloses nur eine geringe Änderung aufwies, bis auf Fälle, bei denen infolge des langen Hungers oder von Infektion der Ruhewert des D : N-Quotienten niedrig war und wo dann nach der Arbeit der D : N-Quotient und der absolute Betrag des Traubenzuckers beträchtlich anstiegen (der D : N-Quotient kann bis auf 4,3 ansteigen). Minkowski kommt zu der Schlußfolgerung, daß bei vollständigem Fehlen des Pankreas kein Mehrverbrauch von Zucker möglich ist. Allard untersuchte das Wiedererscheinen injizierten Traubenzuckers. Bei einem Hunde, der, obwohl der D : N-Quotient nur um 1,0 war, als vollständig pankreaslos beschrieben wird, wurde 1,0 g Zucker mehr ausgeschieden als injiziert worden waren, während bei einem anderen, dem etwas von dem Pankreas gelassen worden war, nicht der gesamte injizierte Zucker wiedererschien; die Resultate sind nicht sehr überzeugend.

Fernere Arbeiten über die Wirkung der Pankreasexstirpation wurden von zahlreichen anderen Forschern veröffentlicht und wir wollen hier auf die von Pflüger, Hédon, Verzar und Murlin hinweisen.

Pflüger (1907) beobachtete, daß die Abtrennung des Pankreas vom Duodenum beim Frosch von einer Glykosurie gefolgt war, obgleich dies nicht eintrat, wenn nur die Blutgefäße zwischen ihnen unterbunden wurden: er folgerte daraus, daß die antidiabetische Funktion des Pankreas durch einen Nervenplexus

in der Duodenalwand kontrolliert würde. Versuche das gesamte
Duodenum bei Hunden zu exstirpieren hatten keinen Erfolg,
obwohl Weintraud vorher gezeigt hatte, daß die Entfernung
des unteren Teiles des Duodenums (zusammen mit dem übrigen
Dünndarm) nur eine vorübergehende Glykosurie verursachte.
Ehrmann (1907) gelang es Hunde nach der vollständigen Entfernung des Duodenums bis zu einer Woche am Leben zu erhalten,ohne daß er mehr als eine postoperative Glykosurie beobachten konnte. Pflüger wollte aus nicht einzusehenden Gründen
diese Beweisführung nicht als bindend anerkennen, so daß Minkowski es unternahm, die Frage zu entscheiden. Er exstirpierte
das Duodenum zusammen mit dem Kopf und Mittelteil des Pankreas, der Schwanzteil wurde entweder *in situ* gelassen oder als
Transplantat unter die Haut verpflanzt. Es wurde nur eine
postoperative Glykosurie beobachtet und erst wenn der zurück-
gebliebene Teil des Pankreas in einer zweiten Sitzung entfernt
wurde, stellte sich ein richtiggehender Diabetes ein. Diese Tatsache erledigt ein für alle Male die Pflügersche Idee, daß ein
im Duodenum gelegenes Nervenzentrum für die antidiabetische
Wirkung des Pankreas notwendig ist.

Hédon (1910) betont in einem allgemeinen Überblick über
die innersekretorische Funktion des Pankreas, daß die Trans-
plantationsexperimente, wie sie von Minkowski und von
Mehring und in ähnlicher Weise auch von ihm ausgeführt
wurden, nicht vollständig die Möglichkeit einer Reizung der
sensorischen Nerven im Pankreas selbst ausschließen, die dann
Impulse auf die Zentren, welche die glykogenetischen und glykolytischen Funktionen der verschiedenen Organe kontrollieren,
übertragen und so das Gleichgewicht des Zuckerstoffwechsels
aufrechterhalten, wie es sich uns im Blutzuckerspiegel darbietet.
Es wird als möglich angesehen, daß afferente Impulse, die an
den glykogenetischen und glykolytischen Zentren angreifen, in
verschiedenen Organen entstehen können (Claude Bernard
nahm das z. B. für die Lunge an). Die im Pankreas entstehenden
sind zur Unterhaltung eines Tonus dieser Zentren wesentlich und
nur ein Teil der Drüse, als Transplantat zurückgelassen, genügt
für diesen Zweck.

Obgleich Durchtrennung der ursprünglichen Gefäßverbindung
zwischen dem Transplantat und dem Duodenum, wie es auch

Minkowski beobachtet hatte, oft von einem Diabetes gefolgt
wird, — weil die zwischen Transplantat und Gewebe neugebildeten
Gefäße nicht genug entwickelt waren —, so fand Hédon doch
bei einigen Tieren, daß diese Gefäßverbindung durchtrennt werden
konnte, ohne daß ein Diabetes entstand. Das schließt eine Übertragung der afferenten Impulse auf dem Wege des Stieles aus, wohl
aber bleibt die Möglichkeit einer Übertragung auf dem Wege von
zugleich mit den Blutgefäßen neugebildeten Nervenfasern zum
Pankreas offen. Im Hinblick auf diese Möglichkeiten versuchte
Hédon einen unangreifbaren Beweis auf folgende Art zu erhalten:

Er anastomosierte die Arterie und Vene des *Processus uncinatus* des
Pankreas eines großen Hundes mit der Arteria carotis und der Vena jugularis eines kleineren Hundes, dem vorher das Pankreas exstirpiert worden
war, ohne daß ein Zurückgehen der Glykosurie bei dem letzteren festzustellen war. Hierauf sammelte er 320 ccm Blut aus der Vene des Processus uncinatus, ließ es gerinnen und injizierte das auf diese Weise gewonnene Serum in die Schenkelvene des diabetischen Tieres, doch wiederum ohne einen Erfolg auf die Zuckerausscheidung zu erzielen. Da nun
das vermutliche innere Sekret entweder durch den Gerinnungsprozeß
zerstört sein konnte oder die zum Auffangen des Blutes nötige Zeit zu
lang war, wurde eine direkte Transfusion frischen Blutes von einem
großen normalen Hunde in einen kleinen pankreaslosen durch eine Gefäß-
anastomose der Arteria carotis und der Vena jugularis der beiden Tiere
vorgenommen. Das kleinere Tier (8 kg) wurde auf eine Wage gelegt und
es wurden ihm 375 ccm Blut entnommen, darauf wurde so lange transfun-
diert, bis das Ausgangsgewicht erreicht war; diese Prozedur wurde dreimal
wiederholt. Der ursprüngliche Blutzuckerwert betrug 0,390 vH und nach
jeder der Transfusionen fanden sich die Werte 0,312, 0,243 und 0,240.
Obwohl der Blutzuckerspiegel nicht auf den Normalwert gebracht werden
konnte, so wurde doch die Glykosurie sehr deutlich vermindert und Hédon schloß daraus, daß die Durchlässigkeit der Niere Zucker gegenüber
geringer geworden sein müsse. Doch könnte dies auch der nach der
Transfusion bemerkten Hyperthermie und Albuminurie zugeschrieben
werden. Endlich stellte Hédon auch eine gekreuzte Zirkulation zwischen
den beiden Carotiden des diabetischen und normalen Tieres her und fand
während der Zeit, wo diese unterhalten wurde (bis zu 10 Stunden), daß
der Blutzucker der beiden Tiere annähernd der gleiche wurde, zwischen
0,2 und 0,3 vH; im diabetischen Tier war er etwas höher als im Normaltier, die Glykosurie des Diabetestieres verminderte sich und oft bestand
auch teilweise Anurie. Auch im Normaltier entwickelte sich eine geringe
Zuckerausscheidung. Nach der Trennung der beiden Tiere stieg in dem
Pankreaslosen die Zuckerausscheidung sehr rapide wieder an.

Hédon betrachtet diese Resultate als einen weiteren Beweis
für die Permeabiltitätsänderung der Niere für Zucker infolge

der Transfusion von Normalblut in ein diabetisches Tier. Auch gibt er die Hypothese einer nervösen Reflexverbindung zwischen Pankreas und Leber nicht auf, durch die die glykogenetische Funktion der letzteren kontrolliert wird. Er hält den Reflex für einen peripheren, da ja bei Tieren, denen das Halsmark durch-schnitten ist, nach Pankreasexstirpation der gewöhnliche Diabetes sich einstellt.

Lépines Hauptbeiträge zur Kenntnis des Pankreasdiabetes waren die Befunde, daß die sogenannte glykolytische Wirkung des Blutes geringer war als normalerweise und daß Maltose im Blute auftreten konnte. Er glaubte, daß das Pankreas ein inneres Sekret produziert, welches die Glykolyse begünstigt. Andere Beobachter haben keinen Erfolg in der Bestätigung dieser Be-funde gehabt. Auch verneint er eine Milderung der diabetischen Symptome durch Injektion von frischen Pankreassuspensionen und stellt fest, daß eine Bluttransfusion von einem normalen Tier in ein pankreasloses nur vorübergehend die Zuckerausscheidung reduziert, aber keine Einwirkung auf die Hyperglykämie hat.

Wenn wir uns nun einer anderen Seite des Problems zu-wenden, nämlich ob das pankreaslose Tier vollkommen die Fähig-keit der Zuckerverbrennung verloren hat, so mag auf die Versuche von Macleod und Pearce (1913) und Verzár (1913/1914) hingewiesen werden. Unser Interesse wurde durch die Schluß-folgerungen von Knowlton und Starling (1912) geweckt, die sie zuerst aus ihren Beobachtungen am isolierten Säugetierherzen (Herz-Lungenpräparat) zogen, nämlich daß entschieden weniger Zucker aus der Durchblutungsflüssigkeit verschwand, wenn man das Herz eines pankreaslosen Tieres benutzte, als es beim Normal-tier der Fall war. Wir betrachteten diesen Unterschied als einen allein durch das Herz bedingten, auch sollte das genau so beim Einschluß der anderen Muskeln sein; ein derartiges Präparat wurde nun durch die Unterbindung aller zur Leber und den Ein-geweiden führenden Gefäße hergestellt. Unter diesen Umständen fällt, wie es früher schon von Bock und Hoffmann, Pavy (1903) und Macleod (1909) beobachtet worden war, der Blutzucker allmählich ab. Obgleich die Schnelligkeit des Abfalles bei den verschiedenen Tieren beträchtlich variierte, so fanden wir im Durchschnitt doch in dieser Hinsicht keinen Unterschied bei nor-malen und pankreaslosen Tieren.

So war der Durchschnittszuckerverbrauch in Beobachtungen an elf nichtdiabetischen Tieren 1,63 mg pro Minute und bei zehn diabetischen 1,86 mg pro Minute.

Kurz nach diesen Versuchen veröffentlichte Verzár zum Teil zusammen mit Fejér Untersuchungen, in denen dieses Problem durch Messungen des respiratorischen Quotienten angegangen wurde. Der Anstieg des Quotienten, der beim normalen Hunde einer intravenösen Traubenzuckerinjektion folgt, fand sich bis zu vier Tagen nach der Pankreasexstirpation, von dieser Zeit an hatte Traubenzucker keine Wirkung mehr, ein Zeichen, daß die Fähigkeit der Kohlehydratverbrennung verloren gegangen sein mußte. Er betrachtet dieses Resultat als unabhängig von einer Unfähigkeit des Organismus auf Zuckerzusätze zu der Zirkulationsflüssigkeit, die ohnehin schon mehr Zucker enthielt, als von den Geweben verbraucht werden konnte, die Zuckerverbrennung noch zu steigern. Wenn das der Fall wäre, dann dürfte der Quotient auch nicht nach der Zuckerinjektion am zweiten Tage angestiegen sein, wo der Blutzucker schon ein sehr hohes Niveau erreicht hatte. Hinzugefügt mag werden, daß diese Beobachtungen an kurarisierten, bei konstanter Temperatur unter künstlicher Atmung gehaltenen Tieren gemacht wurden und daß in jedem Falle dieselben Mengen einer isotonischen Traubenzuckerlösung pro Kilo Körpergewicht injiziert wurden.

Die Fähigkeit der Lävuloseoxidation, die auf Grund derselben Kriterien beurteilt wurde, blieb viel länger als beim Traubenzucker bestehen.

Da die meisten Autoren darin übereinstimmen, daß die Glykogenvorräte drei bis vier Tage nach der Pankreasexstirpation erschöpft sind, so scheint es, daß, wenn eine Zuckerverbrennung stattfinden soll, diese Substanz noch in der Leber vorhanden sein muß.

Partielle Pankreatektomie.

Wie schon betont worden ist, hat man der teilweisen Entfernung des Pankreas beim Hunde eine große Aufmerksamkeit zugewandt und zwar wegen der Ähnlichkeit der danach folgenden Symptome mit denen des menschlichen Diabetes. Läßt man einen bestimmten Anteil der Drüse entweder als Transplantat, oder, was noch besser ist, in seiner normalen Lage um den Hauptausführungsgang zurück, so zeigt möglicherweise das Tier zuerst keine diabetischen Symptome, sogar wenn es eine Kohlehydratdiät bekommt; späterhin entwickelt sich dann ein Diabetes, der an Schwere immer mehr zunimmt bis das Tier endlich stirbt. F. M. Allen (1913) hat ausgedehnte Untersuchungen über diese Form des experimentellen Diabetes angestellt und in seinem Buch eine bewundernswerte Übersicht über diejenigen früherer Forscher auf demselben Gebiete gegeben.

Es sind folgende besondere Probleme, die mit Hilfe dieser Methode erforschbar sind: 1. Die strukturellen Veränderungen der sezernierenden Zellen des im Körper zurückgebliebenen Pankreasanteiles (Homans, Allen, Bowie). Ein Hinweis auf diese Arbeiten findet sich in diesem Buche (S. 28). 2. Der Einfluß verschiedener Bedingungen auf die Schnelligkeit der Entwickelung eines schweren Diabetes.

Die Bedeutung dieser Kenntnisse vom praktischen Standpunkte aus braucht wohl kaum betont zu werden. Die wichtigsten Beiträge zu diesen Forschungen sind von Allen selbst gemacht worden.

Er fand, daß mit dem Zurücklassen von einem Viertel des Pankreas (um den Hauptausführungsgang, der nicht unterbunden ist, herum) ein offensichtliches Zurückgehen der Zuckertoleranz verbunden ist, wie es sich durch subcutane Zuckerinjektionen zeigen läßt. Diese verminderte Zuckertoleranz wird noch ausgesprochener, wenn nur ein Fünftel der Drüse zurückgelassen wird, obwohl sich auch da noch bei einer kohlehydratreichen Diät keine diabetischen Symptome entwickeln. Ist der zurückgelassene Rest ein Sechstel, so kann sich ein Zustand (Diabetes levis) entwickeln, bei dem das Tier bei einer Kohlehydratdiät Zucker ausscheidet, während es bei Fleischdiät zuckerfrei ist. Mit einem so großen Rest sind die diabetischen Symptome gewöhnlich nur vorübergehende. Sogar ein Zehntel der Drüse kann genug sein, um das Tier gegen einen Diabetes zu schützen, allerdings wird gewöhnlich die Entfernung bis auf ein Achtel bis Zehntel von einer schweren Form (Diabetes gravis) gefolgt. In diesem Zustand besteht eine dauernde Zuckerausscheidung, auch wenn die Diät nur aus Fleisch besteht. Es bestand im Erfolg kein Unterschied, ob der zurückgelassene Teil aus einer kompakten Masse, die den Hauptausführungsgang umgab, oder aus einem langen schmalen Streifen bestand.

Der Zustand eines Diabetes levis kann in den eines Diabetes gravis übergehen, und es ist doch augenscheinlich wichtig, die Einflüsse, die diese Veränderung hervorrufen, zu kennen. Der wichtigste von diesen ist die Diät. Hunde, bei denen man schwere

Verdauungsstörungen vermeidet, indem man den Pankreasrest noch mit dem Ausführungsgang im Zusammenhang läßt, sind für diese Art der Untersuchungen geeigneter als es mit denen von Minkowski und Hédon der Fall ist, wo der Rest als Transplantat von dem Darm getrennt war. Die ersten Beobachtungen dieser Art sind die von Thiroloix und Jacob (1912), die fanden, daß langdauernde Fütterung partiell pankreasloser Tiere mit Kohlehydraten zu einer permanenten Zuckerausscheidung führte, die auch durch eine nachfolgende Fleischdiät nicht zum Verschwinden zu bringen war. Allen betont die Tatsache, daß nicht alle Fälle von Diabetes levis durch Kohlehydratfütterung verschlimmert werden: im Gegenteil, einige können sich vollständig erholen, wenn auch eine subnormale Zuckertoleranz zurückbleibt. Dies würde scheinbar ein Anzeichen dafür sein, daß die Überanstrengung, die von dem zurückbleibenden Teile des Pankreas zur Produktion des für den Kohlehydratstoffwechsel nötigen innern Sekretes gefordert wird, zu seinem Zusammenbruch führt, aber es ist außerordentlich schwer zu beweisen, daß dies tatsächlich der Fall ist. Wenn dem aber so wäre, so würde das einen fast einzig dastehenden ätiologischen Faktor darstellen; das einzige andere Beispiel bei dem durch Überanstrengung eine Degeneration verursacht wird, ist uns durch einen Versuch Baranys bekannt, der am Nucleus acusticus strukturelle Veränderungen infolge langandauernder Schalleindrücke hervorrufen konnte. Allen erkennt diese Überlastungshypothese nicht ohne Reserve an, aber er übernimmt sie gewissermaßen als eine Sicherheit zur Behandlung des menschlichen Diabetes und kommt zu der summarischen Schlußfolgerung: „Hunde, die einen gewissen Anteil von Pankreasgewebe verloren haben, werden diabetisch, unabhängig von der Diät. Hunde, die einen genügenden Anteil von Pancreasgewebe zurückbehalten, werden niemals diabetisch, unabhängig von der Diät. Aber zwischen diesen beiden ist eine Übergangsgruppe, die mit einer Eskimodiät gesund weiter leben kann, aber mit einer Hindudiät bald einem fatalen Diabetes anheimfällt.‘‘

Vor den Arbeiten von Thiroloix und Jacob und von Allen wurden die Wirkungen der partiellen Pankreatektomie systematisch von Sandmeyer untersucht (1895).

V. Die Geschichte der Insulindarstellung.

1. Die früheren Versuche der Herstellung von Pankreasextrakten mit antidiabetischer Wirkung.

Obwohl man aus den frühesten Mitteilungen ihrer Untersuchungen nicht entnehmen kann, daß Minkowski und von Mering eine innere Sekretion des Pankreas als seine antidiabetische Wirkung im Sinne hatten, so mußte dies doch der Fall gewesen sein, da im Jahre 1892 Minkowski Ergebnisse von Versuchen mitteilte, in denen es ihm nicht gelungen war, irgendeine Heilwirkung von Extrakten exstirpierter Pankreasdrüsen, die man pankreasexstirpierten Tieren injizierte, zu beobachten.

Ermutigendere Ergebnisse waren mittlerweile von Caparelli erhalten worden, der fand, daß in Pankreasextrakten, die mit isotonischer Kochsalzlösung gemacht worden waren, etwas vorhanden war, das prompt die Zuckerausscheidung pankreasloser Tiere verminderte. Während der nächsten Jahre, bis 1898, suchten zahllose Forscher, angespornt teils durch die Entdeckung von Minkowski und von Mering teils durch die Kenntnis der Tatsache, daß die Darreichung von Schilddrüse die Symptome, die durch eine fehlende Funktion dieser Drüse verursacht sind, zum Verschwinden bringt, das hypothetische, antidiabetische Pankreashormon zu finden. Viele dieser Forscher waren Kliniker, die in der Regel die Pankreaspräparate nicht anders als per os gaben. Im Lichte unserer gegenwärtigen Kenntnis ist es daher nicht überraschend, daß ein Fehlschlagen der gewöhnliche Ausgang ihrer Untersuchungen war. Ausset (1895) bemerkte Besserungen sowohl beim pankreasdiabetischen Hunde als auch am diabetischen Patienten nach Gaben von rohem Pankreas, Bormann (l. c. Murlin) bestätigte dies durch subcutane Injektionen von rohem Pankreas. Diese günstigen Ergebnisse wurden von Vanni und Burzagli verneint, und so kommt man bei einer Übersicht der Forschungen dieser Zeit zu dem Schluß: wenige von ihnen verzeichnen ein zweifelhaft positives, die meisten aber ein vollständig negatives Resultat.

Von den Untersuchungen, die um 1898 herum erschienen, verdienen die von Hougounenq und Doyon, Hédon, Lépine und Blumenthal einige Aufmerksamkeit. Die beiden ersten dieser Forscher bereiteten Pankreasextrakte mit vielen verschiedenen Methoden und fanden sie vollständig ohne Erfolg, wenn sie einem pankreaslosen Tiere oral zugeführt wurden, ein Ergebnis, das von Hédon, der Glyzerinextrakte benutzte, bestätigt wurde. Lépine und Martz fanden, daß Injektion von normaler Hundelymphe, wenn man sie intravenös bei einem Kaninchen machte, einen gewissen Grad von Blutzuckersenkung zur Folge hatte, woraus sie den Schluß zogen, daß ein glykolytisches Ferment darin enthalten sein müsse. In diesem Stadium kam Blumenthal der Entdeckung des In-

sulins am nächsten. Er preßte mittels einer hydraulischen Presse einen
Saft aus dem Pankreas, den er mit Alkohol teilweise enteiweißte. Wenn
dieser Extrakt Laboratoriumstieren und diabetischen Patienten injiziert
wurde, so folgte darauf augenscheinlich eine gesteigerte Zuckerassimilation
(Assimilationsproben, aber es traten solch heftige, toxische Wirkungen
auf, daß nichts mehr nach diesen Untersuchungen nachkam.

Es kann wohl gesagt werden, daß während dem ersten Jahr-
zehnt dieses Jahrhunderts die einzigen Versuche einer Diabetesbehandlung mit Pankreaspräparaten von Rennie und Fraser,
sowie Lépine und Zülzer gemacht worden sind. Rennie und
Fraser benutzten die Hauptinseln von Knochenfischen und gaben
sie gewöhnlich entweder in rohem Zustande oder als Extrakte per
os, bei einem Falle injizierten sie eine Kochsalzemulsion subkutan;
die Ergebnisse führten zu keinem Schlusse.

Im Jahre 1909 wurde Lépines Buch veröffentlicht, in dem
die Untersuchungen seines Laboratoriums über die Beeinflussung
der Glykolyse im Körper durch ein inneres Sekret des Pankreas
beschrieben wurden. Die Versuche Pankreasextrakte zur Behandlung von Diabetes zu verwenden werden in folgendem
Satze zusammengefaßt:

„Mais les resultats n'ont nullement répondu aux espérances,
ce qui peut s'expliquer à l'aide de diverses hypothèses."

Bei weitem der größte Fortschritt wurde von Zülzer und
seinen Mitarbeitern gemacht, der sehr nahe an die Methode der
Insulindarstellung, wie wir sie heute kennen, herankam. Offenbar
in der Absicht, eine Ansammlung des inneren Sekretes in der
Drüse hervorzurufen, haben sie frisch gefütterten Kälbern die
Pankreasvenen eine Stunde bevor man sie tötete, unterbunden;
nach der Tötung wurde das Pankreas herausgeschnitten, zerkleinert, extrahiert und mit Alkohol behandelt, um einen einigermaßen von Eiweiß freien Extrakt zu bekommen. Nach Entfernung des Alkohols konnte man mit diesem Extrakt eine Adre-
nalinglykosurie beim Hunde vermindern und bei einem Tiere
auch eine solche nach Pankreasexstirpation. Zülzer schlug zur
Messung der antidiabetischen Wirkung seines Extraktes, der gewöhnlich intravenös gegeben wurde, als Maß vor, wieviel Adrenalin er, nach der Wirkung auf den Blutzucker beurteilt, neutralisieren könne. Er verabreichte diesen Extrakt, gewöhnlich
intravenös, acht diabetischen Patienten und fand, daß nicht nur
die Glykosurie und die Ketonurie sehr viel geringer wurden oder

verschwanden, sondern auch, daß zeitweilig eine Besserung des Allgemeinbefindens der Patienten ganz augenfällig war. Die Wirkungen zeigten sich nicht vor dem zweiten oder dritten Tage nach der Injektion, hielten dann aber mehrere Tage an. Unglücklicherweise dachte man, daß diese Extrakte Stoffe enthielten, die die toxischen Symptome mit Einschluß von Fieber verursachten; diese Symptome wurden von Forschbach, der die Extrakte an der Minkowskischen Klinik versuchte, als so alarmierend befunden, daß, obgleich sich die diabetischen Symptome besserten, man ihren ferneren Gebrauch zur Diabetesbehandlung ablehnte. Forschbach berichtete über günstige Erfolge des Extraktes am pankreaslosen Hunde. Das trügerische Pankreashormon war nahe daran, durch Zülzers Untersuchungen gefaßt zu werden und es ist wahrscheinlich, daß schon zu der Zeit „Insulin" regelrecht „auf Flaschen gezogen" worden wäre, wenn man dem Studium der Wirkung der Extrakte auf Laboratoriumstiere mehr Aufmerksamkeit zugewandt hätte, als der auf die diabetischen Patienten. Die an den letzteren beobachteten toxischen Symptome, obwohl sie nach der Beschreibung von Fieber begleitet waren, können doch sehr wohl hypoglykämische gewesen sein und es scheint sicher, daß eine intensivere Verfolgung der Laboratoriumsuntersuchungen durch die Offenbarung ihrer wahren Natur die Furcht, mit der diese Symptome bei den Patienten betrachtet wurden, aufgehoben haben würde.

Für einige Zeit nach Zülzers bedeutenden Untersuchungen teilten nur wenige den Glauben, daß ein Extrakt das antidiabetische Pankreashormon enthalten könnte. Leschke veröffentlichte negative Resultate und stellte sogar die Idee einer inneren Sekretion des Pankreas in Frage. Er zeigte, daß die Verdauungsfermente des Pankreas eine stark toxische Wirkung bei Tieren haben, und er versuchte diese durch Erhitzen der Extrakte zu verhindern, aber er zerstörte dabei wahrscheinlich auch das antidiabetische Hormon.

Der nächste wichtige Versuch war der von E. L. Scott, der der Idee, die vorher schon von Leschke geäußert worden war und auf die auch Cohnheim hingewiesen hatte, nachging, daß die äußeren (digestiven) Enzyme die antidiabetischen Hormone des Pankreas zerstören könnten. Deshalb beobachtete er Vorsichtsmaßregeln, um die Wirkung dieser Fermente zu verhüten. „Man hoffte die Anwesenheit der Verdauungsfermente durch die Atrophie der Drüse, die einer vollkommenen Unterbindung der Ausführungsgänge folgt, auszuschalten." Indem er nach verschiedenen Versuchen fand, daß die Atrophie der Drüse unvollständig war, änderte er den Plan seiner Untersuchungen, „in der folgenden Arbeit wurden diese Enzyme sofort durch einen hohen Prozentsatz von Alkohol inaktiviert und später durch eine lange Berührung mit starkem Alkohol abgetötet". Das Pankreas wurde in einem Mörser zerkleinert und bei 40° C mit Alkohol extrahiert, von dem soviel hinzugegeben war, um das Gemisch auf 85 vH zu bringen. Darauf wurde der Extrakt unter Unterdruck eingedampft und der Rückstand nach einer Ätherextraktion in 95 vH Alkohol gelöst, wieder eingedampft und der Rückstand in 0,85 vH NaCl-Lösung gelöst. Nach einer Injektion gab dieser Extrakt keine Anzeichen einer antidiabetischen Wirkung. Im Lichte der neueren Arbeiten ist es möglich, daß das aktive Prinzip entweder bei der Zerkleinerung des Pankreas oder bei der Präcipitation mit dem 85 proz. Alkohol verloren gegangen ist. Mehr Erfolg hatten weitere Versuche, bei denen alkoholgetränktes Pankreas im Vakuum zur Trockne eingedampft, der Rückstand mit absolutem Alkohol gewaschen und dann mit angesäuertem Wasser extrahiert wurde. Nach dem Trocknen wurde der Extrakt unter absolutem Alkohol aufgehoben. Wenn man Lösungen dieses Extraktes pankreaslosen Tieren injizierte, verursachten sie einen Abfall des Urinzuckers, bei einem Tier von 17,2 vH an dem Tage, wo die Injektion gemacht wurde, auf 8,9 vH am folgenden Tage, der D : N Quotient änderte sich von 2,53 vor der Injektion auf 1,93 nachher. Ebenso wird eine bestimmte Besserung des Allgemeinbefindens von drei der vier injizierten Tiere berichtet. Augenscheinlich war der Autor damit zufriedengestellt, daß der Extrakt den Urinzucker herabsetzte, dennoch sagt er: „Daraus folgt noch nicht, daß diese Wirkungen dem inneren Sekret des Pankreas in dem Extrakt zuzuschreiben sind."

Im Jahre 1913 faßte F. M. Allen den Erfolg der Arbeiten über die Anwendung von Pankreasextrakten in die Worte zusammen: „Alle Autoritäten stimmen über das Fehlschlagen der Organotherapie des Diabetes mittels des Pankreas überein." Dieser Forscher fand ähnlich wie Leschke, daß Extrakte verschiedener Organe, die mit einer schwachen Glyzerinlösung gemacht worden waren, nach subcutaner Injektion bei normalen Tieren verschiedene Grade von Glykosurie hervorriefen, wobei Pankreasextrakte keinen geringeren Effekt als die anderer Organe hatten. Durch diese Befunde beeinflußt wandte Allen bei der Durchsicht der Literatur seine Aufmerksamkeit mehr den negativen als den positiven Resultaten anderer Forscher zu.

Dennoch sehen wir, daß die fast durch ein Vierteljahrhundert nach der Veröffentlichung von v. Mering's und Minkowski's Entdeckung (1889—1913) fortgesetzten Versuche der Darstellung eines Pankreasextraktes, der das antidiabetische Hormon enthalten sollte, nicht vollständige Fehlschläge gewesen sind, obgleich sie nicht zu einem befriedigenden Ergebnis im praktischen Sinne führten. Es waren jedenfalls genug Erfolge vorhanden, um den Hoffnungsfunken, eines Tages doch das rätselhafte Pankreashormon zur Welt zu bringen, am Leben zu erhalten; diese Hoffnung wurde sehr durch übereinstimmende Untersuchungen von Anatomen und Physiologen bestärkt, worauf wir schon hingewiesen haben. Besonders Laguesse, Diamare und Schafer schulden wir viel Dank für ihr standhaftes Festhalten an dem Gesichtspunkte, daß es in erster Linie die Langerhansschen Inseln sind, von denen die antidiabetische Funktion des Pankreas abhängt. Unter den experimentell arbeitenden Forschern war es Hédon, der durch Transfusionsversuche die Augenscheinlichkeit einer inneren Sekretion dartat.

Die nächste Epoche fängt 1913 mit den Untersuchungen von Knowlton und Starling an, die zuerst dachten, daß im Herz-Lungenpräparat weniger Zucker aus der Zirkulationsflüssigkeit verschwand, wenn sie das Herz von einem diabetischen Tier (pankreasexstirpiert) anstatt von einem normalen nahmen, und daß der Zuckerverbrauch durch die Zugabe eines Pankreasextraktes (mit derselben Methode, die zur Sekretindarstellung benutzt wurde, gewonnen) vermehrt werden konnte. Etwa ähnliche Resultate erhielten Maclean und Smedly, Macleod und Pearce, sie konnten indessen keinen Unterschied im Verhältnis des Zuckerverbrauches bei eviszerierten Tieren beobachten, ob sie normale oder pankreaslose gebrauchten; kurz darauf veröffentlichten Patterson und Starling Tatsachen, die zeigten, daß die Ergebnisse von Knowlton und Starling verwirrend waren, teils wegen des Verschwindens von Flüssigkeit in das Lungengewebe (Ödem), teils wegen der Unsicherheit in bezug auf das Verhalten des Herzglykogens. Da nun kein Unterschied in der Geschwindigkeit des Zuckerverbrauches des normalen und diabetischen Herzens mit Sicherheit gezeigt werden konnte, war es nutzlos fernerhin die

Wirkung von Pankreasextrakten zu versuchen. Obwohl diese Untersuchungen nicht überzeugend gewesen sind, so muß nichtsdestoweniger ihr großer Wert in Betracht gezogen werden, weil sie einen neuen Weg zur Erforschung des Zuckerverbrauchs der Gewebe zeigten und neues Interesse an dem Gegenstand weckten. In den nächsten Jahren erschienen dann die Arbeiten von Murlin und seinen Mitarbeitern, Clark und von Meltzer und Kleiner.

Als eine direkte Fortsetzung der Herzversuche können wir zuerst die von Clark betrachten, der 1916 berichtete, daß sich bei Locke'scher Lösung (mit einem physiologischen Traubenzuckergehalt), die wiederholt durch die Blutgefäße des Pankreas eines Hundes (unter streng aseptischen Kautelen) hindurchgeschickt worden war, am isolierten Herzen ein höherer Zuckerverbrauch zeigte, als wenn man frisch bereitete Locke'sche Lösung von demselben Zuckergehalt benutzte. Man zog daraus den Schluß, daß das Pankreas irgendeinen Stoff an die Locke'sche Lösung abgibt, der den Zuckerverbrauch des lebenden Herzens beschleunigt. Gewisse Versuche riefen den Eindruck hervor, daß es sich bei diesem Pankreaseinfluß um eine Substanz handeln müsse, die eher die Charakteristika eines Enzyms als die eines stabilen inneren Sekretes trug. Auch bestand die Wahrscheinlichkeit, daß der Abfall des Zuckers bei der Durchströmung des Herzens teils von einer Kondensation zu einer nicht reduzierenden Form teils von einer hydrolytischen oder oxydativen Zerstörung abhängig war. In einer Arbeit, die ein Jahr später 1917 veröffentlicht wurde, konnte ferner die bedeutsame Tatsache festgestellt werden, daß durch eine Pankreasdurchströmung allein eine deutliche Verminderung des optischen Drehvermögens eintrat, obwohl die Reduktionskraft unvermindert war, ein Anzeichen dafür, daß das Pankreas an sich einen unabhängigen Einfluß auf den Traubenzucker ausübt. Diese Veränderung der optischen Aktivität konnte auch dann hervorgerufen werden, wenn ein Pankreas mit zuckerfreier Locke'scher Lösung durchströmt wurde und nach Zusatz von Traubenzucker diese Mischung bebrütet wurde. In beiden Fällen wurden aus den Durchströmungsflüssigkeiten Osazone von niedrigerem Schmelzpunkt als das Glukosazon dargestellt. Nicht nur die Reduktionskraft, sondern auch das optische Drehvermögen und der Schmelzpunkt der Osazone zeigten nach der Hydrolyse der durch Pankreas und Herz geschickten Durchströmungsflüssigkeit einen Anstieg. Bezeichnend ist es, daß mit Lävulose ähnliche Resultate nicht erzielt wurden.

Diese experimentellen Ergebnisse werden von dem Autor so angesehen, als ob sie „den Eindruck machten, daß das Enzym oder die Enzyme, die von dem durchströmten Pankreas stammen, eine spezifische Wirkung auf Dextrose haben, und daß sie für gewisse, wesentliche Schritte, durch die die normale Ausnutzung der Dextrose vorbereitet wird, verantwortlich zu machen sind." Zweifellos sind diese Ergebnisse sehr bestechend, obgleich einige der Werte für die Änderung des Drehvermögens nicht sehr groß sind und möglicherweise, wie wir denken, dem Einfluß von Eiweißspuren zuzuschreiben sind.

In der Zeit zwischen 1913 bis 1916 setzten Murlin und seine Mitarbeiter die Suche nach dem Pankreashormon fort. In einer Übersicht dieser Arbeiten, die von Murlin, Kramer und Sweet veröffentlicht ist, wird festgestellt, daß die erste Beobachtung die war, wo nach einer Injektion eines Extraktes, eines Rinderpankreas mit Kochsalzlösung, ein vollständiges Verschwinden des Urinzuckers bei einem diabetischen (pankreasexstirpierten) Hunde auftrat. In nachfolgenden Versuchen wurden die Extrakte vor der Injektion alkalisch gemacht und man dachte, daß der Abfall der Zuckerausscheidung, der auftrat, möglicherweise dem Alkali an sich zuzuschreiben sei, ein Gesichtspunkt, der augenscheinlich durch den Befund gefestigt wurde, daß die Injektion einer dem Betrag des Pankreasextraktes gleichen Menge von alkalischer Ringerlösung „einen Abfall in der Zuckerausscheidung zu derselben Höhe pro Stunde und denselben $D:N$-Quotienten hervorbrachte." „Diese einzigartige Übereinstimmung lenkte unsere Aufmerksamkeit für mehrere Jahre auf das Alkali ab, obgleich wir 1916 überzeugt waren, daß der Pankreasextrakt eine Rolle bei den verschiedenen berichteten Zeichen der Besserung spielte." 1913 wurde gezeigt, daß die Fähigkeit der Kohlehydratverbrennung diabetischer Tiere durch Injektion von Pankreasextrakten etwas vermehrt wurde und 1916 erhielt man einen noch ausgesprocheneren Effekt, indem man eine Suspension von fein gemahlenem Pankreas in Ringerlösung injizierte. Diese Autoren hatten auch die Idee, daß „die Sekretion eines Bestandteiles der Mucosa des Duodenums möglicherweise ein aktivierender Anreiz sowohl für den inneren, als auch den äußeren Sekretionsmechanismus sein könnte", welche sich aber nicht als fruchtbar erwies. Durch militärische Pflichten wurden Murlin und seine Mitarbeiter gezwungen, eine fernere Verfolgung der Untersuchungen aufzugeben und sie konnten sie nicht eher wieder aufnehmen, bis Banting und Best's Versuche bekannt geworden waren, und Collip eine genügende Reinigung des Extraktes mit Erfolg zustande brachte, so daß am Patienten wiederholte Injektionen gemacht werden konnten. Mit Zülzer, E. L. Scott, Rennie und Fraser kamen Murlin und seine Mitarbeiter der Darstellung des Insulins aus dem Pankreas am nächsten und hätte man vielleicht nicht zuviel Rücksicht auf das, was man sich als mögliche Fehlerquellen vorstellte, genommen, so wäre es möglich gewesen, daß das Insulin zehn Jahre früher zur Behandlung des Diabetes verfügbar gewesen wäre als, es tatsächlich der Fall war.

Kleiner und Meltzer zeigten, daß die langsame intravenöse Injektion einer Pankreassuspension in schwacher Kochsalzlösung den Grad und die Dauer der Hyperglykämie bei pankreasexstirpierten Hunden nach Zuckergabe verminderte. Passende Kontrollversuche zeigten, daß diese Wirkung nicht von der Blutverdünnung durch die Injektion abhängig war. Kleiner äußerte die Ansicht, daß eine Veränderung der Durchlässigkeit der Kapillarwände gegen Traubenzucker ein Faktor in dem Ergebnis sein könnte.

2. Die Isolierung des Insulins.

Die Untersuchungen über die wir eben berichtet haben, stellen eine starke Stütze der Ansicht dar, daß Insulin im Pankreas vorhanden ist. Das Problem lag nur in der Auffindung von Mitteln, mit deren Hilfe es in einem Zustand gewonnen werden konnte, der wiederholte Injektionen beim Menschen gestattete. Mit der Absicht einen solchen Extrakt darzustellen unternahm es F. G. Banting 1921 in meinem Laboratorium, das Problem wiederum zu untersuchen und schlug als ersten Schritt vor, ein Pankreas zu benutzen, bei dem die Ausführungsgänge unterbunden waren, um so die zerstörende Wirkung des Trypsins zu verhindern. Nach einer genauen Überlegung der Methoden, mit denen die Wirksamkeit des Pankreasextraktes geprüft werden

sollte, kam man zu der Entscheidung, daß der Blut- und Harn-
zucker pankreasexstirpierter Hunde in kurzen Zwischenräumen
vor und nach der parenteralen Einverleibung der Extrakte untersucht werden sollten. An der exakten Durchführung dieses
Programmes nahm C. H. Best teil. Zuerst wurden verschiedenen Hunden die Pankreasausführungsgänge mit Beachtung
der Vorsichtsmaßregel unterbunden, daß kein sekretorischer
Weg offen blieb. Die Ergebnisse eines typischen Versuches
sieht man in Abb. 10. Dem Tier wurde am 11. August das
Pankreas exstirpiert und sechs Stunden nach der Operation
wurde ihm ein Extrakt injiziert, der mittels eiskalter Ringerlösung aus den Überresten des Pankreas, zehn Wochen nach
der Gangunterbindung, hergestellt wurde. Dies verzögerte offensichtlich den Anstieg des Blutzuckers, der bis 10 Uhr nachmittags am 12. August kaum über 0,2 vH anstieg, und anderweitig entschieden höher gewesen sein würde. Auf Grund des
Anstieges, der zu dieser Zeit auftrat, wurde eine größerere Menge
des Extraktes mit dem Erfolge injiziert, daß am nächsten Tage
der Blutzucker auf 0,1 vH abfiel. Zu diesem Zeitpunkte war
der Menge des Extraktes erschöpft, so daß der einer anderen
degenerierten Drüse gebraucht werden mußte, mit Hilfe dessen
es dann gelang, durch Zufuhr geringerer Mengen den Blutzucker
unter 0,2 vH zu halten. Am 14. August wurde die gewöhnliche
Dosis stark vermehrt und infolgedessen fiel der Blutzucker
von 0,175 auf fast 0,09 vH. Bis zu dieser Zeit war nur wenig
Zucker im Urin, aber als der Extrakt jetzt abgesetzt wurde,
stieg er schnell an, so daß am 15. August in 24 Stunden 16 Gramm
ausgeschieden wurden; inzwischen war auch der Blutzucker ständig gestiegen. Eine weitere Injektion von Pankreasextrakt verursachte einen prompten Abfall des Blut- und Harnzuckers.

Diese Ergebnisse zeigten ganz klar, daß die Schwere der diabetischen Symptome durch die Injektion eines Extraktes aus
degeneriertem Pankreas deutlich vermindert werden konnte;
als der Vorrat dieses Extraktes erschöpft war, wurde der eines
normalen Pankreas am 17. und 18. August injiziert und die gleichen
Erfolge erzielt, wie man sie mit dem degenerierten Pankreas
erhalten hatte (s. Abb. 10). Die Pankreasextrakte von Hunden,
denen wiederholt Sekretin injiziert wurde, waren in gleicher
Weise wirksam. Nach dem 22. August wurden die Injektionen

von Pankreasextrakten eingestellt, so daß die diabetischen Symptome sich ausgesprochen entwickelten, der Blutzucker stieg auf 0,30 und 0,35 vH und die tägliche Zuckerausscheidung im Urin betrug zwischen 6 und 13 Gramm. Das Tier starb am 30. August und bei der Autopsie konnte durch die makroskopische Inspektion keine Spur von Pankreas gefunden werden.

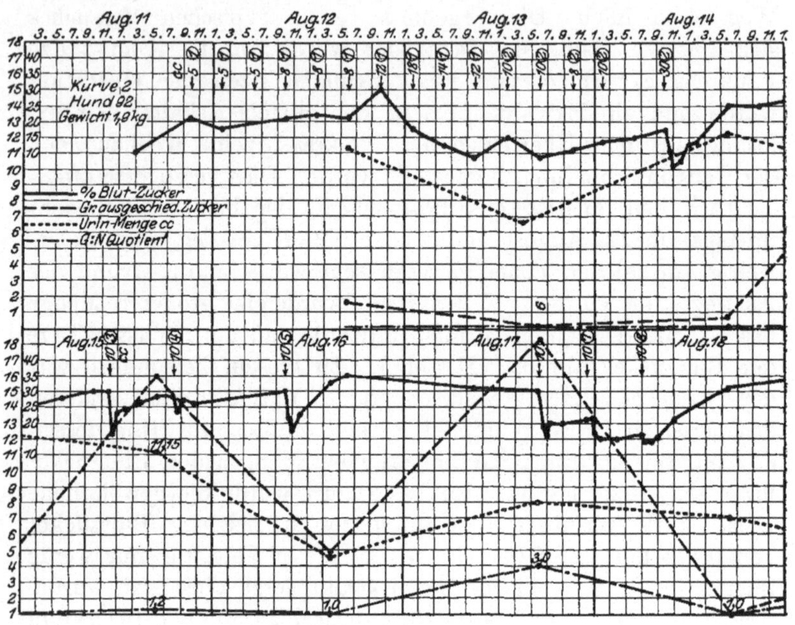

Abb. 10. Kurve eines der Versuche von Banting und Best.

Versuche gleicher Art wurden an neun anderen pankreaslosen Tieren gemacht, und deren Resultate bestätigten vollständig das Gefundene. In verschiedenen Experimenten wurden auch Extrakte anderer Gewebe versucht, die aber keine antidiabetische Wirkung aufwiesen. Applikation per rectum blieb ohne Wirkung. Auch wurden Versuche gemacht, das vermehrte Verschwinden von Traubenzucker aus dem Urin nach der Injektion der Extrakte zu messen, indem man prüfte, einen wie großen Anteil von intravenös injiziertem Zucker man mit und ohne Insulin aus dem Urin wiedergewinnen konnte. In einem Versuch ohne Insulin betrug nach der Injektion von 10 g die Zuckerausscheidung 9,9 g, während am nächsten Tage bei gleichzeitiger Gabe eines Extraktes nur 4,4 g ausgeschieden wurden. Auch mag erwähnt werden, daß sorgfältig darauf geachtet wurde, ob die Veränderungen des Blutzuckers nicht durch Blutverdünnungen hervorgerufen waren (Hämoglobinbestimmungen).

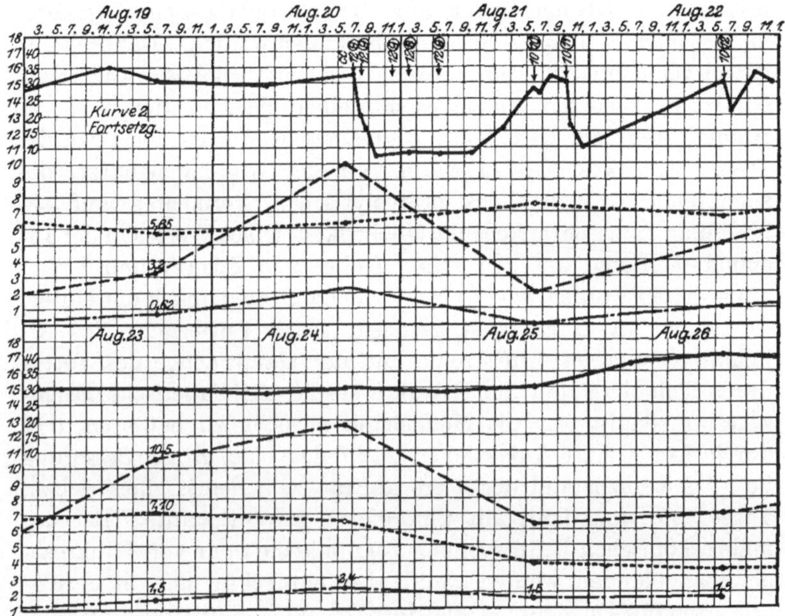

Abb. 10 (Fortsetzung). Kurve eines der Versuche von Banting und Best.

Im Hinblick auf die große Arbeit, die früher auf diesem Gebiete verrichtet worden war, betrachtete man es als ratsam, zuerst die die antidiabetische Wirkung der Extrakte, wie sie nach dem Verhalten des Blut- und Harnzuckers beurteilt wurde, sicherzustellen, bevor man dazu überging, ihren Einfluß auf die anderen diabetischen Symptome, wie Glykogenbildung, Ketonurie und Veränderungen des respiratorischen Stoffwechsels zu untersuchen. In diesem Stadium bestand die Schwierigkeit in einer hinreichenden Versorgung mit Extrakt, so daß Banting und Best ihre Aufmerksamkeit hauptsächlich dieser Aufgabe zuwandten. Mit dieser Absicht im Auge benutzten sie foetales Rinderpankreas, da Ibrahim gezeigt hatte, daß bis zum vierten Monat die Acini noch nicht genug entwickelt sind, um Trypsin zu sezernieren, wohingegen die Inseln in großer Menge vorhanden sind. Deshalb wurden Bauchspeicheldrüsen von Rinderfoeten entweder mit Ringerlösung oder Alkohol extrahiert, der dann durch Verdampfen im warmen Luftstrom entfernt wurde, den Rückstand löste man in Ringerlösung auf. Die antidiabetische Wirkung dieser Extrakte konnte leicht nachgewiesen werden. Dadurch angeregt versuchte man nun, sie auch aus dem Pankreas erwachsener Rinder darzustellen, indem es mit einer gleichen Menge 95 vH Alkohol, der mit HCl leicht angesäuert war, extrahiert wurde. Dieses Extraktionsmittel wurde mit der Absicht benutzt, die zerstörende Wirkung des proteolytischen Fermentes auf ein Minimum zu beschränken; die Möglichkeit seines Wertes in der Insulindarstellung, auf den schon früher von Zülzer und Scott hingewiesen worden war, wurde vom ersten Augenblick der Untersuchungen an in Betracht gezogen. Nach Entfernung des Alkohols im warmen Luftstrome und der Hauptmenge des Fettes durch Toluol zeigten die Extrakte starke antidiabetische Eigenschaften, damit war die Möglichkeit gegeben zu beweisen, daß durch fortgesetzte Injektionen zweifellos eine große Besserung im Allgemeinzustand der Tiere auftrat, von denen eines siebzig Tage lebte und dann mit Chloroform getötet wurde. Bei der makroskopischen Untersuchung konnte keine Spur von Pankreasgewebe gefunden werden, wohl aber entdeckte man in Serienschnitten des Duodenums, die Herr Dr. W. L. Robinson machte, an der Eintrittsstelle des Pankreashauptausführungsganges in der Submucosa ein kleines Knötchen aus Pankreasgewebe, in dem allerdings keine Inseln nachweisbar waren.

Man bemühte sich nun, die Extrakte der Bauchspeicheldrüsen erwachsener Rinder genügend rein für den Gebrauch an diabetischen Patienten darzustellen. Der Alkohol wurde im warmen Luftstrom oder im Vakuum bei niederer Temperatur entfernt, der Überschuß an Fett durch Toluol extrahiert und dann der wäßrige Rückstand, der auf ein Fünftel des Ausgangsvolumens zurückgegangen war, durch ein Berkefeldfilter geschickt. Der so gewonnene Extrakt wurde einem diabetischen Patienten (Knabe von 14 Jahren) injiziert und setzte den Blutzucker etwas über 25 vH herab, auch verminderte sich die Glykosurie etwas, „infolge des hohen Prozentsatzes an Eiweiß ... bildeten sich in wenigen Fällen sterile Abscesse an der Injektionsstelle". Banting und Best stellten fest, daß die Wirksamkeit ihrer Extrakte durch Hitze und die Verdauung mit Trypsin zerstört werden konnte, und daß das aktive Prinzip in 95 vH Alkohol unlöslich war.

Bevor fernere Versuche über den möglichen therapeutischen Wert der Extrakte gemacht werden konnten, war es nötig, die für die Absceßbildung verantwortlichen reizenden Stoffe zu entfernen und außerdem an diabetischen Hunden zu zeigen, daß durch ihre Wirkung nicht nur Hyperglykämie und Zuckerausscheidung vermindert, sondern auch die anderen diabetischen Symptome zum Verschwinden gebracht werden. Gleichzeitig betrachtete man es als wesentlich zu prüfen, ob andere Formen von experimenteller Hyperglykämie, wie die beim Kaninchen nach Piqûre oder Adrenalin auftretende, durch die Extrakte beeinflußt würden.

Mit der Aufgabe der Reindarstellung wurde J. B. Collip betraut, der als ersten Schritt seiner Arbeit normalen Kaninchen etwas von dem rohen Extrakt injizierte und einen Blutzuckerabfall fand. Dies stellte für ihn eine Methode dar, die Wirksamkeit der verschiedenen Präcipitate und Filtrate, die aus den rohen alkoholischen Extrakten durch verschiedene Konzentration des Alkohols gewonnen wurden, zu prüfen. Er fand am Ende, daß das aktive Prinzip bis zu einem Alkoholprozentsatz von 92 vH in Lösung blieb und, wenn er Konzentrationen benutzte, die etwas unter dieser lagen, viel Eiweiß aus den Extrakten ausgefällt werden konnte.

Während diese Arbeiten in Toronto im Gange waren, kam eine Arbeit von Paulesco zu unserer Kenntnis, und nach ihrer Beendigung eine andere von Gley.

Paulescos Untersuchungen wurden auf einer Versammlung der Reunion Roumaine de Biologie im Frühjahr 1921 vorgetragen, wo er die Wirkungen der Injektion von sterilen Pankreasextrakten auf die Menge an Zucker, Acetonkörpern und Harnstoff im Blut und Urin pankreasexstirpierter Hunde beschrieb. Typische Beobachtungen sind in der Tabelle 2 zu sehen.

Es kann keinem Zweifel unterliegen, daß alle diese drei Stoffe im Blut wie im Urin infolge der Injektionen deutlich in ihrem

Betrage zurückgingen. Der Erfolg war der gleiche, ob die Injektionen in einen Zweig der Pfortader oder die *Vena jugularis*
gemacht wurden. Die Wirkungen wurden nach einer Stunde bemerkbar, erreichten ihr Maximum in zwei Stunden und waren
nach zwölf Stunden vorüber. Auch beobachtete Paulesco, daß
sowohl der Blutzucker als auch der Blutharnstoff beim Normal-
hunde durch die Injektionen herabgesetzt wurde. Augenscheinlich

Tabelle 2.

Pankreas-exstirpation	Injektion	Blut		Urin	
		Trauben-zucker g per 1000 ccm	Harnstoff g per 1000 ccm	Harnstoff g per 1000 ccm	Trauben-zucker g per 1000 ccm
vorher		0,96	0,50	15,00	0,00
nachher	vorher	1,56	1,20	44,00	24,20
	nach 1 Stunde	0,90	0,95	14,00	0,00
	„ 2 Stunden	0,62	0,90	26,00	0,00
	„ 16 „	1,48	1,20	49,00	große Mengen
	„ 48 „	2,00	2,80	—	„ „
Pankreas-exstirpation	Injektion	Trauben-zucker g per 1000 ccm	Aceton g per 1000 ccm	Aceton g per 1000 ccm	Trauben-zucker g per 1000 ccm
vorher	—	0,88	—	0,008	0,000
nachher	vorher	1,22	0,027	0,019	18,70
	nach 2 Stunden	0,32	0,016	0,012	14,40
	„ 24 „	1,66	0,022	0,033	6,60

ist ihm bei der Blutzuckerbestimmung irgendein Irrtum unter-
laufen, da er den Blutzuckerwert eines normalen Hundes mit
0,044 vH angibt und dann für dasselbe Tier zwei Stunden nach
der Injektion mit 0,028 vH. Bei solchen Prozentzahlen würden
sicher heftige hypoglykämische Symptome manifest gewesen sein.
Der höchste nach Pankreasexstirpation verzeichnete Blutzucker
beträgt 0,27 vH. Es sind keine Beobachtungen über das Verhalten
des respiratorischen Quotienten oder den Glykogengehalt der
Leber aufgezeichnet, auch wird keine Angabe über eine Verminderung der allgemeinen diabetischen Symptome oder die Ver-
längerung des Lebens eines Tieres gemacht.

In der Versammlung der Société de Biologie, die am 23. Dezember 1922, die zur Hundertjahrfeier des Geburtstages von Pasteur gehalten wurde, bat Professor Gley, daß ein von ihm im Februar 1905 deponierter Brief geöffnet und verlesen werden möchte. In dieser Mitteilung sagt Gley, nachdem er auf seine früheren Arbeiten hingewiesen hat, in denen gezeigt worden war, daß die Zerstörung des Pankreas in situ durch Injektion von fremden Substanzen in die Ausführungsgänge nicht zu einem Diabetes führt und daß die wahrscheinliche Ursache, wie aus der Arbeit von Laguesse hervorgehe, in dem Erhaltenbleiben der Inseln zu suchen sei. Er äußert die Ansicht, daß die Mißerfolge der früheren Forscher, die diabetischen Symptome durch Injektionen der Gesamtdrüse zu bessern, auf andere neben dem aktiven Prinzip der Inseln vorhandene Stoffe zurückzuführen wäre. Deshalb stellte er Extrakte von sklerosierten Pankreasüberbleibseln dar und fand, daß sie die Zuckerausscheidung im Urin von vollständig pankreaslosen Tieren beträchtlich verminderten und auch die anderen diabetischen Symptome besserten. Gley gab dann seine Absicht kund, das aktive Prinzip zu isolieren, seine Wirkungsweise zu studieren und nachzusehen, ob die Extrakte beim Menschen entweder subcutan oder per os angewandt werden konnten. Wegen anderer Forschungen wurde dieses Problem zur Seite gelegt. Vor der Niederlegung des versiegelten Paketes hatte Gley wertvolle Beobachtungen gemacht, die die Wirkung von auf verschiedenen Wegen gewonnen Pankreasextrakten und auch von defibriniertem aus der Vena pancreatico-duo denalis aufgefangenem Blute auf pankreasexstirpierte Tiere betrafen. Infolge der bei diesen Methoden erhaltenen negativen Resultate ging er dazu über, degenerierte Drüsen zu benutzen, wie er es in dem 1906 niedergelegten, versiegelten Briefe darstellte.

VI. Die Darstellung und die chemischen Eigenschaften des Insulins.

Seit der ersten Beschreibung einer passenden Methode zur fabrikmäßigen Herstellung von Insulin sind zahlreiche Modifikationen veröffentlicht worden, von denen einige in ihren Grundprinzipien wesentlich von denen der Collipschen Originalmethode abweichen. Ohne dabei in Einzelheiten in bezug auf die technischchemische und rein technische Seite der Sache gehen zu wollen, soll ein kurzer Umriß der Großdarstellungsmethoden des Insulins gegeben werden. Eine ausgezeichnete ins einzelne gehende Beschreibung findet sich in der Abhandlung von Grevenstuk und Laqueur.

1. Die von Collip ausgearbeitete Methode.

Frisch zerkleinertes Pankreas wird mit einem gleichen Volumen 95proz. Alkohols einige Stunden stehen gelassen und dabei gelegentlich umgerührt, danach wird das Gemisch durch Gaze filtriert und der Extrakt dann auf ein Papierfilter gebracht. Darauf wird zu dem Filtrat soviel Alkohol gegeben, bis der Prozentgehalt ungefähr 60 beträgt, nach längerem Stehen fällt der größere Teil des Eiweißes aus und wird durch Filtration entfernt. Das zweite Filtrat wird durch Vakuumdestillation bei niedriger Temperatur auf eine geringe Menge eingeengt, die Fette und Lipoide werden teils durch Abschöpfen und teils durch Ätherextraktion im Scheidetrichter entfernt. Der gereinigte Extrakt wird nun noch weiter im Vakuum bis zur pastenartigen Konsistenz eingeengt und dann Alkohol bis zu 80 vH hinzugefügt. Dieses Gemisch wird zentrifugiert, wobei dann das aktive Prinzip in der oberen Alkoholschicht enthalten ist, dieser wird abpipettiert und das Insulin wird durch Einbringen in absoluten Alkohol ausgefällt; nachdem das Präcipitat für einige Stunden gestanden hat, wird es auf einem Buchnertrichter gesammelt, in destilliertem Wasser gelöst und durch ein Berkefeldfilter filtriert. Obgleich das so hergestellte Insulin genügend frei von Verunreinigungen ist, so daß es zum wiederholten klinischen Gebrauch benutzt werden kann, so ist es nichtsdestoweniger gefärbt und enthält eine beträchtliche Menge an anorganischen Salzen und Eiweiß[1]): Zur weiteren Reinigung sind zahlreiche Methoden angegeben worden, von denen die am meisten bekannten die von Doisy, Somogyi und Shaffer und die von Dudley sind.

2. Die Methode von Doisy, Somogyi und Shaffer.

Der Alkohol, mit dem die erste Extraktion gemacht wird, enthält 20,30 ccm H_2SO_4 für 1 kg Pankreas, der erste Extrakt wird, nach Entfernung des Alkohols im Vakuum oder im warmen Luftstrom, in einen Scheidetrichter im Verhältnis 40 g zu 100 ccm Lösung mit Ammoniumsulfat versetzt. Nach einigem Stehen bei niederer Temperatur steigt

---

[1]) Bei dem Versuch, diese Methode zur Großdarstellung anzuwenden, zeigte sich die Anwendung von 95proz. Aceton an Stelle des Alkohols bei der ersten Extraktion als vorteilhaft, ersteres wurde mit Hilfe von Essigsäure (0,1 vH) leicht sauer gemacht. An Stelle der Vakuumdestillation wurde die Eindampfung im warmen Luftstrom vorgenommen, wobei sich die Fette leicht separieren ließen. Der konzentrierte Extrakt (ungefähr ein Zehntel des Ausgangsvolumens) wurde dann mit Alkohol behandelt, wie es von Collip angegeben worden war (l. c. Best und Scott).

ein Präcipitat an die Oberfläche und haftet an den Wänden des Trichters; da nun dieses Präcipitat den Hauptteil des Insulins enthält, läßt man die darunterstehende Flüssigkeit abfließen und löst den Niederschlag in Wasser und fällt ihn wiederum mit $(NH_4)_2SO_4$; darauf wird er in Wasser gelöst, das genug Ammoniak enthält um den p^h auf 6 bis 8 zu bringen. Durch Zentrifugieren erhält man einen klaren wässerigen Extrakt, zu dem dann schwache Essigsäure bis zu einem p^h von ungefähr 5 hinzugefügt wird. Nach mehrstündigem Stehen bildet sich ein Niederschlag, der gesammelt wird und dann von neuem in Wasser, welches genügend Säure (HCl) enthält, um ihn in Lösung zu bringen, aufgelöst. Das Insulin wird dann wiederum durch die Veränderung des p^h auf 5—6 gefällt und das endgültige Präcipitat auf einem Trichter gesammelt und im Vakuumexsiccator getrocknet. Von diesem getrockneten Material kann Insulin in jeder gewünschten Stärke durch Auflösen in einer schwachen Säure hergestellt werden.

3. Die Methode von Dudley.

Mit Hilfe des Collipschen Prozesses gewonnenes Insulin wird in einer kleinen Menge Wasser gelöst und diese Lösung zentrifugiert, um sie von unlöslichem Material zu befreien. Die überstehende Flüssigkeit wird dann mit Wasser verdünnt, um die Konzentration auf die des ursprünglichen Rohinsulins zu bringen, die um 1,5 vH liegt; der p^h wird auf ungefähr 5 gebracht, dann das halbe Volumen einer gesättigten wässerigen Pikrinsäurelösung hinzugefügt und diese Mischung einige Tage in einem hohen Gefäß stehen gelassen. Während dieser Zeit schlägt sich ein gelbes Präcipitat (Insulinpikrat) nieder, von dem die überstehende Flüssigkeit dekantiert wird; der Niederschlag wird bei niederer Temperatur in einem Minimum von Wasser, das wenig Soda enthält, gelöst. Aus dieser Lösung wird das Insulin wiederum durch Neutralisation mit Säure gefällt, außerdem wird noch etwas mehr Pikrinsäure hinzugefügt, um eine vollständige Ausfällung zu sichern. Nach mehrtägigem Stehen wird dieses Präcipitat auf einem Buchnertrichter gesammelt und sorgfältig mit einer schwachen Pikrinsäurelösung gewaschen, darauf führt man es in ein Becherglas über und verrührt es mit einer Lösung von HCl in 75 vH Alkohol. Den richtigen Anteil der Salzsäure erhält man, indem 25 ccm von 3n HCl in 75 ccm absolutem Alkohol gelöst werden. Beim Mischen des Säurealkohols mit dem Pikrat entstehen zuerst dicke, dunkelbraune, ölige Tropfen, die sich später beim Umrühren in dem Säurealkohol unter Bildung einer leicht trüben, gelben Flüssigkeit auflösen. Durch Zusatz von zehn Volumina reinen Acetons fällt aus dieser Lösung salzsaures Insulin aus, das auf einem Filter gesammelt und dann mit Aceton und endlich mit Äther so lange gewaschen wird, bis alle Spuren von Pikrinsäure verschwunden sind. Nach Trocknen im Vakuumexsiccator erhält man ein weißes Pulver von einigermaßen konstanter Zusammensetzung und Stärke, welches entweder in einem zugeschmolzenen Glasrohr oder über P_2O_5 im Exsiccator aufgehoben werden muß.

Einige wenige Modifikationen dieser Originalmethoden sollen noch angeführt werden. Krogh und Hagedorn haben den Ertrag an Insulin beträchtlich dadurch vergrößert, daß sie die frisch entfernten Bauchspeicheldrüsen von Rindern gefrieren ließen. Die Eisblöcke werden dann durch sich sehr schnell drehende Messer in sehr dünne Schnitte zerlegt, die in angesäuertem Alkohol aufgefangen werden ($p^h = 2$). Darauf wird die Reaktion des alkoholischen Extraktes durch Kalkzusatz auf den $p^h = 4,6$ gebracht und nach einer Einengung wird das Insulin mittels $(NH_4)_2SO_4$ gereinigt. Die Rohinsulinlösung wird für 2 Minuten bei einem unterhalb des isoelektrischen Punktes liegenden p^h gekocht, so daß die Berkefeldfiltration unterbleiben kann.

Brailsford Robertson und Anderson haben die für die ursprüngliche Methode notwendige Menge an Alkohol durch den Gebrauch getrockneten Natriumsulfates beträchtlich vermindert. Sie setzen zu dem ersten 50 vH Alkoholextrakt genügend Natriumsulfat um vier Fünftel des vorhandenen Wassers zu entfernen, wodurch der Alkoholgehalt der Mischung auf ungefähr 80 vH ansteigt; bei dieser Konzentration werden die Eiweißkörper, die kein Insulin enthalten, ausgefällt.

Nach und nach sind eine Reihe Arbeiten von Murlin und seinen Mitarbeitern erschienen, in denen verschiedene Methoden der Insulindarstellung beschrieben sind. Die am besten bewährte Methode besteht darin, daß das Pankreas in eiskalte 0,2proz. Salzsäure eingebracht wird, dann wird es, nach Zerkleinerung, in vier Volumina von Säure derselben Konzentration eine Stunde lang auf 75° erhitzt. Nach Eiskühlung wird das Fett von der Oberfläche abgenommen und die Mischung durch Gaze gegossen, darauf wird der p^h auf 4,9 gebracht und die Lösung durch grobes Filtrierpapier filtriert, zu je 1000 ccm werden 250 g Kochsalz hinzugefügt. Das ausfallende Präcipitat enthält alles Insulin und auch etwas Eiweiß. Das Insulin wird in 70 vH Alkohol gelöst und der alkoholische Extrakt wird mit 3—5 Volumprozenten Amylalkohol geschüttelt und zentrifugiert, dabei bildet sich zwischen der Alkohol- und Wasserschicht ein Niederschlag, der in 80 vH Alkohol gelöst und filtriert wird, der Alkohol wird durch Vakuumdestillation entfernt, eine wässerige sterilisierte Lösung des Rückstandes enthält das Insulin. Zur Herstellung eines Insulins, das keine Biuretreaktion gibt, empfehlen die Autoren den Gebrauch von Durchströmungsflüssigkeiten, die bei einer Durchströmung des herausgeschnittenen Pankreas mit einer 0,2proz. HCl gewonnen werden, deren p^h dann auf 5,85 gebracht wird, wo die Peptone ausfallen. Nach Filtration bringt man den p^h auf 4, und setzt Kochsalz hinzu (1 g auf 3,5 g Pankreas), wonach die Flüssigkeit zur Trockene eingedampft wird. Der Rückstand wird wiederholt mit 80proz. Alkohol behandelt, nach dessen Entfernung der Rückstand mit sterilem Wasser aufgenommen und der p^h auf 4,1 gebracht wird.

Moloney und Findlay hatten einen guten Erfolg in der Reinigung des Insulins, indem sie seine Adsorption an Benzoesäure benutzten, die eintritt, wenn man zu einer Mischung von Rohinsulin und Natriumbenzoat eine Mineralsäure (HCl) hinzusetzt. Diese Forscher haben auch ins einzelne gehende Untersuchungen über die Höhe der Adsorption des Insulins an andere Körper, wie Tierkohle, gemacht, die aber in der Großdarstellung nicht anwendbar sind.

Durch die Arbeit von Best und Scott und ihren Mitarbeitern in den Connaught Laboratories der Universität Toronto und von Clowes, Walden und anderen in den Laboratorien der „Elli Lilly and Company" in Indianopolis sind eine große Anzahl von praktischen Einzelheiten in der Herstellung des Insulins gefunden worden.

4. Die Methode von Dodds und Dickens.

Diese Methode stellt eine Modifikation der Dudleyschen dar mit dem Unterschiede, daß die Pikrinsäure direkt mit dem Pankreas vermischt wird, anstatt mit dem nach Collips Methode hergestellten Rohinsulin. Tatsächlich ist die Anwendung von Pikrinsäure, als erster Schritt in der Insulindarstellung aus den Hauptinseln der Fische, von Dudley eher vorgeschlagen worden, als sie von Dodds und Dickens beim Säugetierpankreas angewandt worden ist. Der Hergang ist verhältnismäßig einfach und soll auch billiger als die älteren Verfahren sein. Das eisgekühlte, von Fett befreite Pankreas wird zusammen mit fein gemahlener Pikrinsäure mehrere Male durch eine Zerkleinerungsmaschine getrieben. Die Pikrinsäure bildet mit dem Insulin einen Niederschlag, welcher durch Zusatz von genügend Aceton, dessen Konzentration in der Mischung 70 vH. betragen soll, unter grünlichem Verreiben ausgelaugt wird. Der Acetonextrakt wird unter einer Presse durch ein Tuch filtriert und die Extraktion mit 70 vH Aceton mehrere Male wiederholt. Das Aceton der vereinigten klaren Auszüge wird durch Vakuumdestillation entfernt und der aus Insulinpikrat, Fett und Pikrinsäurekristallen bestehende Rückstand wird auf eine Nutsche gebracht, auf der er mit Äther verrieben und dieser abgesogen wird; der Vorgang wird so lange wiederholt, bis alles Fett und die Pikrinsäure entfernt sind. Das Pikrat wird dann durch den Dudley-Prozeß in die salzsaure Verbindung übergeführt.

Für die Darstellung von Insulin aus den Hauptinseln der Fische ist diese Methode, wie sie zuerst von Dudley angewandt worden ist, sehr zufriedenstellend, besonders da die Inseln sehr gut in feuchter Pikrinsäure anstatt in Alkohol aufgehoben werden können. Die einzige Vorsichtsmaßregel ist, die Inseln zusammen mit den Pikrinsäurekristallen zu zerquetschen und zu verreiben, da es sonst zu keiner richtigen Durchtränkung kommt, die ein Verderben des Insulins verhindert. Diese Erfahrung machten wir bei einer großen Menge Inseln, die vom Heilbutt (Pseudopleuronectidae) gewonnen waren. Die Inseln, die groß und leicht zugänglich sind, wurden nur in eine gesättigte Pikrinsäurelösung geworfen, nach mehreren Wochen, bis sie das Laboratorium erreichten, waren sie zersetzt, so daß aus ihnen nur eine geringe Menge Insulin erhalten werden konnte.

5. Die chemischen Eigenschaften des Insulins.

Die große Mehrzahl der Forscher betrachten das Insulin als verwandt mit Eiweißkörpern (Dudley 1923). Im großen und ganzen gleicht es in den meisten seiner Reaktionen Eiweißkörpern, aber doch in vielen so schwach, daß die Möglichkeit besteht, daß Insulin kein Eiweißkörper ist, sondern nur aus irgendeinem Grunde an Eiweiß gebunden bleibt, sogar noch nach einer derartigen chemischen Behandlung, von der man eine Trennung erwarten sollte. Es ist tatsächlich unmöglich zu sagen, was Insulin ist, denn bis jetzt ist kein Grund vorhanden zu glauben, daß es schon in einem erträglich reinem Zustande isoliert worden sei; bis das aber der Fall ist, kann es nur von geringem Interesse sein, die zahlreichen chemischen Eigenschaften, die ihm zugeschrieben worden sind, zu besprechen.

In der wahrscheinlich reinsten Form, wie es durch die isoelektrische Präcipitation gewonnen wird, stellt es ein weißes Pulver dar, von dem 0,015—0,025 mg einer Einheit entsprechen; es enthält 12,17 vH Stickstoff, keinen Phosphor und eine beträchtliche Menge Schwefel. Die Wirksamkeit ist bei den Präparaten, die die geringste Menge Stickstoff enthalten, oft größer als in den anderen (Matill, Piper, Kimbal und Murlin). Es löst sich schwer in absolut reinem Wasser, aber sehr leicht, wenn dieses eine Spur Säure oder Alkali enthält. Es fällt in einer gewissen Region des p^h aus, deren genaue Grenzen sowohl von der Reinheit des Präparates als auch von der Natur des Lösungsmittels und der Anwesenheit von Elektrolyten abhängen. In reinem Wasser fällt es in Gegenwart von starker Säure aus, geht in Lösung bei p^h 2 und 4, fällt wieder aus zwischen p_h 4,3 und 5,7 und bleibt in Lösung jenseits von p_H P 6 (Doisy, Somogyi und Shaffer).

Insulin, das aus dem Pankreas des Glattrochens mittels der einfachen Extraktion mit angesäuertem Alkohol und nachfolgendem Erhitzen des alkoholfreien Extraktes gewonnen war, konnte durch eine Regulierung der Reaktion nicht gefällt werden (Best und Macleod). In Gegenwart von geringen Salzmengen, besonders von Sulfaten, ändert sich der isoelektrische Punkt nach der sauren Seite, so daß eine Ausfällung bei einem p^h von 4 oder weniger eintreten kann; wenn viel Salz vorhanden ist, so kann bei $1/_3$ oder $1/_2$ Sättigung mit $(NH_4)_2SO_4$ oder Sättigung mit Na_2SO_4 oder NaCl Insulin unterhalb dieses p^h ausfallen. Eine Menge anderer Salze fällen Insulin, ebenso auch Pikrinsäure, Trichloressigsäure usw. (l. c. Widmark).

In Äthylalkohol ist Insulin bis zu einer Konzentration von 80 vH löslich, vorausgesetzt, daß die Reaktion außerhalb des isoelektrischen Punktes liegt, dieses war die Grundtatsache auf der Collip seine Reinigungsmethode aufbaute. Bei dieser Alkoholkonzentration werden die meisten Eiweißkörper ausgefällt und das Trypsin kann seine verdauende Wirkung nicht entfalten. Es wird behauptet, daß innerhalb der isoelektrischen Region Insulin in schwachem Alkohol löslicher als in Wasser sei (Grevenstuk und Laqueur). Insulin ist außerdem löslich in Eisessig, Phenol, Formamid und in Kresolen, unlöslich ist es in Alkohol über 90 vH und in Fettlösungsmitteln. Mit Rücksicht auf diesen Punkt soll erwähnt werden, daß aus dem Pankreas des Glattrochens gewonnenes Insulin keinen Niederschlag gab, auch wenn es in absoluten Alkohol eingebracht wurde. In Hinsicht auf die anderen physikalischen Eigenschaften zeigte sich, daß die augenscheinlich reinsten Insulinpräparate leicht adsorbiert werden, besonders in saurer Lösung von Kaolin, Tierkohle, Benzoesäure und Lloyds Reagens. Diese Tatsache stellte eine Schwierigkeit in den frühen Stadien der Insulinherstellung dar, nämlich die Vermeidung Verlustes von Insulin bei der Sterilisation durch Berkefeldinfiltration, aber Dudley zeigte, wie dieses durch die Einstellung des p_H auf 7,5 vermieden werden konnte. Auch ist es möglich, Insulin mittels Tierkohle zu entfärben, vorausgesetzt, daß man den p_H sorgfältig einstellt (Krogh und Hagedorn private Mitteilung). Moloney und Findley haben sorgfältige Untersuchungen über die Adsorptionseigenschaften des Insulins angestellt und eine Reinigungsmethode auf dieser Basis vorgeschlagen.

In zahlreichen Versuchen, Insulin durch Pergament oder Kollodium zu dialysieren, fanden wir keinmal, daß auch nur eine Spur durchgegangen war, aber neuerdings sind doch Shonle und Waldo erfolgreich gewesen. Dingemasse (l. c. Grevenstuk und Laqueur) hat erfolglos eine Dialyse des Insulins zu zeigen versucht, indem er den Versuch machte, mit Hilfe der gewöhnlichen Methode und auch durch Elektrodialyse Insulin von Eiweißspuren zu trennen.

Im Gegensatz zu den früheren Befunden von Banting und Best verträgt Insulin Erhitzen, wenigstens in schwach saurer Lösung. Wir haben z. B. eine schwach saure Lösung von Insulin unter einem Rückflußkühler zwei Stunden lang gekocht, ohne daß eine Verschlechterung der Wirksamkeit zu entdecken gewesen wäre. Bei Reaktionen, die über p^h 5 liegen, wird Insulin durch Hitze zerstört und um so leichter je alkalischer die Reaktion ist. Sorgfältig hergestellte Lösungen können mäßige Temperaturen, wie man sie in den Tropen antrifft, vertragen, ohne an Wirksamkeit zu verlieren; obgleich bei einigen Präparaten, die den Prüfungslaboratorien des Insulinkomitees zugeschickt wurden, beobachtet wurde, daß sich eine gewisse Trübung, die von einem Verlust an Wirksamkeit begleitet war, entwickelte, wenn sie ungefähr zehn Tage lang bei einer Temperatur von 50°C gehalten wurden. Die Unbeständigkeit des Insulins in Gegenwart von Alkali ist von Interesse; systematisch ist sie von Witzemann und Livshis untersucht worden. Wenn man Insulin sechs Tage in Gegenwart von 0,5 n NaOH stehen läßt, so verliert es fast seine ganze Wirksamkeit, die allerdings allmählich zurückkehrt, wenn die Lösung wiederum sauer gemacht wird, was die Forscher auf den Gedanken einer tautomeren Umlagerung des Insulinmoleküls brachte. Alkaliphosphate und Karbonate haben keine merkliche Wirkung auf die Stärke des Insulins, auch wenn man sie länger bei Zimmertemperatur zusammen stehen läßt.

Die proteolytischen Fermente inaktivieren das Insulin sehr schnell (Trypsin, Papain und Erepsin) und allgemein glaubt man, daß dieses seinen Grund in einer Zerstörung habe. Epstein und Rosenthal haben allerdings die Behauptung aufgestellt, daß das in Wirklichkeit nicht der Fall ist, sondern daß das Insulin nur inaktiviert wird, und daß seine Wirksamkeit durch eine Erhöhung der Acidität der Lösung wieder hergestellt werden kann. Sie stellen fest, daß diese Inaktivierung bei schwach alkalischer Reaktion durch Trypsinzusatz in vitro sofort auftritt, und daß sie auch durch eine gemeinsame Injektion von Insulin und Trypsin zusammen in vivo hervorgerufen werden kann. Sie ziehen weitgehende Schlüsse in bezug auf die Rolle, die das Zustandekommen einer solchen Reaktion im Körper bei der Ätiologie des Diabetes haben müsse. Aber andere Forscher sind nicht in der Lage gewesen ihre Resultate zu bestätigen, demnach scheinen sie doch höchst unwahrscheinlich zu sein.

Ein Versuch in meinem Laboratorium (von Macela) schien zuerst erfolgreich zu sein, aber es war doch nicht der Fall, als das Verhalten von Insulin schwachem Alkali gegenüber berücksichtigt wurde. Tatsächlich scheint Insulin in der Anwesenheit von schwachem Alkali und Trypsin schnell und dauernd zerstört zu werden, diese Erkenntnis war auch die Grundlage des folgerichtigen Nachweises (durch Banting und Best) seiner Anwesenheit in Pankreasextrakten.

Es ist möglich, daß Insulin als irgendeine träge Verbindung in den Zellen der Langerhans'schen Inseln existiert, bevor es in das Blut sezerniert wird, oder vielleicht als irgendein Vorläufer, der durch den Prozeß der Extraktion aktiviert wird; aber es ist doch sehr unwahrscheinlich, daß Trypsin eine Rolle in diesem

Zusammenhange spielt, wie es von Epstein und Rosenthal geäußert worden ist.

Der Frage, ob Insulin die Farbreaktionen der Eiweißkörper gibt oder nicht, ist viel Aufmerksamkeit zugewandt worden. Benutzt man Insulin, welches aus Rinder- oder Schweinepankreas hergestellt ist, so erhält man immer eine positive Biuretreaktion, obwohl ich sie bei Insulin, das aus dem Pankreas des Glattrochens gewonnen war, nicht beobachten konnte; dasselbe war bei einem von Murlin und seinen Mitarbeitern aus Rinderpankreas dargestelltem Insulin der Fall. Das kann allerdings auch nur bedeuten, daß die Biuretreaktion nicht empfindlich genug ist. Doisy, Somogyi und Shaffer fanden sowohl diese als auch die Millon'sche positiv und Dudley betont nachdrücklich, daß sie immer auftritt. In Hinsicht auf andere Farbreaktionen besteht eine starke Spaltung der Meinungen, eine ausgezeichnete Übersicht über die Befunde findet man in der Abhandlung von Grevenstuk und Laqueur. Es ist nutzlos, diesen Reaktionen irgendein Gewicht beizumessen, bis nicht das Insulin in größerer Reinheit hergestellt werden kann. Auch ist die Vermutung ausgesprochen worden, daß das Insulin eine Beziehung zum Guanidin hätte (Sjollema und Seekles, l. c. Grevenstuk und Laqueur). J. J. Abel und seine Mitarbeiter haben neuerdings mit Erfolg Insulin in kristallinischer Form dargestellt.

VII. Das klinische Verhalten pankreasloser Hunde unter Insulinbehandlung.

Nachdem wir einen Überblick über die experimentellen Grundlagen, von denen die Theorie abhängt, daß die Langerhansschen Inseln durch die innere Sekretion des Insulins den Zuckerstoffwechsel des Körpers kontrollieren, gegeben haben, wollen wir jetzt dazu übergehen, die Wirkungen des Insulins näher zu untersuchen, die aus seiner Anwendung beim pankreaslosen Tier folgen. Der Gegenstand einer solchen Untersuchung ist es, einiges Licht auf das physiologische Problem, welche Rolle das Insulin in bezug auf die Kontrolle des Stoffwechsels spielt, zu werfen. Zuerst werden wir das klinische Verhalten von vollkommen pankreaslosen Tieren, die durch tägliche Darreichung von Insulin am Leben erhalten werden, studieren, um dann gewisse diabetische Symptome in ihrer Beziehung nicht nur zur Insulinwirkung, sondern auch zur weiteren Frage ihrer Bedeutung in der Natur des diabetischen Zustandes zu betrachten.

Die Untersuchungen haben sich fast ausschließlich auf Hunde beschränkt, da aus mehreren Gründen andere Tiere nicht zu brauchen sind. Obgleich eine Pankreasexstirpation an Katzen leicht auszuführen ist, so kann man doch die Tiere nach der Operation gewöhnlich nicht in einem guten Zustande erhalten; außerdem ist es schwierig, Blutproben zur Blutzuckerbestimmung zu gewinnen oder genaue Stoffwechseluntersuchungen auszuführen. Bei Kaninchen ist die Operation unmöglich, weil das Pankreas eine sehr ausgedehnte Lage hat. Diese Beschränkung der Beobachtungen auf Hunde hat auch zu einer Einschränkung der Versuche geführt, die eine Opferung des Tieres fordern, wie z. B. die Glykogen- und Fettbestimmung in Geweben.

Wenn auch der menschliche Diabetes immer mit einer verminderten inneren Sekretion des Pankreas von Insulin verbunden ist, so gibt es doch relativ wenige Fälle, die so akut sind, daß man sie mit dem durch vollkommene Pankreasexstirpation hervorgerufenen Zustand bei Hunden vergleichen kann. Eine Art des experimentellen Diabetes, die dem klinischen sehr ähnlich ist, kann durch teilweise Entfernung des Pankreas erzeugt werden. Sie hat viel Bedeutung insofern, als man durch experimentelle Untersuchungen viel über den Zustand der menschlichen Erkrankung gelernt hat. Sowohl zwischen dieser experimentellen als auch der klinischen Form des Diabetes und dem nach vollständiger Pankreasexstirpation folgenden bestehen wesentliche Unterschiede, denn in beiden Arten bleibt noch genug acinöses Gewebe bestehen, welches das Verdauungssekret der Drüse absondert und ebenso sind auch noch wenige Inseln vorhanden, die Insulin in das Blut abgeben. Vielleicht besteht möglicherweise auch noch neben der Insulinproduktion irgendeine andere innersekretorische Funktion des Pankreas.

Es mag nochmals erwähnt werden, daß Banting und Best einen pankreaslosen Hund durch fast tägliche Injektionen der von ihnen hergestellten Pankreasextrakte für einen Zeitraum von 70 Tagen erfolgreich am Leben erhielten, worauf dann das Tier mit Chloroform getötet wurde. Bei der Sektion konnte kein Pankreasgewebe gesehen werden, wohl aber fand W. L. Robinson Knötchen von Pankreasgewebe in der Wand des Duodenums. Nachdem Insulin verfügbar wurde, unternahmen wir unverzüglich Beobachtungen ähnlicher Natur in Zusammenarbeit mit Allen, Bowie, Markowitz und anderen in der Absicht verschiedene Fragen aufzuklären, von denen die folgenden erwähnt werden mögen: 1. Kann ein pankreasloses Tier in einem vollkommen gesunden Zustande erhalten werden, ohne daß es irgendeine andere Pankreasfunktion zur Verfügung hat als die, welche durch Insulininjektion ersetzt wird? Wenn unter diesen Umständen irgendeine Funktion unvollkommen ablaufen sollte, möglicherweise zu bestimmen, ob dieses dem Ausfall irgendeiner anderen endokrinen Funktion des Pankreas als der Insulinsekretion oder nur der ernstlichen Störung des Verdauungsvorganges durch den Ausfall der äußeren Sekretion zuzuschreiben sei. 2. Kann nach einer Zeit etwas von dem Verlust der Fähigkeit Kohlehydrate zu verbrennen wiedergewonnen werden. Mit anderen Worten, kann irgend ein anderes Organ oder Gewebe vikariierend für die fehlenden Inselzellen eintreten und damit die Fähigkeit der Insulinproduktion gewinnen? 3. Wie lange braucht eine angemessene Insulinversorgung im Körper um erschöpft zu werden? 4. Welches Verhältnis besteht zwischen der gegebenen Insulindose und der Menge an Zucker, die dadurch verbrannt werden kann?

Bei den ersten Tieren, die mit Insulin behandelt wurden, bestand die Diät ausschließlich aus mäßig magerem Fleisch, Fett. wurde vorenthalten, weil, wenn welches verabreicht wurde, das meiste unverdaut mit den Faeces ausgeschieden wurde. Es wurde genug Insulin, zweimal täglich, verabreicht, um den Urin zuckerfrei zu halten. Diese Tiere gediehen nicht: sie verloren an Gewicht, wieviel Fleisch auch gefüttert wurde, die Haut bekam ein ungesundes Aussehen und die Beobachtungen mußten nach einem oder zwei Monaten beendigt werden; augenscheinlich wurde doch nicht genug Nahrung assimiliert. Das führte uns dazu, zu der Diät Rohrzucker zusammen mit einer genügenden Erhöhung der Insulindosis hinzuzugeben, so daß eine Spur von Zucker im Urin ausgeschieden wurde. Wir zogen diese Anordnung einer anderen, bei der genug Insulin zur Verhütung der Glykosurie gegeben wurde, deshalb vor, weil wir die Gefahr einer Überdosierung vermeiden wollten, deren Symptome sich über Nacht

entwickeln konnten, wodurch sich das Risiko, das Tier zu ver-
lieren, vergrößerte. Die unmittelbare Wirkung der Zuckerzulage
war ein Gewichtsansatz der Tiere, auch sonst wurden sie in jeder
Beziehung offensichtlich normal. Durch Änderungen des Zucker-
anteiles der Diät konnte gewöhnlich das Körpergewicht nach
Willen erhöht oder herabgesetzt werden. Einige so behandelte
Tiere wurden von F. N. Allen zum Zwecke der Bestimmung des
Traubenzuckeräquivalentes des Insulins, d. h. der Anzahl von
Grammen Zucker, deren Verbrennung jede Einheit Insulin möglich macht, benutzt. Ein Bericht dieser Beobachtungen findet
sich an anderer Stelle. Aber auch mit dieser Modifikation gelang
es nicht, die Tiere länger als wenige Monate (zwei bis sieben) am
Leben zu erhalten, der dann eintretende Tod muß einem vollständigen Versagen der Leberfunktion zugeschrieben werden. Das
klinische Bild wird durch das folgende Protokoll des zweiten Tieres,
bei dem die Symptome beobachtet wurden, gut illustriert.

Ein weiblicher Hund mit einem Anfangsgewicht von 9,2 kg wurde
am 13. Februar 1923 pankreatektomiert, danach bekam er zweimal täglich Insulin und wurde zuerst mit verschiedenen Diätarten gefüttert,
späterhin mit magerem Fleisch und Rohrzucker. Die Fleischmenge betrug 500 g zusammen mit 100—150 g Rohrzucker täglich, gegen das Ende
der Beobachtung wurde das Fleisch auf 900 g erhöht. Es bestand eine
ständige Glykosurie, deren Grad entsprechend der Insulindose sich änderte.
Das Tier blieb bis zum 12. April (2 Monate nach der Operation) in einem
guten Zustande, darauf erschien es im Gegensatz zu seinem früheren Betragen niedergeschlagen und apathisch und nahm wenig Futter, die Rectaltemperatur betrug 40° C. Am nächsten Tage verweigerte der Hund
das Futter, auch wurde eine Gelbfärbung der Sklera und der Haut an
der Innenseite der Ohren bemerkt. Im Urin war Gallenfarbstoff vorhanden, die Menge des ersteren wurde weniger und weniger, so daß die
Konzentration des Gallenfarbstoffes sehr stark anstieg. Am 14. April
war der Hund sehr apathisch und schwach. Während des Tages wurde
er außerordentlich schwach, die Atmung war frequent und schwer; er
starb in der folgenden Nacht. Im Käfig fanden sich dunkle, halbflüssige
Faeces, die eine geringe Menge roten Blutes enthielten.
Sektion: Die Leber war groß und sehr brüchig, von hellbraunem
Aussehen. In den Gallenwegen konnte kein Hindernis gefunden werden.
Die Gallenblase enthielt 5—10 ccm Galle. Nieren und Milz waren von
normalem Aussehen.

Bei drei anderen auf die gleiche Art behandelten Tieren war der
klinische und pathologisch-anatomische Befund dem eben beschriebenen sehr ähnlich; bei allen zeigte die Untersuchung der

Leber einen sehr hohen Grad von Fettablagerung. Das Fett war in sehr großen Tropfen in den Zellen der Peripherie der Läppchen abgelagert, während die Zellen im Zentrum Degenerationserscheinungen zeigten und weniger fettige Veränderungen aufwiesen. In der Leber eines dieser Tiere war 39,5 vH Fett vorhanden. Diese Menge ist nicht nur entschieden viel größer als der Betrag, den wir in Lebern pankreasloser Hunde, die nicht mit Insulin behandelt waren, gefunden haben, sondern auch die Verteilung im Läppchen ist verschieden, denn in den Fällen ohne Insulin sind die Fettablagerungen entschieden reichlicher in den Zellen nach dem Zentrum des Läppchens zu, auch sind diese Zellen vergrößert und komprimieren die Gallenkapillaren. In keinem anderen Organ oder Gewebe dieser Tiere konnten irgendwelche krankhaften Veränderungen gefunden werden, mit Ausnahme eines Falles, der eine Nephrose aufwies.

Zweifellos war in all diesen Fällen ein vollständiges Versagen der Leberfunktion die Ursache des Todes und es entsteht die Frage, ob irgendeine toxische Substanz, die entweder mit dem Insulin von außen eingeführt worden ist oder im Körper selbst entsteht, dafür verantwortlich zu machen ist. Es sind viele Anzeichen vorhanden, daß das Insulin selbst nicht die Ursache war, denn nicht nur kennen wir jetzt viele Patienten, die 4 Jahre lang täglich Insulin bekommen haben, sondern, wie wir später sehen werden, sind auch pankreaslose Hunde über 2 Jahre unter Insulin gehalten worden, ohne daß irgendwelche ähnliche Symptome aufgetreten wären. Augenscheinlich ist es irgendein toxischer Zustand, der sich innerhalb des Körpers entwickelt, der für die Erscheinungen verantwortlich ist; er muß überdies lokaler Natur sein, da ja nur die Leber allein Anzeichen seiner Wirkung zeigt; die bei einem der Tiere beobachtete Nephrose ist beinahe sicher als sekundär in bezug auf Leberveränderungen anzusehen. Auf die eine oder andere Weise führt das dauernde Fehlen des Pankreas zu einem pathologischen Zustand der Leberzellen, als dessen Folge sich Fett in ihnen anhäuft. Dies tritt bei menschlichem Diabetes nicht ein, auch nicht in den schwersten Fällen, weil ja immer etwas von dem Pankreas noch intakt bleibt. Es ist das vollkommene Fehlen der Drüse, welches dafür verantwortlich ist, und es bestehen zwei Möglichkeiten für die Erklärung für die Wirkung: Entweder wird der Verdauungsprozeß im Darm besonders in Hinsicht auf

die Verdauung der Eiweißkörper abnormal, so daß Amine oder
ähnliche Substanzen entstehen, die dann durch das Portalblut
der Leber zugeführt werden, oder das Pankreas sezerniert, abgesehen von seiner Funktion der Insulinerzeugung irgendein anderes Hormon, welches für die physiologische Integrität der Leberzelle notwendig ist. Zugunsten der ersteren dieser beiden Möglichkeiten mag die Tatsache erwähnt werden, daß ungefähr 50 vH des
zugeführten Eiweißes und praktisch das gesamte Fett in den
Faeces wieder erschien, die viel Fleisch in einem unverdauten
Zustande enthielten, wie sich bei der mikroskopischen Untersuchung zeigte. Auch konnten stärkehaltige Nahrungsmittel
(Hundekuchen) nicht ordentlich verdaut werden, da sie heftige
Durchfälle hervorriefen.

Im Zusammenhang mit der Möglichkeit, daß das Pankreas
irgendein anderes Hormon neben dem Insulin sezerniert, ist die
Vermutung von Interesse, daß dieses etwas mit den chemischen
Veränderungen, denen die Fettsäuren in der Leberzelle vor ihrer
Verwertung durch die Gewebe unterworfen sind, zu tun haben
könnte. In der Tat könnte man vermuten, daß dieses andere hypothetische Hormon Lipase oder eine nahe verwandte Esterase ist.
Vor mehreren Jahren (1910) äußerte Lombroso die Vermutung,
daß das Pankreas einen Einfluß auf die resorptive Tätigkeit des
Darms hätte, die vielleicht durch eine innere Sekretion bedingt
sei, denn er fand, daß pankreaslose Tiere, die noch eine gewisse
Menge Pankreasgewebe als Transplantat besaßen, 80 vH verfütterten Fettes asimilieren konnten, wohingegen sie diese Fähigkeit verloren, wenn das Transplantat entfernt wurde. McClure, Vincent
und Pratt (1916) konnten diese Befunde nicht bestätigen.

Diese Betrachtungen über die Ursache der fettigen Degeneration der Leber führten uns zu einem Zusatz von Rohpankreas zur
Diät in einer Menge, die so groß war, daß ein Teil des Pankreas
ohne von den Verdauungsfermenten des Magens zerstört zu
werden in den Darm gelangte. Dies wurde zum ersten Male im
November 1923 ausgeführt und es konnte unmittelbar darauf
festgestellt werden, daß die Nahrung besser assimiliert wurde,
so daß dieser Zusatz bei allen pankreasexstirpierten Tieren, die
wir beobachteten, zur Regel gemacht wurde. Zwei dieser Tiere
sind von besonderem Interesse gewesen, das eine wurde am 22. November 1923 und das andere am 15. Februar 1924 pankreas-

exstipiert und sie sind beide gegenwärtig (September 1925), d. h. also nach 22 bzw. 19 Monaten noch am Leben und in einem augenscheinlich guten Zustande. Beide Tiere wurden von Dr. F. N. Allen operiert und von ihm teils zur Bestimmung des Traubenzuckeräquivalentes des Insulins teils zusammen mit Dr. Sokhey zum Studium des Verhaltens der Phosphate im Urin benutzt. Die Körpergewichte konnten durch eine Veränderung der Rohrzuckermenge in der Diät beliebig geändert werden, so daß beide Tiere zu bestimmten Zeiten ungewöhnlich fett und zu anderen wiederum außergewöhnlich mager gewesen sind. Die Verdauung des Eiweißes und Fettes war offensichtlich besser als bei den Tieren, die kein Pankreas bekamen. Eines der Tiere brachte sechs Junge zur Welt, ohne daß während der Schwangerschaft eine Veränderung des Kohlehydratgleichgewichtes vorhanden war, wenn auch am Tage nach der Geburt heftige hypoglykämische Symtome auftraten, die der Zuckerentziehung durch die Milch zuzuschreiben waren. Im folgenden geben wir die abgekürzte Krankengeschichte dieses Tieres:

14. Februar 1924: Pankreatektomiert durch Dr. Allen und auf eine Diät von 400 g Fleisch, 50 g Rohrzucker gesetzt, es werden 16 Einheiten Insulin (zweimal täglich) gegeben.

27. Februar 1924: Insulin abgesetzt, zweimal täglich 200 g Fleisch. Es resultiert eine stufenweise zu nehmende Schwäche, starker Durst, Ausscheidung großer Urinmengen mit viel Zucker und Acetonkörpern.

4. März 1924: Insulin; der Hund wird zur Bestimmung der relativen Fettabsorption beim Fehlen der Pankreaslipase benutzt.

28. März bis 30. Juli: Zu Insulinprobeversuchen gebraucht.

7. Juni 1924: Zusatz von frischem Pankreas zu der Fleisch- und Zuckerdiät.

8. Juni 1924: Gewicht 7,25 kg, dasselbe als vor der Pankreasexstirpation.

22. Oktober: Weist die gewöhnlichen Brunstzeichen auf.

24. Oktober 1924: Wird auf eine konstante Diät von 200 g Fleisch, 50 g Rohrzucker, 50 g Pankreas gesetzt und bekommt zweimal täglich um 11 Uhr vormittags und 5 Uhr nachmittags 16 Einheiten Insulin. Diese Diät und auch die Insulindose wurden während der ganzen übrigen Beobachtungszeit eingehalten.

26.—28. Oktober 1924: In einen Raum mit männlichen Hunden gebracht.

12. November 1924: Gewicht 10,04 kg.

1. Dezember 1924: Abdomen und Milchdrüsen vergrößern sich, ausgezeichneter Allgemeinzustand.

4. Dezember 1924: Gewicht 11 kg.

30. Dezember 1924: Symptome einer leichten Infektion der Atemwege.

31. Dezember 1924: Nüchternblutzucker 0,429 vH, ausgezeichnetes Allgemeinbefinden.

1. Januar 1925: 9 Uhr vormittags vier Junge geboren, eins tot, 4 Uhr nachmittags das Fünfte totgeboren, 4,25 Uhr das Sechste totgeboren.

2. Januar 1925: Die drei Jungen und die Mutter in gutem Zustand. Gegen Mittag wird die Mutter erregt und verliert bald das Interesse an den Jungen. Einsetzen einer Hyperpnoe und Auftreten von Salivation. Es war klar, daß das Tier die Symptome einer Hypoglykämie aufwies, der Blutzucker war nur 0,067 vH.

In den Tabellen 3 und 4 geben wir die Stoffwechselbilanzen dieses Tieres einerseits, weil es den normalen Zustand anderer auf die gleiche Art behandelter Tiere aufweist, und andererseits, weil dieses Tier wegen der Schwangerschaft noch ein besonderes Interesse verdient.

In Hinsicht auf die Entwickelung der hypoglykämischen Symptome am 2. Januar, dem der Geburt folgendem Tage, wurde der Blutzucker die nächsten Tage zu der gleichen Zeit bestimmt. Das Tier wurde auf der Grunddiät gehalten und die Insulindosis wurde während dieser Tage auch nicht geändert mit der Ausnahme, daß am 2. Januar die Hälfte der gewöhnlichen Mahlzeit zusammen mit 5 Einheiten Insulin verabreicht wurde. Die Hündin nährte zwei Junge.

Datum	Zeit der Blutentnahme	Blutzucker vH
2. Januar	3^{40} nachm.	0,067
3. „	3^{40} „	0,083
5. „	3^{40} „	0,153
6. „	3^{40} „	0,250
8. „	3^{40} „	0,105

Neben der Blutzuckerentnahme am Nachmittag wurden auch Nüchternblutzucker vor der Morgenmahlzeit entnommen:

Datum	Nüchtern Blutzucker
5. Januar	0,433
7. „	0,422
10. „	0,338
16. „	0,220

Vom 1. Januar bis zum 16. Februar säugte die Hündin die beiden Jungen, die mit ihr zusammen im Käfig waren, aus diesem Grunde war es nicht möglich ihren Stickstoffwechsel zu beobachten. Die Zuckerwerte im Urin für Perioden von 24 Stunden waren die folgenden:

Tabelle 3.

Datum	Ge-wicht	Urin N	Faeces[1) N	Gesamt N	Glu-kose[2) aus Eiweiß	Glu-kose[3) aus Kohle-hydrat	Gesamt-Glu-kose-zufuhr	Glu-kose-aus-schei-dung	Glu-kose-ver-bren-nung
	kg	g	g	g	g	g	g	g	g
25. Okt.	—	14,06	—	—	51,9	105,3	157,2	29,9	127,3
26. „	—	12,46	—	—	45,2	105,3	150,5	34,0	116,5
24. Nov.	10,56	13,61	1,121	14,78	49,5	105,3	154,8	20,80	134,0
25. „	10,56	13,81	1,121	14,93	50,2	105,3	155,5	23,40	132,1
26. „	10,56	13,32	1,121	14,44	48,3	105,3	153,6	41,58	112,0
9. Dez.	11,35	13,74	1,605	15,34	49,7	105,3	155,0	29,90	125,1
10. „	11,57	12,72	1,605	14,33	46,1	105,3	151,4	27,50	123,9
11. „	11,46	12,55	1,605	14,16	45,4	105,3	150,7	48,45	112,2
16. „	11,92	12,69	0,7502	13,44	46,1	105,3	151,4	41,29	110,1
17. „	11,92	11,18	0,7502	11,93	40,7	105,3	146,0	49,60	96,3
18. „	11,92	10,15	0,7502	10,90	36,8	105,3	142,1	37,85	104,2
22. „	12,37	11,80	1,10	12,90	42,8	105,3	148,1	30,45	117,7
23. „	12,49	11,60	1,10	12,70	42,2	105,3	147,5	40,92	106,6
24. „	12,72	11,12	1,10	12,22	40,3	105,3	145,6	41,36	104,2
25. „	12,72	11,32	1,10	12,42	41,1	105,3	146,6	25,00	121,4

[1]) Die Faeces wurden eine Reihe von Tagen gesammelt und der Durchschnittsstickstoffgehalt bestimmt. Die Abgrenzung der Perioden geschah durch Tierkohlfütterung.

[2]) Harnstickstoff $\times$ 3,625.

[3]) Rohrzucker der Diät $\times$ 1,053.

Tabelle 4.

Datum	Ge-wicht	Urin N	Faeces N	Gesamt N	Glukose aus Ei-weiß	Glukose aus Kohle-hydrat	Gesamt-Glu-kose-zufuhr	Glu-kose-aus-schei-dung	Glu-kose-verbren-nung
	kg	g	g	g	g	g	g	g	g
3. März	—	11,8	—	—	42,8	105,3	148,1	3,34	144,8
4. „	—	12,75	—	—	46,1	105,3	151,4	3,82	147,6
5. „	—	12,65	—	—	45,7	105,3	151,0	6,00	145,0
6. „	—	12,23	—	—	44,2	105,3	149,5	40,40	109,1
7. „	—	11,48	—	—	41,7	105,3	157,0	25,97	121,0
22.[1]) „	9,988	10,14	—	—	37,0	105,3	142,3	27,36	114,9
23. „	9,988	14,17	—	—	53,0	105,3	158,3	23,75	124,5
24. „	9,988	12,87	—	—	45,7	105,3	152,0	26,15	125,8

[1]) Der Hund hat sein Vorschwangerschaftsgewicht und -zustand wieder erreicht.

Datum	Glukose g
4. Januar	51,10
5. „	52,02
6. „	51,62
16. „	3,88
17. „	1,31
18. „	2,39
19. „	2,22
28. „	0,54
29. „	3,43
30. „	4,05

Am 1. Februar wurden die Jungen entwöhnt.

Jetzt war es nun möglich die Stickstoffbestimmungen wieder aufzunehmen. Die Zucker- und Stickstoffbilanzen für März finden sich in Tabelle 4.

Die Stoffwechselbilanzen sind auch in einem Diagramm Abb. 11 dargestellt, aus dem ersichtlich ist, daß mit der Gewichtszunahme die Stickstoffausscheidung im Urin abnimmt (bei Gleichbleiben derjenigen der Faeces), was ohne Zweifel der Stickstoffretention durch die wachsenden Foeten zuzuschreiben ist.

Vielleicht das größte Interesse beanspruchen diese Versuchsergebnisse insofern als die Zuckerbilanz die ganze Schwangerschaft hindurch sich ungestört verhielt. Dies würde scheinbar in einem Widerspruch mit den Befunden von Carlson, Drennan und anderen stehen, daß eine vollständige Entfernung des Pankreas gegen Ende der Schwangerschaft nicht von einer Glykosurie

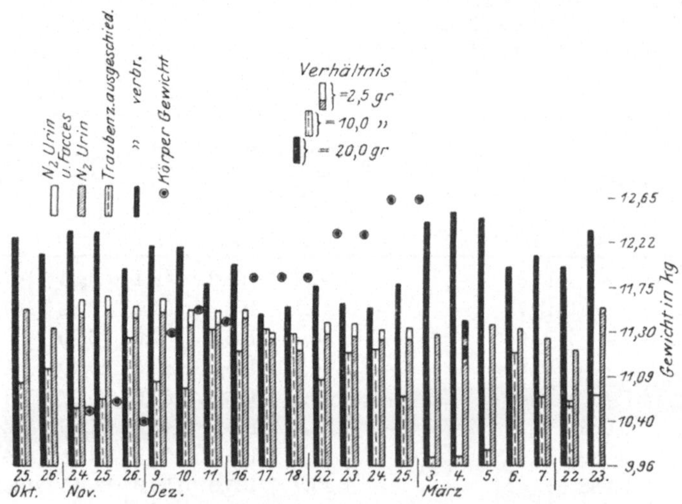

Abb. 11. Kurve der Stoffwechselbilanzen während der Schwangerschaft bei einem mit Insulin behandelten pankreaslosen Hunde (W. W. Simpson).

gefolgt ist (Carlson, Orr und Jones 1914) und daß auch keine
Hyperglykämie entsteht, so lange die Foeten am Leben und die
Placentarverbindungen intakt sind (Carlson und Ginsburg,
Carlson und Drennan 1914); es würde auch dem von ihnen
gezogenen Schluß, daß die innere Sekretion (von Insulin) des
wachsenden Pankreas der Foeten die Mutter gegen die Folgen
der Pankreasexstirpation schützen könnte, widersprechen. Die
gerade angeführten Ergebnisse bilden sicherlich keine Unterstützung für diesen Gesichtspunkt, obgleich im Lichte der Allan-
schen Arbeit (1924) in Hinsicht auf die Traubenzuckeräquivalente
noch die Möglichkeit besteht, daß die Insulinmenge, die von den
Foeten sezerniert werden könnte, zu gering sein würde, um im
Vergleich mit der von außen zugeführten großen Insulinmenge
einen meßbaren Einfluß auf die Zuckerbilanz der Mutter zu haben.

Eine andere Tatsache von großer Bedeutung, die diese Untersuchungen zutage förderten, ist die, daß schwere hypoglykämische
Symptome unerwartet nach der Geburt auftreten können, wenn
die Milchdrüsen abzusondern beginnen, deren Ursache zweifellos
die Entziehung von Traubenzucker aus dem mütterlichen Organismus zur Bildung des Milchzuckers ist.

Kurz nach dieser von uns gemachten Beobachtung wurden
ähnliche von Widmark und Carlens (1925) bei kalbenden
Kühen gemacht und gezeigt, daß sie die Ursache des sogenannten
Milchfiebers sind. Der Blutzucker milchender Kühe, wenn sie
mit gewöhnlichem Grünfutter (Rübenblätter) gefüttert werden,
ist entschieden niedriger als bei anderen Haustieren (im Durchschnitt 0,085 vH), wobei die niedrigsten Werte bei den die meiste
Milch gebenden Kühen gefunden werden. Die Erscheinungen
des Milchfiebers, die gewöhnlich nach dem Kalben auftreten, sind
den durch Insulininjektion an Normaltieren (500 Einheiten) hervorgerufenen sehr ähnlich, aber sie treten nur auf, wenn der Blutzucker unter 0,040 vH abgefallen ist. Die Wirkung der bekannten
Behandlung des Milchfiebers durch Luftinjektion in das Euter
ist, wie man glaubt, durch die Hemmung der Milchsekretion bedingt, so daß der Blutzucker wieder ansteigt; auch haben Widmark und Carlens gezeigt, daß eine ähnliche an normalen
Kühen vorgenommene Behandlung die Entwicklung einer Hyperglykämie von merklicher Höhe verursacht, die gewöhnlich von
einem Auftreten von Trauben- und auch Milchzucker im Urin

begleitet ist. Es würde von Interesse sein zu wissen, ob eine sub-
kutane Luftinjektion an anderer Stelle als in das Euter auch den
Blutzucker, vielleicht auf Grund einer reflektorischen Reizung
der Glykogenspaltung, beeinflussen würde. Ebenso ist gefunden
worden, daß Traubenzuckerinjektionen bei den befallenen Tieren
die Symptome des Milchfiebers zum Verschwinden bringen, aber
es müssen beträchtliche Mengen injiziert werden, da ja eine sehr
große Menge Zucker mit der Milch ausgeschieden wird (ungefähr
60 g pro Stunde).

Sonst ist nichts besonders in Hinblick auf den Zustand dieser
beiden pankreaslosen mit Insulin behandelten Tiere zu sagen,
worauf hier hingewiesen werden müßte. Beide stehen jetzt auf
der Pensionsliste und werden sorgfältig behandelt, um einmal
zu sehen wie lange es möglich ist, sie in einem vollkommenem
Gesundheitszustand zu erhalten; ab und an wird eine Bestimmung
der Kohlehydratbilanz gemacht, um zu sehen, ob irgend etwas
von dem Verlust des Vermögens der Kohlehydratverbrennung
wiederhergestellt ist. Beide Tiere scheiden unter derselben Behandlung genau dieselben Traubenzuckermengen aus als die ersten
fünf Monate nach der Pankreasexstirpation, wie man sehr gut
aus den Protokollen des Hundes 23 (Tabelle 1 und 2) ersehen kann;
die tägliche Kohlehydratbilanz und das Körpergewicht gegen Ende
März 1925 sind dieselben wie zu Anfang Oktober 1925. Bemerkenswert ist auch, daß diese Konstanz der Kohlehydratbilanzen ein
Zeugnis für die Zuverlässigkeit der Standardisierung der verschiedenen Insuline, die von Zeit zu Zeit gebraucht wurden, am Kaninchen darstellt. Der offensichtlich normale Zustand dieser Tiere,
der trotz des während gewissen Tagesperioden bestehenden hohen
Blutzuckerspiegels anhält, scheint doch dem Gesichtspunkt der
klinischen Beobachter, daß die Hyperglykämie *per se* degenerative
Veränderungen der Arterien, Nieren, Augen und anderer Gewebe
verursachen könne, zu widersprechen. Bisher sind keine Anzeichen
solcher Veränderungen bemerkt worden, auch zeigen diese Tiere
keine Empfänglichkeit für katarrhalische Infektionen, wie man sie
sonst oft bei eingesperrt gehaltenen Hunden beobachtet.

Bei einigen Gelegenheiten wurden diesen beiden Tieren für
einen Tag oder so Insulin und Futter mit dem unveränderlichen
Resultat entzogen, daß eine sehr schnelle Rückkehr schwerer
diabetischer Symptome eintrat. Am zweiten Tage nach der Ent-

ziehung wurde besonders bei fetten Tieren, nicht nur die Glykosurie äußerst schwer, sondern es stellte sich auch eine ausgesprochene Ketonurie ein, die von Symptomen starker Depression,
Schläfrigkeit, Erbrechen und frequenter Atmung begleitet war.
Die schnelle Rückkehr dieser Symptome nach dem Absetzen des
Insulins ist ein Zeichen dafür, daß kein anderes Organ das Pankreas
als Quelle des Insulins im tierischen Körper ersetzen kann.

Knötchen von Pankreasgewebe sind von Bowie im Duodenum
sowohl von normalen als auch pankreaslosen Tieren gefunden
worden, aber Inseln konnten in ihnen nicht aufgefunden werden.

VIII. Die Wirkungen des Insulins auf den Stoffwechsel pankreasloser Hunde.

In diesem Kapitel werden wir das Auftreten einiger chemischer
Veränderungen im Blut, Urin und in den Geweben pankreasloser Tiere, die, wie es im vorigen Kapitel beschrieben ist, mit
Insulin behandelt wurden, betrachten. Auf Grund der ausgesprochenen Veränderungen, die nach Gabe von Insulin in Hinsicht auf den Zucker, die Ketonkörper und die Phosphate des
Blutes auftreten, und aus deren Verhalten nach der Entziehung
des Insulins, kann viel in bezug auf das Verhältnis dieser Substanzen zueinander im Stoffwechsel gelernt werden. Mit Hilfe
der letzteren Methode kann man die Untersuchungen unter
günstigeren Bedingungen durchführen, als wenn man frisch
pankreatektomierte Tiere benutzt, denn nicht nur wird dabei
der postoperative Schock vollständig vermieden, sondern man
kann die Tiere auch auf jeden gewünschten Grad von Fettsucht
bringen, bevor das Insulin abgesetzt wird, so daß es möglich ist,
das Verhältnis des Körperfettes zu der Schwere der diabetischen
Erscheinungen genau zu beobachten.

Wie schon in dem vorangehenden Kapitel betont worden ist,
bringt die Entziehung von Insulin und Nahrung die Tiere sehr
bald in einen schlechten Zustand, dessen Symptome denen des
menschlichen diabetischen Komas nicht unähnlich sind. In
Tabelle 5 finden sich die von Chaikoff und Markowitz im
Blut gefundenen Mengen an Zucker, anorganischen Phosphaten,
β-Oxybuttersäure, Acetessigsäure und Fett. Die Tiere sind

Tabelle 5. Fette und andere Hunde.

Hund	Ernährungszustand	Dauer der Insulinentziehung	Blutzucker g vH	Anorganischer Phosphor Blut mg vH	β-Oxybuttersäure Blut	Acetessigsäure Blut	Fettgehalt Blut
A	mager	3 Tage	0,380	5,0	0,27	0,044	18,6
„	„	6½ „	0,359	—	0,070	0,064	—
„	„	6 „	0,423	4,2	0,21	0,12	—
B	fett	3 „	0,438	6,4	0,23	0,32	10,3
„	„	5 „	0,600	4,98	0,41	0,86	9,5
„	„	3 „	0,700	5,89	—	0,53	11,7
G	sehr fett	2½ „	1,38	8,3	0,70	1,5	15,0
M	mager	4 „	0,468	—	0,48	0,45	5,5
T	mittel	3 „	—	—	0,12	0,063	—

als fett oder mager bezeichnet; die Beobachtungen wurden an jedem der ersten beiden, A und B, bei drei verschiedenen Gelegenheiten gemacht. Es ist ganz augenscheinlich, daß der Blutzucker im Durchschnitt bei den fetten Tieren im Vergleich mit den mageren entschieden höher war, ebenso bestand ein ähnlicher Unterschied in Hinsicht auf die Acetessigsäure und weniger deutlich die β-Oxybuttersäure. Bei fetten Tieren war ein größerer Betrag an Acetessigsäure vorhanden als an β-Oxybuttersäure, wohingegen bei mageren dieses Verhältnis umgekehrt ist. In bezug auf das Fett und die Phosphate erlauben die Ergebnisse keinen endgültigen Schluß.

Diese Beobachtungen wurden in den auf die Insulinentziehung folgenden Zeiträumen, wie aus der Tabelle zu ersehen ist, gemacht. Soweit wie wir beurteilen können, sind die Intervalle so lang, als man mit Sicherheit das Insulin entziehen darf. In der Tat starben gewisse Tiere, Hund G und Hund B (letzte Beobachtungen) während der den Beobachtungen folgenden Nacht. Bevor wir die Bedeutung dieser Ergebnisse diskutieren, wollen wir die Wirkung studieren, die eintritt, wenn wiederum Insulin injiziert wird.

1. Die Wirkungen der Wiederzufuhr des Insulins auf das Blut.

Die typischen Resultate einer solchen Beobachtung können aus Abb. 12 ersehen werden. Das Tier (A in Tabelle 5) wurde ungefähr 6 Wochen vor den Versuchen pankreatektomiert und

3 Tage vor der Beobachtung wurde das Inulin entzogen. Am
Morgen des 15. Oktober lagen die Werte für Zucker, Phosphate,
Oxybuttersäure und Fett beträchtlich über dem Blutspiegel normaler Tiere. Um 10^{20} Uhr vormittags wurden 20 Einheiten Insulin mit dem Erfolg gegeben, daß während der nächsten drei Beobachtungen, die nach annähernd 50, 70 und 100 Min. gemacht

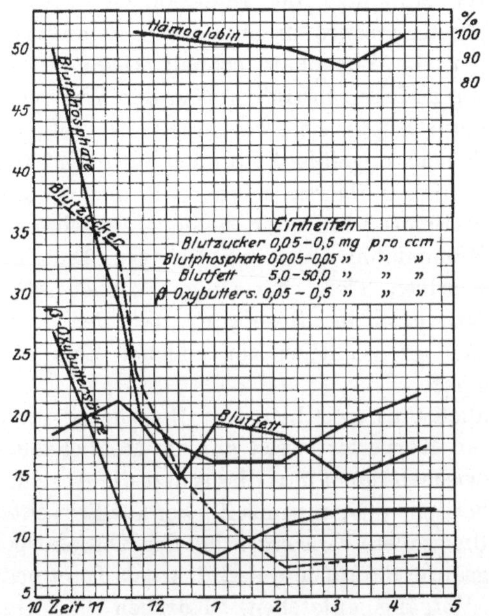

Abb. 12. Kurve der Insulinwirkung auf die Blutbestandteile pankreasexstirpierter Hunde
(Chaikoff, Macleod, Markowitz und Simpson: Americ. journ. of physiol. 1925.)

wurden, der Zucker, die Phosphate und die Oxybuttersäure
beinahe genau im selben Verhältnis abfielen; dies war von der
Blutverdünnung, die später bis zu einem gewissen Grade auftrat,
unabhängig. Nach dieser Zeit verminderte sich der Abfall der
Phosphorsäure und der Oxybuttersäure sehr, während der Zucker
beinahe in der ursprünglichen Geschwindigkeit zu fallen fortfuhr, auch trat ein Wiederansteigen der beiden Ersteren eher ein
als des Letzteren. Ein ausgesprochener Abfall des Fettes war nicht
vorhanden. Die Schwankungen im Fettgehalt waren nach unserer
Meinung abhängig von Unsicherheiten der Bestimmung. Das Tier,
an dem diese Beobachtungen gemacht wurden, konnte man für

seine Art als mager ansehen, sein Gewicht am Ende des Versuches betrug 7,3 kg.

Bei einem anderen Tiere (B in Tabelle 5), welches ausgesprochen fett war, wurde eine vollkommene Pankreasexstirpation durch die Entfernung eines Pankreastransplantates 3 Wochen vor der Beobachtung gemacht; 25 Einheiten Insulin reduzierten während der ersten 100 Min. nach der Injektion den Zucker, die Phosphate und Acetessigsäure in annähernd demselben Verhältnis, danach stiegen die Phosphate schnell wieder an, obgleich der Zucker ständig zu fallen fortfuhr, bis er den Wert von 0,29 vH erreichte. Ebenso zeigte sich ein ständiges Abfallen der Acetessigsäure, die nach ungefähr 5 Stunden nur noch 7 mg vH betrug. Das Blutfett dieses Tieres zeigte, wie beim Vorhergehenden, während der Beobachtungszeit keine wahrnehmbare Veränderung, das Hämoglobin stieg auf 108 vH. Eine andere Beobachtung am selben Tiere, die einige Wochen später gemacht wurde, zeitigte ähnliche Resultate, mit der Ausnahme, daß der Blutzucker offensichtlich zur gleichen Zeit wieder anstieg, als die Phosphate.

Der Parallelismus zwischen dem Blutzucker im Hunger und dem Betrag an Körperfett weist auf die Möglichkeit einer nahen Beziehung zwischen ihnen hin; dies stützt die Ansicht, daß wenigstens im diabetischen Organismus Zucker aus Fett entstehen kann, ferner weist die größere Konzentration der Ketonkörper, besonders der Acetessigsäure, darauf hin, daß diese als Intermediärprodukte bei diesem Vorgang entstehen. Kürzlich hat Geelmuyden einen anderen Beweis für diese Ansicht vorgebracht, und wir kennen keine Tatsache, die ihr unabweisbar widerspricht. Nichtsdestoweniger darf bei der Betrachtung dieser Beobachtung die Möglichkeit nicht aus dem Auge gelassen werden, daß die große Zuckermenge bei fetten Tieren von dem Vorhandensein reicherer Glykogenvorräte in der Leber abhängig sein kann. Diese Möglichkeit bedarf weiterer Untersuchung, aber es mag erwähnt werden, daß nach unseren Befunden der respiratorische Quotient, bei Zuckerfütterung fetter und magerer Tiere, zur selben Zeit nach der Entziehung des Insulins zu steigen aufhört. Wenn dieses, wie man allgemein glaubt, als ein Anzeichen der Erschöpfung der Glykogenvorräte angesehen werden kann, so könnten diese Beobachtungen als Beweis für die Zuckerbildung aus Fett angesehen werden.

Das Verhalten der Phosphorsäure nach Insulin ist keineswegs verschieden von dem im Normalblut. Wohl ist es von Interesse, zu bemerken, daß der Prozentsatz vor der Insulindarreichung viel höher ist, was auch mit dem höheren Betrag im Urin übereinstimmt. Immerhin wird es besser sein, eine fernere Diskussion des Verhaltens der Phosphate beim diabetischen Tiere erst dann anzustellen, wenn wir die Veränderungen, denen sie im Normaltier nach Insulininjektion unterliegen, betrachtet haben.

2. Das Verhalten der Alkalireserve des Blutes.

Da die Ketonkörper im Blute nach Insulin vermindert werden, so muß man in Fällen, bei denen die Ketosis so ausgesprochen ist, daß eine ausgesprochene Erniedrigung der Alkalireserve besteht, erwarten, daß sie in dem Maße ansteigen wird, wie die Ketonkörper abfallen. Diese Seite der Frage ist bei Hunden noch nicht systematisch untersucht worden, weil man bei menschlichen Patienten die Untersuchung mit größerer Leichtigkeit durchführen kann; eine Anführung dieser Arbeit findet sich an einem anderen Orte. (Campbell und Macleod 1924). Die meisten klinischen Beobachter glauben, daß die Geschwindigkeit, mit der die Ketonkörper nach Insulininjektion beim Diabetes verschwinden, ansteigt, wenn gleichzeitig Zucker gegeben wird, es ist daher allgemeiner Brauch, mit jeder Einheit Insulin 1 g Traubenzucker zu geben. Unter diesen Umständen steigt die Alkalireserve (die Konzentration der Blutbikarbonate) des Blutes, gemessen mit der van Slyke-Methode sehr schnell an, wie in der Kurve Abb. 13 gezeigt wird (aus einer Arbeit von Davies, Lambie, Lyon,

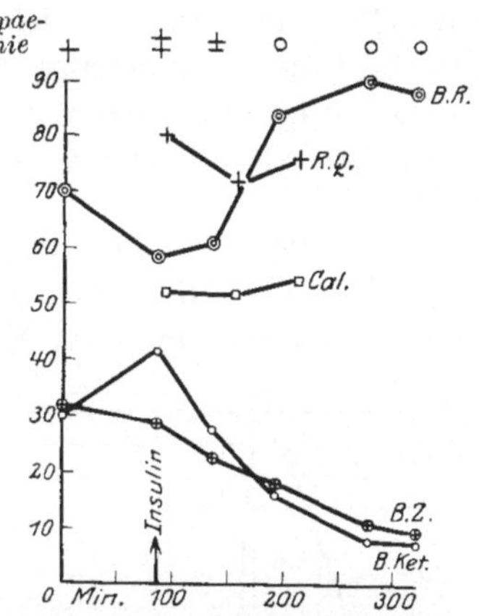

Abb. 13. Kurve der Insulinwirkung auf die Alkalireserve, Ketonkörper usw. im Blute diabetischer Patienten (s. Text). B.R. = Bikarbonatreserve Prozent (normal 100). R.Q. = Respiratorischer Quotient. Cal = Calorien pro Stunde aus dem respiratorischen Stoffwechsel berechnet. B.Z. = Blutzucker Prozent. B.K. = Ketonkörper mg vH. Der respiratorische Quotient und der Blutzucker sind mit 100 multipliziert worden, um sie in dasselbe Koordinatensystem eintragen zu können. Abszisse = Zeit in Minuten vom Beginn der Beobachtung. Patient hungernd, Körpergewicht 32,3 kg, 30 Einh. Insulin. (H.W. Davier, C. G. Lambie et al.: Brit. med. journ. S. 1847. 1923.)

Meakins und Robson 1923), wenn die Ketonkörper verschwinden. In der Kurve bedeutet B. R. den Bikarbonatgehalt, K. K. die Ketonkörper des Blutes, B. Z. den Blutzucker, Cal. die kalorische Wärmeproduktion und R.Q. den respiratorischen Quotienten. Der Grad der Lipämie wird durch die Zeichen + oder 0 am Kopfe der Zeichnung dargestellt. Der Fall war ein schwerer Diabetes einer Frau mit einer Kohlehydrattoleranz von nur 10 g pro Tag, die gegebene Insulinmenge betrug 30 Einheiten, und man kann beobachten, daß sie einen Anstieg der B. R. von 59 vH auf 91 vH in weniger als 3 Stunden verursachte.

3. Die Wirkung des Insulins auf die Ketonurie.

In Hinsicht auf die Wirkung des Insulins auf die Ausscheidung der Ketonkörper im Urin kann man die besten Beobachtungen an diabetischen Patienten machen, bei denen diese Ausscheidung gewöhnlich viel größer ist, als es bei pankreaslosen Hunden der Fall zu sein pflegt. Die Wirkung des Insulins auf diese Ausscheidung ergibt sich aus der Kurve in Abb. 14 von einem Falle, der von Banting, Best, Collip, Campbell und Fletcher (1922) beobachtet wurde. Bei pankreaslosen Hunden kann

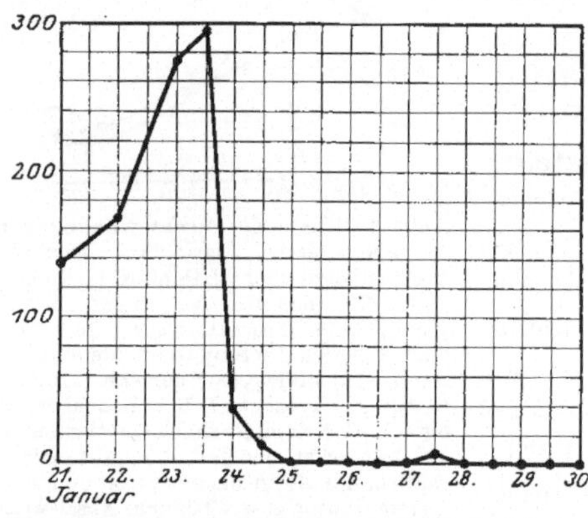

Abb. 14. Aufhören der Ketonurie nach Verabreichung von Extrakt (Banting, Best, Collip, Campbell und Fletcher: Can.med.ass.journ. Bd.22, S.141. 1922).

unter bestimmten Bedingungen die Acetonausscheidung beträchtlich sein. Auch diese bringt das Insulin zum Verschwinden, wie es aus der Tabelle 6 zu ersehen ist, die die Resultate wiedergibt, welche J. B. Collip bei einer früheren Beobachtung insulinbehandelter Tiere erhielt, bevor Insulin zu der Behandlung des menschlichen Diabetes gebraucht wurde.

Wie man sehen kann, sind die Ketonkörper aus dem Urin, der am Tage nach der Insulininjektion gesammelt wurde, vollständig verschwunden, obgleich noch eine beträchtliche Zuckeraus-

Tabelle 6.
Zucker- und Ketonkörperausscheidung bei pankreaslosen Hunden.

Datum	Insulin	Gesamte Urinausscheidung ccm	Gesamte Traubenzuckerausscheidung g	Gesamte Ketonkörperausscheidung mg	Bemerkungen
6. Januar	nein	1000	29,7	100	—
7. „ vorm.	„	375	28,4	187	Blut-Z 0,350 vH
7. „ nachm.	ja	—	—	—	„ 0,085 „
8. „ „	nein	425	4,25	nichts	—
9. „ „	„	325	9,95	„	—
10. „ „	„	370	9,60	„	—
11. „ „	„	275	25,2	34	—
12. „ „	„	325	25,4	55	—
13. „ vorm.	„	750	18,0	114	—
13. „ nachm.	ja	—	—	—	—
14. „ „	„	600	8,0	nichts	—

scheidung bestand; sie blieben noch für 2 weitere Tage weg, um dann am vierten wieder zu erscheinen. Wenn wir, wie es gemeinhin getan wird, voraussetzen, daß Ketonorie nur auftritt, wenn das Glykogen der Leber verschwunden ist, so kann dieses Ergebnis als abhängig von der Tatsache erklärt werden, daß in der Leber infolge der Insulininjektion Glykogen gebildet wurde und noch mehrere Tage nach der Entziehung des Insulins verfügbar blieb.

4. Der Betrag an Traubenzucker, der durch Insulin zur Verbrennung gebracht werden kann. Das Glukoseäquivalent des Insulins.

Da im Körper eines vollständig pankreaslosen Tieres kein Insulin abgesondert wird, so kann der Betrag an Traubenzucker, dessen Verbrennung durch jede Insulineinheit verursacht wird, dadurch bestimmt werden, daß man in einer bestimmten Zeitperiode die totale ausgeschiedene Traubenzuckermenge von dem in der Nahrung verfügbaren Traubenzucker abzieht und diesen Betrag durch die Anzahl der Insulineinheiten, die gegeben worden sind, dividiert. Als Traubenzucker der Nahrung bezeichnen wir alle tatsächlich verabreichten Kohlehydrate und außerdem den Anteil, der vom Eiweiß abstammt, wobei man auf der Basis rechnet, daß 58,6 vH (60 vH) so entstehen können.

Dieser Faktor ist auf Grund eines D : N Quotienten von 3,65 berechnet, der von Lusk und anderen bei hungernden oder fleischgefütterten phlorhizindiabetischen Hunden festgestellt worden ist; in den Fällen, wo die Tiere eine kohlehydrathaltige Nahrung bekommen, mag er vielleicht nicht anwendbar sein. Das Verhältnis des von Eiweiß abstammenden Traubenzuckers kann viel

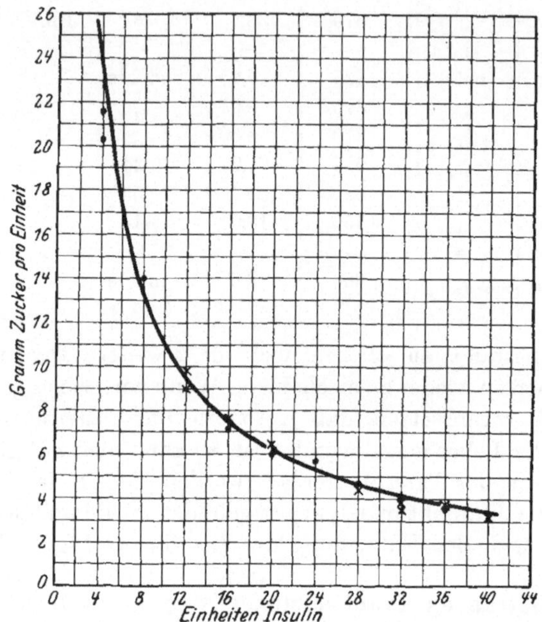

Abb. 15. Kurve der Traubenzuckeräquivalente: Hund I für 100 g (dargestellt durch die Punkte), Hund J. für 100 g (dargestellt durch die Kreuze). (F. N. Allen: Americ. journ. of physiol. Bd. 57, S. 275. 1924.)

kleiner als 3,65 sein, besonders da unter Insulin die Kohlehydrate eine eiweißsparende Wirkung haben müssen. Es muß deshalb gesagt werden, daß die Methode der Berechnung der totalen Traubenzuckereinnahme nur eine annähernde ist, aber nichtsdestoweniger sind die Ergebnisse, die von Frank N. Allan gefunden wurden, von großem Interesse. Auch förderten sie verschiedene sehr interessante Tatsachen in bezug auf die Glukoseäquivalente des Insulins zutage. Diese Tatsachen sind die folgenden: 1. Das Äquivalent ist bemerkenswert konstant, sowohl für dasselbe als auch für verschiedene Tiere, wenn die Kohlehydratbilanz dieselbe Höhe hat. 2. Es ist bei kleinen Dosen Insulin höher als bei großen, wenn die Kohlehydrateinfuhr dieselbe bleibt. Das bedeutet also folgendes: wenn wenig Kohlehydrat verbrannt wird, wie es der Fall ist, wenn kein Insulin gegeben wird, so wird die Gabe einer Einheit eine viel größere Wirkung in bezug auf die Kohlehydratverbrennung haben, als wenn eine Einheit einem Tier verabreicht wird, bei dem durch eine vorangehende Insulinverabreichung bereits eine beträchtliche Kohlehydratverbrennung im Gange ist. Als eine Illustration dieser Tatsachen sind die folgenden Zahlen und die Kurve in Abb. 15 von Interesse:[1])

Hund I.
Tägliches Futter: 600 g mageres Fleisch und 100 g Rohrzucker[1]).

Täglich verabreichter Insulin (klinische Einheiten)	Traubenzuckeräquivalente (an verschiedenen Tagen)
20	5,8, 5,8
24	4,1, 4,0
32	3,5, 3,5, 3,6, 3,3, 3,7 (4,1)
36	3,0, 3,1, 3,1
38	3,4
40	3,0, 3,3, 3,1, 3,0

Es gibt wahrscheinlich mehrere Gründe für den fortschreitenden Abfall des Glukoseäquivalentwertes in dem Maße, als die Insulindose verstärkt wird. Einer von diesen ist zweifellos die Tatsache, daß, wenn ein relativer Überschuß von Insulin verabreicht wird, es entweder durch Ausscheidung im Urin oder Zerstörung im Körper verloren geht. Immerhin kann das nicht der einzige Grund sein, weil man dieselben Unterschiede beobachtet, wenn die Glukoseäquivalente in verschiedenen Perioden bestimmt werden, während denen die Insulinmenge konstant gehalten wird, aber der täglich verabreichte Traubenzucker in steigender Menge gegeben wird. So z. B.:

---

[1]) Um die Art der Berechnung zu zeigen, ist es vielleicht angebracht, ein Beispiel zu geben. Unter der Voraussetzung, daß bei 20 Einheiten Insulin und einer Totalzufuhr von 145 g Traubenzucker die Traubenzuckerausscheidung im Urin 35 g beträgt (Ausnutzung 110 g) und daß mit 30 Einheiten und derselben Traubenzuckermenge die Ausscheidung auf 5 g fällt (Ausnutzung 140 g), dann ist das Äquivalent für 20 Einheiten 5,5 und für 30 Einheiten 7,7.

7*

Hund I.
Futter: 600 g mageres Fleisch und wechselnde Mengen Rohrzucker.
A. täglich 20 Einheiten Insulin.

Rohrzuckermenge g	Traubenzucker-äquivalent
50	3,5, 3,9
100	5,8, 5,8
150	8,4, 8,1, 6,9, 6,9

B. täglich 32 Einheiten Insulin.

Rohrzuckermenge g	Traubenzucker-äquivalent
50	2,4, 2,6
100	3,7, 4,1
125	4,9, 4,8
150	4,5, 4,9

Dies ist ein Anzeichen dafür, daß der Betrag an Traubenzucker, dessen Ausnutzung jede Einheit von Insulin verursacht, von der relativen Zahl von Insulin- und Traubenzuckermolekülen, die im Körper verfügbar sind, abhängt. Betrachtet man den Zucker als das Substrat, an dem das Insulin angreift, so können wir feststellen, daß, wenn dieses relativ groß ist, der angegriffene Betrag annähernd der Zahl der gegebenen Insulineinheiten direkt proportional ist, wenn andererseits aber die Menge des Substrates relativ klein ist. so wird die für jede neu hinzugefügte Einheit von Insulin angreifbare Menge fortschreitend weniger und weniger werden.

Die Reaktion muß mit anderen Worten entsprechend einer logarithmischen Funktion vorwärts schreiten, ähnlich, wie es von Murray Lyon für die Wirkung des Adrenalins auf den Blutdruck gezeigt worden ist und die sich auch in ähnlicher Weise für die Wirkung von Fermenten feststellen läßt. Eine solche Kurve, berechnet aus der Formel ($u^{0.85} = 10^{1.8}$) ist von Frank N. Allan in Abb. 15 gezeichnet worden, und man kann sehen, daß die bei verschiedenen Tieren tatsächlich beobachteten Werte, die durch die Punkte und Kreuze dargestellt sind, in befriedigender Weise in den Verlauf der Kurve zu liegen kommen.

Diese nahe Übereinstimmung zwischen den theoretischen und beobachteten Werten würde erwarten lassen, daß man das Insulin leicht durch die Bestimmung des Traubenzuckeräquivalentes an pankreaslosen Tieren mit Hilfe der eben beschriebenen Methode prüfen könnte. Wenn dieses möglich sein sollte, könnte man die Stärke des Insulins, anstatt sie in der Form seiner blutzuckererniedrigenden Wirkung am normalen Kaninchen, auf der viel brauchbareren Grundlage des Traubenzuckeräquivalentes für die Insulineinheit ausdrücken. Allan (1925) hat die Methode auf den praktischen Wert ihrer Brauchbarkeit geprüft und kam zu dem Ergebnis, daß, wenn er sie mit der gegenwärtig gebrauchten einfachen Methode am Kaninchen verglich, sich ihre Anwendung nicht befürworten läßt.

Die Traubenzuckeräquivalente sind auch an diabetischen Patienten von verschiedenen klinischen Untersuchern beobachtet worden. Die gewöhnlich angewandte Methode war von der vorhergehenden verschieden; nach einer Bestimmung der Zuckertoleranz bei einer bestimmten Diät ohne Insulin wurde die Toleranz, die einer Verabreichung von Insulin folgte, beobachtet und dann die Anzahl des Traubenzuckers in Gramm für jede Einheit Insulin dadurch berechnet, daß man den Überschuß der verbrannten Menge durch die Zahl der Insulineinheiten dividiert. Durch beide Methoden offenbarte sich dasselbe Verhältnis zwischen der verabreichten Insulinmenge und dem verbrannten Traubenzucker, wenn auch die absoluten Werte der Traubenzuckeräquivalente bei der klinischen Methode niedriger sind, wie aus den folgenden Zahlen zu ersehen ist:

Zahl der Einheiten	Gesamtmenge des verbrannten Traubenzuckers	Zahl der Gramme pro Einheit (Traubenzuckeräquivalent)	
		1	2
4	82,0	20,5	—
8	110,0	12,5	—
12	111,5	9,3	3,7
16	117,5	7,3	3,6
20	121,5	6,1	2,5
24	125,0	5,2	2,2
28	127,0	4,5	1,9
32	128,5	4,0	1,7
36	130,0	3,6	1,5

Die Zahlen in der Kolumne 1 wurden erhalten, indem der gesamte verbrannte Traubenzucker durch die Zahl der verabreichten

Insulineinheiten geteilt wurde (physiologische Methode) und die in Kolumne 2 durch Teilung des verbrannten Extrazuckers durch die Zahl der mehr verabreichten Insulineinheiten, (klinische Methode), wobei die mit 5 Einheiten Insulin verbrannten 82 g als Basis genommen wurden.

Die Unterschiede der Resultate beider Methoden zeigen, daß die Verabreichung einer kleinen Insulindose beim diabetischen Hunde eine viel größere Wirkung hat als beim diabetischen Patienten, bei dem noch vom Pankreas herstammendes Insulin vorhanden ist. Wenn man die Bedingungen genau vergleichbar machen könnte, so würde wahrscheinlich der durch die Insulineinheit zur Verbrennung gebrachte Betrag an Zucker beim diabetischen Hunde derselbe sein, wie beim diabetischen Menschen, was bedeutet, daß das Insulinbedürfnis eines Tieres nicht in irgendeinem bemerkenswerten Grade von seiner Größe oder Gewicht abhängig ist. Dieser Schluß stimmt mit den klinischen Befunden von Campbell (1925) und Joslin, Gray und Root (1922) überein. Auch kann noch eine andere Ursache für den offensichtlichen Unterschied zwischen den Traubenzuckeräquivalenten der Laboratorien und Kliniken bestehen, der von der Tatsache abhängig ist, daß von Eiweiß (und Fett) abstammender Traubenzucker schwieriger verbrannt wird als der von verfütterten Kohlehydraten. Wilder, Boothby, Barborka, Kitchen und Adams (1922) haben z. B. festgestellt, daß Insulin beim diabetischen Patienten mit einer eiweißreichen Diät eine viel geringere Einwirkung auf die Zuckerausscheidung hatte, als wenn dieselbe Dose bei einer hauptsächlich aus Kohlehydrat bestehenden Diät verabreicht wurde, deren kalorischer Wert und deren Traubenzuckerwert derselbe, wie der der Eiweißdiät war. So z. B. reduzierten 15 Einheiten Insulin bei einer Diät von 45 g Eiweiß, 42 g Fett und 12 g Kohlehydraten (d. h. 150 g verfügbarem Traubenzucker und 1956 Kalorien) die tägliche Zuckerausscheidung von 57,8 auf 9,46 g und hatten somit ein Traubenzuckeräquivalent von 3,22, wohingegen dieselbe Insulinmenge bei einer Diät von 159 g Eiweiß, 118 g Fett und 41 g Kohlehydraten (d. h. 145 g verfügbarer Traubenzucker und 1907 Kalorien) die Zuckerausscheidung nur von 76,10 auf 47,15 verringerte und somit ein Traubenzuckeräquivalent von 1,9 besaß. Dies weist scheinbar darauf hin, daß unter dem Einfluß des Insulins der vom

Körpereiweiß (und Fett) abstammende Traubenzucker nicht so leicht verbrennt, als der von den verfütterten Kohlehydraten resorbierte.

Es scheint sicher, daß die unterschiedlichen Werte der Traubenzuckeräquivalente des Insulins der klinischen Beobachter ihre Ursache in der inneren Sekretion ungeschädigter Langerhansscher Inseln haben. Das Ausmaß, in dem diese von Zeit zu Zeit auftritt, kann nicht dasselbe sein, so daß dadurch eine unkontrollierbare Variable eingeführt wird, die es höchst unwahrscheinlich macht, daß man konstante klinische Resultate erhalten kann. (l. c. Campbell, Allen, Williams, Wilder und Boothby.)

5. Die Wirkung des Insulins auf das Glykogen bei diabetischen Hunden.

Über die ursprünglich von Minkowski gemachte Beobachtung, daß bei vollständig pankreaslosen Hunden kein oder nur Spuren von Glykogen in der Leber abgelagert sind, auch wenn man große Mengen von Traubenzucker verfüttert, kann kein Zweifel bestehen. Nicht ganz sicher ist es, ob nach Verfütterung von Lävulose etwas Glykogen gebildet wird; Minkowski behauptet, daß es auftreten kann, wenn auch Cruickshank (1913) nicht in der Lage war, dies zu bestätigen. Wir haben gefunden, daß die Verabreichung großer Rohrzuckermengen während der letzten 3 Lebenstage eines Tieres, welchem 7 Tage vorher das Pankreas exstirpiert worden war, zu einer Ablagerung von 1,23 vH Glykogen in der Leber führte, während bei einem anderen ähnlich behandelten Tiere, das 11 Tage vorher operiert worden

Tabelle 7.

Datum	Tage nach Pankreasexstirpation	Glykogengehalt	
		Leber vH	Herz vH
24. April 1923	5	0,09	0,47
1. Mai 1923	4	Spur	0,38
4. „ 1923	5	Spur	0,12
5. „ 1923	3	0,06	0,61
7. „ 1923	4	0,06	0,33
11. „ 1923	3	0,07	0,65
14. „ 1923	4	0,03	0,66

war, nur 0,046 vH gefunden werden konnten. In keinem Falle verursachte nach unseren Befunden die Verabreichung von Traubenzucker eine Ablagerung von irgendwie bemerkenswerten Mengen Glykogen in der Leber, was auch aus der Tabelle 7 hervorgeht.

Verabreicht man Insulin zusammen mit Zucker, so werden große Mengen Glykogen in der Leber gebildet, wie es aus den Resultaten in Tabelle 8 hervorgeht.

Tabelle 8.

Datum	Tage nach Pankreasexstirpation	Insulin — Zuckertage	Leberglykogen vH
24. Febr. 1922	7	5	12,58
14. Jan. 1922	4	weniger als 1	2,70
28. April 1922	3	2	11,40
2. Mai 1922	5	1	4,80

Die erste Beobachtung dieser Art, die von Collip gemacht wurde, zeigte, daß der Gehalt an Leberglykogen sehr groß war, nachdem das Tier sehr große Mengen von Zucker zusammen mit Insulin erhalten hatte, daher war es schwierig mit Genauigkeit zu bestimmen; es war augenscheinlich über 20 vH. Die Bedeutung der Glykogenbildung als eine Folge der Insulindarreichung ist zweifellos sehr groß und wie schon oben angedeutet worden ist, besteht wahrscheinlich auch eine Beziehung zum Auftreten der Acetonkörper, wenn wenigstens in der Leber alles Glykogen aufgebraucht ist. Ebenso betrachtet man (s. Lusk und Verzár) die Fähigkeit des respiratorischen Quotienten, nach Zuckerverabreichung anzusteigen, als abhängig davon, ob Glykogen in der Leber vorhanden ist oder nicht. Immerhin ist es sehr schwierig, mit Sicherheit zu sagen, ob diese Beziehungen so nahe sind, wie man gemeinhin voraussetzt; es wird nötig sein, sehr viel mehr Glykogenbestimmungen an pankreaslosen Hunden zur Verfügung zu haben, als es gegenwärtig der Fall ist, ehe diese Verhältnisse genau festgestellt werden können.

Diese Ergebnisse ließen die Frage entstehen, ob Insulin auch eine Glykogenbildung ohne Zuckerzufuhr verursachen kann; Cori (1923) hat nun zu dieser Frage zwei Versuche beigesteuert, nach welchen dies der Fall ist. Zur Zeit der Pankreasexstirpation wurden

Teile der Leber zur Glykogenbestimmung entnommen, dasselbe geschah als die Tiere, denen in der Zwischenzeit kein Futter sondern nur Insulin verabreicht wurde (in den beiden letzten Tagen), 4 Tage später getötet wurden; der Glykogengehalt zur Zeit der Operation war 0,067 und 0,072 vH und nach 4 Tagen 2,82 und 1,87. In einer Beobachtung an einer Katze, die 7 Tage mit Insulin behandelt worden war, fand sich nach dem Tode 3,75 vH Leberglykogen, wenn auch wegen hypoglykämischer Symptome Traubenzucker gegeben werden mußte. Aus diesen Resultaten würde hervorgehen, daß Glykogen sogar bei Abwesenheit von außen zugeführter Kohlehydrate gebildet werden kann, woraus hervorgeht, daß es als durch Abspaltung von Eiweiß oder Fett entstehend angesehen werden muß.

In Hinsicht auf den Glykogengehalt anderer Gewebe sind wir nicht in der Lage gewesen, bei pankreaslosen Tieren irgendeinen bemerkenswerten Unterschied des Gehaltes der Muskeln vor und nach Insulin zu finden, wohl aber bestehen einige Anzeichen dafür, daß durch Insulin eine Verminderung des Glykogengehaltes des Herzens verursacht wird. In diesem Zusammenhange ist es wichtig an das zu erinnern, was zuerst von Cruickshank (1913) gezeigt worden ist, nämlich daß das diabetische Herz einen höheren Gehalt an Glykogen aufweist als der normale; so war der Durchschnitt bei sieben pankreaslosen Hunden 0,7 vH und bei sechs normalen 0,5 vH. In verschiedenen Teilen des Herzens eines pankreaslosen Hundes, der mit Zucker ohne Insulin gefüttert worden war, haben wir 0,79—0,92 vH Glykogen gefunden und 0,98 vH bei einem anderen, ähnlich behandelten Tiere. Bei vier pankreaslosen Hunden, die Zucker zusammen mit Insulin erhielten, waren die Prozente an Glykogen 0,725, 0,600, 0,570 und 0,296. Wir sind nicht ganz sicher, ob diese Wirkung des Insulins auf das Herzglykogen von Bedeutung ist, zumal da McCormik gefunden hat, daß bei unbehandelten pankreaslosen Hunden der Glykogengehalt häufig innerhalb normaler Grenzen liegt, wie aus den Resultaten der Tabelle 7 zu ersehen ist. Auch ist es möglich, daß diese verhältnismäßig niedrigen Glykogenprozentsätze durch die Äthernarkose bedingt sind, unter der man die Tiere für einige Zeit hielt, bevor sie getötet wurden.

6. Die Wirkung des Insulins auf den Fettgehalt der Leber und des Blutes.

Der Fettgehalt der Leber und des Blutes steigt, wie bekannt, nach der Pankreasexstirpation an, besonders wenn der Diabetes einige Zeit bestanden hat. Dies wird durch die in Tabelle 9 aufgeführten Werte illustriert. Gibt man Insulin, so wird sowohl die Fetteinwanderung in die Leber als auch die Lipämie viel geringer und es kann sogar zu einer Rückkehr in die normalen Grenzen kommen, wie auch aus Tabelle 9 zu ersehen ist.

Über die zeitlichen Beziehungen der Änderungen der Fettkonzentration im Blut und in der Leber nach Insulindarreichung sind keine Daten verfügbar, obgleich, wie schon ausgeführt

Tabelle 9.

Gesamtfettsäuren bei pankreaslosen Hunden mit und ohne Insulin.

Zahl der Tage nach Pankreasexstirpation	Gesamtfettsäuren vH		Bemerkungen
	Leber[1]	Blut[2]	
5	25,3 / 23,9	1,07 / 1,08	kein Zucker und kein Insulin
5	12,80	1,02	„ „ „ „ „
4	12,75	1,13	„ „ „ „ „
5	33,0	1,58	„ „ „ „ „
3	8,8	0,72	„ „ „ „ „
4	23,1	0,74	„ „ „ „ „
3	15,6	0,85 / 0,91	„ „ „ „ „
4	26,24	0,76 / 0,79	„ „ „ „ „
6	12,25	—	Zucker, kein Insulin
4	14,10	1,21	„ „ „
7	9,90	1,12	„ „ „
6	7,425	0,33	„ + Insulin 1 Tag
3	2,190	0,53	„ + „ 2 Tage
5	4,41	—	„ „ 1 Tag
3	10,28	—	„ Überdosierung v. Insulin[3]
3	26,36	0,37	„ „

[1] SEATHsche Methode.
[2] BLOORsche Methode.
[3] Diese Tiere starben wenige Stunden nach Insulin.

worden ist, die Veränderungen im Blutfett viel langsamer auftreten als es bei den Ketonkörpern, dem Zucker und der Phosphorsäure der Fall ist. Auf diesem Gebiete bedarf es noch größerer Arbeit, besonders da auch bei der Lipämie in schweren Diabetesfällen eine Insulineinwirkung zeitweilig nicht leicht zu erzielen ist. Nach der klinischen Erfahrung ist eine Verminderung des Blutfettgehaltes auch bei leichten Diabetesfällen unter Insulin ein ausgesprochen langsamer Vorgang (1. c. Campbell und Macleod). Von großer Bedeutung würde es sein, genauere Zahlen über das zeitliche Verhältnis der durch Insulin hervorgerufenen Änderungen des Zuckers, Fettes und der Ketone im Blut in ihrer Beziehung zum Glykogengehalt der Leber und dem Verhalten des R. Q. nach Zuckerzufuhr zu erbringen.

Einen Bericht über den Einfluß des Insulins auf den R. Q. bei diabetischen Tieren wollen wir auf später verschieben, aber es mag hier erwähnt werden, daß Best und Hepburn zu einem früheren Zeitpunkte ihrer Arbeit fanden, daß bei solchen Tieren nach Insulin und Zucker der Quotient viel ausgesprochener ansteigt, als wenn Zucker allein gegeben wird.

IX. Der D:N-Quotient.

Der D:N oder G:N-Quotient ist der Ausdruck des Verhältnisses von der in einem bestimmten Zeitraum ausgeschiedenen Zuckermenge zu dem gleichzeitig ausgeschiedenen Stickstoffbetrag. Der Quotient kann während des Hungers oder wenn die Nahrung keine Kohlehydrate, die nach Hydrolyse reduzierende Zucker ergeben, enthält, direkt aus der Urinanalyse festgestellt werden; wenn aber die Nahrung Kohlehydrate enthält, so muß ein entsprechender Betrag von reduzierendem Zucker von der ausgeschiedenen Traubenzuckermenge abgezogen werden, bevor der Quotient berechnet werden kann.

Der Wert des Quotienten besteht darin, daß er als Anzeichen für die Quelle des Zuckers im Körper, der nicht von verfütterten Kohlehydraten stammt, dient. Macht man ein hungerndes Tier durch häufige Verabreichung von Phlorhizin diabetisch und bestimmt den Quotienten von Tag zu Tag, so bleibt er konstant 3,65; aus dieser Tatsache wird die Schlußfolgerung gezogen, daß aus 100 g Eiweiß (16 g Stickstoff) im Körper 58,5 g Traubenzucker entstehen. Erhält man höhere Quotienten, so wird daraus geschlossen, daß ein Anteil des Zuckers aus anderen Quellen stammen muß, wie z. B. Fett. Hieraus kann ersehen werden, daß der Bestimmung des D : N-Quotienten beim Diabetes eine große Bedeutung zur Auffindung der Quellen des ausgeschiedenen Zuckers zukommt; er stellt die hauptsächlichste Beweisführung dar, ob als Quelle außer dem Eiweiß auch das Fett in Frage kommt.

Wenn man diese Beweisführung abwägt, so ist sie immerhin in mancher Hinsicht nicht vollberechtigt, denn wenn auch Quotienten von 3,65 bei phlorrhizin-vergifteten Tieren gefunden werden, so ist dieses nicht immer, weder bei Tieren nach Pankreasexstirpation oder bei den klinischen Formen von Diabetes der Fall. Der Quotient ist bei den ersteren, wenn die Tiere hungern, selten höher als 2,8, auch bleibt er gewöhnlich nicht von Tag zu Tag konstant; bei den letzteren dagegen sind die beobachteten Quotienten häufig beträchtlich größer als 3,65. Viele dieser hohen Quotienten beim Menschen sind an Patienten, die eine gemischte Diät erhielten, gewonnen worden. Wenn auch natürlich die präformierten Kohlehydrate berücksichtigt wurden, so entsteht doch die Frage, ob man ein Tier unter Phlorrhizinwirkung, das keine Kohlehydrate mit dem Futter erhält, mit einem vergleichen kann, welches diesen Nahrungsstoff in großer Menge erhält, besonders da ja, wie bekannt, die Kohlehydrate einen weitgehenden Einfluß auf den Umsatz nicht nur des Eiweißes, sondern auch des Fettes ausüben.

Nimmt man einen Quotienten von 3,65 als Anzeichen einer maximalen Zuckerbildung aus Eiweiß im Körper an, so muß man notwendigerweise voraussetzen, daß entweder nichts von diesem Zucker im Körper oxydiert wird oder nur ein konstanter Anteil, und außerdem, daß der vom Eiweiß abstammende Zucker und Stickstoff vom Körper mit derselben Geschwindigkeit ausgeschieden werden. Sind aber Kohlehydrate in der Nahrung, so tritt eine neue Fehlerquelle auf insofern, als keine Rücksicht auf die mögliche Zerstörung von Zucker durch Mikroorganismen im Verdauungskanal genommen wird, wenn man den verfütterten Zucker vom ausgeschiedenen abzieht; ist dieses aber der Fall, so wird mehr Zucker abgezogen als sein sollte, so daß der Quotient zu niedrig wird.

In diesem Kapitel[1]) wollen wir eine Übersicht über einige der bedeutenderen Beiträge in Hinsicht auf den Quotienten bei den drei Varietäten des Diabetes (Pankreasdiabetes, Phlorrhizindiabetes und Diabetes mellitus) geben und dann sehen, wie weit die Resultate die gemeinhin angenommene Ansicht rechtfertigen, daß wohl das Eiweiß, aber nicht die Fettsäuren, als Quelle einer Zuckerbildung im Tierkörper dienen kann.

1. Pankreasdiabetes.

Wie erinnerlich, fand Minkowski, daß der Durchschnitts-D:N-Quotient bei sieben fleischgefütterten pankreaslosen Hunden an 22 verschiedenen Tagen 2,8 betrug (der niedrigste war 2,62 und der höchste 3,05). Zeitweilig wurden auch bei hungernden Tieren Quotienten gefunden, die sich diesen Werten näherten. Die höheren Werte wurden während der ersten Tage nach der Operation beobachtet und die niederen während der Zeit unmittelbar vor dem Tode. Die Ursache für die hohen Quotienten der ersten Tage nach der Operation war zweifellos die Tatsache, daß die Glykogenreserven allmählich in Traubenzucker verwandelt worden waren, einen Beweis für diesen Vorgang bildete die während dieser Tage ständig ansteigende Stickstoffausscheidung im Urin. Für den Abfall der Quotienten in den dem Tod vorangehenden Tagen kann keine Ursache angegeben werden, wenn es auch bedeutsam ist, daß während dieser Zeit die vorher sehr große Stickstoffausscheidung ständig abfiel.

Von anderen Beobachtern wurden bei vollständig pankreatectomierten Hunden die Quotienten etwas niedriger als 2,8 gefunden (l. c. Pflüger 1905, Embden und Salomon 1905). Nach einer partiellen Entfernung des Pankreas können sie für einige Zeit nach der Operation sehr niedrig sein, um dann, wenn der zurückbleibende Teil der Drüse atrophisch wird, allmählich auf 2,8 anzusteigen (Sandmeyer). Langfeldt behauptet, daß in diesen Fällen der Quotient im äußersten Falle auf 4,21 bis 5,35 ansteigen kann. F. M. Allen berichtet bei ähnlichen Beobachtungen über unterschiedliche Quotienten.

---

[1]) Ich möchte bemerken, daß ich in diesem Kapitel freien Gebrauch der bewundernswerten Monographien von Graham Lusk und Gellmuyden gemacht habe.

Ein Faktor, der einen beträchtlichen Einfluß auf den Quotienten bei frisch pankreasexstirpierten Tieren haben kann, ist der schlechte Allgemeinzustand, in den sie durch die schwere Operation, ganz abgesehen vom diabetischen Zustand, gebracht werden. Um diese mögliche Fehlerquelle zu vermeiden, haben wir bei Hunden die Beobachtung des D:N-Quotienten wiederholt, die infolge einer Insulinbehandlung einige Wochen nach der Pankreasexstirpation sich in einem guten Allgemeinzustand befanden. Der Quotient wurde dann zu verschiedenen Zeiten für Tagesperioden nach Insulinentziehung bestimmt, wobei in der Zwischenzeit kein Futter verabreicht wurde. Die folgenden Resultate der von Markowitz gemachten Analysen sind sehr instruktiv:

Hund A. Zeit der Pankreasexstirpation nicht verzeichnet. Insulin und Nahrung am 13. November entzogen. Tägliche Blutzuckerbestimmung.

Urin vom	14.—15. Nov.	Glukose	45,96	N_2	5,10	D : N	9,01	BZ.[1])	0,410
,,	,, 15.—16. ,,	,,	15,86	,,	4,61	,,	4,61	,,	—
,,	,, 16.—17. ,,	,,	21,42	,,	6,29	,,	3,4	,,	0,333
,,	,, 17.—18. ,,	,,	20,02	,,	6,42	,,	3,12	,,	0,312
,,	,, 18.—19. ,,	,,	17,16	,,	5,92	,,	2,90	,,	0,357
,,	,, 19.—20. ,,	,,	14,90	,,	5,66	,,	2,63	,,	0,308

[1]) BZ. = Blutzucker.

Hund Mo. Zeit der Pankreasexstirpation nicht verzeichnet. Insulin und Nahrung am 7. Januar entzogen, Urin während der nächsten 2 Tage gesammelt, darauf 3 Tage lang eine Woche später, in welcher Zeit kein Futter verabreicht wurde.

Urin vom	8.—9. Jan.	Glukose	10,56	N_2	5,21	D : N	2,03
,,	,, 9.—10. ,,	,,	0,52	,,	3,49	,,	—
,,	,, 17.—18. ,,	,,	2,6	,,	1,53	,,	1,41
,,	,, 18.—19. ,,	,,	2,64	,,	1,59	,,	1,65
,,	,, 19.—20. ,,	,,	1,01	,,	1,71	,,	1,12

Hund M. Kleiner, magerer Foxterrier. Operiert am 22. Jan. Insulin und Nahrung entzogen 12. März. Katheterurin.

Urin vom	12.—13. März	Glukose	15,5	N_2	1,37	D : N	11,3
,,	,, 13.—14. ,,	,,	18,1	,,	1,37	,,	13,2
,,	,, 14.—15. ,,	,,	7,5	,,	1,56	,,	4,8
,,	,, 15.—16. ,,	,,	4,23	,,	1,90	,,	2,23
,,	,, 16.—17. ,,	,,	5,01	,,	2,38	,,	2,10
,,	,, 17.—18. ,,	,,	5,82	,,	3,03	,,	1,96

Hund L. (mager). Operiert im Februar. Insulin und Nahrung am 17. März entzogen, Urin erst nach 3 Tagen gesammelt.

Urin vom	19.—20. März	Glukose	7,75	N_2	2,89	D : N	2,79
,,	,, 22.—23. ,,	,,	6,83	,,	3,48	,,	1,91

Hund P. Magere Bulldogge. 25. Februar Pankreas exstirpiert. Insulin und Nahrung am 11. März entzogen, am nächsten Tag Urin gesammelt.

Urin vom 12.—13. März Glukose 14,0 N₂ 2,76 D : N 5,08
„   „   14.—15. „   „   4,41 „ 3,08 „   1,43
„   „   15.—16. „   „   2,62 „ 2,88 „   0,91

An 2,8 heranreichende Quotienten wurden nur beim ersten Tier (A) vom 4. bis zum 6. Tage nach der Entziehung des Insulins gefunden. Bei den anderen waren sie ständig niedriger, ausgenommen während der unmittelbar auf die Entziehung des Insulins folgenden Tage, wenn sie eine ganz beliebige Größe haben können, die zweifellos vom Glykogenvorrat der Leber, der durch die vorausgegangene Insulinbehandlung bedingt ist, abhängen.

Es mag angeführt werden, daß alle diese Tiere (gewöhnlich magere) einen ausgezeichneten Allgemeinzustand aufwiesen, wenn das Insulin entzogen wurde und daß danach Symtome verschiedener Schwere auftraten. Sie waren alle vollständig pankreaslos, wie aus der sorgfältigen Sektion hervorging und außerdem zeigte sich, daß in den Fällen der Hunde N., L. und P. die Verabreichung von 40 g Traubenzucker per os keine Wirkung auf den respiratorischen Quotienten hatte (s. auch S. 127). Wir haben keinen Beweis für die gewöhnlich angenommene Ansicht, daß der D : N-Quotient von 2,8 für den Pankreasdiabetes wenigstens während des Hungers charakteristisch ist, aufstellen können, wenn auch die Arbeiten anderer zu zeigen scheinen, daß er bei Fleischfütterung ungefähr diese Höhe einnehmen kann.

2. Phlorrhizindiabetes.

Die Beobachtungen bei dieser experimentellen Diabetesart sind zahlreicher gewesen, als beim Pankreasdiabetes, teils, weil der diabetische Zustand einfacher hervorzurufen ist und teils, weil die Beobachtungen nicht auf Hunde allein beschränkt zu werden brauchen. Die früher beobachteten Quotienten waren keineswegs konstant, weil nicht genügend Rücksicht auf den Einfluß der im Körper angehäuften Kohlehydrate auf die Zuckerausscheidung, während des ersten Tages nach Verabreichung der Droge genommen wurde. Diese Fehlerquelle spielt nicht nur während des ersten oder zweiten Tages am Anfang der Injektionen eine Rolle, sondern auch, wenn das Phlorrhizin nicht häufig genug gegeben wird, um einen gleichmäßigen diabetischen Zustand zu unterhalten. In letzterem Falle werden die Zwischenräume, in denen der diabetische Zustand zurückgeht, eine Kohlehydratspeicherung im Körper begünstigen und auf diese Weise das Auftreten einer abnorm hohen Zuckerausscheidung während der nächsten diabetischen Periode verursachen. Wie Lusk gezeigt hat, hält die Wirkung subcutan injizierten Phlorrhizins beim Kaninchen nicht länger als 7 Stunden an. Wahrscheinlich eine ähnliche Zeit bei Hunden, besonders dann, wenn die Droge, in Alkali gelöst, verabreicht wird. Gibt man sie nach dem Vorschlag von Coolen in fein gemahlenem Zustande in Öl suspendiert, so wird die Wirkungsdauer auf mehrere Tage verlängert. Nach der Empfehlung von Lusk injiziert man das in einer Lösung von Karbonaten aufgelöste Phlorrhizin 3 mal täglich, wobei beim Kaninchen und der Katze die gewöhnliche Dose 1 g und bei Hunden von Durchschnittsgröße 2 g beträgt. Von zahlreichen Untersuchern wurde der D:N-Quotient für Katzen, Kaninchen und Schafen, unter dem vollständigen Einfluß von Phorrhizin, von einer gleichen Größenordnung, nämlich 2,8, wie für pankreaslose mit Fleisch gefütterte Hunde gefunden, wie aus der folgenden Tabelle zu ersehen ist:

Tabelle 10.　D : N-Quotienten beim Diabetes 2,8 : 1.

Tag des Diabetes	Hund		Katze	Ziege	Kaninchen
	Pankreas-diabetes	Phlorrhizin und Kampfer	Phlorrhizin	Phlorrhizin	Phlorrhizin
2 ter	—	—	—	2,95	2,89
3 ter	2,88	—	2,93	2,90	2,69
4 ter	2,94	—	2,80	2,78	—
5 ter	3,09	2,0	2,93	—	—
unbekannt	—	2,8	—	—	—

Andererseits fanden Reilly und Lusk (1898) bei Hunden einen Durchschnittsquotienten von 3,75. Er kann für die verschiedenen Hunde leichte Abweichungen von diesem Werte aufweisen, so daß, wenn man ihn zum Zwecke der Berechnung der Zuckerquellen benutzt, wie z. B. nach der Gabe irgendeines zuckerabspaltenden Nahrungsstoffes, er für jedes Tier, an dem die Beobachtung gemacht werden soll, bestimmt werden muß. Bei 12 von 15 Hunden lag der Quotient zwischen 3,40 und 3,89, ganz gleich, ob die Tiere hungerten, mit Eiweiß oder mit Eiweiß und Fett gefüttert wurden. Gibt man einem Tiere, das vorher gehungert hat, Eiweiß, so kann immerhin für eine kurze Zeit der D:N-Quotient niedriger werden, was durch die Tatsache, daß die Zuckerausscheidung langsamer als die Stickstoffausscheidung vor sich geht, erklärt werden mag.

Wie beim Pankreasdiabetes, so ist auch beim Phlorrhizindiabetes die Stickstoffausscheidung viel größer als normalerweise, so z. B. sind beim Kaninchen Anstiege auf 167 vH und bei der Ziege auf 238 vH über den Normalspiegel gefunden worden. Das Maximum wurde in 2 oder 3 Tagen nach Beginn der Verabreichung erreicht. Allmählich, mit Fortschreiten des Zustandes, fällt sie dann ab, was mit einer Verringerung des Körpergewichtes verbunden ist. Als eine Begleiterscheinung der ansteigenden Stickstoffausscheidung tritt auch ein Anstieg in der Phosphorausscheidung auf.

Eine erhebliche Aufmerksamkeit hat man dem Einfluß einer Fettzulage zu einer Eiweißdiät auf den D:N-Quotienten bei einem phlorrhizindiabetischen Tiere zugewandt. In den frühesten Beobachtungen fand man ein Ansteigen des Quotienten (von Mering), was man so erklärte, daß das Fett die Stickstoffausscheidung unterdrückte. Hartogh und Schumm (1901) berichteten über sehr hohe Quotienten (10,7 und 13,0) infolge von Fettfütterung, aber die Resultate sind von Lusk kategorisch abgelehnt worden, der zusammen mit Mandel einen Hund unter Phlorrhizin im Respirationsapparat hielt und den Urin in regelmäßigen Zeitabständen untersuchte. Während Hunger wurden 51 g Zucker ausgeschieden, der D:N-Quotient betrug 3,57 und aus der Stoffwechselanalyse ergab sich eine Verbrennung von 54,3 g Kohlenstoff als Fett. Darauf wurde dem Tier 100 g (76,5 g C) Fett verabreicht, wobei 46,3 g Zucker ausgeschieden wurden, der D:N-Quotient war 3,61 und der als Fett verbrannte Kohlenstoff 53,2 g. Sowohl dieser Versuch als auch andere von Loewi sind Anzeichen dafür, daß im Phlorrhizindiabetes Fettzusatz zur Diät keinen Einfluß auf die Zuckerausscheidung hat. Diese Ergebnisse würden einen viel größeren Wert besitzen, wenn die Quotienten vergleichend an fetten und mageren Tieren beobachtet worden wären.

Von Janney und seinen Mitarbeitern sind sehr genaue Bestimmungen des Quotienten beim Phlorrhizindiabetes gemacht worden (1915). Die Durchschnittszahl bei einer großen Reihe von Versuchen, die sie und andere angestellt hatten, betrug 3,43 nnd 3,6, wenn der Stickstoff des Kreatins, Kreatinins und der Purinbasen hinzugerechnet wurde. Auch gibt er Zahlen für Quotienten an, die nach Verfütterung verschiedener Fleischsorten

an Phlorrhizintieren erhalten wurden; die Resultate sind aus der
folgenden Tabelle zu ersehen:

	Fleischart				
	Mensch	Hund	Kaninchen	Rind	Huhn
D : N-Quotient	3,6	3,6	3,6	3,8	3,4
Traubenzucker pro 100 g verbrannten Eiweises . .	58	58	60	58	53

In früheren Beobachtungen zeigte Janney (1915), das folgende
Mengen an Zucker aus den verschiedenen Eiweißarten ent-
stehen können: Kasein 48, Eieralbumin 54, Serumalbumin 55,
Gelatine 65, Fibrin 53, Edestin 65, Gliadin 80 und Zein 53 vH.

Die durch diese Beobachtungen befestigte Anschauung scheint
doch zu zeigen, daß der gesamte von Phlorrhizintieren ausgeschiedene Zucker, sowohl im Hunger als auch bei Eiweiß- und
Fettfütterung, sich ausschließlich von dem stickstoffreien Anteil
des Eiweißmoleküles herleiten läßt. S. R. Benedict beobachtete
an einem krebskranken Patienten nach Phlorrhizinverabreichung
einen ähnlichen Quotienten.

Immerhin existieren bestimmte Beobachtungen, besonders die von
Junkersdorf und Pflüger (1910), nach denen diese Autoren glaubten,
daß eine Menge Zucker vom Fett herstammen müsse, allerdings war die
Methode der Berechnung des D : N-Quotienten in diesem Falle vollständig verschieden von der jetzt angewandten. Der genaue Versuch war
folgender: Man ließ einen Hund 13 Tage hungern, dabei schied er vom
10. bis zum 13. Tage 48,24 g Stickstoff aus. Vom 11. bis zum 14. Tage bekam
er Phlorrhizin und wurde mit Fett gefüttert, dabei wurden 133,5 g Zucker
und 55,2 g Stickstoff ausgeschieden; dividiert man nun die ausgeschiedene
Zuckermenge durch die Differenz der Stickstoffausscheidung der beiden
Perioden, nämlich 6,78 g, so ergibt sich ein Quotient von 19,7. Ähnliche
Beobachtungen an drei anderen Tieren ergaben Quotienten von 14,6,
7,4 und 7,0. Nach Pflügers Tode fand Junkersdorf bei der Fortsetzung dieser Beobachtungen, daß er diese Resultate bei mageren Tieren
nicht wieder erhalten konnte, wohl aber war es möglich, sie bei einem
sehr fetten zu beobachten, wo nach der obigen Berechnungsmethode ein
Quotient von 33,98 gefunden wurde. Der Einwand gegen diese Berechnungsmethode besteht in ihrer Voraussetzung, nämlich daß der gesamte
Zucker von dem während der Phlorrhizinvergiftung aufgespaltenen Extra-
eiweiß herstammt, wobei keine Rücksicht auf das unabhängig vom
Phlorrhizin verbrannte genommen wurde. Tatsächlich erhält man unter Zu-
grundelegung der veröffentlichten Daten bei Anwendung der gewöhnlichen Berechnungsmethode einen Wert von 2,46 für den D : N-Quotienten.

3. Diabetes mellitus.

Es ist unmöglich, hier alle bei dieser Form des Diabetes gemachten Beobachtungen anzuführen, wir wollen nur über einige der wesentlichsten kurz berichten. Viele, besonders die der deutschen Kliniken, stammen von Patienten die etwas Kohlehydrat in der Nahrung erhielten, wobei dieses bei der Berechnung des D:N-Quotienten berücksichtigt wurde. Die Zahl der Beobachtungen, die an hungernden oder ausschließlich mit Eiweiß ernährten Patienten gemacht wurden, ist nicht groß und es sind nur wenige seit der Einführung der modernen Behandlungsmethoden in die Praxis veröffentlicht worden.

Rumpf fand für eine Periode von 15 Tagen einen Durchschnitts-D : N-Quotienten von 10,0, wobei der Patient in diesem Falle etwas Kohlehydrat bekam. Er stellte fest, daß die Zulage dieses Nahrungsstoffes die Stickstoffausscheidung vergrößerte und somit das Fehlen einer eiweißsparenden Wirkung anzeigte (1899). In einer späteren Veröffentlichung wird in sechs Fällen über Quotienten von 0,003—6,8 berichtet. In einem dieser Fälle wurde der höchste Quotient während der ersten 8 Tage, bei einer Kohlehydratzulage von 27,51 g beobachtet, die nächsten 4 Tage nach Entziehung der Kohlehydrate fiel er ab, um dann während der letzten 3 Tage bei Kohlehydratzulage wieder anzusteigen (1902). Aus von Rosenquist veröffentlichten Versuchsresultaten an zwei diabetischen Patienten, die eine gemischte Diät mit 50,70 g Kohlehydraten erhielten, berechnete Geelmuyden für den einen für eine 17tägige Periode einen Durchschnitts-D:N-Quotienten von 4,76 und den anderen in einer Periode von 6 Tagen einen solchen von 5,26. Auch berichtet der letztere über Beobachtungen von Mohr, Hesse, Grafe, Wolf und Lüthje. Mohr fand einen Durchschnitts-D:N-Quotienten von 5,96 in einer Periode von 8 Tagen an einem Patienten, dessen Diät eine tägliche Kohlehydratmenge von 4,44 g enthielt; bei einem anderen betrug der Quotient während 12 Tagen 8,14 bei 76 g Kohlehydrat, in einer späteren Periode von 11 Tagen wurde der Kohlehydratgehalt der Nahrung auf 5 g täglich reduziert mit dem Erfolge, daß der Quotient allmählich auf 3,7 abfiel und im Durchschnitt 6,6 betrug. Hesse beobachtete zwei Patienten, die eine war ein junges Mädchen von 12—15 Jahren, der andere ein Mann von 57 Jahren. Die Diät des Mädchens enthielt kein Kohlehydrat, dabei war der D:N-Quotient während der vier letzten Beobachtungstage 7,35, der Mann bekam 33,35 g Kohlehydrat bei einem Durchschnittsquotienten von 10,67 in den vier letzten Beobachtungstagen. Grafe und Wolf fanden in einem von vier sehr sorgfältig beobachteten Fällen einen durchschnittlichen Quotienten von 5,22, wobei die Diät viel Fett und nur ganz geringe Mengen Kohlehydrat enthielt, dieser Fall war noch dadurch ausgezeichnet, daß ein außerordentlicher Stickstoffverlust des Körpers neben einer ausgesprochenen Acidose be-

8*

stand. In den anderen von diesen Autoren berichteten Fällen variierte
der Kohlehydratgehalt der Nahrung von Tag zu Tag beträchtlich und
mit ihm auch der D:N-Quotient, der durchschnittlich 6,1 betrug: in
diesem Falle bestand eine Stickstoffretention. Lüthje verzeichnete
Quotienten zwischen 2,5 und 5,7, die höchsten Werte wurden gewöhnlich
bei Stickstoffverlust beobachtet. Kohlehydratzusatz zur Nahrung hatte
auf den Durchschnitt keinen Einfluß (unter Berücksichtigung der ein-
geführten Kohlehydrate).

Von Geelmuyden wird darauf hingewiesen, daß die abnorm
hohen Quotienten häufiger dann auftreten, wenn die Nahrung
Kohlehydrate enthält, als wenn die Patienten hungern oder ausschließlich mit Eiweiß ernährt werden, außerdem daß sie entweder bei Stickstoffretention (positive Stickstoffbilanz) oder bei
Stichstoffverlust (negative Stickstoffbilanz) auftreten können.

Um dieses zu illustrieren werden Beobachtungen von Falta und seinen Mitarbeitern angeführt, bei denen anstatt den Quotienten bei einer
konstanten Diät zu bestimmen die Patienten auf einer Standarddiät gehalten wurden, zu der dann bekannte Mengen bestimmter Nahrungsstoffe
hinzugefügt wurden. Der neue D:N-Quotient war oft größer, als man bei der
Voraussetzung, daß der gesamte Extrazucker vom Eiweiß abstammte,
erwarten konnte. Das trat besonders dann auf, wenn eine große Menge
Eiweiß gegeben wurde und man bezeichnete diese Fälle als „eiweiß-
empfindlich‘‘. In anderen Fällen fanden sich hohe Quotienten bei Hinzu-
fügen von Kohlehydraten und diese bezeichnete man dann als „kohle-
hydratempfindlich‘‘. So fand sich z. B. bei einem Patienten nach 80 g
Kasein eine Zuckermehrausscheidung von 50 g, wohingegen die Zulage
von 100 g Weizenbrot nur eine solche von 6,8 g verursachte; in diesem
Falle war eine ausgesprochene positive Stickstoffbilanz vorhanden. Daß
diese Ergebnisse keine zufälligen waren, konnte ein Jahr später durch
Eiweiß- und Kohlehydraternährung am selben Patienten bestätigt werden. Falta und Gigon zeigten, durch Neuberechnung von Allard ver-
öffentlichter Resultate, daß der D:N-Quotient an Hungertagen sehr
konstant war, während er unter starker Stickstoffzufuhr sehr variierte
und seinen höchsten Punkt in dem im zweiten Teile der Nacht ausgeschiedenen Urin erreichte. Fettzusatz setzte die Stickstoffausscheidung etwas
herab, verursachte aber einen größeren Anstieg in der Zuckerausscheidung,
so daß der Quotient 10,2 betrug. Diesen Fall betrachten sie als einen
besonders zur Zuckerbildung aus Fett neigenden; als besonders bedeutungsvoll sehen sie das Auftreten der hohen Quotienten während des
zweiten Teiles der Nacht an, da dieses nach Magnus‚Levy die Zeit ist,
in der das Fett der Nahrung assimiliert wird.

Die Beobachtungen der amerikanischen Schule, bei der keine
hohen Quotienten beobachtet worden sind, müssen im Gegensatz zu
denen der europäischen Kliniken gestellt werden. Mandel und

Lusk beschreiben einen Fall, bei dem der Quotient entsprechend dem bei Phlorhizintieren beobachteten 3,65—I betrug; dieser Patient war stark abgemagert und hatte eine negative Stickstoffbilanz von 15 g täglich. Ähnliche Quotienten wurden von Greenwald erhalten (1914). Geylin und Du Bois berichteten, daß in einem Falle der Quotient einer voraufgehenden Hungerperiode 2,95 war und dann bei einer Diät, die 100 g Eiweiß enthielt, an drei aufeinanderfolgenden Tagen auf 3,97, 4,01 und 3,87 anstieg. H. O. Mosenthal beobachtete an einem Patienten, der beinahe hungerte (ein Ei und etwas grünes Gemüse mit einem Kohlehydratgehalt von 2,6 g täglich), D:N-Quotienten von 2,89 und 3,71; Janney einen von 3,4 und Allen und Du Bois einen über 3,65. Die zuletzt erwähnte Beobachtung wurde in einem Falle nach einer Periode, in der zur Verhütung eines Komas etwas Kohlehydrat gegeben worden war, gemacht, so daß man vermuten kann, daß der hohe Quotient durch eine Zuckerentstehung aus Glykogen, das in dem Körper aufgespeichert war, verursacht wurde.

Die amerikanischen Forscher sind einmütig der Ansicht, daß bei den europäischen Beobachtungen irgendein Irrtum vorliegen muß, der möglicherweise der großen Schwierigkeit, die heimliche Kohlehydratzufuhr bei diabetischen Patienten zu verhindern, oder einer zu kurzen Beobachtungszeit zuzuschreiben ist.

Die Art und Weise, nur solche Fälle, die eine vollständig kohlehydratfreie Diät erhalten, zu untersuchen, scheint immerhin auch nicht frei von Einwänden zu sein, zumal da es doch ganz gut denkbar ist, daß dieser Nahrungsstoff einen beträchtlichen Einfluß auf den Stoffwechselprozeß hat. In diesem Zusammenhange ist es bemerkenswert, daß Geelmuyden aus Daten, die von Benedict und Joslin (1912) veröffentlicht worden waren, D:N-Quotienten, die häufig höher als 3,65 waren, berechnete. Da diese Patienten nur geringe Mengen Kohlehydrate erhielten, ist es unwahrscheinlich, daß eine sehr starke Glykogenspaltung für die relativ hohe Zuckerausscheidung herangezogen werden kann.

Betrachtet man diese Ergebnisse, so sieht man, daß der D:N-Quotient beim menschlichen Diabetes eine keineswegs konstante Größe ist, was man ja auch aus dem Grunde erwarten sollte, weil es selten, wenn überhaupt, der Fall sein dürfte, daß das Pankreas beim Diabetes mellitus so weitgehend zerstört wird, daß keine innere Sekretion von Insulin mehr möglich ist. So lange aber etwas von der inneren Sekretion bestehen bleibt, kann es Perioden geben, in denen Glykogen im Körper gespeichert wird, und andere, während deren diese Vorräte in Zucker aufgespalten werden, auf diese Weise würden sich die Veränderungen der D:N-Quotienten erklären. Es bestehen Anhaltspunkte dafür, daß die innere Sekretion des Insulins von Zeit zu Zeit variiert, das kann aber ähnlich beim Diabetes der Fall sein, wenn nur noch ein Teil der Pankreasfunktion besteht.

4. Der höchstmögliche Quotient bei Zuckerbildung aus Eiweiß.

Bei der Diskussion der obigen Fälle ist die Voraussetzung gemacht worden, daß die Überschreitung eines bestimmten D:N-Quotientenwertes Zuckerbildung aus Fett anzeigt. Zur Berechnung der höchsten Grenze, bis zu welcher der Quotient, bei ausschließlicher, Zuckerbildung aus Eiweiß ansteigen kann, sind zahlreiche Methoden angegeben worden.

Von Mering setzte voraus, daß 135 g Eiweiß einen Quotienten von 8 ergeben könnten, was aber zweifellos zu hoch ist. Falta macht folgende Berechnung: Unter der Voraussetzung, daß Muskeleiweiß 16,65 vH N + 52,38 vH C (Zuntz) enthält und daß 16,65 g N zur Bildung von Harnstoff 8,22 g C benötigen, so bleiben 44,06 g C zur Bildung von 110,15 g Traubenzucker verfügbar, was einem D:N-Quotienten von 6,62 entspricht. Immerhin stimmt die kalorische Bilanz auf dieser Grundlage nicht genau. Denn es ist:

110,15 g Dextrose   = 413,06 Cal.

 16,65 g N (als Harnst.) =   90,51 Cal. (I gr. N = 5,43 C als Harnst.)

so daß   503,47 Cal.

den Körper ungenutzt als Zucker und Harnstoff verlassen. Da nun der Brennwert von 100 g reinem Eiweiß 540 Cal. beträgt, so bleiben 36,5 Cal., von denen Falta glaubt, daß sie bei der Quellung und Lösung des Eiweißes aufgebraucht werden.

Die Berechnung des Quotienten von Rubner ist wahrscheinlich besser begründet, bei ihr wird der spezifisch dynamische Wert für ein Gramm Stickstoff von dem calorischen Gesamtwert abgezogen; ein Gramm N aus Muskeleiweiß ergibt bei der Ver-

brennung im Körper eine Gesamtenergie von 26,0 Cal., unter
Abzug des spezifisch dynamischen Wertes von 7,4 Cal., erhält
man den Wert von 18,6 für 1 Gramm N. Das setzt natürlich
voraus, daß die 7,4 Cal. vom Eiweiß selbst herstammen. Daher
ist der D:N-Quotient:

$$\frac{18,6}{3,743} = 4,97.$$

X. Der respiratorische Quotient.

Der respiratorische Quotient (R. Q.) stellt das Verhältnis der
vom Körper ausgeschiedenen Kohlensäure zu dem aufgenommenen
Sauerstoff dar. Mit welcher Geschwindigkeit auch die Verbrennung
vor sich geht, so muß der Quotient bei vollständiger Verbrennung
für die Grundbestandteile der Nahrung doch derselbe bleiben; er
läßt sich für die einzelnen Stoffe aus ihrer chemischen Formel
berechnen und ist für Kohlehydrate gleich 1, für Fett 0,707 und
für Eiweiß 0,809. Aus diesem Grunde bildet er einen wertvollen
Maßstab dafür, welche Art von Nahrungsstoffen im Körper verbrannt werden; theoretisch ist es auch möglich, bei gleichzeitiger
Betrachtung der Stickstoffausscheidung und des gesamten Sauerstoffverbrauches, die Anzahl der Gramme eines jeden Nahrungsstoffes, die verbrannt werden, zu berechnen (l. c. die Tabellen
von Zuntz, Lusk und Rubner). Beim vollständig diabetischen
Tier ist der Kohlehydratstoffwechsel unvollkommen, so daß der
Quotient nicht höher als der des Eiweißes (0,8) sein kann; in
der Tat bewegt sich der Quotient zwischen 0,7 und 0,8, zumal
da das Energiebedürfnis nicht allein durch das letztere gedeckt
werden kann und deshalb auch noch Fett verbrannt werden muß.
Da aber beim Normaltier im Nüchternzustand ähnliche Quotienten gewöhnlich sind, so besitzt die tatsächliche Höhe beim
Diabetes keinen diagnostischen Wert, wohl aber ist sein Verhalten nach Verfütterung von Kohlehydraten zu diesem Zwecke
brauchbar, denn er steigt in diesem Falle beim normalen Tier
sicher an, wohingegen beim diabetischen Tier der Anstieg aus-
bleibt oder sogar ein Abfall auftritt. In Tabelle 11 finden sich
Beispiele seiner Anwendung in diesem Zusammenhange.
  Es gibt eine Reihe von Faktoren, die im Körper bei der Änderung des Quotienten eine Rolle spielen können. An erster Stelle

können z. B. intermediäre Stoffwechselprodukte in der Zeit, während der der Quotient gemessen wird, nicht vollständig verbrennen; auch könnte man annehmen, daß Zucker durch einen Vorgang in Fett verwandelt wird, bei dem der Sauerstoffüberschuß als CO_2 ausgeschieden wird, so daß der R. Q. über 1 ansteigt. Dies ist bei Winterschlaf haltenden Tieren während des Herbstes der Fall, wenn sie sich von kohlehydratreichen Nahrungsstoffen ernähren. Andererseits werden bei unvollständiger Fettverbrennung Substanzen, wie die Ketonkörper (Aceton), ausgeschieden, was ein Fallen des Quotienten zur Folge hat, da der Sauerstoffverbrauch im Verhältnis zur Kohlensäureausscheidung größer wird. Ein ähnliches Sinken des Quotienten muß auch bei der Kohlehydratbildung aus Fett oder Eiweiß eintreten und hierin liegt das Hauptinteresse seiner Bestimmung beim Diabetes. Die aus Eiweiß entstehende Zuckermenge kann, wie wir gesehen haben, aus dem D:N-Quotienten berechnet werden; wenn nun der respiratorische Quotient niedriger als der niedrigste bei Fettverbrennung sein sollte und dies nicht von der gebildeten Ketonmenge gedeckt werden kann, so könnte darin ein Beweis dafür erblickt werden, daß ein Teil des Zuckers aus Fett gebildet wird.

Auf der Grundlage dieser theoretischen Betrachtungen haben Lusk, Magnus-Levy und neuerdings Geelmuyden berechnet, wie groß der Quotient unter Standardbedingungen beim diabetischen Tier sein würde. Geelmuyden rechnet folgendermaßen: vorausgesetzt Fett hat die Zusammensetzung C 76,5, H 11,9, O_2 11,50 und der Kohlenstoffrest von 100 g Eiweiß enthält 41,5 g C, 4,4 g H und 7,69 g O_2, entsprechend einem Urin-N von 16,28 g, so ist der R.Q. in einem Falle von Diabetes bei einer Diät, die 100 g Eiweiß und 230 g Fett mit einem totalen Brennwert von 2549 Calorien enthält und einem D:N-Quotienten von 3 (d. i. 48,84 g Zucker), folgender:

N-freier Rest von 100 g Eiweiß	41,50 g C	4,40 g H	7,69 g O_2
+ 230 g Fett	+ 175,95 g C	27,37 g H	26,45 g O_2
	217,45 g C	31,77 g H	34,14 g O_2
— 48,84 g Zucker	— 19,54 g C	3,26 g H	26,05 g O_2
	197,91 g C	28,51 g H	8,09 g O_2
48,84 g Zucker sind isodynam	+ 15,02 g C	2,34 g H	2,26 g O_2
mit 19,64 g Fett	212,93 g C	30,85 g H	10,35 g O_2
Zur Verbrennung nötiger O_2	567,813 g	246,80 g	

$$\frac{CO_2}{O_2} = \frac{567,813}{567,813 + 246,80 - 10,35} = \frac{567,813}{804,26} = 0,706.$$

Berücksichtigt man noch 40 g β-Oxybuttersäure, so erniedrigt sich der Quotient nur auf 0,694. Wie Magnus-Levy zuerst gezeigt hat, erniedrigt dieser Betrag an Oxybuttersäure, der ein ungefähr maximaler ist, bei allen möglichen Kombinationen von Fett und Eiweiß in der Diät, den R.Q. nur um 0,012. Mit dieser Methode hat Geelmuyden für Diäten, die alle 2550 Calorien pro Tag für einen 70 kg schweren Mann enthielten, mit verschiedenen Anteilen an Eiweiß und Fett und mit verschiedenen D:N-Quotienten die möglichen R-Quotienten berechnet. Die Tabelle zeigt, daß der D:N-Quotient einen bei weitem größeren Einfluß auf den R.Q. hat als das Verhältnis von Eiweiß und Fett oder die Ausscheidung von β-Oxybuttersäure. So ist z. B. bei einer Diät von 200 g Eiweiß, 186 g Fett und einem D:N-Quotienten von 6,37 der R.Q. 0,662, ohne Berücksichtigung der Oxybuttersäure; unter denselben Bedingungen aber mit einem D:N-Quotienten von 3 ist der R.Q. gleich 0,703. Wir können diese Zahlen als die Extreme annehmen, die bei der Zuckerbildung aus Eiweiß möglich sind.

Eine einfachere Berechnungsmethode, die auf der ursprünglich von Magnus-Levy angegebenen basiert, ist die folgende von Lusk angegebene.

Wenn der D:N-Quotient 3,65 ist, so ist

	O_2 g	CO_2 g
Normale Verbrennung von 100 g Rindereiweiß	138,18	152,17
Abzug für 16,28 g $\times$ 3,65, was 59,41 g Traubenzucker entspricht	63,38	87,15
	74,80	65,02

Verwandelt man das Verhältnis der Gewichte in ein solches der Volumina, so findet man, daß der diabetische Quotient für Eiweiß 0,632 beträgt.

Bevor wir zu der Betrachtung übergehen, ob die tatsächlich beobachteten Quotienten bei den verschiedenen Formen des Diabetes unterhalb der theoretisch möglichen — ohne die Voraussetzung einer Verwandlung von Fett in Kohlehydrat — liegen, wird es gut sein, die verschiedenen Bedingungen, die zu ihrer Bestimmung erfüllt sein müssen, zu betrachten.

In erster Linie muß die Messung des respiratorischen Stoffwechsels über eine genügend lange Zeit gemacht werden, so daß der Verbrennungsprozeß im Körper vollendet ist und auch die Einflüsse, die die Kohlensäureausscheidung vorübergehend beeinflussen, wie z. B. Veränderungen in der Atmung, die einer nervösen oder chemischen Reizung des Atemzentrums zuzuschreiben sind, kompensiert sind. Z. B. ist es nutzlos, Quotienten für kurze Zeitperioden (20 oder 30 Minuten) zu berechnen, da ja Störungen in der Atmung (z. B. durch eine Maske) die Kohlensäureausscheidung sehr zu beeinflussen imstande sind, ohne dabei die Sauerstoffaufnahme zu ändern. Wenn auch diese Fehlerquelle, entweder durch den Gebrauch einer Respirationskammer an Stelle der Maske oder indem man die Beobachtungen an Patienten macht, die an die letztere gewöhnt sind, ausgeschaltet wird, so sind doch die Beobachtungen über kurze Perioden nicht zuverlässig. Sie sollten nicht kürzer gewählt werden als die Zeit, die nötig ist, den gesamten Stickstoff, Zucker und die β-Oxybuttersäure, die von Eiweiß und Fett abstammt, auszuscheiden. Wenn im diabetischen Organismus Zucker aus Eiweiß gebildet wird, so kann dieser vor dem Stickstoff ausgeschieden werden, und in jedem Falle werden beide erst einige Zeit, nachdem der respiratorische Stoffwechsel, der den Zuckerbildungsprozeß begleitet, vollendet ist, ausgeschieden. Zu diesen Schwierigkeiten kommen noch die technischen, auf die man bei der Messung der Sauerstoffretention stößt, hinzu. Es ist daher klar, daß nur wenige der veröffentlichten Resultate über kurzdauernde Beobachtungen von Wert sind.

Aus Geelmuydens Berechnungen würde sich ergeben, daß ein respiratorischer Quotient von 0,65 oder weniger mit einem D:N-Quotienten von 6,37 nur durch die Annahme erklärt werden kann, daß Zucker aus Fett gebildet wird. Aus diesem Grunde ist es wichtig, die Fälle zu betrachten, bei denen Quotienten von ungefähr dieser Größenordnung berichtet worden sind.

1. Der Quotient beim Diabetes mellitus.

Die folgenden sind hauptsächlich in Geelmuydens Monographie angeführt. Die wahrscheinlich vollkommenste und auch älteste verzeichnete Beobachtung ist die von Pettenkofer und Voit (1876); der Patient bekam Kohlehydrat in der Nahrung, und an einem Tage war der D:N-Quotient 5,15 und der R.Q. 0,664. Gegen diese Resultate ist der Einwand erhoben worden, daß der Sauerstoff nicht direkt gemessen wurde, sondern durch den Gewichtsunterschied der Patienten und Absorptionsröhren. Die Resultate von Grafe und Wolf, Nehring und Schmoll und von Weintraud und Laves werden auf Grund fehlerhafter Technik oder zu kurzer Beobachtungszeit als nicht zuverlässig betrachtet. Diese möglichen Fehlerquellen sind in den Beobachtungen von Benedict und Joslin weitgehend ausgeschaltet worden, bei denen die Perioden von einer Stunde Dauer waren, die am Morgen vor jeder Nahrungsaufnahme gemacht wurden[1]). Bei gewissen Patienten, die auf einer sehr niedrigen

---

[1]) Diese Untersuchungen wurden in erster Linie zum Zwecke der Bestimmung, ob eine Änderung des Energieverbrauchs bei diabetischen Patienten im Gegensatz zu normalen auftrat, ausgeführt und für diesen Zweck waren die einstündigen Perioden genügend lang.

Diät gehalten wurden, beobachtete man sehr niedrige R.Q. zwischen 0,61 und 0,66. In einer späteren Publikation wurden die Einwirkungen der Nahrung erforscht und man fand, daß bei einem Patienten (P) der R.Q. nach Aufnahme von Eiweiß und Fett von 0,713 auf 0,61 absank, bei einem anderen Patienten (R) fiel nach der Aufnahme von Kohlehydrat der Quotient von 0,73 auf 0,67. Immerhin betrachten Benedict und Joslin die Quotienten dieser kurzdauernden Perioden nicht als besonders wertvoll in Hinsicht auf die Art des Stoffwechsels.

Mohr (1907) beobachtete bei zwei Patienten, einer Frau mit einem leichten Diabetes und einem Kind mit einem schweren, daß Aufnahme von Eiweiß einen Anstieg des Sauerstoffverbrauchs verursachte, ohne daß eine Änderung in der Kohlensäureausscheidung eintrat, so daß der R.Q. zeitweilig unter 0,65 herunterging.

Rolly (1912) hat mit Hilfe des Zuntz-Geppertschen Apparates die interessante Beobachtung gemacht, daß schwere Diabetesfälle während der ersten Tage nach der Krankenhausaufnahme im Nüchternzustande am Morgen relativ hohe Werte der Sauerstoffaufnahme aufweisen. Auch beobachtete dieser Autor, daß Kohlehydraternährung bei schweren Fällen zeitweilig ein leichtes Sinken des R.Q. verursachte.

Bernstein und Falta (1918) haben den interessanten Schluß gezogen, daß die Kohlehydraternährung den R.Q. bei normalen Menschen nur dann ansteigen läßt, wenn die Glykogenspeicher mehr oder weniger gefüllt worden sind. So hatte z. B. die Aufnahme von Zucker nur eine verspätete Wirkung auf den R.Q. bei Personen, deren Glykogenvorräte durch Hunger und Muskelarbeit erschöpft worden waren. Im Gegensatz dazu verursachte die intravenöse Injektion von Kohlehydraten einen unmittelbaren Anstieg des R.Q. In leichten Diabetesfällen braucht es oft 3 Tage, bevor der R.Q. auf Kohlehydratzuführung, wie Hafermehl oder Fruktose, anspricht, und in schweren Fällen bleibt er unverändert. Bei schweren Diabetesfällen fiel der Quotient nach intravenöser Zuckerinjektion, was von einer Ausscheidung des gesamten injizierten Zuckers zusammen mit einer Mehrausscheidung von aus dem Organismus stammendem Zucker im Urin begleitet war. Über die Wirkung des Adrenalins beim Diabetes ist eine interessante Beobachtung verzeichnet: Der R.Q. fiel von 0,611 auf 0,604, wobei die Zuckerausscheidung stark anstieg. Dieses Resultat kann durch die Annahme erklärt werden, daß entweder Zucker aus Fett gebildet worden war, oder daß in der Leber etwas Glykogen gespeichert war, welches dann durch die Wirkung des Adrenalins aufgespalten wurde.

Als weitere Beobachtung führen wir die von Leo (1891), Magnus-Levy sowie Leimdörfer (1912) an. Der erste dieser Forscher beobachtete keine subnormalen Quotienten. Die Magnus-Levyschen Beobachtungen wurden unter Grundbedingungen gemacht und dauerten 40—50 Minuten. Bei drei schweren Diabetesfällen, wo die Patienten stark abgemagert waren, betrug der niedrigste R.Q. 0,637, und in drei leichteren Fällen, bei denen die Patienten sich in gutem Ernährungszustande befanden, wurden Quotienten von 0,640 beobachtet. Obwohl diese Quotienten scheinbar die

Zuckerbildung aus Fett anzeigen, so gibt ihnen doch Magnus-Levy nicht diese Deutung. Auch Leimdörfer bestimmte den Quotienten unter Grundbedingungen an sieben Patienten (fünf schwere und zwei leichte), die entweder eine kohlehydratfreie Diät oder eine solche, die Gemüse und Hafermehl enthielt, bekamen. In den schweren Fällen bei strenger Diät wurden Quotienten zwischen 0,638 und 0,678 gefunden, aber gelegentlich beobachtete man auch niedrigere wie 0,600.

Beim Überblicken der vorangehenden Fälle weist Geelmuyden auf die Unwahrscheinlichkeit hin, daß die niedrigen R.Q. in allen Fällen den fehlerhaften Bedingungen der Untersuchungen zuzuschreiben seien. Das Auftreten beträchtlicher Variationen, wie z. B. in den Beobachtungen von Benedict und Joslin, mag an sich bedeutsames Kennzeichen der Krankheit sein, nicht zwei Patienten werden notwendigerweise entweder auf Hunger oder Zufuhr von Fett in der gleichen Art reagieren. Für fernere Untersuchungen dieses Problems empfiehlt unser Autor Beobachtungen des respiratorischen Stoffwechsels sowohl vor als auch nach diätetischer Behandlung des Falles zu machen, weil der Stoffwechselprozeß durch die Anwesenheit von präformierten Kohlehydraten in der Nahrung beträchtlich beeinträchtigt werden kann, was auch durch die Tatsache bewiesen wird, daß Kohlehydratfütterungen bei einem diabetischen Tier eine größere Zuckerausscheidung verursachen können als sich aus den verfütterten Kohlehydraten plus dem vom Eiweiß abstammenden Zucker, der durch den D:N-Quotienten bestimmt wird, errechnen läßt.

Graham Lusk, den man als Führer der amerikanischen Schule ansehen kann, betrachtet den niedriger „respiratorischen Quotienten nach Abzug der Eiweißzersetzung" bei schweren Diabetesfällen nicht als ein Zeichen der Zuckerbildung aus Fett. Bei einem diabetischen Patienten mit einem D:N-Quotienten von 3,97 war der R.Q. 0,699. Außerdem wurden am Beobachtungstage 71 g Oxybuttersäure ausgeschieden; da nun diese Tatsache an sich eine Erniedrigung des Quotienten hervorrufen kann, so kommt er zu dem Schluß, daß tatsächlich annähernd der R.Q. für Fett vorliegt. Bei einem anderen Falle mit einem D:N-Quotienten von 3,5 war der Quotient 0,7. Lusk weist auf viele sekundäre Faktoren hin, deren Eintreten eine Komplikation für den R.Q. bedeutet, wie z. B. daß das Ammoniak, das zur Neutralisation der Buttersäure gebraucht wird, Kohlensäure von ihrer normalen Synthese zu Harnstoff zurückhält und so ihre Ausscheidung durch die

Atemluft verursacht. Lusk sagt, daß „die tatsächlichen Beobachtungen aus den Bestimmungen des respiratorischen Stoffwechsels eine Zurückweisung der Idee, daß Fett in Zucker verwandelt werden kann, in sich tragen“, und später „ein Bollwerk der Ansicht von der Verwandlung von Fett in Traubenzucker nach dem anderen ist erschüttert worden und sie kann jetzt in das Reich des wissenschaftlichen Aberglaubens verwiesen werden“. Nimmt man die vorangehenden Ergebnisse im ganzen als Beweis für oder wider die Hypothese der Zuckerbildung aus Fett beim Diabetes, so ist das Urteil „nicht bewiesen“ das beste, zu dem man kommen kann. Wir halten deshalb fernere Untersuchungen unter genau kontrollierten Bedingungen für nötig.

2. Der respiratorische Quotient bei pankreaslosen Tieren.

Wenn wir uns jetzt zu den experimentellen Formen des Diabetes wenden, so können noch weniger Ergebnisse angeführt werden, bei denen die oben erwähnten Bedingungen (genügend lange Beobachtungsperioden, D:N-Quotienten und fehlerlose Technik der respiratorischen Analyse) erfüllt sind. Bei pankreaslosen Hunden, die entweder hungerten oder ausschließlich mit Eiweiß und Fett ernährt wurden, sind respiratorische Quotienten von 0,71 nicht selten beobachtet worden (l. c. Geelmuyden). Aber sie liegen selten genügend unterhalb dieses Wertes, um eine Zuckerbildung aus Fett anzuzeigen. Die von Mohr beobachteten Quotienten von 0,637 sind deshalb nicht annehmbar, weil keine D:N-Quotienten angegeben werden, und wie wir schon gesehen haben, sind diese im Hungerzustande bei solchen Tieren selten hoch. La Franca berichtet bei pankreaslosen mit Milch gefütterten Hunden über Quotienten unterhalb 0,65 und obgleich auch hier keine D:N-Quotienten verzeichnet sind, ist es wegen der Verfütterung des Milchzuckers möglich, daß eine negative Kohlehydratbilanz und folglich ein hoher D:N-Quotient bestanden haben mag.

Zweifellos war der schlechte Allgemeinzustand der Tiere nach der Pankreasexstirpation eine der Schwierigkeiten, die längeren Beobachtungen des respiratorischen Stoffwechsels im Wege stand. Wir haben deshalb die Beobachtungen wiederholt, indem wir pankreaslose Tiere benutzten, die so lange unter Insulin gehalten wurden, bis sie sich von der unmittelbaren Wirkung der

Operation erholt hatten. Das Insulin wurde dann wenige Tage, bevor die Beobachtungen gemacht wurden, entzogen, und ebenso bekamen die meisten der Tiere kein Futter mit der Ausnahme, daß an bestimmten Tagen Traubenzucker gegeben wurde. Obwohl diese Beobachtungen noch nicht vollständig sind, so mag ein kurzer Hinweis auf die Ergebnisse doch am Platze sein. Wir benutzen eine nach den F. G. Benedictschen Vorschriften konstruierte Respirationskammer, deren Genauigkeit von Zeit zu Zeit durch Verbrennung einer gewogenen Äthermenge geprüft wurde[1]). Wir erhielten Quotienten, die sich zwischen 0,60 und 0,66 bewegten.

Ein hinreichender Beweis der Zuverlässigkeit der Resultate wird durch ihre Konstanz erbracht. In der üblichen Art wird das Tier eine Stunde vor den Beobachtungen in die Kammer gesetzt, dabei läßt man die Pumpe mit den Absorptionsflaschen im Luftkreis laufen. Bei der ersten tatsächlichen Beobachtung (zweite Stunde) findet man gewöhnlich einen entschieden niedrigeren Quotienten als in den nachfolgenden Stunden, der in der Regel nicht benutzt wird. Die Luftproben werden aus der Kammer entnommen und auf CO_2 und O_2 analysiert und sobald eine Abweichung von den gewöhnlichen Werten beobachtet wird, werden auch diese Beobachtungen ausgeschlossen. Die erlaubten Grenzen für CO_2 sind von 0,5 bis 0,7 vH, da diese Höhe wenigstens in der zweiten Stunde erreicht wird und danach ständig bleibt, so wird bei der Berechnung der Resultate keine Korrektur dafür gemacht (die erste Periode wird dabei nicht eingeschlossen). Die Gesamtdauer jedes Versuches beträgt gewöhnlich 8 Stunden; bevor das Tier in die Kammer gesetzt wird, entnimmt man den Harn mit dem Katheter, und wenn solcher in der Kammer entleert wird, fängt man ihn in einem passenden Gefäß auf. Es mag noch hinzugefügt werden, daß die Kammer, die doppelwandig und mit Kork isoliert ist, in einem kleinen Raum von einigermaßen konstanter Temperatur aufgestellt ist. Die Bewegungen des Tieres werden auf einem Kymographion aufgezeichnet.

------

[1]) Diese Prüfung ist bei einer kleinen Kammer (150 l Inhalt) keineswegs leicht auszuführen, weil es schwierig ist, die Größe der Flamme genügend zu reduzieren, um eine starke Erhitzung der Luft zu vermeiden und gleichzeitig eine Verbrennungsgeschwindigkeit zu erzielen, die mit der eines Hundes von Durchschnittsgröße vergleichbar ist.

Die Tiere, die wir benutzten, waren einige von denen, welchen von Markowitz das Pankreas exstirpiert worden war, der auch Urinanalysen bei ihnen ausführte. Die Analysen des respiratorischen Stoffwechsels wurden von N. R. Hearn und F. L. Robinson gemacht.

Da eine der Aufgaben die Beobachtungen des Verhaltens des R.Q. nach Verfütterung von Kohlehydraten war, so wurden 40 g eines guten käuflichen Traubenzuckerpräparates (Bactodextrose) gewöhnlich mittags gegeben, worauf man eine Stunde verstreichen ließ, bevor der Stoffwechsel wiederum untersucht wurde. Das Tier blieb in der Zwischenzeit in der Kammer mit den Absorptionsröhren im Stromkreis.

Die Ergebnisse der technisch einwandfreien Beobachtungen finden sich in der Tabelle 11. Das Tier wurde gewöhnlich 9 Uhr vormittags in die Kammer gesetzt und 4 Uhr nachmittags wieder herausgenommen. Die Calorien pro Stunde wurden aus dem Durchschnitt der ganzen Periode berechnet, mit Ausnahme nach Traubenzuckergabe, wenn die der beiden letzten Morgenstunden als Vormittagsdurchschnitt und die der Nachmittagsstunden als Nachmittagsdurchschnitt genommen wurden. Die folgenden Resultate verdienen einige Aufmerksamkeit:

Der R.Q. des Hundes M. (Anfangsgewicht ungefähr 5 kg), nachdem das Futter 5 Tage und das Insulin die beiden letzten Tage entzogen worden war, fiel allmählich von 0,863 auf 0,673 und der Durchschnittsenergieverbrauch von 76,6 Colorien pro Kilogramm auf 73,2 pro Kilogramm. In einer späteren Periode fiel beim selben Tier, nachdem das Körpergewicht auf 3,6 kg zurückgegangen war, der R.Q. 2 Tage nach Insulinentziehung auf 0,674, der Durchschnittsenergieverbrauch betrug 82 Calorien pro Kilogramm. In einer zweiten Beobachtungsserie (29. und 30. März) bekam das Tier Fleisch, der Quotient betrug 0,711, der D:N-Quotient 4,72 am ersten und 1,5 am zweiten Tage. Die Zufuhr von 40 g Traubenzucker am dritten Tage nach Insulin verursachte einen Anstieg des R.Q. von 0,662 auf 0,735, hatte aber am fünften Tage keine Wirkung und am sechsten Tage verursachte sie einen Abfall von 0,708 auf 0,662. In ähnlicher Weise riefen 40 g Traubenzucker während der zweiten Beobachtungsperiode an diesem Tiere einen Anstieg des Quotienten von 0,674 auf 0,790 am zweiten Tage nach der Insulinentziehung hervor, und noch am dritten Tage war eine leicht positive Wirkung zu beobachten.

Während beider Perioden bestand ein ständiges Ansteigen des durchschnittlichen Calorien-Verbrauchs, der von einem Abfall des Körpergewichtes begleitet war. Beim Hunde ist es natürlich schwierig, die Wirkung von Muskelbewegungen auszuschalten, und so kann dieses zusammen mit der Abnahme des Körpergewichtes für den Anstieg des Energieverbrauchs in Rechnung gestellt werden. Für das Auftreten einer spezifisch dynamischen Wirkung nach Dextrosegabe findet sich kein Anzeichen, obwohl sie für Eiweiß, wie aus einem Vergleich der Ergebnisse des 26. und 27. März (vormittags) und 30. März ersehen werden kann, deutlich vorhanden ist.

Beim zweiten Tier (L) ergaben sich ähnliche Resultate. Vom dritten Tage — nach Aussetzen der Insulinbehandlung — an fiel der R.Q. allmählich von 0,667 auf 0,636 und wurde nicht durch Traubenzucker beeinflußt, der Energieverbrauch stieg leicht an, wahrscheinlich im Verhältnis zur Körpergewichtsabnahme, der D:N-Quotient schwankte zwischen 2,79 und 1,52.

Diese Ergebnisse bilden keinen Beweis für die Zuckerbildung aus Fett während des Hungers oder ausschließlicher Fleischernährung; auch wurden unter diesen Bedingungen keine R.Q. unter 0,66 beobachtet. Andererseits beobachtete man bei dem Hunde L. während 4 Tagen unter Traubenzuckerfütterung respiratorische Quotienten, die sich zwischen 0,648 und 0,636 bewegten, obgleich die D:N-Quotienten unter Berücksichtigung des verfütterten Zuckers weit unterhalb derer lagen, die zum Beweise einer Zuckerbildung aus Fett nötig wären. So zeigen diese Ergebnisse, daß eine Wiederholung von Beobachtungen dieser Art fernerhin notwendig ist. Beobachtungen über den R.Q. an phlorhizindiabetischen Hunden finden sich in Lusks „Science of Nutrition". Es sind keine Quotienten unter 0,66 verzeichnet worden.

3. Der respiratorische Quotient bei winterschlafenden Tieren.

Der Winterschlaf überwinternder Tiere ist manchmal als wenigstens ein klarer Fall angeführt worden, bei dem der R.Q. als Zeichen der Zuckerbildung aus Fett angesehen werden kann. Man behauptet, daß der R.Q. auf ein sehr niedriges Niveau abfällt, weil während dieser Zeit große Fettmengen, die im Herbst in den Geweben abgelagert worden sind, allmählich aufgebraucht werden, ohne daß eine Änderung in den Glykogenvorräten auftritt. Wenn wir voraussetzen müssen, daß Kohlehydrate lebensnotwendig sind, so müssen sie bei diesen Tieren aus Eiweiß und Fett im Körper gebildet werden. Daß das Eiweiß nicht die Quelle sein kann, geht aus der Tatsache der außerordentlich niedrigen Stickstoffausscheidung während des Schlafes hervor. Beim Murmeltier geht sie, wie festgestellt, auf 0,025 g pro Kilogramm herunter, was ungefähr ein Zehntel der Ausscheidung des hungernden Tieres im Wachzustande ist. Nagai (1909) berechnete auf Grundlage eines Vergleiches des Stickstoffes und der CO_2, daß ungefähr 10 vH der gesamten Energie von Eiweiß und 90 vH von Fett gedeckt werden. Wenn auch Nagai die Abstammung des in der Leber gefundenen Glykogens von Fett verneint, so scheint doch aus seinen eigenen Zahlen hervorzugehen, daß dies der Fall sein müßte. Andere Beobachter, wie Voit und Pembrey, haben angegeben, daß das Körpergewicht des Tieres tatsächlich für kurze Zeit während des Schlafes zunehmen kann, wenn es auch gewöhnlich mit einer Geschwindigkeit von ungefähr 2 g pro Tag abnimmt. Hier schien zunächst keine andere Erklärung möglich zu sein, als daß ein Teil des Fettes zur Zuckerbildung oxidiert worden ist, der seinerseits dann zu Glykogen synthetisiert wird.

Wenn auch diese Tatsachen eine Zuckerbildung aus Fett beim winterschlafenden Tier anzuzeigen scheinen, so muß doch darauf hingewiesen werden, daß einige Beobachter, wie z. B. Hari (1909) die Genauigkeit der veröffentlichten Resultate in Frage stellen. Dieser Autor erklärt die niedrigen respiratorischen Quotienten als durch Retention der Atmungsgase im Blut infolge der niedrigen Temperatur, der langsamen Atmung usw. bedingt. Magnus-Levy bezweifelt auch die Genauigkeit der niedrigen Quotienten. In einer neuen kritischen Übersicht über die Untersuchungen des respiratorischen Gaswechsels hat Rubner (1924) gezeigt, daß, wenn man die Resultate von zweifelhafter Genauigkeit ausschaltet, kein Beweis für einen Unterschied des Stoffwechsels der Tiere während des Winterschlafes von dem eines Kaltblüters unter gleichen Temperaturbedingungen übrig bleibt. Eine ausgezeichnete Übersicht von dieser und verwandten Arbeiten findet man in der Morgulis'schen Monographie.

Während des letzten Winters beobachteten wir den respiratorischen Stoffwechsel eines Erdschweinchens (Arctomys monax), dem nächsten amerikanischen Verwandten des europäischen Murmeltieres. In den ersten Versuchen brauchten wir dieselbe Respirationskammer wie für die Hunde, der Zwischenraum zwischen den Wänden wurde mit Eis ausgefüllt und der ganze Appa-

Tabelle

Datum	Versuchsbedingungen	24 Stunden-Urin		
		D	N	D : N
26. Febr.	letztes Futter 25. Februar, 11 E-Insulin	—	—	—
27. „	„ „ 25. „ 11 „	—	1,85	—
28. „	„ „ 25. „ 11 „	—	1,77	—
1. März	kein Insulin	—	2,07	—
2. „	„ „	—	2,44	—
3. „	„ „	8,08	1,6	—
3. „	„ „	—	—	—
4. „	„ „	3,3	2,5	—
5. „	„ „	18,7	1,9	—
5. „	„ „	—	—	—
6. „	„ „	20,8	2,1	—
6. „	„ „	—	—	—
	Bis zum 24. März wird täglich die gewöhnliche			
26. März	kein Futter und Insulin seit 24. März	60	2,07	—
26. „	„ „ „ „ „ 24. „	—	—	—
27. „	„ „ „ „ „ 24. „	47,8	1,35	—
27. „	„ „ „ „ „ 24. „	—	—	—
28. „	„ „ „ „ „ 24. „	11,0	2,01	5,48
29. „	250 g Fleisch, kein Insulin	15,8	3,28	4,72
30. „	450 g „ „ „	12,0	7,95	1,5
20. April	250 g Fleisch + 40 g Bactodextrose, kein Insulin	44,8	4,8	—

Tabelle

Datum	Versuchsbedingungen	D	N	D : N
17. März	letztes Futter und Insulin	—	—	—
19. „	kein „ „ „	7,75	2,88	2,79
20. „	„ „ „ „	—	—	—
20. „	„ „ „ „	—	—	—
22. „	„ „ „ „	6,83	3,48	1,91
22. „	„ „ „ „	—	—	—
23. „	„ „ „ „	53,7	4,31	—
24. „	„ „ „ „	4,55	3,0	1,52
25. „	„ „ „ „	27,0	—	—
25. „	„ „ „ „	—	—	—

1.

O₂ pro kg und Stunde ccm	R.Q	Durchschnitt Cal. pro kg und Stunde	Körpergewicht	Bewegungen	Bemerkungen
655	0,863	76,6	5,216	ruhig	
646	0,757	73,7	4,910	„	
—	—	—	—	—	Krämpfe
—	—	—	—	—	
647	0,673	73,2	4,250	ruhig	—
912 vorm.	0,662	103	4,250	unruhig	—
759 nachm.	0,735	85,9	—	ruhig	39 g Bactodextrose am Nachmittag
—	—	—	—	—	—
850 vorm.	0,661	95,6	4,010	unruhig	—
824 nachm.	0,666	92,7	—	ruhig, dann unruhig	40 g Bactodextrose am Nachmittag
709 vorm.	0,708	79,8	3,950	} gelegentlich unruhig {	—
823 nachm.	0,662	92,6	—		40 g Bactodextrose am Nachmittag

Menge Nahrung und Insulin verabreicht.

O₂ pro kg und Stunde ccm	R.Q	Durchschnitt Cal. pro kg und Stunde	Körpergewicht	Bewegungen	Bemerkungen
728 vorm.	0,674	81,9	3,63	meist ruhig	—
908 nachm.	0,719	102	3,345	sehr unruhig	40 g Bactodextrose am Nachmittag
803 vorm.	0,658	90,3	—	etwas Unruhe	
974 nachm.	0,675	110	—	unruhig	
—	—	—	—	—	
—	—	—	—	—	
908	0,711	102,2	3,175	ruhig den ganzen Tag	40 g Bactodextrose = 36,5 g Glukose
822	0,72	92,8	2,860	ruhig aber Erbrechen	

11 a.

O₂ pro kg und Stunde ccm	R.Q	Durchschnitt Cal. pro kg und Stunde	Körpergewicht	Bewegungen	Bemerkungen
—	—	—	—	—	
591	0,737	67	5,046	Ruhig mit Ausnahme d. 1. Std.	
614 vorm.	0,667	69,1	—	meist ruhig	
684 nachm.	0,663	76,9	4,990	—	40 g Bactodextrose am Nachmittag
603 vorm.	0,644	67,8	—	—	
634 nachm.	0,648	71,3	4,420	ruhig	40 g Bactodextrose am Nachmittag
609	0,640	68,5	4,310	„	
—	—	—	—	—	
670 vorm.	—	75,4	—	—	
689 nachm.	0,636	77,5	3,930	—	

rat in einem Raum, dessen Temperatur nahe am Gefrierpunkt lag, gestellt. Unter diesen Umständen blieb das Tier für ein bis zwei Wochen in tiefem Schlaf und atmete in der Regel zweimal in drei Minuten, dabei war der respiratorische Stoffwechsel außerordentlich niedrig. Er war tatsächlich so niedrig, daß es sehr schwer war, die Zuverlässigkeit der erhaltenen Resultate sicher zu stellen. Während mehrerer sechs oder acht Stundenperioden wurden Quotienten zwischen 0,64 und 0,66 beobachtet, aber während anderer waren sie auch viel niedriger, was wohl einem geringen Fehler in der Messung des Sauerstoffverbrauchs zuzuschreiben ist. Auf Grund dieser Schwierigkeiten verließen wir den Gebrauch der Respirationskammer und versuchten an seiner Stelle ein Tissot-Carpenter Spirometer mit einer Kapazität von 100 Litern. Das Tier konnte in dem Spirometer schlafend für zwei bis drei Tage ohne die Gefahr einer Schädigung durch eine CO_2-Anhäufung oder Sauerstoffmangel bleiben, der R.Q. wurde in der gutgemischten eingeschlossenen Luft durch Analyse im Haldane'schen Apparat bestimmt. Mit Hilfe dieser Methode ergaben sich Quotienten zwischen 0,600 und 0,638, aber auch ihre Genauigkeit blieb wegen der Ungleichheit der Diffusionsgeschwindigkeit von CO_2 und O_2 durch das abschließende Wasser fraglich. Endlich benutzten wir einen Glastrog, wie sie in anatomischen Sammlungen gebraucht werden, mit einem Fassungsvermögen von 72 Litern, der durch Quecksilber abgeschlossen wurde und an dem eine Vorrichtung zur Mischung der eingeschlossenen Luft angebracht worden war; leider konnten nur wenige Analysen gemacht werden, bevor das Tier aus seinem Schlafe erwachte. Die in dem letzten Versuch erhaltenen Resultate sind die folgenden:

Expt. a. Bei 5° C 26 Stunden in der Kammer, Atmung 1 × pro Min. O_2 19,22 vH R.Q. 0,71.

Expt. b. Bei 8° C 7 Stunden in der Kammer, Atmung 2 × pro Min. O_2 18,61 vH R.Q. 0,672.

Wir sind weder beim hungernden pankreaslosen Tier noch bei winterschlafenden Tieren in der Lage gewesen, respiratorische Quotienten zu beobachten, welche unzweideutig die Zuckerbildung aus Fett beweisen würden. Andererseits findet man, wenn die von Geelmuyden festgelegten Bedingungen, nämlich Verfütterung präformierter Kohlehydrate während der Beobachtung des respiratorischen Gaswechsels, eingehalten werden, erheblich niedrigere Quotienten als 0,66, z. B. beim Hunde L. an vier aufeinanderfolgenden Tagen. Der nächste Schritt ist die Bestimmung des Insulineinflusses in Versuchen dieser Art.

Geelmuyden hat darauf hingewiesen, daß es unwahrscheinlich ist, beim winterschlafenden Tier einen zufriedenstellenden Beweis der Zuckerbildung aus Fett zu erhalten, da es unmöglich ist, mit Sicherheit festzustellen, ob das nach dem Winterschlaf im Körper vorgefundene Glykogen während des Schlafes gebildet worden ist oder den Rest des ursprünglich in den Speichern vorhandenen darstellt. Aus diesem Grunde ist es äußerst zweifelhaft, ob man die Ergebnisse des respiratorischen Gaswechsels der winterschlafhaltenden Tiere als einen Beweis der Verwandlung von Fett in Kohlehydrat im Tierkörper annehmen kann.

XI. Glykogen.

Im Jahre 1848 entdeckte Claude Bernard, daß ein unmittelbar nach dem Tode hergestellter Leberextrakt viel weniger Zucker enthielt, als wenn er mehrere Stunden später gemacht wurde, und folgerte daraus, daß das Organ irgendeine Kohlehydratreserveform enthalten müsse. Ferner beobachtete er, daß der zuckerbildende Prozeß ein fermentativer sein mußte, da Kochen der Leber diesen Vorgang hemmte. Daraufhin extrahierte er das Organ mit einem schwachen Alkali und fällte durch Alkohol eine Substanz, bei deren Hydrolyse Zucker entstand. Diesen Stoff nannte er Glykogen.

Die Bedeutung dieser Entdeckung kann gar nicht hoch genug eingeschätzt werden, zumal da nach Claude Bernards Vermutung die Glykogenbildung den ersten Schritt im Kohlehydratstoffwechsel darstellt und das Glykogen als eine Hauptreserve dieses wichtigen Nahrungsstoffes im Körper dient. In der Tat kann man sagen, daß der Kohlehydratstoffwechsel im Tierkörper beim Glykogen seinen Anfang nimmt und mit seinen vollständigen Verbrennungsprodukten endigt. Zweifellos gibt es zwischen dem Glykogen und den Endprodukten der Traubenzuckerverbrennung noch zahlreiche Intermediärprodukte, deren Identifizierung allerdings noch nicht klargestellt ist. Der Hauptgrund für diese Schwierigkeit ist wohl darin zu suchen, daß bei

diesem katabolischen Vorgang keines der Intermediärprodukte
mit Ausnahme der Milchsäure sich in genügender Menge anhäuft,
daß man sie mit Hilfe der chemischen Analyse fassen könnte.

1. Die chemischen Eigenschaften des Glykogens.

Wir müssen daran erinnern, daß das Glykogen in seiner Kon-
stitution keine genau bestimmte chemische Substanz ist, sondern
daß es vielmehr ein Polymerisationsprodukt darstellt, welches
sich durch seine Löslichkeit und wenige Farbreaktionen von
verschiedenen anderen Polysachariden unterscheidet.

Zu seiner Trennung von den Geweben, die es enthalten, erhitzt man diese für mehrere Stunden in 30 vH Kalilauge, nach
darauffolgender Verdünnung der Lösung wird das Glykogen mit
dem gleichen Volumen Alkohol gefällt. Der Niederschlag wird dann
nochmals in Wasser gelöst und wiederum mit Alkohol gefällt,
endlich wird die letzte wäßrige Lösung mit 2 vH Salzsäure hydrolysiert und das Glykogen als Traubenzucker bestimmt. Will
man vergleichbare Resultate erhalten, so müssen sämtliche Vorgänge bei allen Bestimmungen in genau der gleichen Art vorgenommen werden. Der letzte Alkoholniederschlag kann über
Phosphorpentoxyd im Vakuum getrocknet werden. Als Kolloid
kann das Glykogen durch Dialyse weitgehend von anorganischen
Salzen befreit werden, wodurch seine Fällbarkeit durch Alkohol
viel weniger ausgesprochen wird, es sei denn, man benutzt konzentrierte Lösungen. Eine verdünnte Lösung besitzt ein spezi-
fisches Drehvermögen von 169,57° und die Verbrennungswärme
eines Grammes des getrockneten Alkoholniederschlages beträgt
3883 Cal. (Slater 1923). Das Glykogen steht in naher Beziehung
zu den höheren Dextrinen und gibt wie sie mit Jod eine braunrote
Farbe, aber es unterscheidet sich von ihnen durch die Bildung
von opaleszenten Lösungen an Stelle von klaren. In Glykogen-
präparaten findet man keine niederen Dextrine, teils weil sie
nicht so leicht zu präzipitieren sind, teils weil sie ähnlich wie die
Zucker durch starke Alkalien zerstört werden.

In alkoholfixierten Gewebsschnitten kann das Glykogen ent-
weder durch Jodlösungen, die zur Verhinderung der Lösung des
Glykogens Gummiarabicum enthalten, oder durch Färbung mit
Bestschem Karmin zur Darstellung gebracht werden. Die letztere
Methode hat sich für mikrochemische Zwecke als sehr wertvoll

erwiesen; sie wird so ausgeführt, daß man zuerst die Gewebe mit Karmin überfärbt und dann mittels Natriumsulfit teilweise wieder entfärbt. Unter diesen Umständen behält das Glykogen die rote Farbe und erscheint bei Anwesenheit nur einigermaßen beträchtlicher Mengen in Form unregelmäßiger Körnchen im Zellinneren, die entweder durch Auswaschen mit Wasser oder Behandlung mit Speichel zum Verschwinden gebracht werden können. Die durch chemische Methoden gefundenen Glykogenmengen des Gewebes sind einigermaßen gut mit den durch histologische Methoden bestimmten vergleichbar, was in einem gewissen Gegensatz zum Fett steht, bei dem die chemisch bestimmten Mengen vollständig von den auf histologischem Wege geschätzten abweichen können.

2. Die Verteilung im Gewebe der höheren Tiere.

Unter durchschnittlichen Ernährungsbedingungen weist die Leber die höchste Glykogenkonzentration auf. Bei Anwesenheit von geringen Mengen findet es sich hauptsächlich in den Zellen des Läppchenzentrums, obgleich auch ein schmaler Zellsaum an der Peripherie Glykogen enthalten kann, bei größeren Mengen beobachtet man es in allen Zellen des Läppchens; niemals findet es sich aber in den Kernen. Unter gewissen Umständen findet sich eine mit Bestschem Karmin färbbare Substanz in den interlobulären Kappilaren, den Kupferschen Sternzellen und zeitweilig in den kleinen Venen. Ishimori (1913) beobachtete dies nach reichlicher Fütterung und Huber und Macleod 1917 nach Hervorrufen einer schnellen Glykogenspaltung mit nachfolgender Hyperglykämie durch Piqûre beim Kaninchen. Im gewöhnlichen Ernährungszustand enthält die Leber des Kaninchens 5—7 vH und die des Hundes 3 oder 4 vH Glykogen, bei reichlicher Kohlehydratzufuhr können bis zu 12 vH vorhanden sein. Setzt man voraus, daß die Leber beim Kaninchen ungefähr 4—5 vH des Körpergewichtes ausmacht, so kann sie bei einem Tiere von Durchschnittsgewicht nicht viel mehr als 8—10 Gramm enthalten; die menschliche Leber kaum mehr als 5 vH Glykogen, was eine Gesamtmenge von ungefähr 150 Gramm ergeben würde. Im Vergleich mit der Gesamtmenge der aufgenommenen Kohlehydrate macht dies nur einen geringen Betrag aus und ein großer

Teil der Kohlehydratvorräte dürfte anderswo als in der Leber abgelagert sein.

Die Glykogenverteilung in verschiedenen Partien der Leber ist beinahe gleichmäßig, zum wenigsten beim Kaninchen und Hunde; immerhin kann sie bei Kaltblütern, wie z. B. der Schildkröte, ungleichmäßig sein.

Dies geht aus der folgenden Tabelle, in der von je zwei Tieren jeder Art gewonnene Resultate angeführt sind, hervor:

Tierart	Leberteil	Glykogen vH	
		I	II
Kaninchen . {	Lobus quadratus	11,05	8,84
	Lobus sinister	11,80	8,79
Hund . . . {	„ „	10,845	14,445
	Lobus centralis	10,890	14,135
	Lobus caudatus	10,710	14,840
	Lobus centralis-dexter	11,350	14,700
	Lobus dexter	11,610	14,065
Schildkröte . {	„ „	6,63	7,59
	Lobus sinister	5,66	6,77

(Macleod und Noble, Macleod und Pearce.)

Da die Glykogenspaltung nach dem Tode sehr schnell eintritt, ist es notwendig, die Teile der einzelnen Leberlappen zu genau derselben Zeit zu entfernen, um diese Resultate zu erhalten.

Die Muskeln stellen den anderen Hauptspeicher der Kohlehydrate dar, aber der Prozentsatz an Glykogen ist beträchtlich geringer als in der Leber und selten höher als 1 vH. Nach Hunger findet man immer noch Glykogen in den Muskeln, wenn es aus der Leber auch praktisch schon verschwunden ist. Wie aus der folgenden Tabelle von Kremer zu ersehen ist, weisen die verschiedenen Muskeln eine große Variabilität im Glykogengehalt auf:

Hund I { Biceps brachii 0,17
       { Ouadriceps femoris 0,53
„ II { Biceps brachii 0,25
      { Quadriceps femoris 0,25

Diese Ungleichheit in der Glykogenverteilung macht es unmöglich, den Gehalt der gesamten Muskulatur aus der Analyse weniger Muskeln zu berechnen. Der Grund hierfür ist wohl in dem Verbrauch dieser Substanz während der Muskelkontraktionen zu suchen. Durch mikrochemische Bestimmungen weiß man, daß das Glykogen in den Fibrillen sowohl im

Sarkolemma, als auch im Sarkoplasma vorhanden ist, und nur bei der Anwesenheit geringer Mengen ist es auf das Sarkoplasma beschränkt.

Die Glykogenverteilung in den anderen Geweben des Säugetieres geht aus der folgenden Tabelle hervor, die die Resultate, die Schöndorff an sieben reichlich mit Kohlehydraten gefütterten Hunden bekam, enthält:

	Beobachtetes Maximum	Beobachtetes Minimum	Durchschnitt
Blut.	0,04	0,001	0,015
Leber	56,74	20,09	37,97
Muskel	62,55	31,22	44,23
Knochen	12,88	5,36	9,25
Haut	11,38	1,42	4,49
Eingeweide	7,30	0,38	3,81
Herz	0,28	0,08	0,17
Gehirn	0,23	0,04	0,09
Gesamtmenge			100,00

3. Die Glykogenverteilung bei niederen Tieren.

Das Glykogen ist im Gewebe aller Tiere, vielleicht mit Ausnahme gewisser Mollusken, vorhanden (umfassende Übersicht s. Pflüger und Biedermann).

Die früheren Arbeiten wurden hauptsächlich mit Hilfe histologischer Methoden ausgeführt, aber neuerdings sind auch chemische Methoden benutzt worden. Bei Protozoen ist Glykogen besonders in Kulturen von *Glaucoma scintillans* isoliert worden. Ebenso glaubt man, daß eigenartige transparente Stoffe, die man „Glanzkörper" genannt hat und die sich besonders bei Pelomyxa finden, aus Glykogen bestehen, teils, weil sie die Jodreaktion geben und teils, weil sie sich vermehren, wenn das Tier mit Polysacchariden gefüttert wird. Bei gewissen Echinodermen ist typisches Glykogen beschrieben worden (Asteroiden, Holothuria) und ebenso bei Schwämmen. In den Eiern von Insekten und Mollusken ist es mit Hilfe mikrochemischer Methoden nachgewiesen worden. Auch ist es seit langem bekannt, daß Hefe Glykogen enthält (l. c. Cremer, 1902), Harden und Young (1902) haben aus gewaschener Preßhefe mit der gebräuchlichen Methode bis 2 vH Glykogen isoliert, welches in seinen chemischen Eigenschaften mit dem aus Kaninchenlebern sowie Austern gewonnenen identisch war.

Es kann darüber kein Zweifel bestehen, daß auch bei den niedersten Vertretern der Tierreihe in beträchtlicher Menge ein Stoff vorhanden ist, der dem Glykogen der höheren Tiere ent-

spricht, wenn nicht identisch mit ihm ist. Bei einigen niederen
Wirbellosen sind die Glykogenmengen oft sehr groß, so fand z. B.
Weinland, daß ungefähr ein Drittel des Gewichtes getrockneter
Askariden aus Glykogen bestand. Ebenso weiß man, daß in der
Verdauungsdrüse verschiedener Mollusken beträchtliche Mengen
vorhanden sind. In Tabelle 12 finden sich die Mengen an Gly-
kogen bei verschiedenen niederen Tieren.

Es ist vielleicht interessant, zu wissen, daß verschiedene Beobachter
(Frentzel, Röhmann, Bottazzi) bei *Aplysia* (Seehaase) weder
mit der mikrochemischen noch der biochemischen Methode Glykogen
auffinden konnten. Dieser Molluske ernährt sich hauptsächlich von
einer Alge (*Ulva lactuca*) die große Mengen von Pentosen enthält und man
hat vermutet, daß die Kohlehydrate bei diesen Tieren als ein Pentose-
derivat an Stelle von Glykogen gespeichert werden. Auch bei Okto-
poden soll sich kein Glykogen auffinden lassen. Es ist allerdings
wahrscheinlich, daß ein technischer Fehler für diese negativen Resultate
verantwortlich zu machen ist. Henze und Starkenstein schreiben
dies der Bildung von Magnesiumhydroxid zu, welches das Glykogen
adsorbiert, so daß es sich nicht in kochendem Wasser löst; unter
vorsichtiger Vermeidung dieser Fehlerquelle fanden diese Forscher beträchtliche Glykogenmengen in der Leber von *Aplysia*. Kilborn und
Macleod (1920) fanden bei verschiedenen marinen Wirbellosen und
Fischen die in Tabelle 12 aufgezeichneten Werte. Die Variabilität der
Glykogenmengen, besonders bei Fischen, ist zweifellos teils von den
Ernährungsbedingungen und teils von der Muskelarbeit abhängig. So
beobachteten z. B. Schöndorff und Wachholder (1914) bei Süß-
wasserfischen, daß langdauernder Hunger eine beträchtliche Verminderung
der Glykogenvorräte bei solchen Fischen hervorruft, die sehr lebhaft
sind. wie z. B. dem Hecht (*Esox lucius*), während beim Karpfen (*Cyp-
rinus carpio*), der während des Winters sich in den Schlamm eingräbt,
nur eine geringe Abnahme statthat.

Der relativ große Betrag an Glykogen im Primitivherzen, besonders bei *Squalus sucklii*, bei dem der Prozentsatz oft größer
als in der Leber ist, hat ein besonderes Interesse von dem Gesichtspunkte aus, daß ähnliche relativ große Mengen von Glykogen
mit Hilfe von histologisch-chemischen Methoden im Reizleitungssystem (Atrioventrikularknoten) des Säugetierherzen gefunden
wurden. Wie bekannt, entspricht das Reizleitungssystem dem
Primitivherzen von *Squalus sucklii*.

Die Beobachtung der großen Veränderlichkeit des Glykogengehaltes der Leber verschiedener Fischarten ließ die Frage entstehen, ob die Menge bei verschiedenen Individuen derselben Art
dieselbe ist. Wenn die Veränderlichkeit, wie man vermutet,

Tabelle 12.

Gruppe	Spezies	Organ oder Gewebe	Gewicht des Materials g	Glykogen vH	
				Berechnet für das Originalmaterial	Berechn. für alkoholkonserviert. Material
Echinodermen (Asteroiden)	Pisaster ochrasea	Leberblindsack	41,9	1,23	1,52
	„ brevispinus	„	6,0	—	0,232
	Luidia foliata	„	22,0	—	0,461
Mollusken (Lamellibranchiaten)	—	Verdauungsdrüse	22,5	—	1,56
	—	Siphonmuskel	30,0	—	0,952
	—	Fußmuskel	19,4	—	1,70
	—	Adduktoren	20,6	—	2,67 ?
Arthropoden (Crustaceen)	Cancer productus	Leber	—	—	1,39
„	„ „	Muskeln	24,65	—	0,87
„	Homarus	Leber	35,64	0,78	—
„	„	I. Herz	2,37	0,91	—
„	„	II. „	1,94	1,42	—
„	„	I. Muskel (Schwanz)	55,0	0,36	—
„	„	I. „ (Schere)	50,0	0,17	—
„	„	Herz (von 6 Hummern)	7,32	0,85	—
„	„	Leber	30,0	0,05	—
„	„	Rückenmuskel	20,0	0,31	—
Fische (Elasmobranchier u. Teleostier)	Elasmobranchier (Squalus sucklii)	Leber	44,2	0,057	0,069
	„ „	„	20,0	0,16	0,209
	„ „	Muskel	19,8	nichts	nichts
„	„ „	Herz	7,3	0,447	0,847
„	(Chimaera)	Leber	16,7	nichts	—
„	Teleostier (Cyprinus carpio)	„	3,44	Spur	—
„	Karpfen	Muskel	50,0	„	—
„	„	Leber	10,0	6,50	—
„	„	Muskel	20,0	0,29	—
„	„	Leber	10,0	5,60	—
„	„	Muskel	20,0	Spur	—
„	Christovomer Namaycush (Seeforelle)	Leber	26,6	nichts	—
„		Muskel		Spur	—

von der Nahrung und der Muskelarbeit abhängig ist, dann sollte
man geringere Unterschiede erwarten, wenn Vertreter derselben
Art unter denselben Bedingungen verglichen werden. McCormick
und Macleod (1925) erhielten allerdings Zahlen, die dieselbe
Variabilität aufwiesen (*Myoxocephalus*). Diese Fische wurden
am gleichen Futterplatz und zur gleichen Jahreszeit (August/
September) gefangen und ihre Untersuchung ergab die folgenden
Resultate:

Tabelle 13.

Datum	Gewicht des Fisches in g	Lebergewicht in vH des Körpergewichts	Leberglykogen in vH
10. September	208	3,8	12,0
10. „	177	1,5	6,9
10. „	396	5,3	8,7
26. August	269	2,9	5,6
29. „	312	5,0	0,11
29. „	340	2,4	3,76

4. Glykogen bei Pflanzen.

Bei der Möglichkeit, viel über die physiologische Bedeutung
des Glykogens aus der Beobachtung seines Verhaltens bei den
einfachen Zellformen zu lernen, wandte man die Aufmerksamkeit
auf seine Anwesenheit unter verschiedenen Bedingungen bei
chlorophyllfreien Pflanzen zu. In der Hefezelle findet sich das
Glykogen entweder in Form von Granula oder feinen Tröpfchen
diffus im Protoplasma zerstreut. Gewisse Hefen dagegen wie
z. B. *Saccharomyces exiguus* (Lindner und Henneberg l. c.
Biedermann) sollen kein Glykogen bilden.

Die Glykogenbildung der Hefe ist sehr sorgfältig in ihrer Beziehung
zur Zusammensetzung des Nährmediums untersucht worden, und man
hat gefunden, daß es bei Anwesenheit von Milchsäure, Zuckersäure,
Weinsäure, Aminosäuren, Asparagin und Glutamin entsteht. Bei Anwesenheit von Glycerin, Lactose und Pentosen (Laurent 1890) wird
kein Glykogen gebildet. Im allgemeinen hat man das Glykogen der Hefe
als ein Reservekohlehydrat angesehen. In diesem Zusammenhange ist
es bemerkenswert, daß Pasteur den beim Gärungsprozeß im Überschuß gebildeten Alkohol und CO_2, die sich nicht aus der in der Lösung
vorhandenen Zuckermenge ableiten ließen, den in den Hefezellen gespeicherten Kohlehydraten zuschrieb; auch extrahierte er mit schwacher
Schwefelsäure einen vergärbaren Zucker aus Hefe. Die Alkoholbildung

aus gewaschener, bei höheren Temperaturen bebrüteter Hefe muß also dem Glykogen zugeschrieben werden. Obgleich das intrazelluläre Glykogen der Hefe leicht hydrolisiert wird, so greifen doch die Hefezellen zu der Nährlösung hinzugefügtes Glykogen nicht an. Immerhin braucht das Glykogen der Hefe nicht nur, wie man allgemein annimmt, ein Reservestoff zu sein, sondern es kann auch als ein wichtiges Intermediärprodukt der alkoholischen Gärung angesehen werden, wie es von H. G. Kohl (1908) vermutet wurde. Dieser Forscher glaubt, daß die Hexosen nur nachdem sie durch das Glykogenstadium gegangen sind, in Alkohol und Kohlensäure aufgespalten werden. Wenn dieses sich als wahr erweisen sollte, würde es den an Boden gewinnenden Gesichtspunkt, daß das Glykogen eine ähnliche Rolle im Stoffwechsel der Tiere spielt, sehr unterstützen.

Außer in der Hefe findet sich Glykogen auch bei verschiedenen anderen Pflanzen. So kann z. B. in beträchtlichen Mengen aus folgenden Pilzen gewonnen werden: *Boletus edulis*, *Amanita muscaria*, *Phallus impudicus*. Bei verschiedenen dieser Pilze wird es infolge einer Fermentwirkung sehr schnell hydrolisiert.

Im ersten Stadium der Untersuchungen der Insulinwirkung schien es nützlich, zu wissen, ob dieses Hormon einen Einfluß auf das Wachstum und die Aktivität der Hefe hat. Noble und Macleod setzten verschiedene Mengen Insulin gepufferten Aufschwemmungen von Hefe und Zucker zu. Wir konnten dabei nicht das geringste Anzeichen einer Wirkung entdecken. Dies ist bisher von Travell und Behre (1924), Fürth (1925) und Laufberger (1924) bestätigt worden. Deshalb ist es unwahrscheinlich, daß seine Zugabe zu einer Hefekultur die Glykogenbildung beeinflussen kann.

5. Die Glykogenbildung bei höheren Tieren.

Um dieses zu untersuchen, muß man zuerst die Tiere möglichst glykogenfrei machen und dann mit der Substanz füttern, deren Einfluß auf die Glykogenbildung untersucht werden soll, worauf die Glykogenmenge entweder des gesamten Tieres oder der Hauptorgane, in denen es abgelagert wird, Leber und Muskeln, bestimmt wird. Im ersteren Falle kann man nur kleine Tiere, wie Mäuse untersuchen, während im letzteren gewöhnlich das glykogenreichste Organ, nämlich die Leber, benutzt wird. Diese Methode bezeichnet man als die direkte im Gegensatz zu der indirekten, die auf einer Tatsache basiert, welche leicht durch die direkte Methode demonstriert werden kann, nämlich daß Traubenzucker Glykogen bildet. Sie besteht daraus, daß man bestimmt, ob die fragliche Substanz fähig ist, beim diabetischen Tier Traubenzucker zu bilden.

Wenn auch die direkte Methode in der Theorie einfach zu sein scheint, so hat sich doch gezeigt, daß sie gewisse Unsicherheiten in sich birgt. Gerade bei dem ersten Schritt, die Tiere glykogenfrei zu bekommen, findet sich schon eine gewisse Unsicherheit. Da dies nämlich nicht allein durch Hunger zu erreichen ist, wenn auch beim Kaninchen und beim Hunde die Leber nach ungefähr 4 Tagen gewöhnlich praktisch glykogenfrei ist, so ist dieses doch bei einem Hunger über 4 Tage hinaus nicht immer der Fall, indem man nämlich zeitweilig einen höheren Glykogengehalt findet, als in den frühen Stadien des Hungers. Diese Unregelmäßigkeit des Glykogengehaltes nimmt nicht wunder, wenn man die unterschiedlichen Bedingungen berücksichtigt, unter denen sich diese Tiere vor dem Hunger besonders in Hinsicht auf Nahrung, Pflege und Körperbewegung befanden und ebenso, weil keine Einheitlichkeit in bezug auf Alter, Geschlecht und Rasse besteht. Um die Quellen dieser Unregelmäßigkeiten so weit wie möglich auszuschalten, benutzte Külz Hühner und fand nach sechstätigem Hunger die folgenden Glykogenmengen im Gesamttier: 0,701, 0,543, 0,042, 0,335, 1,394, 1,079 und 1,761 Gramm. Indem wir Kaninchen von möglichst gleicher Rasse und Größe benutzten, fanden McCormick und ich (1923) in der Leber, im Herzen und in den Muskeln nach 2 oder 4 Tagen Hunger die folgenden Glykogenmengen:

Dauer des Hungers	Glykogen vH		
	Herz	Muskel	Leber
3 Tage (mit Adrenalin) . . .	0,62	0,05	0,30
„ „ „ . . .	—	0,01	0,26
„ „ „ . . .	0,13	0,05	0,08
„ „ „ . . .	0,18	Spur	0,52
4 Tage (ohne Adrenalin). . .	0,52	0,06—0,10	0,01

Auf Grund dieser unbefriedigenden Resultate benutzten Karczag, Macleod und Orr (1925) eine weiße Rattenart, die unter genauer Beobachtung der Ernährungs- und Pflegebedingungen, wie sie von dem Wistar Institut für Anatomie empfohlen sind, gehalten wurden. Da nun die verschiedenen

Individuen einen konstanten anatomischen Bau aufzuweisen und ihr Blutzucker beinahe genau derselbe ist, so konnte man erwarten, daß der Glykogengehalt nach einer passenden Hungerperiode (24 Stunden) ebenso gleich sein würde. Es ergaben sich die folgenden Resultate:

Gewicht der Ratte in g	Blutzucker in vH	Glykogen in vH		Bemerkungen
		Leber	Muskel	
267	0,102	0,48	0,28	
230	0,102	0,26	0,35	
232	0,102	0,21	0,24	Männchen
275	0,106	0,20	0,26	am gleichen Tage
270	0,096	0,17	0,33	getötet
270	0,106	0,18	0,29	
190	0,103	0,12	0,28	
175	0,106	0,13	0,29	
196	0,106	0,11	0,26	Weibchen
187	0,103	0,10	0,22	am gleichen Tage
180	0,106	0,10	0,28	getötet
183	—	0,23	0,28	

Diese Ergebnisse sind befriedigend, und sie zeigen, daß die weiße Ratte nach 24stündigem Hunger ein passendes Testobjekt darstellt, mit dessen Hilfe man den Einfluß verschiedener Bedingungen auf die Glykogenbildung untersuchen kann. Es ist beinahe sicher, daß das während der frühen Stadien des Hungers aus der Leber verschwindende Glykogen durch eine größere Menge ersetzt wird, welche später zweifellos als ein Ergebnis der zuckerbildenden Prozesse gebildet wird.

Durch eine Kombination von Hunger und Muskelarbeit wird der Glykogenschwund aus der Leber viel vollständiger. Bei größeren Tieren (Hund) stellt die Arbeit in einer Tretmühle eine hinreichende Ermüdung dar, bei kleineren (Kaninchen) ruft man viel besser Muskelkontraktionen durch die Injektion einer genügenden Strychnindosis hervor, die wohl Muskelkontraktionen der Extremitätenmuskeln verursacht, ohne aber die Atemmuskeln zu beeinflussen; sollte das Letztere eintreten, so muß künstliche Atmung gemacht werden, bis die Gefahr einer Asphyxie überwunden ist. Nach einer 2—3 stündigen Dauer der Krämpfe bei

einem Kaninchen, welches vorher gehungert hat, kann man
die Leber als glykogenfrei ansehen, vorausgesetzt, daß das Tier
sofort getötet wird, denn wenn man die Krämpfe durch Injektion
von Chloralhydrat (per rectum) bekämpft, so bildet sich sehr
schnell wiederum Glykogen, welches sich in 24 Stunden auf 2
oder 3 vH belaufen kann. Auch kann man eine Muskelbewegung
bei großen und kleinen Tieren durch Beschleunigung des Wärme-
verlustes von der Oberfläche hervorrufen, indem man zu diesem
Zwecke den Tieren ein kaltes Bad gibt und sie für einige Stunden
in einem kalten Raume hält.

Endlich kann man die Leber bei Hungertieren durch Phlorrhizin
glykogenfrei bekommen, welches dem Körper den Zucker ent-
zieht, so daß die Glykogenspeicher den verlorenen Traubenzucker
ersetzen müssen. Diese Methode ist sehr zuverlässig und besser
als die Verabreichung von Adrenalin, welches nicht mit Sicherheit
das Glykogen zum Verschwinden bringt. In der Tat ist von
Pollak (1909) und Markowitz (1925) gezeigt worden, daß
bei α-glykogenetischen Tieren die Verabreichung von Adrenalin
ein Wiederauftreten von Glykogen in der Leber zur Folge haben
kann. Die Bedeutung dieser Beobachtung wird später noch besprochen werden.

Ganz abgesehen von den Schwierigkeiten, die Leber für den
Anfang glykogenfrei zu machen, kann die direkte Methode niemals
eine sehr zuverlässige sein, zumal da sie uns nur sagt, wieviel
Glykogen in der Leber zurückgelassen ist und nicht wieviel
während des Vorganges der Assimilation der Nahrung gebildet
worden ist. Es ist z. B. denkbar, daß alles Glykogen, welches
in der Leber gebildet werden kann, so schnell aufgebraucht wird,
daß nichts abgelagert wird.

In Hinsicht auf die Ergebnisse läßt es sich leicht zeigen,
daß Verfütterung von Traubenzucker oder irgendeiner anderen
Zuckerart, die während ihrer Verdauung zur Absorption von
Traubenzucker führt, eine Speicherung von großen Glykogenmengen in der Leber verursacht. Dabei entsteht die Frage, ob
dieses in gleicher Weise in allen Lappen geschieht oder in bestimmten schneller als in anderen?

Vor einigen Jahren behauptete Sérégé (1905), daß der rechte Leberlappen schneller Glykogen speichert als der linke, und er versuchte dieses
aus der Tatsache zu erklären, daß in der Vena portae das Blut, welches

aus der Milzvene und den Mesenterialvenen kommt, nicht vollständig gemischt wird, so daß am Leberhilus ein größerer Teil des Blutes aus der Milzvene in den linken Lappen geht und umgekehrt ein größerer Teil des Messenterialvenenblutes in den rechten. Wenn auch unter bestimmten Bedingungen eine unvollständige Vermischung dieser Blutarten demonstriert werden kann, so bildet dieses doch keinen Beweis für die Ungleichheit der Glykogenverteilung wie Sérégé voraussetzte. Die Versuche sind von Pearce und Macleod (1913) wiederholt worden. Es hat sich dabei gezeigt, daß die Ablagerung einigermaßen gleichförmig ist. Die Versuche wurden so ausgeführt, daß man Hunden, die vorher gehungert hatten, bestimmte Mengen von Rohrzucker verabreichte und dann die Glykogenmengen der verschiedenen Leberlappen in regelmäßigen Abständen bestimmte, wobei man postmortale Glykogenolyse zu vermeiden suchte. Bei 2 Tieren, die 6 und 12 Stunden nach der Fütterung getötet wurden, zeigten die verschiedenen Lappen die folgenden Resultate:

Tabelle 14. Die Verteilung des Glykogens in der Leber.

Hunde	Zeit der Tötung des Hundes nach der Futterverabreichung	Glykogengehalt der einzelnen Lappen vH						Größte Differenz in vH der größten Menge
		Linker Lappen	Linker Mittellappen	Lobus caudatus	Rechter Mittellappen	Rechter Lappen	Größte Differenz	
1	1 Std.	3,515	3,549	3,485	3,335	3,045	0,549	15,5
2	3 Std.	4,635	4,171	4,104	4,149	4,126	0,531	11,2
3	5 Std. (und 1 Std.)*	3,481	3,468	3,312	3,094	3,054	0,427	12,2
4	7 Std. (und 3 Std.)	9,393	10,026	10,198	6,721	8,970	1,228	12,04
5	18 Std.	7,525	6,708	6,725	6,801	6,700	0,825	10,9

* Die in Klammern angegebene Zeit bedeutet eine zweite Fütterung.

Es ist immerhin möglich, daß in den früheren Stadien des Absorptionsprozesses ein gewisser Grad von ungleicher Speicherung in den Lappen auftreten kann, aber die Unterschiede sind nicht bedeutend.

Aus Lävulose bildet sich auch Glykogen, welches offensichtlich dieselbe chemische Zusammensetzung wie das aus Traubenzucker entstehende hat, wenigstens entsteht aus ihm bei Hydrolyse Traubenzucker und keine Lävulose. Wenn man aus den relativen Glykogenmengen in den Lebern diabetischer Tiere ein Urteil fällen darf, so bildet dieser Zucker leichter Glykogen als Traubenzucker. Ebenso ist es bedeutsam, daß Lävulose von einem teilweise diabetischen Tier leichter verbrannt wird, als Traubenzucker, was durch die Tatsache bewiesen wird, daß es einen Anstieg des R. Q. verursachen kann unter Umständen, wo Traubenzucker keine Wirkung auf den R. Q. hat.

Aus Galactose bildet sich auch Glykogen, aber offensichtlich nicht so leicht wie aus Traubenzucker und Lävulose; Mannose bildet es wahrscheinlich auch.

6. Die Glykogenbildung in der isolierten durchbluteten Leber.

Es ist wichtig zu wissen, ob die Glykogenbildung im Stoffwechsel der Leber oder der Muskeln unabhängig von anderen Organen vor sich gehen kann. Croftan (1909) behauptete z. B., daß das Traubenzuckermolekül zuerst eine Umlagerung erfahren müßte, bevor es von den Leberzellen in Glykogen verwandelt werden könnte. Er vermutete, daß diese Veränderung entweder während des Absorptionsprozesses im Darm, oder durch einen Vorgang nach dem Übertritt des Zuckers in das Blut stattfinden müsse. Winter und Smith haben neuerdings die Behauptung aufgestellt, daß ein Gemisch von Leberextrakt und Insulin, aber nicht Leberextrakt allein, in der Lage ist, eine äquilibrierte Mischung von α-, β-Glukose in die reaktivere, unstabile Form der γ-Glukose umzuwandeln, die nach ihrer Vermutung sehr leicht zu einer Glykogenbildung führt. Es ist klar, daß diese Vermutung einer genauen Prüfung dadurch unterzogen werden kann, daß man nachsieht, ob bei einer Durchströmung der isolierten Leber Glykogen gebildet wird.

a) Durchströmung der Schildkrötenleber.

Grube machte auf die Möglichkeit, die Leber der Schildkröte zum Studium der Glykogenbildung zu benutzen, aufmerksam, besonders auf Grund der Tatsache, daß die Hauptblutversorgung der beiden Lappen durch getrennte Zweige der Vena umbilicalis erfolgt. Die beiden Leberlappen sind durch einen schmalen Isthmus von Lebergewebe verbunden, nach dessen Unterbindung man den einen Lappen zur Glykogenbestimmung entfernen kann, um dann den anderen mit einer Ringerlösung, die die Substanz enthält, deren Einfluß auf die Glykogenbildung man zu bestimmen wünscht, zu durchströmen.

Auf Grund der in dem durchströmten Lappen auftretenden Glykogenspaltung sind diese Vergleiche immerhin unzuverlässig, da die

Glykogenspaltung gewöhnlich die Glykogenbildung aufwiegt. Die Versuchsanordnung ist nun insofern modifiziert worden, als man jeden Lappen für sich durchströmt hat und auf der einen Seite die zu untersuchende Substanz der Durchströmungsflüssigkeit zugesetzt hat. Die Voraussetzung bei dieser Modifikation ist, daß in beiden Lappen die Glykogenolyse mit gleicher Geschwindigkeit stattfindet, so daß bei einem glykogenbildenden Effekt der zugefügten Substanz eine Differenz in dem Glykogengehalt der nach der Durchströmung in ihnen zurückbleibt, gefunden wird. Aber sogar mit dieser Verbesserung ist die Methode nicht zuverlässig, weil, wie Schöndorff und Grebe (1911) gezeigt haben, beträchtliche Unterschiede in dem Glykogengehalt der beiden Lappen bestehen können, eine Tatsache, die von Noble und Macleod (1923) bestätigt worden ist, die in drei Fällen prozentuale Unterschiede von 14,6 10,8 und 3,4 fanden, wobei die größeren Mengen im rechten Lappen festgestellt wurden. Zeitweilig sind die Unterschiede noch größer, so fanden Schöndorff und Grebe z. B. solche von 32 vH.

Die Methode zur Feststellung der Glykogenbildung ist vollständig unzuverlässig, ausgenommen wenn sie sehr stark ausgesprochen ist, wie es bei Anwesenheit großer Traubenzuckermengen in der Durchströmungsflüssigkeit der Fall ist.

Snyder, Martin und Levin (1922) benutzten die Schildkrötenleber, um die Menge des verschwundenen Traubenzuckers oder einer anderen Zuckerart zu bestimmen, die in einer gegebenen Zeiteinheit verschwinden. Findet sich nach der Durchströmung weniger Zucker in der Durchströmungsflüssigkeit als ursprünglich in ihr vorhanden war, so ist das ein Beweis, daß er von der Leber zurückgehalten ist, allerdings kann nicht gesagt werden, ob in Form von Glykogen. Wenn man andererseits mehr Zucker findet, so ist dies ein Zeichen, daß eine Glykogenspaltung stattgefunden hat.

Bei der Ausführung dieser Untersuchungen muß man die kleinen Gefäße, die sich zwischen dem linken Leberlappen und dem Pankreas befinden, durch eine Massenligatur unterbinden, dann Kanülen in die beiden Äste der Vena umbilicalis und ebenso in die Vena spermatica, die an der hinteren Seite in den rechten Lappen eintritt, einbinden. Unter Außerachtlassung dieser Vorsichtsmaßregeln ist die Durchströmung der Leber sehr ungleichmäßig, wie leicht an der unregelmäßigen Auswaschung des Blutes zu sehen ist, infolgedessen ergeben sich dann beträchtliche Unterschiede in dem Zuckergehalt der ausfließenden Flüssigkeit, da ja die Durchströmungsflüssigkeit zeitweilig durch weniger gut versorgte Partien hindurchgeht und dort die infolge der stattgehabten Glykogenolyse entstandenen großen Zuckermengen aufnimmt. Nach Snyders Befunden ist die Kontrolle der Durchströmungsgeschwindigkeit ein Hauptfaktor.

10*

b) Die Durchströmung der Säugetierleber.

Da mit Hilfe der Schildkrötenleber die Glykogenbildung nicht in befriedigender Weise untersucht werden kann, ausgenommen, wenn man ausgesprochene Glykogenbildner, wie z. B. Traubenzucker und Lävulose, benutzt, so konnte man beim Gebrauch der Säugetierleber kaum bessere Resultate erwarten, auch wenn man jede Vorsichtsmaßregel ergreift, um die Durchströmung unter möglichst physiologischen Bedingungen durchzuführen, so tritt doch unveränderlich eine sehr schnelle Glykogenspaltung auf. Pearce und ich (1911) begannen die Durchströmung der Hundeleber mit frisch defibriniertem Blut durch einen Zweig der Vena portae, bevor die Vene selbst peripher von diesem Zweig unterbunden wurde. Die Leber wurde während der Durchströmung *in situ* gelassen. Ebenso wurde die Temperatur auf der normalen Höhe gehalten und in verschiedenen Experimenten wurde die Leberarterie unter hohem Blutdruck durchströmt, während die Vena portae gleichzeitig unter einem niederen Druck gehalten wurde. In der Regel war die Durchströmung durch die Vena portae bei einem Druck von 10 mm Hg für ungefähr eine halbe Stunde befriedigend, dann aber entwickelte sich ein sehr hoher Widerstand, so daß man den Druck steigern mußte, um die Durchströmung zu unterhalten, was von einem ausgesprochenen Ödem der Leber gefolgt wurde. Weder der Zusatz von Puffersubstanzen (Alkaliphosphate), noch die gute Arterialisierung des Blutes hatte irgendeinen verbessernden Einfluß auf die Durchströmung. In keinem Falle waren wir in der Lage, eine Glykogenbildung in der Leber zu zeigen, im Gegenteil setzte die postmortale Glykogenspaltung ebenso schnell ein als bei der herausgeschnittenen Leber, die im Brutschank gehalten wurde. Es ist natürlich möglich, daß man vielleicht befriedigendere Resultate erhalten könnte, wenn man andere Tiere als den Hund benutzen würde.

J. de Meyer hat mit einer etwas verschiedenen Methode den Versuch gemacht, die Glykogenbildung in der isolierten Säugetierleber zu demonstrieren. In der Erkenntnis, daß es unmöglich ist, bei einer Durchströmung mit Lockescher Lösung Glykogenspaltung zu verhüten, versuchte er, ihre Geschwindigkeit in verschiedenen Lappen zu vergleichen, indem er sie getrennt durchströmte und zwar den einen nur mit Lockescher Lösung und den anderen mit der Lockeschen Lösung plus der Substanz, deren Einfluß auf die Glykogenbildung er zu untersuchen wünschte.

Er vermutete, daß ein Vergleich des Glykogengehaltes der verschiedenen Lappen zeigen würde, ob eine Glykogenbildung stattgefunden hatte, denn obgleich eine Glykogenspaltung in beiden auftreten würde, so müßte sie doch in dem geringer sein, wo auch eine Glykogenbildung stattfände. Meyers Ergebnisse erfüllten diese Erwartungen nicht, weil die postmortale Glykogenspaltung ein so vorherrschender Prozeß ist, den nichts aufhalten kann. Pavy und Siau haben kürzlich gezeigt, daß die Glykogenspaltung durch Injektion von Alkalilösung in die portale Zirkulation verzögert werden konnte. Aber abgesehen davon, ist es sicher, daß niemand bisher mit Erfolg zeigen konnte, daß dieser Vorgang durch irgendeine Einwirkung, die in irgendeinem Sinne als physiologisch in ihrer Natur betrachtet werden darf, sichtbar verzögert werden kann.

So ist es bisher unmöglich gewesen, zu zeigen, daß eine Glykogenbildung während der Durchströmung der Leber mit einer Flüssigkeit, die kein Hormon oder ein anderes von fremden Organen stammendes wirksames Prinzip enthält, nachzuweisen ist. In der Schildkrötenleber wird wahrscheinlich etwas gebildet, wenn die Durchströmungsflüssigkeit eine beträchtliche Menge von Traubenzucker oder Lävulose enthält. Wenigstens scheinen Grubes Resultate dieses zu zeigen, wenn es auch möglich ist, daß in diesem Falle in den Leberzellen eine genügende Menge eines von anderen Organen abstammendes Hormones zurückgeblieben war, um diese Zucker zu polymerisieren. In der Säugetierleber können solche Hormone für keine beträchtliche Zeitspanne zurückbleiben.

7. Glykogenspaltung.

In der Kette der chemischen Vorgänge, die zwischen der Absorption des Traubenzuckers im Magendarmkanal und seiner Oxydation in den Geweben stattfinden, ist die Aufspaltung des Glykogens in Traubenzucker von der größten Wichtigkeit. Die Geschwindigkeit dieses glykogenspaltenden Prozesses wird so reguliert, daß Traubenzucker in dem Maße dem Blute zugeführt wird, wie seine Konzentration zu fallen neigt; die Natur des Kontrollmechanismus dieses Vorganges stellt eines der wichtigsten Probleme des Kohlehydratstoffwechsels dar. Wird die Geschwindigkeit der Glykogenspaltung nur durch Veränderungen in der Blutzusammensetzung, welches mit den Leberzellen in Berührung kommt, reguliert, oder ist sie von nervösen Impulsen des autonomen Nervensystems auf die Leber abhängig? Wenn die Ver-

änderungen im Blut dafür verantwortlich sind, sind diese von
der Konzentration des Traubenzuckers selbst oder der Anwesenheit eines durch die Traubenzuckerspaltung entstehenden Stoffes
abhängig? Die Bedeutung dieser Fragen im Zusammenhang
mit der Insulinwirkung auf den Blutzuckerspiegel ist augenfällig, und sie wird im nächsten Kapitel näher besprochen werden.

Bei allen Hyperglykämieformen an normalen Tieren, die nicht
einer starken Traubenzuckerabsorption vom Magen und Darmkanal aus zuzuschreiben sind, ist die erste Quelle des Traubenzuckers das Leberglykogen. Bei den Formen, die bei den Laboratoriumstieren durch Reizung der die Leber versorgenden Nerven
oder durch Asphyxie hervorgerufen werden, hört die Hyperglykämie
gewöhnlich dann auf, wenn das gesamte Glykogen der Leber aufgebraucht ist, und sie stehen so in einem scharfen Kontrast zu
der Hyperglykämie nach Pankreasexstirpation, bei der zu der
Glykogenspaltung noch ein Prozeß der Zuckerbildung hinzukommt. Bei der Adrenalinhyperglykämie wird auch nach dem
Verschwinden des Glykogens noch Zucker gebildet.

Das für die Hydrolyse des Glykogens verantwortliche Agens
ist ein diastatisches Ferment, welches wir *Glykogenase* nennen
wollen. Unser erstes Problem muß es daher sein, die Gesetze aufzufinden, die seine Wirkung beherrschen, und die Bedingungen,
die sie beeinflussen. Dann werden wir seine Verteilung in den
verschiedenen Organen des Körpers, seine Quelle (d. h. ob es an
dem Fundorte gebildet wird oder ob es von einem bestimmten
Organ herstammt und auf die anderen verteilt wird) und sein Verhalten unter den verschiedenen Umständen, bei denen Glykogenspaltung auftritt, betrachten.

8. Methoden zur Untersuchung der Glykogenasewirkung.

Die Wirkung der Glykogenase kann man ähnlich wie die
anderer Fermente bestimmen, indem man entweder von Zeit zu
Zeit die Menge des unverändert gelassenen Substrates (Glykogen)
oder die Menge des gebildeten Zuckers bestimmt.

Die letztere Methode ist mehr oder weniger ungenau, weil bei dem
vor sich gehenden Spaltungsprozeß (Hydrolyse) viele Intermediärprodukte (Dextrine) gebildet werden, von denen einige eine reduzierende
Wirkung haben. Ebenso ist das Endprodukt der Hydrolyse, die Maltose,
weiter zu Traubenzucker hydrolisierbar, der abgesehen von seinem verschiedenen Reduktionsvermögen auch noch von glykolytischen Fermenten

angegriffen werden kann. Man kann nicht erwarten, daß in einer solchen Mischung reduzierender Substanzen die Geschwindigkeit, mit der das Glykogen hydrolisiert wird, so genau bestimmt werden kann, als wenn man die Menge des Substrates in der bebrüteten Mischung in regelmäßigen Zwischenräumen feststellt.

Da die Glykogenbestimmung eine etwas mühsame Arbeit ist, so haben verschiedene Untersucher nicht Glykogen, sondern Stärke als Substrat benutzt, weil in diesem Falle die Hydrolyse leicht durch die empfindliche Jodreaktion verfolgt werden kann. Salkowski und Wohlgemuth haben diese Methode für quantitative Bestimmungen ausgearbeitet. · Immerhin muß man bei ihrer Benutzung voraussetzen, daß die Glykogenase genau so wie die Amylase wirkt, und das ist in diesem Falle keineswegs sicher. Zweifellos werden die Amylasen, die auf Stärke wirken, auch das Glykogen angreifen, aber es können doch Varietäten bestehen, die schwächer sind und die nur Glykogen und Dextrine angreifen. Diese Möglichkeit wird auch aufrecht erhalten durch die wohlbekannte Tatsache, daß es spezifische Fermente für jedes Hexosedisaccharid wie Rohrzucker, Milchzucker und Maltose gibt. Ganz abgesehen von diesen theoretischen Einwänden gegen die Anwendung der Jodreaktion kommt noch eine praktische Schwierigkeit hinzu, wenn man die Glykogenspaltung in Mischungen untersucht, die verschiedene Organextrakte enthalten, da nämlich Eiweißpartikelchen usw., die fast immer in solchen Mischungen vorhanden sind, Jod adsorbieren und somit die Bestimmungen des Endpunktes der Farbenreaktion schwierig machen.

Bei dem gegenwärtigen unbefriedigenden Zustand unserer Kenntnis der chemischen Struktur von Stärke und Glykogen ist es dehalb viel sicherer, die Wirkung der Glykogenase durch die Bestimmung des Glykogens mit Hilfe der Pflügerschen Methode zu untersuchen. Man bestimmt dabei den Unterschied der Glykogenmengen für verschiedene Zeitdauer vor und nach der Bebrütung und drückt ihn im Prozent der anfänglich vorhandenen Menge aus (prozentuale Glykogenspaltung).

9. Vergleich der Glykogenasekonzentration in verschiedenen Organen und Geweben.

Diese Untersuchungen können nicht mit irgendeinem Grade von Genauigkeit ausgeführt werden. Wenn die Glykogenasekonzentration in Körperflüssigkeiten untersucht wird, gebraucht man gewöhnlich abgemessene Mengen, will man aber seine Konzentration in festen Geweben bestimmen, oder sie im Blut und Gewebe vergleichen, so muß man notwendigerweise irgendeine willkürliche Vergleichbasis annehmen. Zu diesem Zwecke haben wir den Stickstoffgehalt der Extrakte oder Flüssigkeiten benutzt.

In Hinsicht auf die Bereitung der Extrakte ist die Buchnersche Methode (Hydraulische Presse) befriedigend, wenn auch die Extrakte sehr unstabil sind, da sie proteolytische Fermente enthalten, die die Glykogenase auch bei niederen Temperaturen schnell zerstören. Um stabilere Präparate zu erhalten, benutzt man die Alkoholmethode oder besser die von Wiechowski (1909) angegebene. Bei der ersteren wird das Gewebe sorgfältig mit Quarzsand in einem Mörser zermahlen und mit mehreren Volumina Alkohol versetzt. Der entstehende Niederschlag wird mehrere Tage unter Alkohol stehen gelassen, dann auf einem Filter gesammelt und im Vakuum getrocknet. Eine abgewogene Menge des Pulvers kann dann jederzeit in Wasser zu einer homogenen Suspension aufgeschwemmt werden. Der Haupteinwand gegen die Methode ist der, daß die Berührung mit dem Alkohol die Wirksamkeit des Präzipitates zu ändern scheint, so daß, wenn es für Vergleichszwecke gebraucht wird, sehr sorgfältig darauf geachtet werden muß, daß alle Bedingungen genau dieselben sind.

Nach unserer Erfahrung ist die Wiechowskische Methode die beste. Das Gewebe wird sehr schnell zu einer sehr feinen Masse zerrieben, auf Glasplatten ausgebreitet und in einem sehr starken warmen Luftstrom vollständig getrocknet. Darauf wird die eingetrocknete Masse mit Toluol extrahiert, welches jede Spur von Fett entfernt. Den Rückstand kann man dann zu einem staubfeinen Pulver zermahlen, von dem abgewogene Mengen mit Wasser aufgeschwemmt und für die Versuche benutzt werden. Zerkleinertes Gewebe oder einfache wässerige Extrakte sind unbrauchbar.

Die folgende Tabelle soll zur Illustration der relativen Leistungsfähigkeit dieser Methoden dienen.

Nr.	Präparat	Prozentuale Glykogenspaltung in 2 Stunden	Prozentuale Glykogenspaltung in 4 Stunden
1	Leberbrei	16,3	—
2	Kochsalzextrakt	9,7	12,3
3	Buchnerextrakt.	29,4	29,2
4	Luftgetrocknetes Leberpulver	29,2	45,9
5	Alkoholpräzipitat.	34,0	54,8

(Macleod.)

10. Der Einfluß der Reaktion auf die Glykogenasewirkung.

Es gibt wahrscheinlich kein Ferment, das empfindlicher gegen Reaktionsänderungen ist als die Diastase, deren optimale Reaktion auf der saueren Seite des Neutralitätspunktes liegt. Ist daher die ursprüngliche Reaktion eines Gemisches von Diastase und Stärke neutral oder schwach alkalisch, so beschleunigt Säurezusatz die Hydrolyse, vorausgesetzt, daß nicht zu viel hinzugegeben wird, in welchem Falle sich eine Verlangsamung bemerkbar machen wird, der Zusatz von auch nur geringen Spuren von Alkali unterdrückt die Hydrolyse sofort. Alkalizusatz zu einer Mischung, deren Reaktion sauer ist, hat eine Wirkung, die von dem anfänglichen Aciditätsgrad abhängt, nämlich wenn dieser so hoch ist, daß er das Optimum überschreitet, so wird durch Alkali eine Beschleunigung hervorgerufen. Ist er dagegen optimal oder unterhalb dieses Punktes, so tritt eine Verlangsamung ein. Die starke Abhängigkeit der Diastasen von der Reaktion ihrer Umgebung ist eine der Hauptursachen für die unbefriedigenden Resultate, die von Zeit zu Zeit veröffentlicht worden sind, in Hinsicht auf die in den tierischen Geweben und Flüssigkeiten vorhandenen Mengen.

Um den Einfluß der Reaktion auf die in Leberextrakt und Blutserum vorhandene Glykogenase zu zeigen, ist die folgende Tabelle von Interesse.

Vers. Nr.	Grad der Acidität oder Alkalität	Prozentuale Glykogenspaltung		Bemerkungen
		Leber	Serum	
T	Originale Reaktion	63,8	42,8	1 ccm Serum oder Extrakt + 20 ccm 1 vH Glykogenlösung 3 Std. im Brutschrank
„	0,0078 vH Essigsäure	77,4	23,3	
„	0,0224 „ „	66,0	27,0	
„	0,0390 „ „	—	5,6	
A	Originale Reaktion	26,9	29,4	2 ccm Leberextrakt + 20 ccm 1 vH Glykogenlösung 4 Stunden im Brutschrank
„	0,2 ccm 1 vH Na$_2$CO$_3$	19,6	28,1	
„	0,4 „ 1 „ „	6,6	23,6	
„	0,6 „ 1 „ „	9,6	24,9	
„	0,1 „ 1 „ „	—	9,0	

(Macleod.)

Wenn auch der tatsächliche p^h der Gemische nicht z. Zt. dieser Beobachtungen gemessen werden konnte, so ist es doch augenscheinlich, daß außerordentlich geringe Mengen von Säure einen beträchtlichen Einfluß auf die prozentuale Glykogenspaltung) sowohl im Serum als auch in der Leber haben.

Diese Tatsachen finden auch ihre Anwendung bei der Erklärung der Glykogenspaltung, die in der Leber unmittelbar nach dem Tode auftritt (postmortale Glykogenspaltung), wobei wahrscheinlich als Säure die Fleischmilchsäure wirkt. Benutzt man Leberextrakte zu Untersuchungen über Glykogenase, so muß man die Säurewirkung verhindern, indem man sobald als möglich nach dem Tode beträchtliche Mengen von Pufferlösungen in enge Berührung mit den Leberzellen bringt. Bei verschiedenen experimentellen Zuständen wie z. B. Asphyxie, Änderungen der Gefäßreaktion in der Leber und vielen anderen Dingen muß man immer an die Möglichkeit einer intrazellulären Änderung des p_h als eines auf die Glykogenase wirkenden Faktors denken.

11. Vergleich der Glykogenasemengen in verschiedenen Organen desselben Tieres.

Aus dem eben Gesagten geht hervor, daß der Vergleich der Glykogenasekonzentration verschiedener Organe und besonders zwischen dem Blut und diesen Organen ein Problem ist, welches viele Schwierigkeiten enthält, denn außer den schon erwähnten ist es wesentlich, vor der Anfertigung des Extraktes die Blutgefäße des Organs oder Gewebes sorgfältig mit Hilfe einer Durchströmung vom Blut frei zu waschen, da ja das Blut selbst beträchtliche Mengen Glykogenase enthält. Nur, wenn man große Unterschiede beobachtet, können einige Rückschlüsse gezogen werden. Beispiele der allgemeinen Verteilung der Glykogenase in verschiedenen Organen des Hundes finden sich in der folgenden Tabelle.

Organ	Prozentuale Glykogenspaltung	Dauer der Bebrütung	Bemerkungen
Pankreas. .	100,0		Extrakt in NaCl-Lösung
Leber . . .	88,6		
Serum . . .	83,3	} 4 Stunden	} Buchnerextrakte
Niere . . .	48,9		
Muskel . .	0,0		

(Macleod.)

Diese Ergebnisse weisen darauf hin, daß das Pankreas überwiegend mehr Glykogenase enthält als irgendein anderes Organ oder Gewebe des Körpers; sie ist vorhanden im Blut und in der Leber, wohingegen die Muskeln, das Herz, die Nieren und der Darm nur geringe Mengen enthalten. In Hinsicht auf die neueren Arbeiten von Hill und Meyerhoff und anderen über die Rolle des Glykogens bei der Milchsäurebildung während der Muskelkontraktion kann das Fehlen der Glykogenase im Muskel eine Erklärung dafür sein, warum eher diese Säure als Traubenzucker gebildet wird. Wohlgemuth und Benzur behaupten, daß die Muskeln Diastase enthalten. Allen Anzeichen nach stammt die im Blute enthaltene Glykogenase bei normalen Tieren aus dem Pankreas und wird auf die verschiedenen anderen Organe und Gewebe, in denen man sie findet, verteilt. Wenn das Pankreas fehlt, ist es möglich, daß andere Organe die Funktion der Glykogenasebildung übernehmen. Man könnte erwarten, daß in der Leber unabhängig Glykogenase gebildet wird, da ja sie der Hauptsitz der Glykogenspaltung ist und daß deswegen die Glykogenase in stärkerer Konzentration in Leberextrakten als im Blutserum vorhanden sein würde. Obgleich aus schon angeführten Gründen es äußerst schwer ist, eine Basis für einen Vergleich der Glykogenasekonzentration im Serum und in der Leber zu finden, so

Tierart	Prozentuale Glykogenspaltung		Dauer der Bebrütung	Bemerkungen
	Serum	Leber		
Hund	100,0	7,6	16 $\frac{1}{2}$ Stunden	—
,,	60,0	55,1	16 ,,	Blut aus der Leber nicht ausgewaschen
,,	100,0	35,9—45,3	3 $\frac{1}{2}$,,	Reaktion variiert
,,	37,7	100,0	1 $\frac{1}{4}$,,	Hungerhund
,,	31,9	30,0	2 ,,	Überernährter Hund
,,	100,0	58,2	5 ,,	—
,,	70,5	52,5	2 ,,	—
,,	57,4	7,2	2 ,,	—
,,	100,0	44,1	2 ,,	Hungerhund
,,	100,0	28,4	2 ,,	Gewöhnlich ernährter Hund
,,	63,9	42,8	3 ,,	—
,,	63,0	10,5	2 ,,	Genaue Dauer der Bebrütung ungewiß
,,	64,5	17,9	2 ,,	—
Schaf	19,6	5,7	4 ,,	—
Schwein	71,0	39,0	4 ,,	Nach 4 Tagen Stehens
Kaninchen	72,3	34,2	4 ,,	—
,,	38,5	12,2	2 ,,	—

(Macleod und Pearce.)

sind doch die folgenden Resultate ein Anzeichen dafür, daß im Serum relativ mehr Glykogenase enthalten ist.

Pick (1902) wie auch Mendel und Saiki (1908) fanden bei Untersuchung der Alkoholniederschläge mehr Glykogenase in der Leber als im Serum. Pugliese und Domenichini (1907) bestimmten die Menge des entstehenden Zuckers an Stelle des verschwundenen Glykogens. Auch sie glaubten, daß die Leber reicher an Glykogenase war als das Blutserum. Unter Berücksichtigung der verschiedenen Fehlerquellen scheint es, daß im allgemeinen das Blutserum eine höhere Konzentration davon enthält als die gleiche Menge Leber. Dies läßt die Frage entstehen, ob die in der Leber gefundene Glykogenase nicht aus — vor Herstellung des Extraktes — unvollständig entferntem Blut oder Lymphe herstammen könnte. Es ist gezeigt worden, daß dieses nicht der Fall ist, denn man fand, daß ein Extrakt eines Leberlappens, der eine Stunde lang mit isotonischer Kochsalzlösung durchströmt worden war, praktisch dieselbe glykogenspaltende Wirksamkeit hatte als der aus dem frischen Organ nach Entfernung des Blutes hergestellte. Augenscheinlich befindet sich doch die Glykogenase in den Leberzellen, und wenn sie auch von dem Blute herstammen kann, so wird sie doch in den Zellen fixiert und kann nicht bei einer Durchströmung mit Kochsalz entfernt werden.

Die durch diese Beobachtungen entstandene Vermutung, daß das Pankreas die Quelle der Glykogenase ist, ist fernerhin durch die Bestimmung der diastatischen Aktivität des Blutserums bei Tieren untersucht worden, die pankreaslos waren oder wo die Ausführungsgänge[1]) der Drüse unterbunden worden waren.

Mit Ausnahme von Schlesinger (1908) stimmen alle diejenigen, die diese Frage untersucht haben, darin überein, daß nach vollständiger Pankreasexstirpation immer noch Glykogenase vorhanden ist, wenn auch Veränderungen in ihrer Menge auftreten können. Unmittelbar nach der Operation findet sich eine entschiedene Verminderung, die bei Hunden 8 oder 10 Tage anhält, wonach die Menge wieder zu einer Höhe ansteigt, die allerdings niedriger ist als die eines normalen Tieres, und von da an bis zum Tode konstant bleibt. (Otten und Galloway 1910.)

Andere Forscher wie z. B. Carlson und Luckhardt (1909) konnten keine auffällige Veränderung finden und noch andere berichten sogar über einen Anstieg (Milne und Peters [1912]

---

[1]) So weit uns bekannt, hat niemand diese Untersuchungen mit Glykogen an Stelle von Stärke gemacht, aber dennoch ist es unwahrscheinlich, daß dadurch größere Fehler entstanden sind, zumal, da die verschiedenen Beobachtungen unter genau den gleichen Bedingungen vorgenommen wurden.

und V. C. Meyer usw.). Die Frage hat ein Interesse in bezug
auf das Verhältnis von Blut und Gewebsglykogenase zum Diabetes. U. a. haben Cammidge und V. C. Meyer die Vermutung
geäußert, daß die Hyperglyklämie bei dieser Krankheit von einer
gesteigerten Aktivität der Leberglykogenase abhängig ist, obgleich Bainbridge und Beddard (1907) in 2 Diabetesfällen
fanden, daß keine Diastase im Serum vorhanden war.

Im Hinblick auf diese widerspruchsvollen Resultate haben
Markowitz und Hough in meinem Laboratorium das Problem
von neuem untersucht. Zur Bestimmung der diastatischen
Wirkung wurde der in der Zeiteinheit gebildete reduzierende
Zucker in einer gut gepufferten Mischung von Stärke und Blut-
plasma (Meyers Methode) gemessen. Wenn auch gegen diese
Methode Einwände erhoben werden können, so wurde sie
wegen ihrer ausgedehnten Benutzung bei klinischen Untersuchungen gewählt. Es fand sich, daß Pankreasexstirpation gewöhnlich eine ausgesprochene Verringerung der diastatischen
Wirkung des Blutplasmas in 24 Stunden nach der Operation verursachte. In einem typischen Falle fiel sie in dieser Zeit ungefähr
auf die Hälfte der vorherigen Höhe und dann allmählich in 4 Tagen
auf ein Drittel, wo sie dann geringe tägliche Schwankungen aufwies. Hält man pankreaslose Tiere durch Insulin mehrere
Monate am Leben, so kann die Blutdiastase auf die normale
Höhe zurückkommen. Wenn man die diastatische Wirkung in
Form der in 15 Minuten gebildeten Milligramme Zucker, abzüglich
des im Serum vorhandenen Zuckers ausdrückt, und wenn die
Mischung 10 g Stärke und 0,2 ccm Blutserum enthält, so wurde
bei einer Beobachtung an 16 normalen Hunden ein Durchschnitts-
wert von 0,152 mg gefunden. Das Maximum betrug 0,255 und

Nr.	In 15 Minuten gebildeter Zucker mg	Plasmazucker vH	Bemerkungen
Hund 20	0,088	0,338	7 Monate diabetisch
„ 23	0,058	0,380	6 „ „
„ 23	0,113	0.677	20 „ „
„ 32	0,083	0,150	2 „ „
„ Tr.	0,189	0,613	6 „ „
„ Lu.	0,141	0,593	4 „ „

das Minimum 0,082 mg. Bei 5 von 6 Tieren fiel sie 24 Stunden nach der Pankreasexstirpation und stieg nur bei einem an. In der beistehenden Tabelle finden sich die Resultate mehrere Monate nach der Pankreasexstirpation.

Nach einer frischen Pankreasexstirpation bringt die Verabreichung von Insulin gewöhnlich einen Anstieg der diastatischen Wirkung des Serums zustande, der aber nicht groß genug ist, um ihren Betrag auf die normale Höhe zu bringen. Zeitweilig kann man auch das umgekehrte Ergebnis erhalten, besonders nach einigen Monaten bei Tieren mit teilweiser Pankreasexstirpation oder bei solchen, die vollständig pankreaslos sind. Diese Ergebnisse zeigen ganz klar, daß die Insulinwirkung in keinem Verhältnis zur Anwesenheit der Diastase im Körper steht. Es gibt daher für die Bedeutung, die man den Veränderungen der Blut- und Urindiastase beim Diabetes mellitus zugeschrieben hat, keine experimentelle Rechtfertigung (Cammidge, Myers).

Eine durch Sekretininjektion hervorgebrachte Aktivitätssteigerung des Pankreas verursacht kein Ansteigen der Blutdiastase, wohl aber tritt diese nach Unterbindung sämtlicher Pankreasausführungsgänge ein (Wohlgemuth 1909). Man kann daraus mit Sicherheit schließen, daß, obwohl ein bestimmter Betrag der Glykogenase des Blutserums vom Pankreas abstammt, ein anderer Teil aus anderen Quellen hergeleitet werden muß. Außerdem ist es auch möglich, daß die Pankreasdiastase durch Absorption aus dem Darm in das Blut gelangen kann.

Das Problem ist auch von der Seite aus angegriffen worden, indem man die Glykogenasekonzentration des Blutes der Vena pancreaticoduodenalis oder der Lymphe des Ductus thoracicus mit der der Vena femoralis bei narkotisierten Hunden vor, während und nach der Reizung des N. splanchnicus major verglich. Wie an anderer Stelle auseinandergesetzt, ruft die Reizung dieses Nerven einen ausgesprochenen Anstieg der Glykogenspaltung in der Leber und eine Hyperglykämie hervor. Die von Pearce und Macleod gefundenen Resultate finden sich in der Tabelle 15.

In einem der Versuche wurde mehr Glykogenase in der Lymphe während der Perioden der Reizung gefunden, aber man kann diesem Resultat kein großes Gewicht als ein Anzeichen für die Bildung der Glykogenase im Pankreas beimessen, zumal da es einer Verlangsamung des Lymphstromes zugeschrieben werden kann und da außerdem der größte Anteil der Lymphe aus der Leber und nur ein geringer Bruchteil aus dem Pankreas stammt. In einem anderen Versuch wurde in der Lymphe kein Anstieg beobachtet. Ehrmann und Wohlgemuth (1909) waren auch

Tabelle 15. Einfluß der Splanchnicusreizung auf die Glykogenase
des Blutes und der Lymphe.

Art der untersuchten Flüssigkeit Bl. = Blut Lymphe	Versuchsbedingungen	In der gleichen Zeit verschwundenes Glykogen (Traubenzucker)	Bemerkungen
Bl. A. femoralis	vor Reiz. des N. splanchnicus major	0,108	
„	während einer einstündigen Reizung	0,108	1 ccm Serum
„	30 Minuten nach dem Aufhören der Reizung	0,103	3 Std. im Brutschrank. Nach
Bl. V. pancreaticoduodenalis	vor Reizung	0,103	1 Std. bei allen positive Dextrinreaktion bei
„	während einer einstündigen Reizung	0,103	Stärkezusatz
„	30 Minuten nach dem Aufhören der Reizung	0,105	
Bl. A. femoralis	vor Reiz. des N. splanchnicus major	0,074	
„	während 30 Minuten langer Reizung	0,101	1 ccm Serum
„	45 Minuten nach dem Aufhören der Reizung	0,079	$4^1/_2$ Std. im Brutschrank.
Bl. V. pancreaticoduodenalis	vor der Reizung	0,081	Dextrinreaktion bei
„	während 30 Minuten langer Reizung	0,082	Stärkezusatz zuerst *
„	45 Minuten nach dem Aufhören der Reizung	0,090	
Lymphe	vor der Reizung	0,088	
„	während 30 Minuten langer Reizung	0,115	2 ccm Serum $3^1/_2$ Std. im
„ *	45 Minuten nach dem Aufhören der Reizung	0,101	Brutschrank

nicht in der Lage, einen stärkeren Gehalt an diastatischen Fermenten im
Blute der Vena portae festzustellen.

Ein Vergleich der diastatischen Aktivität der aus verschiedenen
Lymphgefäßen der Katze und des Hundes gesammelten Lymphe durch
Carlson und Luckhardt zeigte, daß sie in der Lymphe geringer
als im Blutserum ist. Eine Vermehrung des Lymphstromes durch Lymph-

agoga verursachte nur zeitweilig eine Verstärkung der Wirkung. Röhmann und Bial (1894) fanden auch, daß die Wirkung der Lymphe des Ductus thoracicus schwächer ist als die des Blutserums.

Wenn man diese Resultate im ganzen betrachtet, so stellen sie keinen Beweis dar, daß die Glykogenasekonzentration im Blut der direkt vom Pankreas kommenden Gefäße höher ist als in den anderen.

12. Vergleich der Glykogenasekonzentration im Blut und in den Organen verschiedener Tierarten.

Wenn die Glykogenasemenge in einem wesentlichen Verhältnis zum Kohlehydratstoffwechsel steht, so müßte man erwarten, daß sie bei Tieren, die große Mengen Kohlehydrat zu sich nehmen, in einer größeren Konzentration vorhanden wäre als bei solchen, die sich hauptsächlich kohlehydratfrei ernähren. Diese Vergleiche werden dadurch schwierig, daß sowohl das Blutserum als auch die Organextrakte von Tieren derselben Art ganz beträchtliche Unterschiede in der glykogenspaltenden Wirkung aufweisen. So betrug z. B. die prozentuale Glykogenspaltung bei 5 gleichmäßig ernährten Hunden in den auf dieselbe Art hergestellten Leberextrakten 25, 25,4, 32, 43 und 58 vH, und in einem ccm Serum derselben Tiere 31,9, 25,5, 57,4, 63,0, 64,5 und 100 vH. Die Unterschiede werden aber noch größer, wenn man Tiere verschiedener Arten benutzt. So fanden Pearce und ich, daß Leberextrakte von Tieren mit eiweiß- und fettreicher Ernährung wie z. B. Hund, Katze oder Schwein im allgemeinen viel mehr Glykogenase enthielten als die pflanzenfressender Tiere, wie z. B. Kaninchen, Schaf oder Rind. (S. auch Noel Paton und Maclean.) Diese Ergebnisse scheinen doch ein Anzeichen dafür zu sein, daß die Blut- und Leberdiastase keine bedeutende Rolle im Stoffwechsel der präformierten Kohlehydrate, die mit der Nahrung aufgenommen werden, spielen. Warum sie in sehr viel größerer Menge bei den von Eiweiß und Fett lebenden Tieren vorhanden sind, kann nicht erklärt werden.

Diese Beobachtungen ließen einen Vergleich der Diastasekonzentration in ihrer Beziehung zur Diät bei Tieren derselben Art angezeigt erscheinen. Im Leberextrakt eines Hundes, der gehungert hatte, fanden Macleod und Pearce, daß die Gly-

kogenspaltung in 4 Stunden 44 vH betrug dagegen bei einem
gut genährten nur 30 vH.

Auch Bang, Ljungdahl und Bohm (1907) fanden etwas
mehr Glykogenase in der Leber von hungernden Kaninchen als von gut
genährten. Da diese Vergleiche nicht auf der Grundlage des Stickstoff-
oder Aschegehaltes gemacht worden sind, so ist es möglich, daß die beobachteten Unterschiede von einer größeren Verdünnung der Extrakte
durch die großen Glykogenmengen in den Lebern der gut genährten
Tiere bedingt waren. Bradley und Kellersberger (1913) verglichen
den Diastasegehalt und das Glykogen der Leber, der Muskeln und des
Blutes einer großen Zahl von verschiedenen Seetieren, indem sie diese
Gewebe mit Hilfe der Alkoholmethode untersuchten. Sie konnten keine
bestimmten Beziehungen beider zueinander aufstellen. So konnten
Gewebe, die reich an Diastase waren, Glykogen oder auch keines enthalten, und ebenso war es bei den glykogenreichen Geweben in bezug
auf die Diastase. Sie betrachten es als unwahrscheinlich, daß die Glykogensynthese bei den Tieren von der Anwesenheit der Glykogenase abhängt, was in einem Gegensatz zu den bei Pflanzen gefundenen Zuständen
steht, nämlich daß alle Stärke speichernden Gewebe während der Entwicklung und des Keimens Diastase enthalten. Andererseits gibt es auch
gewisse Pflanzengewebe, die reich an Diastase sind, in denen aber keine
Stärke abgelagert wird.

13. Postmortale Glykogenspaltung.

Nach dem Tode verschwindet das Glykogen außerordentlich
schnell aus der Leber. Verschiedene Untersucher haben diesen
Prozeß nun in der Hoffnung verfolgt, daß vielleicht etwas
Licht auf die Faktoren geworfen würde, die die Zuckerbildung
in diesem Organ während des Lebens kontrollieren. Man kann
nicht sagen, daß die Resultate irgendeine Bedeutung für diese
Frage besitzen, da der postmortale Prozeß offensichtlich sehr viel
schneller vor sich geht als der während des Lebens. Der Vorgang
läuft so schnell ab, daß kein Umstand, der beim intakten Tier mit
der Hyperglykämie und der Glykogenspaltung verknüpft ist,
irgendeinen Einfluß auf ihren Ablauf in der Leber ausübt,
wenn diese hinterher herausgenommen wird. Mit anderen Worten
geht die postmortale Glykogenspaltung immer mit einer maximalen
Geschwindigkeit vor sich, die durch keinen vor dem Tode hergestellten Zustand beeinflußt wird. Es ist unnötig, im einzelnen
die Beweise zu diesem Schluß anzuführen, und es soll nur ein
kurzer Hinweis auf einige grundlegende Versuche gegeben werden.
Zu welcher Zeit nach dem Tode die Glykogenspaltung einsetzt,

läßt sich schwer sagen. Es können beträchtliche Änderungen
eintreten, bevor die Leber aus dem Tier herausgenommen ist,
und es ist kennzeichnend, daß ein ausgesprochener Anstieg der
Blutzuckerkonzentration in dem aus der Leber ausfließenden
Blut in wenigen Minuten nach der Störung der Blutzufuhr auftritt. Der Vorgang erreicht sehr schnell sein Maximum und
schreitet mit einer ziemlich konstanten Intensität während einer
beträchtlichen Zeit fort. Man hat dieses dadurch bestimmt, daß
man die herausgeschnittene Leber bei Körpertemperatur im Brutschrank hielt, und in stündlichen Zwischenräumen Teile zur
Glykogenbestimmung entnahm. Nach 5 oder 6 Stunden macht
sich eine Beschleunigung des Prozesses bemerkbar, die als Anzeichen für Fäulnisveränderungen anzusehen ist (s. Macleod).
Eine sehr interessante Frage ist die nach der Ursache des Ein-
setzens der postmortalen Glykogenspaltung. Sie kann entweder
darin bestehen, daß die Menge der Glykogenase vermehrt wird
oder daß sich für ihre Wirkung günstige Bedingungen entwickeln.
Bei einem Vergleich der Glykogenasemengen eines eiskalten
Kochsalzextraktes der Leber, der unmittelbar nach dem Heraus-
nehmen hergestellt wurde, mit einem auf gleiche Art aus derselben
Leber hergestellten Extrakt, nachdem diese für einige Zeit unter
Körpertemperatur gehalten worden war, zeigte keinen Unterschied.

Es kann kein Zweifel bestehen, daß das Einsetzen dieses Prozesses von
einer Säurebildung abhängig ist. Pavy und Bywaters (1910) fanden
z. B., daß alkoholische Extrakte aus Lebern, die einige Zeit gestanden
hatten, viel mehr Säure enthielten als solche, die aus unmittelbar nach dem
Tode gekochter oder gefrorener Leber hergestellt worden waren. Auch beobachteten sie, daß eine Injektion einer Natriumkarbonatlösung in die Vena
portae zur Zeit des Todes die postmortale Glykogenspaltung verhinderte,
die aber sofort anfing, wenn man das Natriumcarbonat aus der Leber aus-
wusch. Die beiden Tatsachen nämlich, daß die Wirkung der Glykogenase durch Reaktionsänderungen stark beeinträchtigt wird und die
schnelle Säurebildung in der Leber nach dem Tode, lassen keinen Zweifel
über ihre nahe Beziehung. Mit Rücksicht auf ihre große Schnelligkeit
ist es unwahrscheinlich, daß die Untersuchung des Vorgangs der postmortalen Glykogenspaltung irgendeine Aufklärung über diesen Prozeß
während des Lebens geben kann, wenn es auch denkbar ist, daß Reaktionsänderungen in den Leberzellen eine bedeutende Rolle in dem Kontrollmechanismus dieses Vorganges während des Lebens spielen können.
Beobachtungen über die Geschwindigkeit der Glykogenspaltung
in der Leber in situ nach Unterbindung der Blutzufuhr vor und nach der

Reizung des N. splanchnicus major haben keine Unterschiede auffinden lassen (Macleod und Pearce). Immerhin ist dieses Ergebnis kein Beweis dafür, daß bei einem lebenden Tier dieser Nerv keinen Einfluß auf die Glykogenspaltung hat, dies hängt zweifellos davon ab, daß die Glykogenspaltung durch das Abschneiden der Blutzufuhr so groß ist, daß eine Erregung des Nervs keinen Einfluß haben kann. Mechanische Störungen der portalen Zirkulation, wie z. B. vorübergehendes Abklemmen bei narkotisierten Tieren hat eine baldige Hyperglykämie zur Folge, die nicht auftritt, wenn eine Anastomose der Vena portae mit der Vena cava besteht, vorausgesetzt, daß die Tiere sich von der unmittelbaren Wirkung der Operation erholt haben. Vollständige Unterbindung der Leberzirkulation hat andererseits eine Hypoglykämie zur Folge. Mäßige Grade von Zirkulationsstörungen im Portalsystem rufen keine Glykogenspaltung hervor; so ist z. B. bei Patienten mit einer Thrombose der Vena portae oder bei anderen klinischen Fällen von Störungen in der Portalzirkulation nichts derartiges beobachtet worden.

Aus diesen Tatsachen geht hervor, daß man nur eine geringe Aufklärung über die intravitale Glykogenspaltung durch das Studium des postmortalen Prozesses erhalten kann.

Es sind auch Versuche gemacht worden, das Verhalten des Leberglykogens während des Lebens zu verfolgen, indem man zu verschiedenen Zeiten in excidierten Leberstückchen den Glykogengehalt bestimmte. Bei narkotisierten Tieren erhält man außerordentlich verschiedene Resultate, es verschwindet unabänderlich Glykogen und zwar in ausgesprochenerem Maße viel schneller aus den tieferen Teilen als den mehr oberflächlich gelegenen. Wahrscheinlich ist dafür der Unterschied in der Blutversorgung im Zusammenhang mit der unvermeidlichen Abkühlung der oberflächlichen Partien verantwortlich zu machen. So fanden Pearce und Macleod, daß die verschiedene Menge des im Organ zurückgelassenen Blutes einen sehr ausgesprochenen Einfluß auf die Geschwindigkeit hatte, mit der das Glykogen verschwand. Daher ist es unwahrscheinlich, daß eine brauchbare Aufklärung aus dieser Art von Versuchen am narkotisierten Tier resultieren kann. In Erkenntnis dieser Tatsache haben Cori und Pucher eine chirurgische Methode ausgearbeitet, mit deren Hilfe man eine permanente Öffnung in die Bauchwand von Kaninchen macht, diese Öffnung kann durch ein „Fenster“ geschlossen und in Zwischenräumen zur Excision von Leberteilchen (von ungefähr einem Gramm) wieder geöffnet werden. Sie fanden, daß während der Verdauung von Zucker die Konzentration des freien Zuckers in der Leber und im Blut ansteigt, wobei es auch zu einer Glykogenvermehrung in der Leber kommt, wie es aus der Differenz zwischen den Gesamtkohlehydraten und dem freien Zucker hervorgeht.

Die gewöhnliche Annahme, daß das Glykogen die primäre Speicherungsform der Kohlehydrate im Tierkörper, so wie es die Stärke in der Pflanze, ist, reicht nicht zur Erklärung aller uns von ihm bekannten Tatsachen aus. Zweifellos hat es im Stoffwechsel eine viel größere Bedeutung als nur die eines Speicherungsmaterials. Wie kürzlich von Cramer behauptet worden ist, betrachtete Claude Bernard das Glykogen als ein inneres Sekret, d. h. als ein Produkt der Leberzellaktivität, welches zur Erhaltung des Blutzuckerspiegels über einem gewissen Minimum ins Blut abgegeben wird. Bernard hielt die glykogenetische Funktion für unabhängig von den präformierten Kohlehydraten der Nahrung. In strengem Sinne sollte der Ausdruck glykogenetisch vielmehr auf die Glykogenbildung aus Eiweiß (und Fett) und seine Aufspaltung in Zucker beschränkt werden, als ihn auf die Polymerisation von Zucker zu Glykogen anzuwenden. Hormone wie Thyreoxin und Adrenalin üben einen Reiz auf diese dynamisch wirkende glykogenetische Funktion aus, so daß kein Glykogen in der Leber abgelagert wird, obwohl ein sehr starker Kohlehydratstoffwechsel im Organismus als Ganzen im Gange sein kann. Cramer erklärt viele bekannte Tatsachen des Kohlehydratstoffwechsels im Lichte dieser Nichtspeicherungsfunktion des Glykogen und nimmt an, daß das Insulin wenigstens zum Teil die Glykogenbildung aus Eiweiß (und Fett) verhindert. Zur Stützung seiner Ansicht weist er auf Leberzellveränderungen nach Injektion großer Insulinmengen hin, aber vergißt, Rücksicht auf das außerordentlich schnelle Verschwinden des Zuckers beim eviscerierten Tier nach Insulininjektion oder seinem Zusatz zur Nährflüssigkeit des isolierten Herzens zu nehmen. Nichtsdestoweniger ist Cramers Arbeit einer sorgfältigen Durchsicht wert.

XII. Das Verhalten des Glykogens unter Insulinwirkung.

Wie wir gesehen haben, wird in der Leber von pankreaslosen Hunden, wenn man Insulin zusammen mit Zucker verabreicht, Glykogen in großen Mengen abgelagert. Dieses Resultat führte uns zu der Auffassung, daß auch bei normalen Tieren nach Insulininjektionen der gleiche Prozeß leicht hervorzurufen sein würde und daß man damit eine Erklärung für das Verschwinden des freien Zuckers aus dem Blut hätte. Zu unserer großen Überraschung konnten wir keine vermehrte Glykogenablagerung nach Insulin zeigen (Mc Cormick und Macleod 1923), und wir hielten es für notwendig, den Gesichtskreis der Untersuchungen auszudehnen, um eine Sicherheit zu gewinnen, daß die beträchtliche Verschiedenheit der abgelagerten Glykogenmengen, die bei diesen Tieren auch unter den sorgfältigst kontrollierten Umständen vorhanden ist, nicht diesen Vorgang maskierte. Die Untersuchungen wurden auf die folgenden Dinge ausgedehnt:

1. Vergleich des Glykogengehaltes der Leber, des Herzens und der Muskeln von hungernden Kaninchen nach Zuckerverabreichung mit oder ohne Insulin.

2. Vergleich der Glykogenbildung in der durchströmten Schildkrötenleber mit und ohne Insulin in der Nährflüssigkeit.

3. Beobachtungen der Insulinwirkung auf den Vorgang der postmortalen Glykogenspaltung.

Die Insulinwirkung auf gefütterte Tiere wurde gleichzeitig von Dudley und Marrian untersucht.

1. Die Insulinwirkung auf die Glykogenbildung bei normalen Kaninchen.

Sechs Kaninchen von gleichem Gewicht wurde 3 Tage lang die Nahrung entzogen, außerdem wurde jedem Tier am 2. oder 3. Tage Adrenalin injiziert, um den Glykogengehalt so weit als möglich herabzusetzen. Einige Kaninchen aus jeder Gruppe erhielten Kohlehydrate, deren genaue Mengen in verschiedenen Versuchen variierten, obgleich in einer Versuchsreihe jedes Kaninchen genau dieselbe Menge erhielt. Wieder andere Kaninchen erhielten gerade so viel Insulin, um Krämpfe zu erzeugen, während die anderen als Kontrolle benutzt wurden. Nach mehreren Stunden (3 oder 6) wurden sämtliche Tiere getötet und die Leber, Schenkelmuskulatur und das Herz schnell herausgeschnitten und in ihnen das Glykogen bestimmt; wobei sehr sorgfältig darauf geachtet wurde, in den einzelnen Versuchsserien die Einzelheiten der Analyse in genau derselben Weise durchzuführen (Mc Cormick und Macleod 1923).

In den ersten Versuchen bekam jedes der sieben Kaninchen halb-
stündlich die gleiche Menge von Zucker subcutan injiziert und vier von
ihnen bekamen Insulin, zwei andere Kaninchen erhielten physiologische
Kochsalzlösung an Stelle des Zuckers und eines von diesen bekam auch
Insulin. Nach 4 und 6 Stunden wurden die Tiere jeder Gruppe getötet.
Es ergaben sich die folgenden Befunde:

1. Die Muskeln der Lebern der Kochsalztiere enthielten nur Spuren
von Glykogen (Muskel 0,01—0,05 vH und Leber 0,01—0,30 vH), wobei
bei den Insulintieren vielleicht noch etwas weniger vorhanden war.

2. Bei den Zuckertieren war sehr viel Glykogen in den Lebern gebildet worden (0,5—6 vH). Es bestand kein Unterschied zwischen den
normalen und mit Insulin behandelten Tieren.

3. In den Herzen der insulinbehandelten Tiere war mehr Glykogen
abgelagert worden. Dieser Versuch wurde mit der Änderung wiederholt,
daß das Insulin häufiger injiziert wurde. Die Versuchsresultate sind aus
der Tabelle 16 zu ersehen.

Tabelle 16.

| | Normale Kaninchen | | | Insulin-Kaninchen | | |
| | vH Glykogen | | | vH Glykogen | | |
	Herz	Muskel	Leber	Herz	Muskel	Leber
4 Std. nach Traubenzucker	0,35	0,10	4,16	0,40	0,17	1,48
4 Std. 40 Min. n. „	—	—	—	0,64	0,12	3,88
6 „ nach „	0,41	0,09	5,56	0,83	—	5,96
6 „ „ Kochsalzlösung	0,62	0,05	0,30	0,21	0,01	0,01 (*)
4 „ „ Traubenzucker	0,44	0,01	3,44	0,44	0,06	3,72
6 „ „ „	0,43	0,12	8,70	0,44	0,10	3,08 (*)
4 „ „ Kochsalzlösung	—	0,01	0,26	0,06	0,02	0,14 (b)
6 „ „ „	0,13	0,05	0,08	0,41	0,13	0,55 (b)
4 „ „ Traubenzucker	0,44	0,01	4,76	0,82	0,02	2,60 (*)
6 „ „ „	—	—	—	1,11	0,08	3,56
6 „ „ „	0,70	0,03	5,12	0,84	0,20	2,92
2 „ 50 Min. n. Kochsalzlsg.	0,18	0,004	0,52	0,09	0,005	0,24 (*)

b = Krämpfe; * = Tod während der Krämpfe oder des Comas.

Aus den Versuchen geht hervor, daß das Insulin unter diesen
Umständen keinen konstanten Einfluß auf die Glykogenablagerung im Skelettmuskel hat und daß es dazu neigt, sie im Herzen
zu beschleunigen und in der Leber zu verlangsamen. So betrug
nach 4 Stunden die Durchschnittsglykogenmenge der Leber insulinbehandelter Tiere (einschließlich eines Tieres nach 4 Stunden
40 Minuten) 2,92 vH, wohingegen bei den Kontrollen 4,09 vH
vorhanden war. Nach 6 Stunden waren diese Werte 3,88 bzw.

6,46 vH. Bei zwei Insulinfällen traten ungeachtet der Zuckerverabreichung Krämpfe auf, obwohl das Leberglykogen 2,6 und 3,08 vH betrug.

Da in diesen Versuchen große Zuckermengen assimiliert worden waren, hielten wir es für möglich, daß die Glykogenbildung auch bei Abwesenheit eines Überschusses an Insulin mit einer optimalen Geschwindigkeit vor sich gegangen sein könnte. Die Versuchsanordnung wurde nun dahingehend verändert, daß der Zucker mittels des Magenschlauches gegeben und die Tiere nach 2—6 Stunden getötet wurden, oder daß man sie einige Tage vorher mit abgemessenen Mengen Hafer fütterte. Die Ergebnisse der Traubenzuckerversuche waren unregelmäßig und die der Haferversuche zeigten die folgenden Resultate:

(Alle Tiere wurden 5 Tage lang nach einer Hungerperiode
mit Hafer gefüttert)

Tiere mit Insulin (täglich)	Tiere ohne Insulin
1. Leberglykogen 2,15 vH (b)	1. Leberglykogen 3,0 vH
2. „ 0,27 „	2. „ 3,65 „
3. „ 0,028 „ (*)	3. „ 0,74 „
	4. „ 1,5 „

b = Krämpfe; * = Tod während der Krämpfe oder des Comas.

Bei den mit Insulin behandelten Tieren war entschieden weniger Glykogen vorhanden, und wenn man auch in einem von diesen die tödlichen Krämpfe verantwortlich machen wollte, so traten diese doch bei den anderen Fällen nicht auf.

Bei einer Wiederholung dieses Versuchs wurden die Tiere während einer Fütterungsperiode von 57 Stunden genau beobachtet und einigen der Tiere genügende Mengen Insulin verabreicht, um für die zweite Hälfte der Zeit eine dauernde Hypoglykämie (bestimmt durch den Blutzucker) zu unterhalten. Das Ergebnis des Versuchs war das folgende:

Nr.	Normale Kaninchen			Nr.	Insulin-Kaninchen		
	vH Glykogen				vH Glykogen		
	Herz	Muskel	Leber		Herz	Muskel	Leber
6	0,22	0,27	2,18	1	0,32	0,10	1,60 (*)
7	—	0,15	1,18	2	0,32	0,32	0,77 (b)
8	0,11	0,15	0,43	3	0,49	0,14	2,25 (b)
—	—	—	—	4	0,30	0,22	2,08
—	—	—	—	5	0,07	0,10	2,26

b = Krämpfe; * = Tod während der Krämpfe oder des Comas.

Auch hier ist es klar, daß kein wesentlicher Unterschied im Glykogengehalt der Leber und der Muskeln besteht, wenn auch gewöhnlich im Herzen der insulinbehandelten Tiere etwas mehr vorhanden ist.

Nimmt man die Resultate im ganzen, so bringen sie keinen Beweis dafür, daß Insulininjektionen beim normalen Tier irgendeine bemerkenswerte Änderung der Glykogenbildung zur Folge haben, mit Ausnahme der Möglichkeit, daß es eine stärkere Glykogenablagerung im Herzen verursacht. Was die Leber angeht, so verursacht Insulin gewöhnlich eine geringere Glykogenablagerung, als wie sie bei den Kontrolltieren, die dieselbe Kohlehydratmenge erhalten haben, beobachtet wird. Dies hängt zweifellos von der Zuckermobilisation aus den Glykogenspeichern ab, um den in die Gewebe verschwundenen Zucker zu ersetzen.

Zur gleichen Zeit, als diese Untersuchungen unternommen worden, griffen Dudley und Marrian (1923) die Frage von einem etwas anderen Standpunkt aus an. An Stelle von glykogenarm gemachten Tieren benutzten sie gut genährte und injizierten eine genügend große Menge Insulin, um den Blutzuckerspiegel auf die Höhe herabzusetzen, bei der Krämpfe auftreten. So wurden zwei Kaninchen 2 Tage lang kohlehydratreich ernährt und eines von ihnen erhielt Insulin. Nach 6 Stunden traten Krämpfe auf und beide Tiere wurden getötet. Es fanden sich die folgenden Glykogenmengen:

	Normal-Kaninchen	Insulin-Kaninchen
Leber	5,53	1,86
Herz	0,26	0,54
Skelett-Muskel .	0,57	0,0

Die durch diese Untersuchungen zu Tage geförderte wichtige Tatsache besteht in dem Verschwinden des Glykogens aus den Muskeln. Da nun das Kaninchen sofort beim Auftreten der Krämpfe getötet wurde, scheint es nicht wahrscheinlich, daß das Verschwinden des Glykogens nur als eine Folge der Krämpfe angesehen werden kann, sondern es mußte schon vor deren Eintreten etwas verschwunden sein, wenn auch wahrscheinlich ist, daß das endgültige Verschwinden durch die Krämpfe verursacht wurde. Mit ähnlichen Ergebnissen haben diese Untersucher den

Leberglykogengehalt gutgenährter Mäuse nach Insulininjektionen mit dem nicht injizierter Tiere verglichen.

Die Versuche von Dudley und Marrian sind kürzlich von Chaikoff in meinem Laboratorium wiederholt worden.

Acht Kaninchen von ungefähr dem gleichen Gewicht wurden 24 Stunden mit Zucker und Möhren gefüttert. Dann erhielten alle 10 Einheiten Insulin (ungefähr 10 Uhr 30 Minuten vormittags) und nach einer Stunde wurde eines getötet, während die anderen weitere 10 Einheiten bekamen. Am Ende der zweiten Stunde wurde ein zweites Kaninchen getötet und die anderen erhielten wiederum Insulin. Dies wurde so lange fortgesetzt, bis jedes Kaninchen 50 Einheiten erhalten hatte oder bis Krämpfe eintraten, worauf die Tiere getötet wurden, mit Ausnahme eines Falles, wo man die Krämpfe 35 Minuten bestehen ließ.

Es wurden die folgenden Glykogenmengen festgestellt:

Einheiten Insulin	Zustand	vH Glykogen	
		Muskel	Leber
10	Getötet nach 1 Std.	0,22	2,4
20	„ „ 2 „	0,61	—
30	„ „ 3 „	0,44	3,82
30	„ beim Eintreten d. Krämpfe 1^{45} nachm.	0,31	4,75
30	„ 35 Min. nach Eintritt der Krämpfe .	0,19	2,52
50	„ beim Eintritt der Krämpfe 3^{50} nachm.	0,42	4,67
50	„ „ „ „ „ 3^{35} „	0,32	1,92

Der Versuch wurde sowohl an gefütterten als auch an hungernden Kaninchen mit dem Unterschied wiederholt, daß man die hypoglykämischen Symptome so lange als möglich bestehen ließ.

Bei allen infolge hypoglykämischer Symptome gestorbenen Tieren war das Glykogen aus den Muskeln praktisch verschwunden, obgleich die Leber noch eine genügende Menge enthielt. Bei den Tieren, die in einem guten Zustand getötet worden waren, obgleich sie für einige Zeit hypoglykämische Symptome gezeigt hatten, fand sich keine Glykogenverminderung. Die Tiere der letzten Art waren alle reichlich genährt.

Allem Anschein nach besteht keine ausgesprochene Beziehung zwischen dem Eintreten der Symptome und der Menge des Muskelglykogens. Wenn aus irgendeinem unbekannten Grunde dieses

Ernährungs-bedingungen	Zahl der Tiere in je- der Gruppe	Dauer der Symptome	Zustand beim Eintritt des Todes	vH Glykogen	
				Muskel	Leber
1 Tag ge-hungert	1	kurz	Starb nach Krämpfen	0,010	—
	2	„	„ „ „	0,016	3,0
	3	„	„ „ „	0,106	—
2 Tage ge-hungert	1	1 Std. 10 Min.	Starb während der Krämpfe	0,033	0,64
	2	3 „ 30 „	Im Coma getötet	0,003	3,72
	3	1 „ 35 „	„ „ gestorben	0,007	0,84
	4	2 „ 10 „	„ „ „	0,004	1,07
Mit Möh-ren und Zucker gefüttert	1	3 „. 10 „	„ „ getötet	0,068	3,75
	2	5 „ 30 „	Getötet	0,11	4,20
	3	1 „ 45 „	Starb während der Krämpfe	0,00	3,1
Mit Möh-ren u. Zuk-ker gefütt.	1	3 „ 0 „	Getötet, während die	0,79	5,4
	2	3 „ 40 „	Tiere noch in gutem	0,26	3,0
	3	4 „ 26 „	Zustand	0,53	3,0

Glykogen an Menge stark vermindert wird, so tritt an Stelle des krampfartigen Typs der Symptome der komatöse, der von einem baldigen Tode gefolgt ist. Andererseits können bei Anwesenheit von größeren Glykogenmengen heftige Krämpfe mehrere Stunden lang anhalten. Die Muskelkontraktionen und möglicherweise auch die durch die Kontraktionen bedingte Behinderung der Atmung führen zu einem Verschwinden des Muskelglykogens, und bei den Tieren, die überleben, muß der Verlust unmittelbar aus der Leber-reserve ersetzt werden. Es ist eine bedeutsame Tatsache, daß die Leber von Tieren, die nur noch wenig Muskelglykogen behalten haben, ebensoviel Glykogen enthalten kann als diejenige von Tieren mit einem normalen Muskelglykogengehalt. Wir werden später sehen, daß ein Übermaß von Insulin im Körper die durch Asphyxie usw. verursachte übermäßige Glykogenspaltung ver-hindert, und aus diesem Grunde ist es möglich, daß in Chaikoff's Versuchen die Leberspeicher nicht aufgebraucht wurden. Babkin untersuchte auch den Einfluß des Insulins auf die Glykogenbil-dung bei Kaninchen und fand, daß sowohl in der Leber als auch in den Skelettmuskeln keine ausgesprochene Anhäufung dieses Stoffes zustande kommt, wenn gleichzeitig Insulin und Trauben-zucker verabreicht werden. Bei vorher gut genährten Tieren verursacht das Insulin andererseits eine ausgesprochene Verminderung des Glykogengehaltes in beiden Geweben. Brugsch (1924), Nitzescu (1923) und Gigon und Staub (1924) fanden, daß Insulin auch den Glykogengehalt der Leber gut genährter Kaninchen vermindert. Diese Resultate stehen in einem starken Gegensatz zu denen, die man nach Verfütterung von Glukose bei gleichzeitiger Insulininjektion an diabetischen Tieren erhält, was uns zu dem Schlusse führt, daß der Unterschied der Tatsache zuzuschreiben ist, daß normale Tiere jederzeit eine genügende Insulinmenge aus dem Pankreas verfügbar haben, um beliebige Kohlehydratmengen im Körper zu verbrennen oder zu polymerisieren. Mit anderen Worten, die endogene Insulinversorgung ist beim normalen Tiere immer eine optimale, so daß eine Extrazufuhr sich nicht in einer vermehrten Glykogenbildung auswirkt. Andererseits ist im diabetischen Organismus kein endogenes Insulin verfügbar, so daß seine Injektion diesen Vorgang sofort anregt. Diese Untersuchungen erbringen keinen Beweis, daß das schnelle Verschwinden des Blutzuckers durch Insulin beim normalen Tiere einer Glykogenbildung zuzuschreiben ist. Cori, Cori und Pucher (1923) haben in Leberstückchen, die in Zwischenräumen durch ein Bauchfenster aus der Leber excidiert waren, den freien Zucker (wässeriger Extrakt) und das Glykogen bestimmt.

Nach einer Injektion von 5 g Traubenzucker in den Magen stieg der freie Zucker der Leber vom Anfangswert von 0,35 vH auf 0,43 vH innerhalb von 30 Minuten, und das Glykogen von 1,5 vH auf 1,8 vH. Nach weiteren 33 Minuten betrugen diese Werte 0,49 vH und 2,0 vH (d. h. also, daß 0,3 g Glykogen per 100 g Leber in 30 Minuten gebildet wurde). Nach 12stündigem Hunger am nächsten Tage fand sich 20 Minuten nach einer Injektion von zwei Einheiten Insulin 0,3 vH freier Zucker und 1,43 vH Glykogen in der Leber, nachdem 5 g Traubenzucker (per os) zusammen mit zwei Einheiten Insulin gegeben worden war, stieg der freie Zucker nicht über 0,32 vH, oblgeich das Glykogen innerhalb einer Stunde auf 1,8 vH anstieg. Andere Beobachtungen derselben Art hatten ähnliche Resultate, und man zog aus ihnen den Schluß, daß beim Normaltier kein Glykogen gebildet wird, wenn nicht die Konzentration des freien Zuckers über 0,3 vH liegt, daß aber unterhalb dieses Spiegels keine Glykogenbildung während der Insulinwirkung auftritt. In Hinsicht auf die wohlbekannten Unterschiede, die in der Glykogenverteilung in der Leber bestehen, besonders, wenn irgendeine schädliche Beeinflussung des Organs (reflektorisch oder asphyktisch) hinzukommt, erscheint es wünschenswert, noch mehr Beobachtungen an Tieren ohne Insulin auszuführen und irgendeine Methode auszuarbeiten, mit der das Glykogen direkt bestimmt werden kann, anstatt dieses auf indirektem Wege, wie es offensichtlich bei diesen Versuchen der Fall war, zu bestimmen. Die Methoden der Bestimmungen des freien Zuckers sind auch nicht befriedigend.

Später fand Cori bei Kaninchen, Mäusen und Meerschweinchen, daß Insulin eine Verminderung des Leberglykogens zur Folge hat, wenn ein hoher Anfangsgehalt vorhanden ist, nicht aber, wenn dieser gering ist. Der Durchschnittsglykogengehalt der Leber bei 16 hungernden Mäusen, denen Insulin injiziert worden war, ohne Krämpfe zu erregen, war 39 vH niedriger als der der entsprechenden 16 Kontrollmäuse. Da die zur Analyse verfügbaren Gewebsmengen bei diesen Tieren sehr klein sind, so wurde das Glykogen nicht direkt bestimmt, sondern aus dem Unterschied zwischen dem Reduktionsvermögen des wässerigen Extraktes und dem nach Hydrolyse berechnet. In einigen einleitenden Versuchen wurde durch einen Vergleich des Glykogengehaltes nach der Pflügerschen Methode und mit dem durch die Differenz berechneten gefunden, daß der letztere bei normalen Tieren ungefähr 5 vH und bei Insulinbehandelten 10 vH größer ist. Diese Tatsache scheint uns von beträchtlicher Bedeutung zu sein. In einigen der Beobachtungen beim Kaninchen wurde das Glykogen mit ähnlichen Resultaten direkt bestimmt.

Wir möchten hier auf die interessante Tatsache aufmerksam machen, daß Insulin eine Verminderung sowohl des Glykogens als auch des freien Zuckers in der Leber verursachen kann, wohingegen Adrenalin das Glykogen vermindert und den freien Zucker zum Ansteigen bringt. Man sieht dieses als ein Anzeichen dafür an, daß der unter Insulin verschwindende Zucker oxydiert und die auf diese Art frei werdende Energie zur Glykogensynthese benutzt wird, wie sie z. B. in den Muskeln nach der Kontraktion eintritt. Zur Stützung dieser interessanten Hypothese wurden Beobachtungen über die Insulinwirkung auf die Glykogenbildung in der Leber von phlorrhizinvergifteten und pankreaslosen Tieren (Katzen und Kaninchen), die vorher gehungert hatten, mit dem Ergebnis gemacht, daß sich eine Ablagerung von Glykogen fand. In diesen Fällen hatte das Insulin Glykogen aus Zucker gebildet, der von endogenen Quellen stammte, da ja die Tiere nach der Insulinverabreichung kein Futter erhielten.

Hier soll auf die Arbeit von Bissinger hingewiesen werden, in der gezeigt wurde, daß bei weißen Mäusen nach Zuckerinjektion (50 mg) zusammen mit Insulin der Zucker dreimal schneller verschwand (bestimmt durch die Extraktion des ganzen Tieres) und in einer halben Stunde eine dreimal größere Glykogenmenge in der Leber entstehen ließ, als wenn Zucker allein injiziert wurde. Nach Lesser (1924), unter dessen Leitung diese bedeutende Arbeit gemacht wurde, regt das Insulin die Glykogenbildung gleichzeitig mit einer gesteigerten Traubenzuckerverbrennung an, wobei diese Vorgänge parallel laufen, woraus dann das Zuckervakuum in den Geweben — die Glucatonie — resultiert, welches für die Hypoglykämie verantwortlich ist. Ebenso fanden diesse Beobachter, daß in einer Stunde nach der Injektion von Insulin und Traubenzucker der gesamte injizierte Zucker verschwunden war und daß das vorübergehend angestiegene Glykogen auf den Hungerwert zurückgekehrt war. Es ist jetzt klar, daß dieser Zucker nicht auf Grund einer gesteigerten Oxydation verschwunden sein kann, so daß man auf die Bildung eines Intermediärproduktes des Zuckerstoffwechsels schließen muß. Nach Dudley's und Marrian's Befunden ist dieses wahrscheinlich kein Stoff, der mit Fettlösungsmitteln extrahiert werden kann, da sie feststellten, daß der Fettgehalt der Leber (und auch die Jodzahl des Fettes) bei insulinbehandelten und normalen Mäusen derselbe war. Immerhin muß man daran denken, daß die Fettbestimmungen beträchtliche Fehlerquellen in sich bergen.

Nach den Beobachtungen von Cori, Cori und Pucher (1923), Bissinger, Lesser und Zipf (1923) wird das Glykogen während eines frühen Stadiums der Insulinwirkung gebildet, wohingegen nach den Beobachtungen von McCormick und Macleod als auch von Bissinger kein Beweis dafür besteht, daß später ein Überschuß zurückbleibt. Seine Bildung, wenn eine solche überhaupt auftritt, kann nur vorübergehender Art sein, und wenn etwas gebildet ist, so muß es bald wieder aufgespalten werden, um die Glucatonie zu kompensieren, die in den Geweben fortgesetzt wächst, vorausgesetzt, daß ein Überschuß von Insulin in ihnen vorhanden bleibt.

Tatsächlich kann nach den Beobachtungen von Dudley und Marrian kein Zweifel bestehen, daß durch Insulin sowohl in den Muskeln als auch in der Leber die Glykogenspaltung während der Hypoglykämie angeregt wird. Die sehr nahe Beziehung, die bekanntlich zwischen der Menge des Leberglykogens und der Geschwindigkeit des Wiederanstieges des Blutzuckers nach Insulin besteht, zeigt, daß die vermehrte Glykogenspaltung in der Leber einer der wichtigsten Faktoren in der Wiederherstellung des hypoglykämischen Blutzuckers auf die normale Höhe ist.

Wenn dieser Vorgang verhindert wird, entweder auf Grund vno Glykogenmangel oder wegen einer Durchtrennung oder Blockierung der Nervenwege, auf welchen der für diesen Vorgang nötige Reiz übermittelt wird, wie z. B. nach Ergotamininjektion (Burn 1923), dann erholt sich der Blutzucker nicht mit der gewöhnlichen Schnelligkeit.

2. Der Einfluß des Insulins auf die glykogenbildende Funktion der Schildkrötenleber.

Wie wir schon an anderer Stelle auseinandergesetzt haben, besteht die Leber dieses Tieres aus zwei Lappen, deren jeder von einem Zweige der Vena umbilicalis versorgt wird.

Es wurden nun zwei Arten von Versuchen ausgeführt, in der einen wurde das in einem mit einer Zucker und Insulin enthaltenden Kochsalzlösung durchströmten Lappen gebildete Glykogen mit dem des anderen verglichen, der entweder mit Kochsalzlösung ohne Zucker und Insulin durchströmt oder vor der Durchströmung abgetrennt wurde. Bei der anderen Art benutzten wir die von Snyder, Martin und Levin (1922) angegebene Methode, die Zuckermenge der in der Zeiteinheit durch die Leber gehenden Durchströmungsflüssigkeit mit und ohne Insulin zu bestimmen, Fehler in der Durchströmungsgeschwindigkeit und im p^h wurden sorgfältig vermieden.

In den folgenden Versuchen wurden beide Lappen mit Kochsalzlösung durchströmt, die Fälle mit Insulin sind durch Sternchen gekennzeichnet.

vH Glykogen		Prozentuale Differenz	Durchströmungsdauer Stunden	Traubenzuckergehalt der Durchströmungsflüssigkeit vH
Rechter Lappen	Linker Lappen			
1,55	1,28 *	18	$7^1/_2$	0,5
2,72	2,54 *	6,6	$7^1/_2$	0,5
3,42	3,20 *	6,4	$9^3/_4$	1,0
1,84 *	1,43	22,3	10	0,2

Da nun normalerweise der rechte Lappen ohne Durchströmung 3,4 bis 14,6 vH mehr Glykogen enthält als der linke, ist es klar, daß diese Versuche kein Anzeichen für einen glykogenbildenden Einfluß des Insulins sind, denn obgleich im letzten Versuch der Tabelle ein solcher vorhanden zu sein scheint, so kann ihm angesichts der anderen ständig negativen keine Bedeutung beigemessen werden.

Bei der Beobachtung der Insulinwirkung auf die Zuckerkonzentration der Durchströmungsflüssigkeit wurde eine zuckerfreie Flüssigkeit benutzt, wobei infolge der postmortalen Glykogenspaltung die Konzentration ständig anstieg. Dann wurde zu der Durchströmungsflüssigkeit Insulin hinzugefügt, ohne daß man einen Einfluß auf das Ansteigen des Zuckers beobachten konnte. Dies wurde dann auch in einer anderen Versuchsreihe bestätigt, in der die Durchströmungsflüssigkeit nicht wieder durch die Leber geschickt wurde, sondern immer während 10 Minuten gesammelt, die gesamte Zuckermenge bestimmt und der Betrag einer jeden Teilportion zu der vorhergehenden addiert wurde.

Die Kurven in Abb. 16 geben die Resultate wieder, die dünnen Linien stellen den Verlauf der Zuckerbildung ohne Insulin dar, während die dicken denselben nach Insulinzusatz wiedergeben (Noble). Obgleich sie nun übereinstimmend zeigen, daß das Insulin keine verlangsamende Wirkung auf die postmortale Glykogenspaltung in der Schildkrötenleber und auch keinen beschleunigenden Einfluß auf die Glykogenbildung bei zuckerhaltiger Durchströmungsflüssigkeit hat, so ist damit noch nicht gesagt, daß es auf diese Vorgänge überhaupt keinen Einfluß hat, denn wie es jetzt feststeht, aber zur Zeit der Untersuchungen noch nicht bekannt war, braucht es beim Kaltblüter mehrere Tage anstatt Stunden, bis dieses Hormon eine Hypoglykämie verursacht. Nichtsdestoweniger haben die Beobachtungen insofern einen Wert, als sie zeigen, daß Insulin beim Kaltblüter keinen unmittelbar beschleunigenden Einfluß auf die Glykogenbildung hat.

Issekutz (1924) machte an Kaltblütern Versuche, in denen

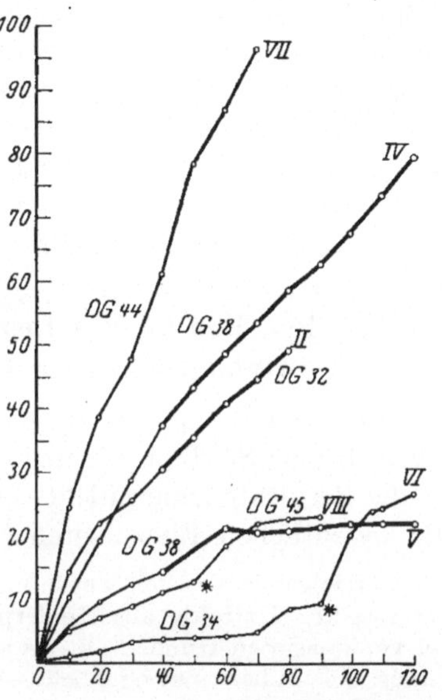

Abb. 16. Der prozentuale Zuckergehalt eines einmalig durch die Schildkrötenleber geschickten künstlichen Plasmas. Die Kurven repräsentieren die in dem während 10 Minuten gesammelten Flüssigkeitsvolumen vorhandene Zuckermenge, die für eine jede Periode bestimmte Zuckermenge wird hinzuaddiert. Ordinaten = Zucker in Prozent, Abszisse = Zeit in Minuten. D.G. = Durchströmungsgeschwindigkeit in 10 Minuten. Die dick ausgezogenen Kurven sind die mit Insulin. (Noble u. Macleod.)

die verzögerte Insulinwirkung berücksichtigt wurde, indem er Fröschen (in den Monaten zwischen November und Februar) 15 bis 23 Stunden vor einer Leberdurchströmung Insulin injizierte. Er fand bei normalen Fröschen eine Zuckerbildung von 2,59 mg per Gramm Leber und Stunde, die nach Adrenalinzusatz auf

5,39 mg anstieg. Keiner der beiden Vorgänge wurde durch Insulinzusatz zur Durchströmungsflüssigkeit geändert, wenn man aber die Lebern der vorher mit Insulin injizierten Frösche benutzte, so ging die Zuckerbildungsgeschwindigkeit ohne Adrenalin auf 0,35 mg und mit diesem Hormon auf 0,39 mg zurück. Diese bei den Lebern insulinbehandelter Frösche auffällig niedrigeren Werte sind nicht der Tatsache zuzuschreiben, daß sie weniger Glykogen enthielten als die der normalen Tiere, als die Durchströmung anfing. Im Hinblick auf die sorgfältig kontrollierten Versuche von Snyder, Martin und Levin (1922), die zeigten, daß einer der Hauptfaktoren der Zuckerentstehung in der durchströmten Kaltblüterleber die Durchströmungsgeschwindigkeit zusammen mit der Reaktion ist, ist es bedauerlich, daß dies in den Versuchen von Issekutz nicht sorgfältiger kontrolliert worden ist.

3. Der Einfluß des Insulins auf die postmortale Glykogenspaltung in der Säugetierleber.

Die Einwirkung des Insulins auf diesen Vorgang wurde in einem frühen Stadium unserer Untersuchungen nachgesehen, und da die Resultate früher nicht veröffentlicht worden sind, so sollen die wesentlichen Einzelheiten hier angeführt werden:

Der folgende Versuch wurde mit einem der von Banting und Best hergestellten Extrakte aus Rinderpankreas gemacht; man fand, daß er bei pankreaslosen Hunden aktiv war, aber durch Kochen seine Wirkung verlor. Die Leber eines reichlich genährten Kaninchens wurde durch eine eisgekühlte Zerkleinerungsmaschine geschickt, der Leberbrei wurde dann mit einem gleichen Volumen defibrinierten Blutes desselben Tieres vermischt und in zwei gleiche Teile geteilt. Zu dem einen Teil A wurde Extrakt hinzugesetzt und zu dem anderen B ein gleiches Volum des gekochten Extraktes. Zur Glykogenbestimmung wurden aus jedem Gefäß Porben entnommen und dann die Gefäße in den Brutschrank gesetzt und in bestimmten Zwischenräumen Proben für die Untersuchungen entnommen.

Aus der Tabelle geht hervor, daß die Glykogenspaltung in dem Gefäß mit dem gekochten Extrakt etwas schneller vor sich gegangen war, immerhin war der Vorgang in beiden Gefäßen so schnell, daß dieses Resultat nicht als bedeutsam angesehen werden kann. Der Versuch wurde mit dem Unterschied wiederholt, daß der Mischung von Ringerlösung und Blut eine beträchtliche Menge von Phosphatpufferlösung (Na_2HPO_4) zugesetzt wurde und die Kontrolle kein Insulin enthielt. Nach 3stündiger Bebrütung war in dem Insulingefäß eine Glykogenspaltung von 40 vH und in der Kontrolle eine solche von 50 vH nachzuweisen. Augenscheinlich hatte das Insulin eine leicht hemmende Wirkung auf die Glykogen-

Zeit der Bebrütung (Min.)	Von dem ursprünglich vorhandenen Glykogen verschwanden in vH (Prozentuale Glykogenspaltung)	
	A (Insulin)	B (Kontrolle)
0	0	0
30	90	84
90	91,4	(96,8)
150	100,0	93

spaltung, aber sie wurde aus schon anderswo erwähnten Gründen nicht als bedeutsam angesehen.

Die Versuchsanordnung wurde dann so modifiziert, daß das Insulin (ein sehr wirksames, von Collip hergestelltes Präparat) einem Kaninchen injiziert und nach einer Stunde eine zweite Injektion direkt in die Vena portae vorgenommen wurde, das Tier wurde unmittelbar danach getötet und die Leber schnell herausgeschnitten. Es wurden dann von dieser Leber und von der eines Kontrolltieres Teile zur Glykogenbestimmung benutzt und der Rest in den Brutschrank gesetzt. Die Versuchsergebnisse waren die folgenden:

Zeit nach der Tötung Minuten	Das in den Flaschen zurückgebliebene Glykogen in vH		Das vorschwundene Glykogen in vH (Prozent. Glykogenspaltung)	
	Insulin	Normal	Insulin	Normal
0	12	6,07	—	—
68	9,85	—	18	—
117	—	4,67	—	23
121	9,22	—	23	—
151	—	—	—	26
154	8,88	—	27,5	—

Auch hier wiederum konnte kein auffallender Unterschied in der Geschwindigkeit der Glykogenspaltung zwischen der insulinbehandelten und normalen Leber gefunden werden. Auch Collazo (1924) hat gefunden, daß das Insulin die Schnelligkeit der Glykogenspaltung in der Meerschweinchenleber nicht beeinflußt.

4. Die diastatische Wirkung.

Diese Ergebnisse führten natürlicherweise zu der Frage, ob Insulin die Geschwindigkeit der Diastasewirkung beeinflussen kann. Wir untersuchten dieses mit Hilfe der von Wohlgemuth ausgearbeiteten Methode mit vollständig negativen Resultaten, d. h. die Jodreaktion in der Stärkelösung verschwand mit genau derselben Geschwindigkeit in den gepufferten Mischungen von löslicher Stärke und Speichel, ob Insulin anwesend war oder nicht. Im Laufe dieser Beobachtungen sahen wir beiläufig, daß das Insulin selbst keine diastatische Wirkung hat.

Beobachtungen ähnlicher Art sind neuerdings von Brugsch, Benatt, Horsters und Katz (1924) gemacht worden.

Sie verglichen die Geschwindigkeit, mit welcher Zucker und Säure in bebrüteten Aufschwemmungen von zerkleinerter Leber und Muskeln (in Ringerlösung) gebildet wurde, die unmittelbar nach dem Tode entweder von normalen oder insulininjizierten Tieren gewonnen worden waren. In Aufschwemmung normaler Froschleber in 26 Teilen Ringerlösung war die Durchschnittszahl der Milligramme Zucker, die pro Gramm Gewebe und Stunde gebildet wurden, 4,7 und die Acidität in Milligramm Milchsäure berechnet 0,67, wohingegen diese Werte bei Insulinfröschen (5 Einheiten 2 Stunden vor der Tötung) 2,1 und 0,4 betrugen, was einen ausgesprochenen Rückgang bedeutet. Die Wiederholung der Beobachtungen mit Meerschweinchenlebern, indem man in diesem Falle 3 Teile Leber auf 25 Teile Ringerlösung gab, zeigte bei hungernden Tieren für 10 g Leber eine Zuckerbildung von 71 mg und eine Milchsäurebildung von 2,4 mg, während Tiere, die eine krampferzeugende Dosis von Insulin erhalten hatten, nur 19 mg Zucker und 2 mg Milchsäure bildeten. Diese Ergebnisse sind ein Anzeichen dafür, daß das Insulin die postmortale Glykogenspaltung verlangsamt und daß es außerdem vielleicht eine Glykogenbildung während des Lebens anregen kann.

Wurde zu der Lebersuspension eines mit Insulin behandelten Hungertieres Traubenzucker hinzugefügt und durch diese Mischung Sauerstoff geleitet, so fand sich nach einstündiger Bebrütung weniger Traubenzucker als am Anfang, und die Milchsäurebildung war nicht groß genug, um den verschwundenen Zucker zu decken. Dies wurde als ein Anzeichen für einen oxybiotischen Prozeß angesehen. Bei Benutzung von Leber normaler Tiere kam es zu einem Ansteigen des Traubenzuckergehaltes in der Abwesenheit von Sauerstoff und zu einem Abfall bei Sauerstoffzufuhr. Die Milchsäure wurde in vielen Versuchen nur durch die Titration der Acidität bestimmt. Die Phosphorsäurebestimmung zeigte einen Abfall in den Versuchen, bei denen ein Verschwinden des Zuckers bei der Benutzung der Leber insulininjizierter Tiere beobachtet wurde.

Nach der Ansicht der Autoren zeigen ihre Ergebnisse, daß der Zucker, der in einem oxybiotischen Prozeß gespalten wird, sich mit Phosphorsäure zur Bildung von Hexosephosphat vereinigt, was einen Schritt in dem synthetischen Prozeß der Glykogenbildung darstellt. Das Insulin begünstigt den oxybiotischen Vorgang, so daß bei seiner Abwesenheit, wie z. B. beim Diabetes, Hexosephosphat nicht gebildet wird. Es wird über analoge Untersuchungen am Muskel berichtet, die ähnliche Resultate ergaben.

Wenn die Ergebnisse dieser Versuche bestätigt werden, so sind sie sicherlich ein Anzeichen dafür, daß das Insulin einen Einfluß auf die Reihe der Veränderungen hat, die bei den glykogenspaltenden und glykolytischen Prozessen in einer Aufschwemmung frischen Lebergewebes nebeneinander vor sich gehen. Die Autoren erklären ihre Resultate durch die Meyerhoffschen Gleichungen, die die Beziehungen von Traubenzucker, Phosphorsäure und Glykogen im Muskel darstellen. Chaikoff, der in meinem Laboratorium arbeitet, war nicht in der Lage, ähnliche Resultate wie Brugsch und seine Schüler zu erhalten.

5. Der Einfluß des Insulins auf die bei experimenteller Hyperglykämie auftretende Glykogenspaltung.

Wie bekannt, verschwindet bei experimentellen Hyperglykämien, die durch Piqûre, Adrenalin oder Asphyxie hervorgerufen sind, das Leberglykogen sehr schnell, und man weiß, daß in jedem dieser Fälle das Insulin die Hyperglykämie verhindern kann. Es fragt sich nun, welche Art von Mechanismus hierbei wirksam ist. Wirkt das Insulin durch eine Verlangsamung des glykogenspaltenden Vorganges (obgleich es an sich ihn wohl eher beschleunigt) oder dadurch, daß es das Übermaß an Zucker so schnell verschwinden läßt, als er von der Leber ins Blut abgegeben wird? Die Tatsache, daß Insulin das Verschwinden injizierten Traubenzuckers aus dem Blute verursacht,, würde für die letztere Ansicht sprechen, wenn sie auch die erstere nicht ausschließt. Aus diesem Grunde wurden die folgenden Versuche in Zusammenarbeit mit Noble und O'Brien (1923) ausgeführt:

In regelmäßigen Zwischenräumen während 8 Stunden wurden einer Reihe von gut genährten Kaninchen (gewöhnlich sechs) gleiche Mengen Adrenalin injiziert. In jeder Reihe bekamen gewisse Tiere in derselben Zeiteinheit so viel Insulin, als sie ohne Krampfsymptome vertragen konnten. Die Tiere wurden dann getötet und das Leberglykogen bestimmt. Es ergaben sich Resultate, die in der folgenden Tabelle verzeichnet sind.

Wie man sehen kann, hatten die insulinbehandelten Tiere im Druchschnitt ausgesprochen mehr Leberglykogen als die anderen. Bei zweien der insulinbehandelten Tiere traten ausgesprochene Krämpfe auf, und diese Tiere zeichneten sich durch niedrige Mengen an Leberglykogen aus.

12*

| Datum | Leberglykogen vH | | Versuchsdauer | Bemerkungen |
	Ohne Insulin	Mit Insulin	Stunden	
1923				
29. März	1,40	8,12	8	—
„	1,96	6,40	—	—
„	—	3,46	—	—
12. April	1,19 *	12,24	8	Starb 3 Std. später *
„	8,56	1,60 *	—	Krämpfe *
„	6,60	5,60	—	—
19. „	2,30	3,34	8	—
„	1,10	10,90 *	—	Schwache Krämpfe *
„	3,20	1,20 *	—	Ausgesprochene Krämpfe *
9. November	4,30	9,70	8	—
„	8,00	10,20	—	—
Durchschnitt	3,86	5,7	—	—

Ungeachtet aller Vorsicht in der gleichen Behandlung und Ernährung der Tiere in den einzelnen Gruppen besteht dennoch die
Möglichkeit beträchtlicher Fehler, da man bei Kaninchen niemals den Glykogengehalt der Leber voraussagen kann.

Um diese Fehlerquellen zu umgehen, haben wir neuerdings den
Glykogengehalt verschiedener Teile derselben Leber am Anfang
und Ende des Versuches bestimmt. In diesem Falle war das
Narcoticum, Äther oder Urethan, zugleich das die Hyperglykämie
hervorrufende Agenz. Es wurde demnach ein Vergleich angestellt
zwischen den Tieren, die nur unter dem Narcoticum gehalten
wurden und anderen, die gleichzeitig mit Insulin behandelt
wurden. Die in Zusammenarbeit mit O'Brien ausgeführten Versuche hatten das folgende Ergebnis:

Ein mehrere Tage reichlich gefüttertes Kaninchen bekam 0,4 g
Urethan intraperitoneal, durch einen Schnitt in die Bauchwand wurde
ein Stück des rechten Leberlappens entfernt, welches 8,64 vH Glykogen
enthielt. Das Tier wurde 8 Stunden lang unter Urethan gehalten und
während dieser Zeit blieb die Rectaltemperatur einigermaßen konstant.
Der Blutzuckerspiegel stieg von 0,144 auf 0,218 vH, am Ende des Versuchs enthielt die Leber 3,52 vH Glykogen.

Bei zwei anderen gut ernährten Kaninchen, die für Zeiträume von
5—7 Stunden unter Urethan gehalten wurden, fanden sich die folgenden
Werte:

1. Der Blutzucker stieg von 0,114 auf 0,330 und das Leberglykogen betrug nach 7 Stunden 2,80 vH.

2. Der Blutzucker stieg von 0,27 auf 0,310 und das Leberglykogen betrug nach 5 Stunden 0,69 vH.

Als man bei einem anderen Kaninchen, dessen Leberglykogen 5,86 vH betrug, außerdem Insulin gab, fiel der Blutzucker auf 0,103 vH, das Glykogen aber betrug nach 7 Stunden 5,76 vH.

Diese Resultate sind ein Beweis dafür, daß eine Menge Insulin, die genügt, um die Entwicklung der durch Urethan verursachten Hyperglykämie zu verhindern, das Leberglykogen auf seiner Anfangshöhe erhält.

Ein sehr eindrucksvollesr Zug der vorhergehenden Versuche war die enorme Insulinmenge, die bei gleichzeitiger Adrenalingabe ohne die Entwicklung irgendwelcher Symptome injiziert werden konnte. Dies führte uns zu der Erwartung, daß eine ausgedehnte Glykogenspaltung aufgetreten sein müsse und daß der dabei entstehende Zucker auf dieselbe Art wie injizierter Zucker gewirkt hätte, aber die eben betrachteten Ergebnisse zeigen doch, daß dieses nicht der Fall gewesen sein kann, denn durch die Wirkung des Insulins wurde der glykogenspaltende Vorgang gehemmt, anstatt vermehrt zu sein.

Im ganzen zeitigten die in diesem Kapitel besprochenen Versuche das folgende:

Insulin ändert bei einem Hungertier, dem es zusammen mit Kohlehydrat gegeben wird, nicht in ausgesprochener Weise die Geschwindigkeit der Glykogenspeicherung; wenn überhaupt eine Wirkung vorhanden ist, so ist es eine Verlangsamung; bei gut ernährten Tieren verursacht es eine Verringerung der Glykogenspeicher; bei infolge von Adrenalininjektionen oder Narkose hyperglykämischen Tieren verlangsamt es diesen Prozeß. Wie können nun diese Resultate unter sich und mit der Tatsache, daß bei diabetischen Tieren Insulin zusammen mit Zucker die Glykogenbildung anregt, harmonieren? Wie wir glauben, regt das Insulin die Bildung irgendeiner unbekannten Substanz an, die ein gewisses Gleichgewicht mit dem Glykogen unterhält und die auf dem Wege zwischen diesem und der Milchsäure steht. Diese unbekannte Substanz kann ein Verbindungsglied in der Kette der Umwandlung von Kohlehydraten in Fette sein, auch ist es möglich, daß bei seiner Bildung eine Phosphorsäureverbindung wie das Hexosephosphat mit eingeschlossen ist.

Best, Hoet und Marks haben den prozentualen Glykogengehalt korrespondierender Muskeln der hinteren Extremität von
dekapitierten und eviszerierten Katzen vor und nach einer konti-
nuierlichen Traubenzuckerinjektion (für 3—5 Stunden) von 0,4 g
pro Stunde untersucht. Unter diesen Umständen fand sich nach der
Durchströmung nur sehr wenig Glykogen mehr als vorher. Wurde
nun gleichzeitig eine genügende Menge Insulin mit so viel Zucker
zusammen injiziert, so daß der Blutzucker auf einem hohen Spiegel gehalten wurde, dann fand sich eine größere Menge Glykogen.
Bei sechs Versuchen dieser Art betrug der Glykogenanstieg ungefähr 70 vH des Zuckers, der aus dem Präparat (nach der Berechnungsmethode von Burn und Dale beschrieben) verschwunden
war. Bei einer dekapitierten Katze, die nicht eviszeriert worden
war und bei der das Insulin einen Blutzuckerabfall auf 0,05 vH
verursachte, war die prozentuale Glykogenmenge am Anfang und
Ende der Beobachtung die gleiche.

Die Glykogenablagerung in den Muskeln eines eviszerierten
(pankreaslosen) Tieres, wenn ein Überangebot sowohl von Insulin
als auch Zucker im Blut besteht, ist eine Parallele zu der Beobachtung, daß dasselbe unter ähnlichen Bedingungen in der Leber
eines Tieres, welches nur pankreasexstirpiert ist, auftritt. Es kann
kein Zweifel bestehen, daß unter diesen Bedingungen der größte
Anteil des Zuckers, der aus dem Blute verschwindet, in Glykogen
verwandelt wird. Dagegen bleibt die Frage, was mit dem Zucker,
der bei Insulininjektion allein aus dem Blute verschwindet, vor
sich geht, immer noch unbeantwortet. Wie Lesser und seine
Mitarbeiter gezeigt haben, kann er vorübergehend als Glykogen
abgelagert und dieses dann allmählich oxydiert werden. Aber
es scheint doch wahrscheinlicher zu sein, daß er in irgendeine
Substanz oder Substanzen verwandelt wird, die keine Kohlehydrate sind, da es sonst sehr schwer zu erklären wäre, warum
bei Anwesenheit einer großen Insulinmenge das Glykogen zu verschwinden neigt. Unter diesen Umständen wird das Leberglykogen bei der Bemühung des Körpers, den Blutzucker auf der
normalen Höhe zu halten, aufgebraucht, während gleichzeitig das
Muskelglykogen konstant bleibt oder etwas abfällt. Auch besteht,
zum wenigsten beim Kaninchen, kein Beweis für eine vermehrte
Kohlehydratverbrennung, aus der der Zuckerschwund erklärt
werden kann.

XIII. Der Blutzucker.

Zweifellos ist der Blutzuckerspiegel das brauchbarste einzelne Kriterium des Verhaltens des Kohlehydratstoffwechsels im Tierkörper. Er stellt den Gleichgewichtszustand zwischen der Vermehrung oder Neubildung von Zucker einerseits und dem Verlust von Zucker andererseits dar. Da nun jeder dieser Vorgänge von einer großen Reihe von Faktoren abhängig ist, so kann die Bedeutung der Blutzuckerveränderungen nur dann gewürdigt werden, wenn man alle diese Faktoren klar vor Augen hat. Eine Vermehrung des Traubenzuckers im Blut kann durch Resorption aus dem Darm oder durch vermehrte Hydrolyse des Leberglykogens (oder Muskelglykogens) oder durch eine Neubildung von Zucker (Glucogenese) aus Stoffen, die keine Kohlehydrate sind, wie z. B. Aminosäuren und möglicherweise Fett, bedingt sein. Das Verschwinden des Traubenzuckers kann durch Oxydation in den Geweben, Ausscheidung, hauptsächlich durch die Nieren, Polymerisation (Glykogenbildung) und Verwandlung in Stoffe, die keine Kohlehydrate sind, verursacht werden. Wenn man noch daran denkt, daß die Traubenzuckerspaltung im Tierkörper über eine Reihe von Intermediärprodukten geht, so ist es klar, daß die Beobachtung des Verhaltens des Blutzuckers uns nur eine fragmentarische Kenntnis der Natur dieses Vorganges vermitteln kann. Ungeachtet dieser Begrenzung bildet die Untersuchung des Blutzuckers immerhin eines der brauchbarsten Mittel, um die Probleme des Kohlehydratstoffwechsels anzugehen. Im gegenwärtigen Kapitel wollen wir eine kurze Übersicht über die Tatsachen geben, die uns in bezug auf den Betrag, die Art der Zusammensetzung und die Stabilität des Blutzuckers bekannt sind.

1. Der Blutzucker unter verschiedenen normalen und anormalen Umständen.

Methoden der Blutzuckerbestimmung:

Es würde unnütz sein, hier alle die zahlreichen Methoden der Blutzuckerbestimmung ins Einzelgehende zu besprechen. In den letzten Jahren sind mehrere ausgezeichnete Methoden ausgearbeitet worden, die alle die Anforderungen der Einfachheit, Schnelligkeit und Genauigkeit erfüllen. Da nur eine geringe Menge, von

0,1 —1 ccm, Blut benötigt wird, so können die Beobachtungen, ohne durch den Blutverlust eine Fehlerquelle zu bilden, häufig wiederholt werden, sogar wenn man verhältnismäßig kleine Laboratoriumstiere benutzt.

Zuerst wird das Blut bei allen Methoden mit einem eiweißfällenden Reagens vermischt, so daß nach einer Filtration eine klare Lösung resultiert. Darauf wird ein Teil des Filtrates bei alkalischer Reaktion mit einem Reagens vermischt, welches Sauerstoff abgeben kann, um die Aldehydgruppe des Zuckers zu oxydieren[1]).

Man kann nun auf chemischem Wege das Ausmaß der Reduktion leicht messen. Im allgemeinen können die Methoden in zwei Gruppen, die titrimetrische und die colorimetrische, eingeteilt werden. In der ersteren wird die Reduktion von Cuprioxyd zu Cuprooxyd gemessen, indem man das letztere entweder mit Ferrisulfat und Permanganat, wie bei der Bertrandschen Methode, oder jodometrisch, wie in den Methoden von Bang, Maclean, Hagedorn-Jensen und Shaffer-Hartmann (1921) titriert. Bei der colorimetrischen Bestimmung wird nach R. S. Benedict die Entwicklung einer roten Farbe benutzt, die entweder durch Reduktion von Pikrinsäure in Natriumpikramat bei Gegenwart von Natriumcarbonat bedingt ist, oder die einer blauen Farbe, die durch die Wirkung von Cuprooxyd auf Folinsches Reagens hervorgerufen wird.

Die Resultate der verschiedenen Methoden stimmen nicht ganz genau überein. Im allgemeinen ergeben die colorimetrischen Methoden gewöhnlich höhere Werte als die titrimetrischen und von den colorimetrischen die Benedictsche gewöhnlich höhere als die von Folin-Wu. In der folgenden Tabelle finden sich Vergleichswerte desselben Blutes, die von Höst und Hatlehol bestimmt wurden.

	Methode	vH Traubenzucker		
		1	2	3
Titrimetrisch	Bang	0,097	0,118	0,145
—	Hagedorn	0,091	0,124	0,159
Kolorimetrisch	Benedict	0,118	0,151	0,198
—	Folin-Wu	0,105	0,121	0,188

Die Methode von Shaffer-Hartmann ist besonders für Routinezwecke brauchbar.

---

[1]) Die besten Eiweißfällungsmethoden sind die mit kolloidalem Eisen, Pikrinsäure oder Natriumwolframat und Schwefelsäure. Benutzt man Pikrinsäure, so kann der Überschuß, der in das Filtrat übergeht, gleichzeitig als ein Reagens dienen, welches seine Farbe durch den Reduktionsprozeß ändert.

2. Die Natur des Zuckers im Blute und die Art seiner Zusammensetzung.

Wenn man die vorausgehenden Methoden benutzt, so geschieht dies unter der Voraussetzung, daß die reduzierende Kraft des Blutfiltrates ein Maß für die Menge des Traubenzuckers darstellt. Diese Voraussetzung ist aber nicht vollständig verbürgt, zumal, da das Blut Spuren anderer reduzierender Zucker oder anderer reduzierender Substanzen enthalten kann, von denen die Glykuronsäure und das Kreatinin erwähnt werden mögen. Um nun die tatsächliche Traubenzuckermenge zu bestimmen, war es Brauch, den Unterschied der Reduktion vor und nach Vergärung mit Hefe zu bestimmen, wobei man voraussetzte, daß eine bleibende Reduktion durch andere Stoffe als Traubenzucker bedingt sei. Wenn man diese Methode anwendet, so muß man immerhin an verschiedene mögliche Fehlerquellen denken, so z. B. kann die Hefe selbst reduzierende Substanzen enthalten oder solche während der Vergärung entstehen lassen. Auch kann die Hefe die nicht vergärbaren reduzierenden Stoffe so verändern, daß sie ihre reduzierende Eigenschaft verlieren (Höst und Hatlehol und Macleod). Ganz abgesehen von der praktischen Schwierigkeit der Sicherstellung, ob der Traubenzucker vollständig vergoren ist und daß keine andere Mikrobenwirkung, welche auch Traubenzucker zerstört, eingesetzt hat, besitzt die Methode der Vergärung durch Hefe beträchtliche andere Fehlerquellen.

Selbst wenn nun die reduzierende Kraft nach der Hefevergärung mit einem großen Grad von Genauigkeit gemessen werden könnte, so würden wir doch noch im Dunkeln darüber gelassen werden, ob der gesamte verschwundene reduzierende Stoff Traubenzucker war. Auch ist es möglich, daß zwischen den zurückbleibenden reduzierenden Substanzen sich einige für den Kohlehydratstoffwechsel sehr wichtige befinden können. So könnte z. B. Traubenzucker bei seiner Spaltung Produkte wie Dihydrooxyaceton, Acetaldehyd usw. ergeben, die wohl reduzierende Eigenschaften haben, aber durch Hefe unvergärbar sind, und diese könnten Intermediärprodukte im Stoffwechsel des Traubenzuckers darstellen. Um nun die Anwesenheit dieser Substanzen als auch anderer möglicher Intermediärprodukte des Kohlehydratstoffwechsels festzustellen, hat Stepp (1917, 1919) ein neues Prinzip eingeführt. Zu allererst werden die Eiweißkörper und andere Kolloide des Blutes durch Phosphorwolframsäure gefällt, und nach der Entfernung des Überschusses von diesem Reagens aus dem Filtrat wird in einem Teile die Menge des Kohlenstoffes und in dem anderen die Reduktion bestimmt. Es hat sich gezeigt, daß in einer Untersuchung sehr vieler Blutproben, die aus dem reduzierenden Zucker berechnete Kohlenstoffmenge mit der tatsächlich gefundenen übereinstimmte, was ein Anzeichen dafür ist, daß das gesamte Reduktionsvermögen des Blutes Traubenzucker zuzuschreiben war. Immerhin wurde in einigen Fällen, besonders bei Diabetes, gefunden, daß die Kohlenstoffmenge kleiner als die aus der Reduktion berechnete war, was so gedeutet werden kann, daß in dem Blute reduzierende Substanzen sind, die eine geringere Menge Kohlenstoff enthalten als der Traubenzucker. Es mag darauf hingewiesen werden, daß, wenn man eine größere Kohlenstoffmenge finden würde, als durch die Reduktion gedeckt werden könnte, so müßte man das so deuten, daß entweder Zucker mit einem geringeren Reduktionsvermögen als Traubenzucker oder eine Mischung von reduzierenden Substanzen mit kohlenstoffhaltigen nicht reduzierenden vorhanden sei.

Vorausgesetzt, daß der größte Anteil, wenn nicht die Gesamtmenge, des reduzierenden Stoffes im Blut Traubenzucker ist, so bleibt immer noch eine Möglichkeit, daß ein gewisser Teil davon eine reaktivere Art darstellt, als wir sie in der einfachen wässerigen Lösung dieses Zuckers kennen. In den Arbeiten von Irvine und seiner Schule ist Beweismaterial herbeigebracht worden, daß neben der α- und β-Varietät des Traubenzuckers wahrscheinlich noch eine dritte γ-Glucose existiert, die sich von den anderen durch ein stärkeres Reduktionsvermögen auszeichnet und die die Ebene des polarisierten Lichtes nach links anstatt nach rechts dreht. Um diese Unterschiede zu erklären, nimmt man an, daß in den gewöhnlichen Varietäten (α und β) des Traubenzuckers das Sauerstoffatom, in der Ringform der Formel, zwischen dem ersten und vierten (Butylen) Kohlenstoffatom steht, wohingegen bei der unstabilen (γ) Varietät es entweder mit dem zweiten (Äthylen) oder dem dritten (Propylen) Kohlenstoffatom verbunden ist. Auf Grund dieser chemischen Betrachtungen haben Hewitt und Pryde (1920) die Vermutung geäußert, daß während der Resorption des Traubenzuckers aus dem Darm γ-Glucose gebildet wird und als solche in das Blut übertritt. Um diese Möglichkeit zu prüfen, brachten Hewitt und Pryde eine hypotonische Traubenzuckerlösung, nachdem ihr Drehvermögen konstant war, in eine abgebundene Darmschlinge eines narkotisierten Tieres, worauf die Traubenlösung nach 5 Minuten wieder herausgenommen wurde; dabei zeigte sich, daß eine Veränderung vor sich gegangen war, indem die Lösung weniger rechtsdrehend war. Immerhin war diese Veränderung nur vorübergehender Art, denn nach 25 Minuten hatte die Lösung ihr ursprüngliches Drehvermögen wiedergewonnen. Weder Stiven und Waymouth Reid (1923), noch Eadie sind in der Lage gewesen, diese Ergebnisse zu bestätigen; auch nicht in den Fällen, bei denen eine befriedigende Klärung des Darminhaltes wenige Minuten nach seiner Entfernung erzielt wurde. Wie von früheren Untersuchern behauptet worden ist, ist es unwahrscheinlich, daß im Falle einer Bildung der unstabilen γ-Glucose etwas davon in der Flüssigkeit der Darmschlinge zurückbleiben würde, es ist viel wahrscheinlicher, daß sie unmittelbar ins Blut übergehen würde. Überdies ist die reaktive Form des Traubenzuckers, worauf Irvine hingewiesen hat, außerordentlich unstabil, und es ist undenkbar, daß sie nach der Entfernung der Lösung aus dem Darm hätte bestehen bleiben können. Winter und Smith (1923) haben Beobachtungen angeführt, die sie als Beweis für das Auftreten von γ-Glucose im normalen Blut des Menschen und der Laboratoriumstiere ansehen, aber dieser Beweis ist nicht befriedigend.

Er fußt auf der Tatsache, daß nach Entfernung der Eiweißkörper, die zuerst mit Wolframsäure und dann mittels Alkohol vorgenommen wird, das proteinfreie Filtrat im Polarimeter eine geringere Rechtsdrehung zeigt als die aus dem Reduktionsvermögen berechnete (Methode von Shaffer-Hartmann). Fernerhin stellten sie fest, daß bei mehrtägigem Stehen die Rechtsdrehung allmählich auf die berechnete Höhe ansteigt. Eadie (1923) hat bei Wiederholung der Versuche von Winter und Smith genau mit den von ihnen empfohlenen Methoden im Blute von normalen Kaninchen und Hunden gelegentlich Resultate gehabt, die auf den ersten Blick die ihrigen zu bestätigen schienen. Man kann dies aus einem Vergleich der Zahlen in Reihe 3 und 4 der Tabelle 17 ersehen (Eadie 1923).

Wir betrachten diese Resultate nicht als eine Bestätigung der Hypothese von Winter und Smith. Solch geringe Unterschiede wie in den beobachteten Ablesungen können entweder von der Anwesenheit von Glykosiden oder linksdrehenden Substanzen abhängig sein, ebenso kann allmähliche Hydrolyse oder Zerstörung diese Veränderungen hervorrufen. Z. B. können diese Substanzen bei der langwierigen chemischen Behandlung, die der Polarisation vorausgeht, entstehen oder es kann sich um minimalste Spuren von Eiweiß handeln. Überdies läßt die Langsamkeit der Änderungen des Drehvermögens kaum die Anwesenheit eines hochreaktiven Stoffes vermuten. Fernerhin stellten diese Autoren fest, daß im Blute diabetischer Patienten oder adrenalininjizierter

Tiere mit Hilfe der obigen Methode kein Beweis für das Vorhandensein von γ-Glucose erbracht werden kann, im Gegenteil weisen die polarimetrischen Untersuchungen des Blutfiltrates in solchen Fällen eine stärkere Rechtsdrehung auf, als aus dem Reduktionsvermögen berechnet werden kann. Dies interpretieren sie dahingehend, daß das Blut komplexe Zucker enthält, die ein größeres Drehvermögen, aber ein kleineres Reduktionsvermögen als der Traubenzucker haben. Ihre Schlußfolgerung ist, daß der heilende Einfluß des Insulins beim Diabetes der Tatsache zugeschrieben werden muß, daß es zu der Bildung von γ-Glucose führt. Obgleich einige der in der beistehenden Tabelle angeführten Werte als für diese Ansicht günstig angesehen werden können, so enthält sie doch auch ebensoviele andere, die dagegen sprechen.

Außerdem behaupten Winter und Smith, daß im Körper ein Ferment existieren müsse, dessen Funktion in der Bildung von γ-Glukose aus der α- und β-Form bestände und daß dieses Ferment durch das Insulin aktiviert wird. Als Beweis hierfür führen sie an, daß die Rechtsdrehung von Traubenzuckerlösungen geringer wird, wenn man Insulin in Gegenwart eines Leberextraktes auf sie wirken läßt. Eadie war nicht in der Lage, dieses zu bestätigen. In einer späteren Arbeit dieser Autoren (1924) wird zugegeben, daß die γ-Glucosehypothese einer neuen Betrachtung unterzogen werden muß. Gleichzeitig suchen diese Autoren fernere Beweise für die Anwesenheit komplexer Zucker im Blute von Diabetikern zu erbringen, die im Lichte anderer Arbeiten nicht von großer Bedeutung sein können.

Lundsgaard und Hobell haben neuerdings polarimetrische Untersuchungen von Blutdialysaten veröffentlicht, die sie als beweisend für die Anwesenheit eines Zuckers mit einem geringeren Drehvermögen als α- und β-Glucose ansehen. Da die tatsächlichen Werte nicht angegeben sind, ist es unmöglich, den Wert dieser Beweisführung zu beurteilen. Auf jeden Fall müssen die Unterschiede dieser Ablesungen sehr klein und deshalb großen Fehlermöglichkeiten unterworfen sein.

Wenn man Unterschiede zwischen dem Drehvermögen und dem Reduktionsvermögen von Blut und Gewebsextrakten findet, so muß man an die Möglichkeit einer Verbindung zwischen Traubenzucker und Eiweiß (Aminosäuren) denken. Richaud und Coirre (l. c. Grevenstuk und Laqueur) fanden, daß·das Drehvermögen einer Mischung gewisser Zucker oder Glucoside mit Darmschleimhaut oder anderen Geweben, die mit Alkohol behan-

Tabelle 17.

1	2	3	4	5	6	7
Tier	Blutzucker in mg vH zur Zeit d. Blutentnahme	Ablesungen an aufeinander-folgenden Tagen. Grade	Ablesung aus d. Reduktion berechnet. Grade	D der niedrig-sten Ablesung. Grade	Entnommene Blutmenge. ccm	Die für die Ver-arbeitung benötigte Zeit. Stunden.
Kaninchen, normal . . .	—	0,07 0,07 0,17 0,17	0,17	21	100	6
„ „ . . .	—	0,08 0,10 0,07 0,10	0,17	25	85	$6^3/_4$
Hund „ . . .	—	0,07 0,15 0,20	0,21	18	100	9
„ „ . . .	—	0,23 0,25 0,30 0,31 0,31	0,30	39	95	—
Kaninchen, Adrenalin . .	300	0,58 0,55 0,53 0,53	0,50	56	75	$6^3/_4$
Hund, Adrenalin	147	0,20 0,20 0,20	0,21	47	100	$10^1/_2$
„ „	230	0,63 0,61 0,70 0,70 0,68	0,70	48	100	—
„ „ + Insulin	300	0,08 0,15 0,28 0,31 0,28	0,20	22	100	$10^3/_4$
„ „ „	240	0,38 0,50 0,47	0,50	39	100	—
„ „ „	145	0,17 0,25 0,23 0,23	0,13	66	100	$5^1/_2$
„ „ „	176	0,22 0,16 0,18 0,16 0,16	0,20	42	100	$6^1/_2$

* Zur Berechnung des Drehvermögens aus dem Reduktionsvermögen wurde (α) D = 52,5 benutzt.

delt und auf 120° erhitzt worden waren, allmählich geringer wird, wenn man sie bei Körpertemperatur bebrütet, wohingegen das Reduktionsvermögen sich nur in ganz geringem Grade ändert. Der niedrigste Wert wurde in einer Woche erreicht, wonach das Drehvermögen wiederum anstieg und in drei Wochen auf ungefähr den Ausgangswert zurückkam.

3. Die Verteilung des Zuckers zwischen Blutkörperchen und Plasma.

Zur Untersuchung dieses Problems benutzt man zwei Methoden, deren eine, die wir als die direkte bezeichnen wollen, darin besteht, daß man das Blut unmittelbar nach seiner Entnahme zentrifugiert, das Plasma abpipetiert und die Blutkörperchen mit isotonischer Kochsalzlösung wäscht, worauf dann der Zucker getrennt im Plasma und in den Körperchen bestimmt wird.

Diese Methode ist aus verschiedenen Gründen vollständig unbefriedigend. Die hauptsächlichsten sind: 1. Die Schwierigkeit, das gesamte Eiweiß des Blutkörperchenbreies zu fällen. 2. Änderungen in der Zuckerkonzentration in den Blutkörperchen durch Diffusion beim Waschen. 3. Das schnelle Eintreten von Glykolyse im Blutkörperchenbrei, die eine beträchtliche Erniedrigung der Zuckerkonzentration zur Folge hat.

Eine viel bessere Methode, die wir als die „indirekte" bezeichnen wollen, besteht in der Bestimmung des Zuckers im Gesamtblute und in dem durch schnelles Zentrifugieren erhaltenen Plasma.

Gleichzeitig bestimmt man das Verhältnis von Blutkörperchen zum Plasma mittels des Hämatokriten, woraus dann leicht die Zuckerkonzentration im Plasma und in den Körperchen berechnet werden kann. Um die Anwendung von koagulationshemmenden Stoffen wie Oxalaten oder Citraten, die die Permeabilität der Blutkörperchen ändern könnten, zu umgehen, muß man das Blut durch eine sterile Kanüle direkt in ein paraffiniertes Zentrifugenröhrchen einfließen lassen und mit einer hohen Geschwindigkeit zentrifugieren, wobei man in wenigen Minuten genug Plasma für die Analyse erhält. Immerhin besteht kein Beweis für die Rechtfertigung der von Falta und Richter Quittner (1919) aufgestellten Behauptung, daß solche koagulationshemmenden Mittel die Permeabilität beeinflussen (l. c. Ege 1920 und Hagedorn 1920).

Mit der indirekten Methode sind Beobachtungen am Normalblut verschiedener Tiere angestellt worden und ebenso auch am Blut, das in verschiedenen Stadien der Veränderung der Zuckerkonzentration infolge von Krankheit oder experimentell hervorgerufenen Zuständen gewonnen worden war. In der folgenden Tabelle ist eine Auslese der beobachteten Werte enthalten.

Hieraus kann ersehen werden, daß im normalen Zustand die Zuckerkonzentration in den Blutkörperchen und Plasma des menschlichen Blutes dieselbe ist, wobei zeitweilig im Plasma eine Kleinigkeit mehr enthalten ist. Der Unterschied im Blute des Hundes ist etwas größer.

| Tierart | Methode zur Bestimmung des Reduktionsvermögens | Reduktionsvermögen in vH | | | Autor |
		Gesamtblut	Plasma	Blutkörperchen (berechnet)	
Mensch	Kolorimetrisch	0,12	0,118	0,121	Bailey
Hund	„	0,062	0,079	0,026	—
„	„	0,089	0,111	0,035	Wishart
„	„	0,096	0,100	0,087	—
Mensch	Schencksche	0,098	0,105	0,082	Tachau
	Methode	0,081			
	(Knappsche				
	Lösung)				
Hund	Bang		0,090	0,070	„
Mensch	Bertrand	0,094	0,098	0,089	Rona und
	(Eiw.-Fällung				Döblin
	mit kolloidalem				
	Eisen)				
„	Folin-Wu	0,090	0,096	0,081	Folin und
					Berglund

Während einer durch Verabreichung von Traubenzucker verursachten Hyperglykämie kann das Plasma beträchtlich mehr als die Blutkörperchen enthalten. Dieser Unterschied ist besonders während des Anstieges der Hyperglykämie ausgesprochen, wohingegen beim Abfall andererseits das Plasma und die Blutkörperchen annähernd dieselbe Zuckermenge aufweisen (Bailey 1919; Wishart 1920). Obgleich diese Beobachtung auf eine leichte Verzögerung der Einwanderung des Zuckers aus dem Plasma in die Blutkörperchen hinweist, so sind sie doch nicht als ein Beweis dafür aufzufassen, daß die Blutkörperchen als vorübergehende Speicher für Traubenzucker dienen, da ja in der umgekehrten Richtung keine Verzögerung beobachtet wird. Das Hauptinteresse solcher Untersuchungen liegt in der Möglichkeit, daß die Wanderung des Zuckers durch die Blutkörperchenmembran denselben Gesetzen unterliegt, wie seine Einwanderung in die Gewebszellen im allgemeinen.

Frank (1911) fand im Blute diabetischer Patienten entschieden mehr Zucker im Plasma als in den Blutkörperchen, eine Tatsache, die ebenso von Michaelis und Rona (1908, 1909) und von Tachau beobachtet worden ist.

Setzt man zu frischem Blut soviel Traubenzuckerlösung zu, um die Gesamtzuckerkonzentration auf die Höhe der eines schweren Diabetesfalles zu bringen, so soll eine große Menge des hinzugesetzten Zuckers die Blutkörperchen innerhalb von zwei Minuten durchdringen (Rona und Döblin 1911). Auch wird behauptet, daß wiederholtes Waschen des Blutkörperchensedimentes mittels isotonischer Kochsalzlösung einen Verlust des Traubenzuckerabsorptionsvermögens verursacht, was ein Anzeichen für das Auftreten einer Veränderung sein würde, deren Effekt in einer Herabsetzung der Durchlässigkeit oder des selektiven Lösungsvermögen gegenüber Traubenzucker zu suchen ist. Es besteht kein Beweis zur Rechtfertigung der Behauptung von Falta und Richter-Quittner, daß die Blutkörperchen im lebenden Blut keinen Zucker enthalten, sondern dieser nur nach dem Austritt des Blutes aus dem Körper in sie hineindiffundiere: diese Behauptung ist dann auch von Falta und seiner Schule unter Annullierung der Analysen von Richter-Quittner zurückgenommen worden.

4. Die Art des im Blute vorhandenen Zuckers.

Es bestehen drei Möglichkeiten: 1. Daß der gesamte Zucker in einfacher Lösung als Traubenzucker vorhanden ist; 2. daß ein Teil von ihm in einfacher Lösung, der Rest in einer losen oder festen Verbindung mit anderen Stoffen wie Eiweißkörpern vorhanden ist, und 3. daß ein Teil in einfacher Lösung und der Rest in Form von Disacchariden oder Polysacchariden existiert. Welche dieser drei Möglichkeiten im Blut tatsächlich realisiert ist, hat zu beträchtlichen Spekulationen geführt. Auf Grund der Tatsache, daß man nach Hydrolyse des Blutes mit Säure des öfteren mehr Zucker findet als vor solch einer Hydrolyse, haben viele Beobachter den Schluß gezogen, daß gebundener Zucker vorhanden sein müsse. Zur Erklärung der wohlbekannten Tatsache, daß im Urin nur geringe Mengen von Zucker vorhanden sind, solange der Blutzucker nicht über eine gewisse Höhe der renalen Schwellen hinausgeht, hat man vermutet, daß sogar der gewöhnliche Zucker des Blutes in der Form einer losen Bindung existiert. Diese hypothetische Zuckerverbindung soll in ihrer Art so lose sein, daß sie sofort aufgespalten wird, wenn das Blut mit Reagenzien zur Fällung des Eiweißes vor der Bestimmung des Reduktionsvermögens behandelt wird.

Der einzige Weg, auf dem die Möglichkeit des Vorhandenseins einer solchen Verbindung untersucht werden kann, ist die Beobachtung der Zuckerdiffusion von frischem Blut durch Membranen, wobei vorausgesetzt wird, daß der freie, aber nicht der gebundene Zucker diffundiert. Für diesen Zweck kann man nicht die einfache Dialyse von Blut gegen isotonische Kochsalzlösung gebrauchen, denn in einem solchen Falle wird der Zucker, der durch den Dialysator aus dem Blut in die isotonische Kochsalzlösung hindurchgeht, eine so große Erniedrigung des Prozentgehaltes an freiem Zucker im Blut hervorrufen, daß das Gleichgewicht, dessen Existenz zwischen freiem und gebundenem Zucker man voraussetzen muß, sich in einer der Diffusion proportionalen Geschwindigkeit ändert. Tatsächlich verschwindet bei der Dialyse normalen oder diabetischen Blutes gegen große Mengen isotonischer Kochsalzlösung der gesamte Zucker zwischen 24 und 48 Stunden, sogar, wenn man die Temperatur so niedrig hält, daß keine Glykolyse auftreten kann. Wenn andererseits die Menge der außen befindlichen Flüssigkeit begrenzt ist, so schreitet die Diffusion so lange fort, bis die Menge des Zuckers inner- und außerhalb des Dialysators gleich ist, eine Tatsache, die in den Vivi-Diffusionsversuchen von Mc Guigan und Ross (1917) und J. J. Abel (1914) klar gezeigt worden ist.

Ein geistreicher Versuch ist in dieser Beziehung von Michaelis und Rona (1908, 1909) angestellt worden, bei dem gleiche Mengen frischen, ungeronnenen Blutes in eine Reihe kleiner Kollodiumdialysatoren gebracht wurden, die dann in isotonische Kochsalzlösung von einem Traubenzuckergehalt zwischen 0,05 und 0,2 vH eingetaucht wurden. Nach einer 24stündigen Dialyse bei niedriger Temperatur und unter sterilen Kautelen zeigte die Analyse des Blutes in den verschiedenen Dialysatoren, daß der Prozentgehalt an Zucker in dem unverändert geblieben war, dessen Außenflüssigkeit die gleiche Menge Zucker enthielt, als das Blut selbst. In den anderen Fällen war der Blutzucker entweder abgefallen oder angestiegen.

Obgleich die Resultate dieser Versuche anzuzeigen scheinen, daß der gesamte Blutzucker in einfacher Lösung vorhanden sein muß, so werden doch gewisse Tatsachen angegeben, die ohne die Voraussetzung des Vorhandenseins einer Zuckerbindung nur schwierig erklärt werden können.

Z. B. fand Kleiner, daß während einer langsamen Dialyse diabetischen Blutes (durch eine dicke Membran) die Diffusionsgeschwindigkeit des Zuckers (von Stunde zu Stunde) nicht gleichmäßig war, obwohl dieses bei Normalblut, in dem Traubenzucker gelöst wurde, der Fall war. Er dachte, daß diese Resultate durch die Existenz eines gebundenen Zuckers im diabetischen Blute erklärt würden und setzte voraus, daß dieses auch für den Zucker des normalen Blutes der Fall sein muß.

Eine andere schwer erklärbare Tatsache ist die, daß die Diffusion des Zuckers durch die durchströmte Froschniere im weiten Maße von der Salzzusammensetzung der Durchströmungsflüssigkeit abhängt (Hamburger). Wenn diese aus Ringerlösung mit einem Zuckergehalt von weniger als 0,2—0,3 vH bestand, so enthielt die aus dem Ureteren austretende Flüssigkeit nur eine Kleinigkeit weniger Traubenzucker als die Durchströmungsflüssigkeit, wohingegen nach einer Vermehrung des Bicarbonatgehaltes in der letzteren (auf 0,285 vH), um die Reaktion der Durchströmungsflüssigkeit auf die des normalen Froschblutes zu bringen, der Urin zuckerfrei wurde. Ebenso hatte auch eine Veränderung des Calciumgehaltes einen Einfluß auf die Zuckerkonzentration des Urins. Andere Zucker, z. B. Lävulose oder Milchzucker, gingen quantitativ aus der Durchströmungsflüssigkeit in den Urin über.

Von Zeit zu Zeit ist der Möglichkeit Aufmerksamkeit gezollt worden, daß der Traubenzucker im Blut so an Eiweiß gebunden sein könnte, daß Verbindungen resultierten, die nur durch eine energische chemische Einwirkung aufgespalten würden. Ein Überblick über die älteren Arbeiten auf diesem Gebiete wurde von Pavy (1906), von Langstein (1904) und einige Zeit später von Lépine (1909) gegeben. Neuerdings haben Grevenstuk und Laqueur in ihrer ausgezeichneten Monographie über Insulin diesem Gegenstand einen beträchtlichen Raum gewidmet und Winter und Smith haben auf die Möglichkeit einer Bedeutung solcher Zucker beim Diabetes hingewiesen. Wie schon bemerkt worden ist, kann es wenig zweifelhaft sein, daß unter gewissen Bedingungen (Veränderungen im p^h usw.) Eiweiß oder besser Aminosäuren Verbindungen mit Traubenzucker eingehen können, aber es scheint doch noch mehr Arbeit rein biochemischer Natur notwendig zu sein, bevor die physiologische Bedeutung dieser Verbindungen ausgewertet werden kann. Mein Interesse an der Möglichkeit dieser Verbindungen wurde von neuem während kürzlicher Untersuchungen über den Blutzucker der Fische, die in Verbindung mit Mc Cormick ausgeführt wurden, geweckt, obgleich die Hydrolyse eiweißfreier Filtrate in der Regel das Reduktionsvermögen nicht vermehrte, so wurde diese Vermehrung sehr ausgesprochen, wenn lackfarbenes Blut vor der Fällung des Eiweißes hydrolysiert wurde. Die folgenden Zahlen sollen ein Bild davon geben:

1. Gemischtes Blut von fünf Fischen (*Myoxocephalus*) enthielt 0,024 vH Traubenzucker.

2. Eiweißfreies Filtrat auf dem kochenden Wasserbade mit schwacher HCl erhitzt enthielt 0,035 vH Traubenzucker.

3. Blut mit schwacher Salzsäure erhitzt enthielt nach der Fällung des Eiweißes 0,075 vH Traubenzucker.

Augenscheinlich existiert der maskierte Zucker in irgendeiner kolloidalen Form, so daß er durch Wolframsäure gefällt wird. Wir betrachten es als möglich, daß es der Aufspaltung solcher Verbindungen zuzuschreiben ist, wenn der Blutzucker, wie er gewöhnlich bestimmt wird, während der Asphyxie bei Fischen so sehr schnell ansteigt.

Bierry und seine Mitarbeiter und Condorelli haben diesem Gegenstand viel Aufmerksamkeit gewidmet[1]).

Sie weisen darauf hin, daß obgleich das Reduktionsvermögen durch Hydrolyse mit Säure bei 120° C im Autoklaven ansteigt, so tritt dies beachtenswerterweise nicht ein, wenn eiweißfreie Filtrate benutzt werden (s. auch Folins und Berglunds Resultate). Weder Glykogen, noch Glykuronderivate können die Quelle dieses Zuckers sein, und man glaubt, daß dieser eine für das Blut eigentümliche Verbindung darstellt, da er bei einer ähnlichen Hydrolyse der Bluteiweißkörper entsteht, aber nicht durch eine solche von Gewebseiweiß. Was für eine chemische Natur auch immer diese Verbindungen haben mögen, so muß ihr Verhältnis zum freien Zucker des Blutes ein einigermaßes konstantes sein, wenn es auch für Tiere verschiedener Arten variiert. Bei Vögeln, deren freier Zucker hoch ist, ist der Anteil relativ gering, bei Hunden beträgt er ungefähr 50 vH des gesamten Blutzuckers, während er bei Kaltblütern viel höher ist. Bierry und Fandard machen auf das Verhältnis dieser Unterschiede zur Körpertemperatur aufmerksam. Sie als auch Condorelli behaupten, daß ungefähr 50 vH des Gesamtzuckers im menschlichen Blut gebunden ist und daß im venösen Blut der freie Zucker etwas geringer ist als im arteriellen (aus der Fingerbeere), wobei der gebundene Zucker unverändert bleibt, obgleich man sich denkt, daß er weniger fest gebunden ist. Nach längerem Hunger steigt der gebundene Zucker in dem Verhältnis an, wie der freie Zucker fällt, und nach Zuckerinjektion wird zuerst der gebundene Zucker vermindert (nach 20 Minuten), kommt aber nach 90 Minuten auf seine normale Höhe, um dann noch darüber hinaus zu gehen. Die Kurven des freien und gebundenen Zuckers kreuzen sich. Die letztere kommt nach ungefähr zwei Stunden wieder auf ihren Normalwert. Sowohl beim experimentellen (Adrenalin) und klinischen Diabetes sind Veränderungen (gewöhnlich eine Verminderung) in der Menge des gebundenen Zuckers beschrieben worden, aber die beiden Gruppen der oben erwähnten Autoren stimmen nicht über ihr Ausmaß überein. Auf jeden Fall sind diese Ver-

---

[1]) Da die Arbeiten dieser Autoren gegenwärtig nicht zur Verfügung standen, wurde ihr Inhalt aus dem Werk von Grevenstuk und Laqueur entnommen.

änderungen wahrscheinlich von geringer Bedeutung, zumal, da ähnliche auch bei anderen Krankheiten, wie Nephritis, beschrieben worden sind. Nitzescu war in der Lage, die früheren Arbeiten von Bierry und seiner Schule, daß der gebundene Zucker nach Pankreasexstirpation ansteigt, wenn auch in relativ geringerem Maße als der freie, zu bestätigen. Beide Gruppen von Autoren als auch Condorelli haben ausgesprochene Veränderungen nach Insulininjektionen bei normalen und diabetischen Tieren und beim Diabetes mellitus beschrieben. Im allgemeinen steigt der gebundene Zucker an, aber in der Regel nicht gleichzeitig mit dem Abfall des freien Zuckers, sondern ausgesprochen später. Das Ausmaß des Anstieges ist nicht genügend groß, um den gesamten verschwundenen Zucker zu decken. Best und Scott haben gleichfalls gefunden, daß Säurehydrolyse oder teilweise Verdauung des Blutes insulininjizierter Tiere einen größeren Anstieg des Zuckers zur Folge hat, als wenn man das Blut normaler Tiere auf die gleiche Art behandelt, obgleich Mc Cormick, Noble und Macleod vorher nicht in der Lage waren, in zwei Versuchen an mit Insulin behandelten Kaninchen Resultate zu erzielen, die sich von denen an Normaltieren unterschieden. Auf jeden Fall ist es klar, daß die Bildung dieses gebundenen Zuckers kein bedeutender Faktor in der Erklärung des verschwindenden Zuckers sein kann, besonders wenn dieses in sehr großem Maße vor sich geht, wie dieses während der Injektion von Zucker gleichzeitig mit Insulin der Fall ist.

Wir wollen hier auch auf die Arbeiten von Forrest, Winter und Smith hinweisen, in denen sie das Reduktionsvermögen mit dem Drehvermögen des Blutzuckers bei normalen und diabetischen Patienten verglichen. In dem ersteren war die Rechtsdrehung verhältnismäßig kleiner als das Reduktionsvermögen, woraus, wie wir gesehen haben, sie auf die Anwesenheit von γ-Glucose schlossen. Beim diabetischen Blut dagegen war das Umgekehrte der Fall, was durch die Anwesenheit von Polysacchariden erklärt werden sollte. Bei schwacher Hydrolyse wurde der isolierte Zucker des diabetischen Blutes noch stärker rechtsdrehend, ohne eine Änderung im Reduktionsvermögen, bei stärkerer Hydrolyse stiegen beide an, so daß nach einiger Zeit das Dreh- und Reduktionsvermögen mit denen einer äquilibrierten Mischung von α- und β-Glucose übereinstimmten. Fünf von sechs Diabetesfällen zeigten zwei oder drei Tage nach Insulinbehandlung eine Rückkehr der Werte des Dreh- und Reduktionsvermögens zu denen normaler Personen. Wie in der Tabelle auf S. 189 gezeigt worden ist, hat Eadie auch eine Abweichung der normalen Beziehungen zwischen Dreh- und Reduktionsvermögen im Blute von Tieren beobachtet, denen Adrenalin injiziert war: eine Tatsache, die auch von Winter und Smith beobachtet wurde. Aber eine Spekulation über die Bedeutung dieser Beobachtung ist gegenwärtig kaum als sicher und wertvoll anzusehen.

Lépines Feststellung eines Anstieges des freien Zuckers im Blute bei Körpertemperatur, nachdem es aus dem Körper entnommen ist, kann nicht bestätigt werden.

Wenn z. B. Blut direkt aus dem Gefäß in eiskaltem Wasser aufgefangen und unmittelbar mit kolloidalem Eisen gefällt wird, so hat sich nach meiner Erfahrung immer gezeigt, daß in diesem Falle die Traubenzuckerkonzentration größer ist, als wenn gleichzeitig entnommenes Blut in Flaschen für verschiedene Zeiträume bei Körpertemperatur bebrütet wird (Macleod 1913). Wie es scheint, setzt die Glykolyse unmittelbar nach der Entnahme aus dem Körper ein, ohne daß es vorher zu einer Bildung von freiem Zucker kommt.

Auch glaubte Lépine entdeckt zu haben, daß das Blut aus der Carotis eine höhere Zuckerkonzentration besitzt als das zur gleichen Zeit aus der Vena cava inferior gerade oberhalb der Leber entnommene Blut. Er erklärte dies als durch eine Hydrolyse von nicht reduzierenden Kohlehydraten beim Durchgang durch die Lunge. Wenn dieses Resultat bestätigt werden könnte, was bis jetzt nicht der Fall war, so würde daraus hervorgehen, daß ein Teil der Kohlehydrate, die von der Leber an das Blut abgegeben werden, nicht Glucose ist, sondern daß man sie als Intermediärprodukte zwischen Glykogen und Traubenzucker, vielleicht als niederer Dextrine ansehen muß. In diesem Zusammenhang ist es von Interesse, daß Huber und Macleod (1917) in der Lage waren, die Beobachtungen von Ishimori, der bei Hoffmeister arbeitete, zu bestätigen, nämlich daß man den Austritt eines Materials aus den Leberzellen in die Capillaren beobachten kann, welches unter dem Mikroskop die Carminfärbung des Glykogens gibt, und welches dann beobachtet wird, wenn eine gesteigerte Glykogenspaltung besteht, wie sie z. B. durch den Zuckerstich und durch die Reizung des N. splanchnicus major hervorgerufen werden kann. Ich habe auf chemischem Wege versucht, diese Kondensationsprodukte des Zuckers im eiweißfreien Filtrat des Leberblutes unter ähnlichen Umständen zu identifizieren, aber ohne irgendwelchen Erfolg.

Nimmt man diese Beobachtungen als Ganzes, so kann gesagt werden, daß gegenwärtig kein Beweis besteht, um den Gesichtspunkt zu widerlegen, daß der gesamte unmittelbar verfügbare

Zucker im Blute in einfacher Lösung, teils im Plasma und teils in den Blutkörperchen, vorhanden ist.

5. Die Glykolyse im Blut.

Im Blute außerhalb des Körpers verschwindet der Zucker mit einer von der Temperatur abhängigen Geschwindigkeit, die außerdem bei den verschiedenen Tierarten Unterschiede aufweist. Im normalen Hundeblut, welches bei Körpertemperatur gehalten wird, verschwinden in $2\frac{1}{2}$ Stunden ungefähr 50 vH des in ihm vorhandenen Zuckers, wogegen beim Schwein, Schaf und Kaninchen in dieser Zeit viel weniger zu verschwinden pflegt. Aber die Geschwindigkeit der Glykolyse ändert sich nicht nur mit dem Blut der verschiedenen Arten, sondern auch bei den verschiedenen Individuen derselben Art und sogar bei ein und demselben Individuum zu verschiedenen Zeiten. Dies führte zu der Vermutung, daß die Geschwindigkeit der Glykolyse in einer bestimmten Beziehung zum Kohlehydratstoffwechsel stehen könne, aber es besteht doch für diese Annahme kein sicherer Beweis. So läßt sich z. B. keine Abhängigkeit der Glykolyse von der Diät nachweisen, sie ist in der Regel im Blute der Fleischfresser stärker als in dem der Pflanzenfresser.

Lépine und andere haben behauptet, daß die Glykolyse im Blute diabetischer Patienten herabgesetzt ist und daß ihr Verhalten in dieser Hinsicht mit der Verringerung des Zuckeroxydationsvermögens parallel läuft; eine Ansicht, der nur Wenige zustimmen. In der Tat ist es höchst unwahrscheinlich, daß die Schnelligkeit des Verschwindens des Zuckers aus dem Blut in irgendeiner Beziehung zu seiner Oxydationsgeschwindigkeit im Organismus steht. Pearce und Macleod (1913) fanden, daß der Zucker aus dem Blute leberloser Tiere mit einer viel größeren Geschwindigkeit verschwand, als es im Blute derselben Tiere bei Körpertemperatur außerhalb des Körpers der Fall war. So verringerte sich der Blutzucker bei eviszerierten Hunden um 0,38 bis 4,46 mg pro Minute, wohingegen dasselbe Blut in vitro nur eine Abnahme von 0,03—0,06 mg pro Minute zeigte. Neuerdings haben Denis und Giles die Beziehung zwischen Glykolyse und Diabetes untersucht und ihre Resultate scheinen bei schweren Diabetesfällen eine viel geringere Glykolyse anzuzeigen als normalerweise, beim Koma soll sie praktisch überhaupt fehlen.

Die Bedingungen, unter denen man das Blut außerhalb des Körpers hält, können die Schnelligkeit der Glykolyse beträchtlich beeinflussen. Z. B. wird sie durch Kaliumoxalat in Konzentrationen über 0,1 vH verlangsamt und durch Fluoride vollständig gehemmt, dagegen hat Hirudin keinen Einfluß. Schütteln des Blutes beschleunigt den Prozeß im Vergleich zu unbewegtem Blut; dieser Unterschied scheint von der Menge des freien Sauerstoffes abzuhängen, zumal da der Vorgang durch Durchleiten von Sauerstoff entschieden unterstützt wird. Immerhin geht dieser Vorgang auch noch in der Abwesenheit von Sauerstoff vor sich. Im Serum oder Plasma, welches frei von Leukocyten ist, tritt keine Glykolyse auf, dagegen ist sie in dem abzentrifugierten Teile des Blutes außerordentlich schnell, wahrscheinlich haben sowohl die Erythrocyten als auch die Leukocyten an diesem Vorgang Anteil. Eine Aufschwemmung von Leukocyten, wie z. B. steriler Eiter in Lockescher Lösung, hat ein hohes glykolytisches Vermögen, was Levene und Meyer (1912) zum Studium dieses Vorganges benutzt haben. Ebenso sollen auch Erythrocyten in der Abwesenheit von Leukocyten diese Fähigkeit zeigen (Rona und Arnheim 1913). Andererseits geht durch häufiges Waschen der Erythrocyten mit isotonischer Kochsalzlösung ihr glykolytisches Vermögen verloren. Dies hat ein gewisses Interesse aus dem Grunde, weil gefunden wurde, daß eine solche Behandlung ebenso die Absorption von Glucose durch die Blutkörperchen verhindert, was wieder die Vermutung entstehen läßt, daß die Glykolyse ein intracorpusculärer Prozeß ist. Es scheint eine Beziehung zwischen der Schnelligkeit der Glykolyse und der Durchlässigkeit der roten Blutkörperchen für Traubenzucker im Blute verschiedener Tiere zu bestehen. So ist z. B. die Glykolyse im Kaninchenblut, dessen Blutkörperchen relativ undurchlässig für Traubenzucker sind, wenig entwickelt. Dagegen ist sie andererseits sehr lebhaft im Hundeblut, bei dem, wie wir gesehen haben, die Permeabilität hoch ist. Im Fischblut ist keine Glykolyse vorhanden (Mc Cormick und Macleod).

Der reduzierende Zucker, der während der Glykolyse verschwindet, kann entweder in nicht reduzierende Zuckerderivate aufgespalten oder zur Bildung von Disacchariden oder niederen Dextrinen polymerisiert werden. Wie wir schon gesehen haben, steigt das Reduktionsvermögen des Blutes, wenn es durch Erhitzen

mit Säure hydrolisiert wird. Levene und Meyer fanden nach
Glykolyse diesen Anstieg im Blut verhältnismäßig größer, was
scheinbar ein Anzeichen für die Polymerisation des verschwundenen Zuckers sein würde. Es ist schon darauf hingewiesen worden, daß bei diesen Versuchen dem Blut zu Anfang beträchtliche Mengen von Zucker zugesetzt wurden, und es ist uns nicht
bewußt, daß irgend jemand in normalem Blute ähnliche Resultate erhalten hat. Dieselben Autoren fanden bei Benutzung von
aufgeschwemmten Leukocyten eine Ansammlung von Milchsäure
im Blut im selben Maße, wie der Zucker verschwindet. Mellanby
fand ebenso eine Milchsäureanhäufung im Blut außerhalb des
Körpers, auf deren Rechnung er auch die auftretende Verminderung der Alkalireserve setzt.

Da es unwahrscheinlich ist, daß die in vitro auftretende Glykolyse im Blute auf irgendeine Art und Weise mit der Zuckeraus-
nutzung beim intakten Tier übereinstimmt, so kann die Untersuchung dieses Vorganges einen geringen Wert in der Erforschung
der Probleme des Kohlehydratstoffwechsels haben.

6. Die Zuckerkonzentration im Blute des Menschen und der niederen Tiere.

Wenn man die Blutzuckerkonzentration bei verschiedenen
Tieren vergleicht, so ist es wesentlich, zu bedenken, daß kurz
nach der Aufnahme von kohlehydratreicher Nahrung ein ent-
schiedener Anstieg auftritt. Aus diesem Grunde ist es nötig, das
Blut einige Zeit nach der letzten Mahlzeit zu entnehmen, und
beim Menschen ist es allgemein üblich, die Entnahme morgens und
nüchtern zu machen. Unmittelbar nach der Entnahme muß das
Blut zur Verhütung von Glykolyse gefällt werden. Beim Menschen
werden die Beobachtungen gewöhnlich am venösen Blut gemacht,
da die Entnahme arteriellen Blutes schwierig ist. Man erhält es,
wenn man ein dem letzteren ähnliches Blut aus einem kleinen
Einschnitt in die Fingerbeere entnimmt. Immerhin ist der prozentuale Unterschied des Zuckers zwischen arteriellem und venö-
sem Blut einigermaßen konstant, so daß für die meisten Zwecke
venöses Blut ohne die Gefahr größerer Fehler benutzt werden kann
(Henriques und Ege 1921). Die Tabelle auf der nächsten Seite
gibt die Ausmaße der im menschlichen Blut zu erwartenden Veränderungen an.

Zahl der beobachteten Fälle	Blutzucker	Methode	Beobachter
30 Erwachsene	0,05 —0,12	Original Lewis-Benedict	Gebbler und Baker
„	0,06 — 0,11	Bang	Hopkins
500 „	0,09 —0,11	Modifizierte Lewis-Benedict	Myers und Bailey
16 „	0,09 —0,12 / 0,085—0,11	Modifizierte Lewis-Benedict	Denis, Aub und Minot
113 „	0,07 —0,14[1]	Original Lewis-Benedict	Williams und Humphreys
„	0,09 —0,11	Original Lewis-Benedict	Lewis und Benedict
26 Kinder	0,072—0,113	Original Lewis-Benedict	Bass
100 „	0,087—0,118	Bang	Goetz

Wie man sehen kann, beträgt der niedrigste Wert 0,045 vH
und der höchste 0,12 vH. Allerdings ist Grund vorhanden anzunehmen, daß dieser niedrige Wert einem Versuchsfehler zuzuschreiben ist, zumal da es jetzt nach den Erfahrungen der Insu-
linforschung bekannt ist, daß bei einem Abfall des Blutzuckers
des Menschen auf 0,07 vH ausgesprochene Symptome von Hypoglykämie eintreten. Immerhin muß man bedenken, daß diese
Symptome viel eher dem rapiden Abfall des Blutzuckers zugeschrieben werden müssen als seiner absoluten Höhe, denn es ist
von Parnas und Wagner beobachtet worden, daß erheblich
niedrigere Blutzuckerwerte bei klinischen Fällen ohne irgendwelche Symptome auftreten können.

Im Blute der Säugetiere ist die Zuckerkonzentration im allgemeinen von derselben Größenordnung wie beim Menschen, was
auch aus der Tabelle 18 hervorgeht.

Ebenso ist die Beobachtung interessant, daß sogar bei den
Wirbellosen die Zuckerkonzentration, obwohl sie in der Regel
niedriger ist, zeitweilig diejenige des Säugetierblutes erreichen
kann. Besonders niedrig ist sie in der Zirkulationsflüssigkeit der
Mollusken und von *Octopus*.

In Hinsicht auf die niedrigen Mengen, die sich zeitweilig beim Dorn-
hai (*Squalus acanthias*) finden, kann festgestellt werden, daß einige Be-

---

[1] Einige Fälle wurden eine Stunde nach Nahrungsaufnahme untersucht.

Tabelle 18.

| Tierart | Reduktionsvermögen vH | | | Beobachter |
	Maximum	Minimum	Durchschnitt	
Hund	0,102	0,073	0,085	Oppler u. Rona
„ (unmittelbar n. Äthernarkose) .	0,146	0,075	0,111	Macleod u. Pearce
Katze	0,096	0,056	0,069	E. L. Scott
Kaninchen	0,13	0,08	0,10	Oppler, Bang
Schaf	—	—	0,07	Bodansky
Murmeltier				
1. Im Winterschlaf .	—	—	0,009	Dubois (l. c. Bierry
2. Im Wachzustand .	—	—	0,117	u. Faudard)
Vögel:				
Kücken	—	—	0,23	Bierry u. Faudard
Ente	0,188	0,117	0,160	Weintraud
Gans	0,160	0,120	—	Kausch
Huhn	0,250	0,188	0,209	Saito u. Katsuyama
Taube	0,430	0,160	0,185[1]	Scott u. Honeywell
Huhn	0,255	0,235	0,245	J. Markowitz
„	0,254	0,173	0,211	„
Schildkröte	0,21[2]	0,05	0,102	Unveröffentlicht
Frosch (R. temporaria u. esculenta)	0,05	0,02	—	Bang
Normale Frösche im Juli	—	—	0,035	Lesser
Normale Frösche im Juli	0,065	0,040	0,053	Brinkmann u. van Dam
Rana pipiens (Februar bis April)	0,053	0,011	0,073	E. L. Scott
Männchen	—	—	0,033	—
Weibchen	—	—	0,040	—
Fische: Teleostier:				
Karpfen (byprinus) . .	0,145	0,058	0,090	Lang u. Macleod
Myoxocephalus . . .	0,061	0,007	0,030	McCormick u. Macleod
Melanogrammus . . .	0,083	0,028	0,055	„ „
Gadus, Kabeljau . . .	0,070	0,061	0,065	„ „

Die Spalte "Beobachter" für Ente, Gans, Huhn und Taube ist durch eine Klammer zu "Scott u. Honeywell" zusammengefasst.

[1] Ausschließlich dreier sehr hoher Werte.
[2] Möglicherweise asphyktisch.

Tierart	Reduktionsvermögen vH			Beobachter
	Maxi-mum	Mini-mum	Durch-schnitt	
Hemitripterus	0,186	0,08	0,082	McCormick u. Macleod
Forelle	—	—	0,100	Macleod u. Noble
Chimaera[1])	0,037	0,022	0,028	Lang u. Macleod
Elasmobranchier:				
Squalus	0,038	0,000	Spur	„ „
Mustelus canis . . .	0,249[2])	0[3])	0,065	E. L. Scott
Cacharias littoralis . .	0,077	0,027	—	—
Raja	0,068	0,018	0,038	McCormick u. Macleod
Mollusken:	—	—	Spur?	Lang u. Macleod
Arthropoden:				
Cancer productus . .	0,081	0,039	0,040	„ „
„ *irrotatus* . . .	0,11	0,06	0,074	„ „
Octopus	—	—	0,032	Bierry u. Giaja

obachter, z. B. Diamare, nicht in der Lage waren, auch nur eine Spur
von Zucker zu finden, auch wir haben bei vielen Exemplaren dieses Tieres
keine reduzierende Substanz entdecken können. Andererseits fand E. L.
Scott (1921), daß im Blute des nahe verwandten *Mustelus canis* fast so
viel Zucker vorhanden sein kann als im Säugetierblut. Auch stellten diese
Forscher fest, daß bei diesen Fischarten der Blutzucker im moribunden
Zustand auf Spuren abfiel.

Obgleich es nicht sicher ist, daß der Blutzucker der niederen
Tiere chemisch mit dem der Säugetiere identisch ist, so mag doch
darauf hingewiesen werden, daß er ihm nahe verwandt sein muß,
zumal er mit Phenylhydrazin die typischen Glucosazonkrystalle
bildet. Immerhin muß er noch daraufhin untersucht werden, ob
er mit Hefe vergärbar ist, andere biochemischen Reaktionen
des Traubenzuckers gibt und die Ebene des polarisierten Lichtes
im selben Grade dreht. Wenn es sich, wie es wahrscheinlich
scheint, als richtig erweisen würde, daß der Traubenzucker die
einzige im Blute aller Tiere vorhandene Zuckerart ist, so würde
diese Tatsache von großem Interesse sein, wenn man bedenkt,
daß viele Tiere, wie z. B. gewisse Molluskenarten, von Kohlehydraten leben, die hauptsächlich aus Pentosanen bestehen, deren

---

[1]) Fisch einige Zeit vor der Blutentnahme gestorben.

[2]) Asphyktisch.

[3]) Praktisch tot.

Hydrolyse nicht Hexosen, sondern Pentosen ergibt. Da nun auch bei diesen Tieren in den Geweben Glykogen abgelagert ist, welches bei der Hydrolyse Traubenzucker entstehen läßt, so ist es doch wahrscheinlich, daß der Blutzucker auch aus Traubenzucker besteht.

Ein besonderes Interesse verdient der Blutzucker bei Fischen aus verschiedenen Gründen, von denen die folgenden erwähnt werden mögen:

1. Diese Tiere leben von Nährstoffen mit sehr wenig präformierten Kohlehydraten, so daß dauernd eine Zuckerbildung stattfinden muß.

2. Der Blutzucker verschiedener Art von Tiefseefischen, die in gemäßigten Zonen leben, ist bemerkenswert konstant (0,020 bis 0,050 vH), vorausgesetzt, daß das Blut unmittelbar nach dem Fang entnommen wird (Mc Cormick und Macleod).

3. Die geringste Störung der Atmung durch ein kurzes Aussetzen der Luft verursacht Hyperglykämie.

4. Hydrolyse des Blutes durch Erhitzung mit schwacher Säure verursacht einen Zuckeranstieg, der im Vergleich mit dem des Säugetierblutes sehr groß ist.

5. Bei vielen Teleostiern ist es möglich, durch Entfernung des Inselgewebes (Hauptinseln) ohne Zerstörung des Pankreas Hyperglykämie hervorzurufen.

Der relativ niedrige Blutzucker der Tiefseefische steht im Gegensatz zu den viel höheren Werten der Flußfische, wie z. B. der Forelle. Ein Beweis, daß dieser Unterschied von der dauernden Muskeltätigkeit der letzteren im Vergleich mit dem ruhigen Schwimmen der ersteren abhängt, ist nicht vorhanden.

7. Der Blutzucker der Laboratoriumstiere.

Wegen seiner Bedeutung für experimentelle Zwecke ist der Blutzucker der Laboratoriumstiere, besonders des Kaninchens, der Katze und des Hundes von zahlreichen Untersuchern sehr sorgfältig bestimmt worden. Da nun bei allen diesen Tieren ein gewisser Grad von Veränderlichkeit beobachtet wird, selbst wenn die Art der Fütterung, Haltung und der vorausgehenden Behandlung soweit als möglich festgelegt sind, so ist es doch notwendig, nicht nur den Durchschnitt, sondern auch den Grad der Abweichungen zu kennen. Mit Hilfe zuverlässiger moderner Methoden der

Blutzuckerbestimmung können die folgenden Ergebnisse als Standardwerte genommen werden:

a) Das Kaninchen.

E. L. Scott, T. H. Ford (1922) und G. S. Eadie (1922) haben gleichzeitig die Werte für dieses Tier bestimmt, wobei beide Gruppen von Untersuchern sie nach ihren Aufzeichnungen mit den gewöhnlichen Methoden behandelten und die folgenden Resultate erhielten:

Beobachter	Zahl der Tiere	Zahl der Beobachtungen	Durchschnitt mg vH	Mittel mg vH	Abweichung mg vH	Wahrscheinlicher Fehler
Scott u. Ford	27	85	118	116	21,5	—
Eadie	—	157	116	115	12,2	8,2

Bei Scotts und Fords Beobachtungen war daher das Maximum des Blutzuckers 138 mg und das Minimum 98 mg. Die entsprechenden Zahlen von Eadie sind 127 und 103.

Die beobachteten Tiere hatten 24 Stunden vor der Beobachtung kein Futter erhalten und es wurde bei ihnen nur je eine Blutprobe (am Morgen) entnommen. Jeder der genannten Untersucher bestimmte auch den Blutzucker in regelmäßigen Zwischenräumen während eines Tages, wobei Eadie feststellte, daß bei einer großen Zahl Kaninchen zwischen 1 und 3 Uhr nachmittags ein ausgesprochener Abfall auftritt. Die Mittelwerte (mg, vH) für eine beträchtliche Anzahl waren die folgenden:

9—10 Uhr vormittags 118 vH, 10—11 Uhr vormittags 118 vH, 11—12 Uhr vormittags 120 vH, 12 Uhr mittags 115 vH, 1—2 Uhr nachmittags 112 vH, 2—3 Uhr nachmittags 112 vH und 3—4 Uhr nachmittags 114 vH, 4—5 Uhr nachmittags 117 vH. Ob dieser leichte, aber zweifellose Abfall in den Nachmittagstunden irgendeine physiologische Bedeutung hat, können wir nicht sagen.

b) Der Hund.

Die Beobachtungen an diesem Tiere sind nicht annähernd so zahlreich, wenn wir die unter Narkose angestellten auslassen. Im Blute aus der Vena saphena oder aus dem Herzen von an diese Operation gewöhnten Tieren, welche aus diesem Grunde kein Erregungsmoment darstellte, wurden die folgenden Resultate erhalten:

0,096, 0,092, 0,074, 0,092, 0,088, 0,096, 0,093, 0,085, 0,092 vH. Mit der Methode von Folin-Wu fand Morgulis bei fünf Hunden Werte zwischen 0,074 und 0,106 vH.

Shaffer (1914) untersuchte bei fünf Hunden Blut aus der V. jugularis, ohne ein Narcoticum zu benutzen, und gibt die Durchschnittszuckerkonzentration zu 0,05 vH an, was ungefähr die Hälfte des als normal angenommenen darstellt. Die bei diesen Beobachtungen gebrauchte Methode ist seitdem durch eine andere von demselben Autor im Verein mit Hartmann ausgearbeitete überholt worden. Aber wir sind uns keiner Beobachtungen, die mit dieser Methode an Hunden gemacht sind, bewußt. Embden, Lüthje und Liefmann (1907) geben für den normalen nicht narkotisierten Hund ebenso niedrige Werte an, wie z. B. 0,057—0,088 vH.

c) Die Katze.

Eine sehr sorgfältige Untersuchung des Blutzuckers bei diesem Tier ist von E. L. Scott (1914) zu einer Zeit (1913) vor der Einführung der Mikromethoden gemacht worden. Aus diesem Grunde war es nötig, große Blutmengen zu erhalten, weshalb man die Tiere dekapitierte; die Methode zur Analysierung war eine Modifikation der ursprünglich von Waymouth Reid beschriebenen. In 22 Beobachtungen betrug der gefundene Mittelwert 0,069 vH, das Maximum war 0,096 und das Minimum 0,056. Derselbe Autor zitiert Resultate von Pavy, der das Blut aus dem Herzen entnahm, nachdem das Rückenmark durchschnitten war. Sie zeigen die folgenden Werte: Mitte 0,088, Maximum 0,103 und Minimum 0,068.

XIV. Exogene Hyperglykämie und Glykosurie.

Obgleich, wie wir gesehen haben, der Zuckergehalt des Blutes im Nüchternzustand bemerkenswert konstant ist, und bei den Tieren verschiedener Arten keine großen Unterschiede aufweist, so können doch eine große Reihe experimentell hervorgerufener Zustände, abgesehen von denen, die Diabetes erzeugen, einen Anstieg des Blutzuckers weit über den normalen Spiegel hinaus hervorrufen. Diese zahlreichen Formen der experimentellen Hyperglykämie werden gewöhnlich unter dem Gesichtspunkte eines gemeinsamen Charakteristikums, welches sie vom Diabetes unterscheidet, betrachtet. Dieses Charakteristikum besteht darin, daß der Extrazucker aus einem Überschuß herrührt, der sich entweder aus der Absorption vom Darm oder von den Glykogenspeichern der Leber ableitet, so daß nach Beendigung der Absorption oder der Erschöpfung der Glykogenvorräte der Blutzucker auf seine normale Höhe zurückgeht. Wie wir sehen werden, ist diese Unterscheidung immerhin nicht ohne Ausnahmen, da gewisse Formen der experimentellen Hyperglykämie, wie z. B. die nach Adrenalin, existieren, die auch dann noch andauern, nachdem das gesamte Leberglykogen verschwunden ist.

Als ein sekundärer Effekt der Hyperglykämie resultiert gewöhnlich eine Glykosurie. Aber zeitweilig kann dieses Symptom fehlen oder wenigstens im Vergleich mit der Hyperglykämie gering sein, wenn z. B. die Urinausscheidung durch Herabsetzung des Blutdruckes vermindert wird. Es ist wichtig, sich diese Tatsache einzuprägen, da ihrer Nichtberücksichtigung keine geringe Verwirrung in den Ergebnissen verschiedener Untersucher zugeschrieben werden muß.

Aus praktischen Gründen teilt man die Hyperglykämie hervorrufenden Ursachen in zwei Hauptgruppen ein, nämlich die Exogenen[1]) und Endogenen.

In diesem Kapitel wollen wir die Hauptcharakteristica der exogenen Formen und den Insulineinfluß auf diese besprechen. Gleichzeitig wird es angemessen sein, die Beziehungen zwischen Blutzuckerspiegel und dem Auftreten von Zucker im Urin zu betrachten, da vermutlich die Gesetzmäßigkeiten für diese Beziehungen für alle Formen des experimentellen Diabetes dieselben sind.

1. Exogene Hyperglykämie und Glykosurie.

a) Bei Laboratoriumstieren.

Im Jahre 1913 zeigten Bang und seine Schüler, daß der Blutzucker des Kaninchens ungefähr 15 Minuten nach der Verabreichung von 2—10 g Traubenzucker, mittels des Magenschlauches, anstieg, wobei der Grad und die Dauer des Anstieges sich mit der verfütterten Zuckermenge änderte. Wenn hungernden Tieren Stärke verabreicht wurde, so entwickelte sich auch eine Hyper-

---

[1]) Diesen Ausdruck habe ich dem der alimentären Glykämie vorgezogen, da der letztere bei subcutaner oder intravenöser Applikation des Zuckers ja nicht benutzt werden kann.

glykämie, wenn dieses aber bei Kaninchen geschah, bei denen die Verdauung schon im Gang war, so trat keine Veränderung im Blutzucker auf. Die Erklärung dieser Ergebnisse war die, daß die Leber nicht den gesamten aus dem Darm in das Blut des Pfortaderkreislaufes resorbierten Traubenzucker erfolgreich als Glykogen zurückhalten kann, wenigstens nicht, wenn die Resorption sehr schnell vor sich geht.

E. L. Scott und Ford (1922) haben neuerdings diese Beobachtungen dahin ausgedehnt, daß sie den zu erwartenden Grad der Veränderlichkeit bestimmten, wenn verschiedenen Tieren in gleicher Weise Traubenzucker injiziert wird. Sie gaben Tieren, die vorher 24 Stunden gehungert hatten, 1—4 g Traubenzucker per Kilo Körpergewicht per os und erhielten die folgenden Resultate: 1 g verursachte einen maximalen Blutzuckeranstieg von 175 mg in 30 Minuten, der Ausgangsblutzuckerspiegel wurde nach 3 Stunden erreicht; das mit 2 g nach 45 Minuten erreichte Maximum betrug 190 mg, und der Blutzucker war nach 3 Stunden noch entschieden (8 vH) oberhalb des Ausgangswertes; das in einer Stunde nach 4 g erreichte Maximum war 235 mg vH, und nach 3 Stunden betrug der Überschuß an Zucker immer noch 20 vH. Immerhin bestand eine große Variabilität in dem Ausmaß, wie die verschiedenen Tiere reagierten. Eine bedeutende, von Scott und Ford nachträglich betonte Tatsache ist die, daß der Grad der Hyperglykämie nach 30 Minuten mit 2 g derselbe ist wie mit 4 g, wobei der einzige Unterschied darin besteht, daß nach dieser Zeit der Blutzucker mit der größeren Dose anzusteigen fortfuhr, wohingegen er mit der kleineren zu fallen begann. Da bis zu 30 Minuten die Höhe der Kurven die gleiche ist, zog man den Schluß, daß die maximale Resorptionsgeschwindigkeit nach Verfütterung von 2 g erreicht sein muß, was auch sehr nahe mit der von Woodyatt gefundenen Zahl (1,8 g pro Kilo) übereinstimmt, die mit Hilfe der Dauerinfusionsmethode gefunden wurde. Nach der mit kleineren Dosen Traubenzucker hervorgerufenen Hyperglykämie beobachtete man das Auftreten einer ausgesprochenen Hypoglykämie. Dies bestätigt die von Jacobsen (1913), Maclean und de Wesselow (1921) und Folin und Berglund (S. 213) am Menschen gemachte Beobachtung. Die Hypoglykämie hängt wahrscheinlich von einer Anregung der inneren Sekretion des Insulins durch die Hyperglykämie ab.

Eadies Beobachtungen unterschieden sich von den vorhergehenden insofern, als der Zucker subcutan gegegeben wurde. Die Dosen betrugen 0,8—1 g und 1,6—2 g pro Kilogramm Körpergewicht. Mit 1 und 2 g erhielt er ähnliche Resultate wie Scott und Ford, mit dem Unterschied, daß die Kurven langsamer abfielen und daß in keinem Falle sich eine nachfolgende Hypoglykämie fand. Dies kann von der Applikationsweise abhängen und bedeuten, daß die Anregung der Insulinsekretion nur dann zustandekommt, wenn der Zucker direkt in das Pfortaderblut eintritt. Bei beiden Beobachtungsarten fanden sich große Abweichungen in dem Grade der Hyperglykämie, die der Injektion gleicher Zuckermengen bei verschiedenen Tieren folgte, was auf die Unbrauchbarkeit injizierter Tiere für die Standadisierung des Insulins hinweist. In der Mehrzahl von Eadies Versuchen wurde das Auftreten eines sekundären Blutzuckeranstiegs beobachtet, nachdem der Anfangswert wieder er

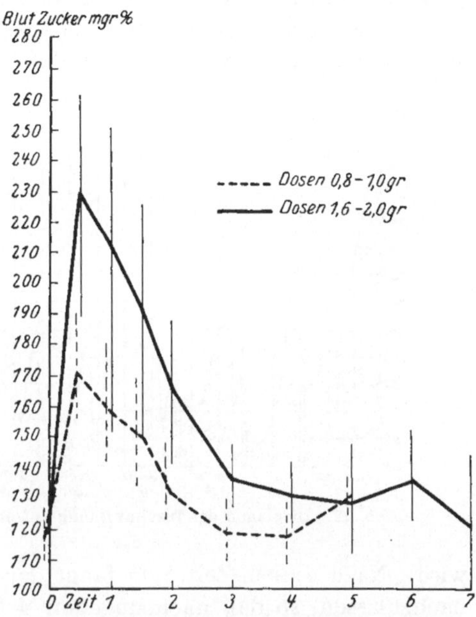

Abb. 17. Kurven des durchschnittlichen Blutzuckeranstieges bei Kaninchen nach den subkutan verabreichten angegebenen Zuckerdosen. Die senkrechten Linien veranschaulichen die Standardabweichungen für die verschiedenen Injektionen. (Eadie.)

reicht worden war. Seine Ergebnisse sind in der Kurve in Abb. 17 dargestellt, wobei die vertikalen Linien die Standardabweichung für die verschiedenen Injektionen anzeigen.

Das Insulin hat einen schlagenden Effekt auf die exogene Hyperglykämie, wie dieses aus den Kurven (Abb. 18) hervorgeht, bei denen der Grad der Hyperglykämie bei einer Reihe von Kaninchen, denen subcutan die gleiche Menge Traubenzucker injiziert wurde, mit oder ohne Insulin, verglichen ist. Jede der horizontalen

Linien stellt eine Periode von 3 Stunden dar und die Vertikalen
geben den erreichten Grad der Hyperglykämie an. Die erste Kurve
zeigt die Durchschnittswerte normaler Kaninchen, und jede der
anderen die Wirkungen von gleichzeitig mit Zucker injizierten
Insulin (Nr. 1) oder den Effekt des letzteren, wenn es verschiedene
Zeit vor dem Zucker injiziert wurde (gekennzeichnet auf der
Abszisse). Wie man sieht, wird der Grad und die Dauer der Hyperglykämie stark vermindert, wenn Insulin und Zucker zusammen
injiziert werden, aber die ausgesprochenste Wirkung erhält man,
wenn der Zucker von 75—90 Minuten nach dem Insulin injiziert

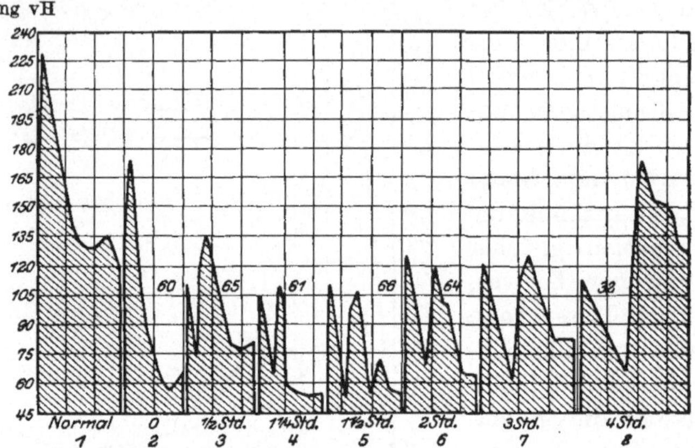

Abb. 18. Diagramm der Insulinwirkung auf die exogene Hyperglykämie.

wird. Nach diesem Zeitraum fängt der Einfluß des Insulins an,
nachzulassen, so daß nach ungefähr 4 Stunden der Zucker fast
denselben Anstieg im Blute hervorruft, wie wenn er normalen
Tieren injiziert wird.

b) Beim Menschen.

Angeregt durch Bangs Untersuchungen am Kaninchen unternahm Jacobsen (1913) eine Untersuchung ähnlicher Art am
Menschen, um deren möglichen Wert für die Diabetesdiagnose zu
prüfen. Er untersuchte den Blutzucker im aus der Fingerbeere
entnommenen Blut mittels der Bangschen Mikromethode und
ebenso untersuchte er die Anwesenheit von Zucker im Urin mit
den zur Zeit verfügbaren gewöhnlichen klinischen Methoden. Die
Blutzuckerbestimmungen wurden in Abständen von je 15 Minuten

nach der Verabreichung von 100 g Traubenzucker per os gemacht, die zeitweilig vor und zeitweilig 2 oder 3 Stunden nach dem Frühstück gegeben wurden. Bei der Durchführung dieser Beobachtungen hatte Jacobsen zwei Probleme im Auge:

1. Die Bestimmungen der Form der Blutzuckerkurve nach Aufnahme dieser Zuckermengen;

2. die Feststellung der Zuckermenge nach deren Aufnahme mit gewöhnlichen Zuckerproben nachweisbare Mengen von Zucker im Urin auftreten, diese Menge wurde als die Nierenschwelle für Zucker bezeichnet.

In Beobachtungen an 14 Individuen fand Jacobsen einen Blutzuckeranstieg auf 0,170 vH oder höher in neun Fällen, und bei allen diesen gab der Urin eine positive Zuckerprobe. Bei vier anderen Fällen stieg der Zucker nur auf 0,12 und 0,13 vH an. Man muß bedenken, daß bei diesen Beobachtungen das Blut aus dem Finger an der Nagelbasis gewonnen wurde, so daß es sich hauptsächlich um arterielles handelt, bei dem vermutlich der Blutzucker höher ist als im venösen (auf Grund der Zuckerretention durch die Muskeln,). Auch besteht die Möglichkeit, wie Folin und Berglund (1923) vermuteten, daß der durch wiederholte Nadelstiche verursachte Schmerz einen Einfluß auf den Blutzucker haben könnte. Seit Jacobsens Veröffentlichungen sind viele andere ähnlicher Art erschienen. So fand Hopkins (1915) bei acht Personen nach 100 g Traubenzucker einen Blutzucker zwischen 0,11 und 0,146 vH, und Hamman und Hirschman (1917) fanden bei sechs Fällen nach 10 bis 200 g Traubenzucker Zuckerwerte zwischen 0,1 und 0,14 vH. In keinem dieser Fälle wurde das Auftreten von Zucker im Urin beobachtet. Hagedorn (1921, zitiert von Folin und Berglund) beobachtete alimentäre Glykosurie nach 36—120 g Traubenzucker vor dem Frühstück. Im Lichte dieser und vieler anderer Untersuchungen ähnlicher Natur betrachtet man als die Nierenschwelle für Traubenzucker Werte, die zwischen 0,16—0,18 vH liegen.

In Hinsicht auf die Zeit, in welcher der Blutzucker sein Maximum erreicht, und ebenso auf die Dauer der Hyperglykämie, die beim Menschen nach Aufnahme von Zucker folgt, besteht eine beträchtliche Unregelmäßigkeit.

Bei den Beobachtungen von Hammann und Hirschman wurde das Maximum in 20—90 Minuten erreicht und die Dauer der Hyperglykämie variierte von 45 Minuten bis zu $3^1/_2$ Stunden. Bei den Beobachtungen von Jacobsen wurde das Maximum in den Fällen, wo es nur auf ein niedriges Niveau kam, in ungefähr einer halben Stunde erreicht, aber die Zeit konnte in den Fällen, in denen das Maximum hoch war, auf 90 Minuten verzögert sein. In der Hälfte von acht untersuchten Fällen fand Hopkins das Maximum nach ungefähr 30 Minuten, während in den anderen Fällen sowohl die Höhe des Blutzuckeranstieges als

14*

auch die Dauer im großen Maße variiert. Aus diesen Daten geht hervor, daß weder in bezug auf die Höhe noch die Dauer der alimentären Zuckerkurve genau feststehende Regeln niedergelegt werden können. Gewisse Kliniker wie Maclean, Henry J. John, Williams und Humphreys legen auf das Studium solcher Kurven für die Diagnose eines frühen Diabetes einen besonderen Wert. Wenn man sie für diesen Zweck benutzt, so sollte der Zucker (100 g Traubenzucker) im Nüchternzustande gegeben werden und der Blutzucker wenigstens in halbstündigen Perioden bestimmt werden. Ausgezeichnete Berichte über die klinische Seite dieser Arbeit finden sich bei Hammann und Hirschman (1917), Bailey (1919), Williams und Humphrey (1919), John (1922), Maclean (1922) und G. Graham (1923).

Der Hauptwert der Bestimmungen der Nierenschwelle für Zucker liegt in dem Zusammenhang mit der Diagnose des renalen Diabetes (renale Glykosurie) im Gegensatz zum echten Diabetes. Der erstere Zustand, den man als mehr oder weniger gutartig ansieht, zeichnet sich durch das Auftreten einer Glykosurie bei einem Blutzuckerspiegel aus, der entschieden unterhalb der Schwelle liegt. Bei der Bestimmung dieser Beziehungen gibt es verschiedene Schwierigkeiten, deren Gründe die folgenden sind:

1. Es ist beinahe unmöglich, sicherzustellen, ob der beobachtete Blutzucker tatsächlich der höchste während der nach Aufnahme von Zucker folgenden Periode ist. Es kann sein, daß vor oder nach der Blutentnahme das Blut zum wenigsten für eine kurze Zeit beträchtlich mehr Zucker enthält;

2. selbst wenn Blut und Urin zur möglichst gleichen Zeit entnommen werden, so kann man sie doch nicht als genau gleichzeitige Proben betrachten;

3. während des Abstieges der Zuckerkurve kann die Beziehung zwischen Blutzuckerkonzentration und Zucker im Urin sich stark von der während des Anstieges der Kurve unterscheiden;

4. das untersuchte Blut ist gewöhnlich venöses und, wie wir infolge zahlreicher Untersuchungen wissen (Henriques und Ege 1921, Macleod und Fulk 1917 usw.), enthält das venöse Blut der Muskeln entschieden weniger Zucker als das arterielle. Daher ist es klar, daß im arteriellen Blut in gewissen Stadien nach einer Zuckeraufnahme beträchtlich mehr Zucker enthalten sein kann, als durch die Untersuchungen des venösen Blutes festgestellt wird. Ein anderer Faktor, der diese Ergebnisse beeinflußt, ist die Schnelligkeit der Harnbildung. Wir kennen keine Anhaltspunkte, aus denen ihr Einfluß klar erschlossen werden könnte.

Diese Bemerkungen mögen dazu dienen, zu zeigen, wie schwierig die genaue Bestimmung der Nierenschwelle ist. Wir können hier keine Übersicht über die ganze Arbeit auf diesem Gebiete geben, möchten aber doch die von Goto und Kuno (1921) veröffentlichte anführen.

Die Beobachtungen wurden an 53 Japanern ausgeführt, zur Bestimmung des Blutzuckers wurde das Plasma benutzt; 22 von ihnen zeigten nach Aufnahme von 100 g Traubenzucker in 250 ccm Wasser (nüchtern am Morgen) Zucker im Urin. Bei 8 dieser Fälle lag die Nierenschwelle zwischen 0,180 und 0,190 vH, bei 5 zwischen 0,160 und 0,172 vH und bei 8 zwischen 0,128 und 0,155 vH. Wenn einmal infolge von Hyperglykämie Zucker im Urin erschienen war, blieb diese Glykosurie noch längere Zeit bestehen, nachdem der Blutzucker unterhalb des Spiegels, bei dem die Glykosurie aufgetreten war, gesunken war. Diese Tatsache ist früher schon von Bailey betont worden und neuerdings auch von Folin und Berglund. In der Tat bleibt zeitweilig die Glykosurie nach Traubenzuckeraufnahme bestehen, nachdem die Blutzuckerkurve auf einen Spiegel, der niedriger als der für dieses Individuum normale ist, herabgesunken ist. Obgleich die obere Grenze der Zuckerschwelle mit einer genügenden Genauigkeit auf 0,170 vH bestimmt werden kann, so ist die Festsetzung der unteren Grenze viel weniger genau. Bei einigen Fällen, worauf Faber und Norgaard (l. c. Folin und Berglund) hingewiesen haben, kann eine vorübergehende milde Glykosurie nach jeder Mahlzeit bestehen. Diese Tatsachen sind von hervorragender Wichtigkeit im Zusammenhang mit der Diagnose des renalen Diabetes, bei dem die Zuckerschwelle der Nieren auf einem so niedrigen Niveau steht, daß es schwierig ist, den Urin zuckerfrei zu bekommen.

In den vorhergegangenen Beobachtungen ist die Zuckerprobe im Urin (nach den benutzten Methoden) nur dann positiv, wenn die Konzentration eine bestimmte Höhe erreicht. Andererseits sind, wie bekannt, in dieser Flüssigkeit reduzierende, dem Zucker nahe verwandte Körper vorhanden, die nur nach Ausschaltung der die Reduktionsreaktion störenden Körper im Urin festgestellt werden können. Die Annahme der Nierenschwelle setzt voraus, daß bis zu einer gewissen Höhe des Blutzuckers kein Zucker in den Urin übertritt. Diese Hypothese ist zuerst von Claude Bernard ausgesprochen worden. Der Nachweis von Spuren von Zucker oder verwandten Kohlehydraten im normalen Urin hat es immerhin nötig gemacht, diese Theorie einer Neubetrachtung zu unterziehen, was besonders von S. R. Benedict und Osterberg und Folin und Berglund getan worden ist. Die ersteren Untersucher verneinen die Bedeutung der Nierenschwelle, wohingegen die letzteren ihr eine große Bedeutung beilegen.

Wir wollen hier diese Untersuchungen mehr ins Einzelgehende betrachten.

Benedict, Osterberg und Neuwirth (1918) benutzten zur Entfernung der störenden Substanzen aus dem Urin (Urochrom, Harnsäure, Kreatinin usw.) Quecksilbernitrat, und sie bestimmten sowohl die vergärbaren als auch die nicht vergärbaren reduzierenden Stoffe in den Filtraten.

Die Beobachtungen wurden an zwei normalen Männern, von denen der eine 55 und der andere 22 Jahre alt war, ausgeführt. Bei gewöhnlicher Diät variierte die tägliche Ausscheidung an reduzierender Substanz zwischen 0,7 und 1,16 g mit einem Anstieg auf 1,6 g, wenn die Nahrung einen Überschuß an Kohlehydrat enthielt. Diese Veränderungen folgten nicht unmittelbar den Änderungen des Kohlehydratgehaltesin der Diät, wie es beim Diabetes der Fall ist, sondern wurden erst nach einigen Tagen ausgesprochen bemerkbar. Die Zahlen stimmen ziemlich nahe mit denen früher von Macleod, Christie und Donaldson (1912) erhaltenen überein, die die störenden Substanzen mittels Tierkohle bei Gegenwart von 25 proz. Eisessig entfernten; sie fanden die Menge der reduzierenden Substanz im 24-Stunden-Urin bei zwei von einer gemischten Diät mit beträchtlichen Mengen von Kohlehydraten lebenden normalen Männern zwischen 1 und 1,85 g.

Ferner untersuchten Benedict und Osterberg den Urin während 2-Stunden-Perioden, um in der Lage zu sein, Beziehungen im Gehalt des Urins an reduzierender Substanz und der Nahrungsaufnahme festzustellen. Nach jeder Mahlzeit wurde ein Anstieg beobachtet, besonders in dem vergärbaren Anteil der reduzierenden Substanzen, der zeitweilig von einer ausgesprochenen Verringerung des nicht vergärbaren Anteiles begleitet war, wohl aber war die Höhe des Anstieges nicht immer dem Kohlehydratgehalt der Diät proportional. Gelegentlich war der Zuckeranstieg nach der Mahlzeit, besonders bei dem älteren Mann, so ausgesprochen, daß der Urin mit den gewöhnlichen klinischen Zuckerproben eine positive Reaktion gab. Sie sagen: „daß der normale Organismus ein echt diabetischer ist, wenn wir die übliche Ansicht annehmen, daß der Diabetes eine Krankheit ist, bei der ein teilweises oder vollkommenes Unvermögen der Kohlehydratausnutzung vorliegt". Ähnliche Beobachtungen wurden auch nach Aufnahme abgewogener Mengen Traubenzuckers gemacht, sogar 20 g verursachten, obgleich sie nicht die Gesamtmenge der reduzierenden Substanzen vermehrten, doch eine absolute und relative Verringerung des nicht vergärbaren Anteiles. Mit 40 g wurde ein kleiner Anstieg in der Gesamtzuckerausscheidung beobachtet, der wiederum von einem ausgesprochenen Abfall in dem nicht vergärbaren Anteil begleitet war. Wurde Zucker nach einer vorherigen Verabreichung derselben Substanz gegeben, so war der Einfluß auf die Urinausscheidung weniger ausgesprochen: ein Anzeichen dafür, daß die erste Verabreichung das Assimilationsvermögen des Organismus geändert hatte. Ungefähr die gleichen Resultate fanden sich auch, wenn man den Traubenzucker anstatt auf den leeren Magen zusammen mit einer durchschnittlichen Mahlzeit verabreichte. Immerhin war in diesem Falle die Ausscheidung des vergärbaren Zuckers entschieden größer und die Menge der nicht vergärbaren Substanzen verringert. Alle diese Ergebnisse waren an dem älteren Mann viel ausgesprochener, und man beobachtete etwas Ähnliches an zwei in Stoffwechselkäfigen gehaltenen Hunden.

Nach der Ansicht der Autoren zeigen ihre Resultate, daß die Doktrin einer bestimmten Nierenschwelle für Kohlehydrate verworfen werden muß. Wenn dieses zutrifft, dann bezeichnet der Ausdruck „Glykosurie" augenscheinlich nichts mehr als das Vorhandensein einer genügenden Zuckermenge im Urin, um die gewöhnlichen qualitativen Zuckerproben zu geben, und Benedict schlägt vor, daß wir an Stelle dieses Ausdruckes den Ausdruck „Glykurese" gebrauchen sollen, um anzudeuten, daß der im Urin normalerweise vorhandene Zucker an Menge vermehrt ist. Er weist darauf hin, daß ein Fall, bei dem der Gesamtharnzucker bei einer gewöhnlichen Diät die Menge von 1,5 g in 24 Stunden überschreitet, weiter untersucht werden sollte, da die Möglichkeit vorhanden ist, daß bei ihm das Assimilationsvermögen für Kohlehydrate unterhalb des normalen liegt.

Die Untersuchungen von Folin und Berglund unterscheiden sich von den vorhergegangenen wesentlich in der Tatsache, daß der Blutzucker gleichzeitig mit der Bestimmung der Zuckerausscheidung im Urin untersucht wurde. Der Zucker wurde vor und nach Hydrolyse sowohl im Blut als auch im Urin bestimmt, um einen Einblick zu bekommen, wieviel von ihm als Glucose angesehen werden könne. Sowohl Plasma wie Gesamtblut wurden untersucht, wobei man sorgfältig darauf achtete, daß bei Untersuchungen des ersteren eine schnelle Trennung des Plasmas vom Blute erreicht wurde, indem man die Gerinnung durch Benutzung paraffinierter Zentrifugenröhrchen und nicht durch gerinnungshemmende Mittel verhinderte. Die Ergebnisse dieser Untersuchungen sind kurz die folgenden:

Nach der Aufnahme reinen Traubenzuckers während des Hungers stieg der Blutzuckerspiegel an, aber nicht in genügendem Maße, um die Nierenschwelle zu übersteigen, vorausgesetzt, daß Erregungszustände ferngehalten wurden. Zu keiner Zeit während des Blutzuckeranstieges war ein Zuckeranstieg in dem stündlich im Urin ausgeschiedenen Zucker festzustellen. In Tabelle 19 findet sich ein typischer Versuch.

Andererseits war bei diesem als auch bei fünf anderen Versuchen ähnlicher Art, über die berichtet wird, ein ausgesprochener Anstieg des Urin-

Tabelle 19. Patient D, Alter: 22 Jahre, Gewicht: 75 kg, 200 g Glukose. Ergebnis: Maximale unter der Nierenschwelle gelegene Hyperglykämie, keine Glykosurie.

Zeit 25. Febr. 1921	Blut			Blut-körper-chen-volu-men	Urin		Bemerkungen
	Zucker vH				Menge pro Stunde	Zucker pro Stunde	
	Gesamt Blut	Plasma	Blut-körper-chen				
	mg	mg	mg	vol. vH	ccm	mg	
vorm.							250 ccm Wasser
10^{12}	—	—	—	—	—	—	Urin entleert
11^{55}	105 $+0$	107 -9	102 $+12$	43	—	—	—
nachm.							
12^{00}	—	—	—	—	50	21 $+3$	
12^{05}	—	—	—	—	—	—	200 g Glukose
12^{50}	152 $+4$	172 -4	122 $+17$	41	—	—	in 830 ccm
1^{30}	—	—	—	—	111	18 $+2$	Wasser
1^{50}	121 -6	127 -13	112 $+4$	41	—	—	
2^{30}	—	—	—	—	35	23 $+4$	
3^{00}	136 -21	143 -13	127 $+34$	41	—	—	
4^{06}	—	—	—	—	29	23 $+5$	
4^{35}	105 -3	105 -7	105 $+2$	42	—	—	
5^{30}	—	—	—	—	27	21 $+2$	
6^{05}	95 $+2$	101 -4	88 $+9$	—	—	—	
6^{50}	—	—	—	—	76	22 $+4$	
7^{00}	—	—	—	—	—	—	Dinner
9^{25}	—	—	—	—	111	65 $+21$	Man beachte die Glykosurie nach der Mahlzeit

Die kleinen Zahlen, plus oder minus, zeigen den Anstieg oder Abfall nach Hydrolyse der eiweißfreien Filtrate.

zuckers in den Stunden nach einer gemischten Mahlzeit (Mittagessen) zu beobachten. Deshalb würde es scheinen, als ob der Zucker im Normalurin ganz unabhängig vom Blutzucker ist. In den Worten der Autoren: „Hyperglykämie unterhalb der Nierenschwelle bringt normalerweise nicht das geringste Übertreten von Traubenzucker durch die Nieren in den Urin hervor und normalerweise geht nicht eine Spur des zirkulierenden Traubenzuckers verloren." Das Resultat der Hydrolyse war unterschiedlich und hatte nur in dem Falle, wo Zucker im Urin vorhanden war, eine Bedeutung, indem es die Anwesenheit von Di- oder Polysacchariden anzeigte.

Mit Lävulose, Galaktose und Milchzucker wie auch mit Dextrin oder Stärke war die Wirkung auf den Blutzucker viel weniger ausgesprochen als mit äquivalenten Mengen Traubenzuckers. Obgleich bei Dextrin kein Zuckeranstieg, weder im Blut noch im Urin vorhanden war, so enthielt doch der letztere einen großen Betrag an Polysacchariden, wie aus dem Anwachsen des Reduktionsvermögens nach Hydrolyse hervorgeht. Man nimmt an, daß es nicht tatsächliches Dextrin war, welches vom Blut resorbiert wurde, sondern irgendein unausnutzbares Kohlehydrat, mit anderen Worten: irgendeine Verunreinigung.

Die Versuche mit Lävulose sind deshalb interessant, weil man allgemein glaubt, daß die Assimilationsgrenze für diesen Zucker bei normalen Individuen dieselbe wie für Traubenzucker ist. Nach Verabreichung von 200 g Lävulose wurde das bemerkenswerte Ergebnis erzielt, daß kein Anstieg im Blutzucker, wohl aber ein solcher im Urin beobachtet wurde, und dieses ist, wie die Autoren glauben, nicht der Anwesenheit von Lävulose, wohl aber der Anwesenheit eines reduzierenden Abbauproduktes dieses Zuckers zuzuschreiben. Zur Stützung dieser Ansicht wird darauf hingewiesen, daß die vermehrte Ausscheidung mehrere Stunden lang nach der Aufnahme des Zuckers andauerte, und zweitens, daß Lävulose, die durch Erhitzen einer Lösung bis zum Verschwinden des süßen Geschmackes praktisch zersetzt war, einen starken Anstieg der Zuckerausscheidung im Urin im Verein mit ausgesprochenem Symptome einer Darmstörung verursachte. In Ausdrücken der gemeinhin angenommenen Doktrin der Glykogen bildenden Funktion der Leber würde der Nichtanstieg des Blutzuckers nach Fructose seiner Retention durch die Leber als Glykogen zuzuschreiben sein, aber Folin und Berglund konnten im Blutserum leicht Lävulose nachweisen, obgleich, wie schon bemerkt, nichts im Urin auftrat. Sie erklären diese Unterschiede, indem sie voraussetzten, daß der Zucker nach seinem Eintritt in das Blut nur zum Teil von der Leber als Glykogen aufgenommen wird, der Rest aber von anderen Geweben, wie z. B. von Muskeln. Die glykogenspeichernde Fähigkeit der Leber ist wahrscheinlich für Traubenzucker und Lävulose dieselbe, so daß nach Verabreichung gleicher Quantitäten dieser Zucker gleiche Anteile durch die Leber hindurchgehen, um dann in das Blut des allgemeinen Kreislaufes einzutreten, indem immerhin die Lävulosekonzentration nicht bedeutend ansteigen wird, weil die Gewebe sie unmittelbar absorbieren. Andererseits werden sie Traubenzucker nicht so leicht absorbieren, weil sie ja schon eine beträchtliche Menge von diesem Zucker enthalten. Diese Erklärung stimmt sehr gut mit der Idee oberein, daß in den Geweben eine gewisse Traubenzuckerspannung vorhanden ist.

Da Galaktose und sein Disaccharid Milchzucker viel weniger leicht Glykogen bilden als Traubenzucker oder Lävulose, war es interessant, den Einfluß dieser Zucker in der ähnlichen Art zu untersuchen. Verabreichung von mehr als 20—40 g Galaktose verursachte einen entschiedenen Anstieg des Harnzuckers, ohne eine bedeutsame Änderung im Blutzucker, was aus der unmittelbaren Absorption dieses Zuckers durch die Gewebe, die keine Galaktose enthalten, erklärt werden muß. Augenscheinlich gibt es für Galaktose keine Nierenschwelle, und sie unterscheidet

sich in dieser Hinsicht von der Lävulose. Auch wurde beobachtet, daß
die Retention und der Verbrauch der Galaktose durch den menschlichen
Organismus sehr weitgehend von der Menge des verfügbaren Traubenzuckers abhängt. So war die Ausscheidung von Galaktose, wenn sie zusammen mit Traubenzucker gegeben wurde, nur $^1/_{10}$ so groß als nach
Verabreichung einer gleichen Menge Galaktose allein. Diese Beobachtung würde scheinbar erklären, warum der Milchzucker ein passender
Nährstoff für das junge Tier ist, obgleich er für Erwachsene einen niedrigen
Assimilationswert besitzt. Es mag sein, daß sein Wert für das junge Tier
von der Tatsache abhängt, daß er für den Aufbau von Nervengewebe verwandt wird.

Es wird als möglich angesehen, daß die Ergebnisse von Benedict usw. dem Austritt zahlreicher unverwertbarer Kohlehydratabbauprodukte in dem Urin zuzuschreiben sein mögen, und daß
es von praktischer Bedeutung ist, daran zu erinnern, daß diese
Fremdkörper zeitweilig in genügender Menge ausgeschieden werden können, so daß sie positive klinische Zuckerproben im Urin
ergeben. Solche Nahrungsstoffe wie Konfekt, eingemachte Früchte,
eingemachtes Gemüse als auch Brot und Getreide müssen sie
enthalten. Ob ihre Aufnahme irgendeine schädliche Wirkung auf
den Körper ausübt, ist unbekannt.

Nach Folins und Berglunds Ergebnissen hat die Aufnahme
von Traubenzucker eine ausgesprochene Hyperglykämie, aber
keinen Anstieg des Urinzuckers zur Folge, bis die Nierenschwelle
für diesen Stoff erreicht ist. Andererseits verursacht Galaktose
keinen Blutzuckeranstieg, wenn auch unmittelbar etwas in den
Urin übergeht. Lävulose gibt keinen Blutzuckeranstieg, wenn sie
auch nicht wie Galaktose unmittelbar in den Urin übergeht, da
für Fructose wie für Traubenzucker eine Nierenschwelle besteht.
Deshalb kann kein Zweifel bestehen, daß die zuerst von Claude
Bernard ausgesprochene Idee einer Nierenschwelle für Traubenzucker und wahrscheinlich auch für Lävulose korrekt ist. Für
andere Zucker besteht eine solche Schwelle nicht und ebenso ist
dieses für Abbauprodukte von Zuckern nicht der Fall, so daß diese
leicht in den Urin übertreten und die somit die Ursache für das
geringe, aber schwankende, von Benedict und Osterberg beschriebene Reduktionsvermögen sind.

Folin und Benedict schlagen eine chemische Erklärung der
Nierenschwelle vor. Sie setzen voraus, daß die Traubenzuckerkonzentration der Gewebe dieselbe wie die des Blutes ist (dies
würden wir als die „Traubenzuckerspannung" bezeichnen) und

daß ein Ansteigen dieses Spiegels bis zu einem gewissen Grade
hervorgerufen werden kann, ohne daß der Zucker unmittelbar in
Glykogen umgewandelt wird. Dies setzt voraus, daß diese Traubenzuckerspannung der Gewebe eine submaximale ist, so daß bei
einem Eintritt von Traubenzucker ins Blut in den Geweben Raum
vorhanden ist, in den er einwandert, wenn auch nicht so schnell,
als wenn in ihnen überhaupt kein Traubenzucker vorhanden wäre.
Wenn die Traubenzucker speichernde Kraft der Gewebe ihre Grenze
erreicht hat, beginnt die Glykogenbildung, da diese nun ein lang-
samerer Prozeß ist als die einfache Traubenzuckerabsorption, so
fängt der Traubenzucker an, sich im Blute zurückzustauen mit
dem Ergebnis, daß die Nieren dann zur Ausscheidung des Übermaßes zur Hilfe genommen werden. In diesem Stadium fängt
die Glykosurie an, und die einmal begonnene Zuckerausscheidung
dauert so lange an, bis der Blutzuckerspiegel unterhalb des normalen Niveaus abgesunken ist. Nimmt man Galaktose oder
Fructose, so steigt der Blutzucker nicht an, weil für diese Zucker
in den Geweben ein vollkommenes Vakuum existiert. Sie treten
aber auch gleichzeitig im Urin auf, weil besonders für die erstere
keine Nierenschwelle vorhanden ist. Diese Erklärung der Ergebnisse von Folin und Berglund würde mit dem von uns in bezug
auf den Mechanismus der Insulinwirkung gezogenen Schluß übereinstimmen, mit dem Unterschied, daß wir glauben, daß der in
das Gewebe verschwundene Zucker sehr schnell in einen unbekannten Komplex umgebildet wird, mit dem das Glykogen in
einem gewissen Gleichgewicht steht und aus dem es unmöglich
ist, durch Hydrolyse Zucker darzustellen. Fernere Hinweise auf
diese hypothetische Verbindung finden sich auf S. 257.

2. Die Assimilationsgrenzen.

Unter dieser etwas vagen Überschrift ist eine Anzahl von mehreren Begriffen zusammengeschlossen. „Kohlehydrattoleranz" ist
ein ursprünglich in Verbindung mit dem Diabetes gebrauchter Ausdruck, unter dem man die Mengen an Kohlehydrat aus irgendeiner Quelle versteht, die der Patient vertragen kann, ohne daß
Traubenzucker im 24-Stunden-Urin auftritt (nach Untersuchungen
mit klinischen Methoden). „Grenze der Zuckerassimilation" bedeutet die Zuckermenge, die auf einmal genommen werden kann,
ohne daß sie Glykosurie verursacht. Zu ihrer Feststellung gibt

man gewöhnlich 100 g Traubenzucker entweder vor oder nach dem Frühstück und untersucht dann in Zwischenräumen den Urin. Aus Gründen, die wir schon genügend besprochen haben, kann diese Probe von geringem diagnostischem Wert sein. Nahe verbunden mit dieser Idee ist die der „alimentären Glykosurie“, bei der man voraussetzt, daß der über die Assimilationsgrenze hinaus genommene Zucker quantitativ im Urin wieder erscheint. Es ist nun schon seit vielen Jahren bekannt (Linossier und Rogue 1895), daß dieses nicht der Fall ist, sondern daß bei normalen Individuen nur ein geringer Anteil des Überschusses ausgeschieden wird. In der Tat wird, worauf besonders von Allen (1913) hingewiesen worden ist, um so mehr Zucker verbraucht, als zugeführt wird und es besteht beim normalen Individuum keine Grenze in bezug auf diese Fähigkeit. Zur Kennzeichnung dieses wachsenden Verschwindens hat man die Ausdrücke „Ausnutzungskoeffizient“ und das „paradoxe Gesetz des Traubenzuckers“ eingeführt.

Wir verdanken Woodyatt, Sansun und Wilder (1915) die klarste Feststellung des Begriffes, was tatsächlich unter der Ausnutzung des Traubenzuckers zu verstehen ist. Diese Beobachter fanden bei intravenösen Dauerinfusionsversuchen sowohl beim Menschen als auch bei Laboratoriumstieren, daß Traubenzucker mit einer Geschwindigkeit von 0,85 g pro Kilogramm und Stunde zugeführt werden konnte, ohne daß eine Glykosurie auftrat. Dies stellt also die Toleranzgrenze dar, zwischen ihr und 2 g Traubenzucker pro Kilogramm und Stunde erscheint ein gewisser Anteil des verabreichten Zuckers im Urin, der bei den verschiedenen Individuen variiert und bei demselben Individuum von der Injektionsgeschwindigkeit abhängt. Gewöhnlich gehen bei einer fortgesetzten Verabreichung von zweimal soviel Zucker als die Assimilationsgrenze beträgt, ungefähr 10 vH im Urin verloren und mit viermal soviel kann der Verlust auf 35 oder 40 vH ansteigen, worüber hinaus kein weiterer Anstieg des Zuckers im Urin eintritt. Ferner ist es nach den Feststellungen von Woodyatt interessant, daß die Absorptionsgeschwindigkeit für Traubenzucker aus dem Darmkanal niemals die Höhe von 1,8 g pro Kilogramm und Stunde überschreitet, so, daß eine Ausscheidung von ungefähr 10 vH des absorbierten Traubenzuckers beim normalen Individuum das Maximum darstellt, das bei der Aufnahme von Traubenzucker per os erreicht werden konnte. Da dieses Maximum nur für eine kurze Zeitperiode andauert, wird selbst nach Aufnahme sehr großer Mengen Traubenzucker eine viel kleinere Menge Zucker im Urin ausgeschieden. Dies stimmt sehr gut mit der von E. L. Scott und Ford gefundenen maximalen intestinalen Resorptionsgeschwindigkeit für Traubenzucker beim Kaninchen überein.

Diese Betrachtungen zeigen, daß die Bestimmungen der sogenannten Assimilationsgrenze von verhältnismäßig geringem Wert bei der Diagnose der Frühfälle von Diabetes sein kann, wenn man nicht alle angeführten Umstände berücksichtigt.

XV. Endogene Hyperglykämie (experimenteller Diabetes).

Endogene Hyperglykämie kann hervorgerufen werden:
1. durch nervöse Einwirkungen,
2. die Einwirkung gewisser Hormone, besonders des Adrenalins,
3. Asphyxie,
4. die Einwirkung von Giften, besonders von Narkoticis.

Zeitweilig kann eines der angewandten Mittel zu mehreren als einer dieser Gruppen gehören, wie z. B. die Narcotica, die einen gewissen Grad von Asphyxie hervorrufen können und gleichzeitig einen eigenen hyperglykämischen Einfluß haben können. Wir wollen erst jeden dieser Faktoren in der angegebenen Reihenfolge betrachten und dann nachsehen, inwieweit sie einer von dem anderen untereinander abhängig sind.

1. Nervöse Hyperglykämie.

Im Jahre 1857 entdeckte Claude Bernard, daß beim gut genährten Kaninchen die Punktion des vierten Ventrikels mit einer Nadel sofort von einer mehrere Stunden andauernden ausgesprochenen Glykosurie gefolgt war. Dies führte zu einer langen Reihe von Versuchen, sowohl von Bernard als von Anderen, aus denen man schloß, daß die Punktion dadurch wirkte, daß sie ein nervöses Zentrum, welches an der Kontrolle der Spaltung des Leberglykogens beteiligt war, reizte.

Eckhard (1869) zeigte, daß elektrische Reizung sensorischer Nerven, besonders des Vagus ebenfalls Glykosurie hervorrufen konnte, und es entwickelte sich die Ansicht, daß der Blutzuckerspiegel durch das Nervensystem kontrolliert würde. Pflüger (1903) vermutete z. B., daß die Spaltung des Muskelglykogens einer Reflexwirkung zuzuschreiben sei, wenn es infolge von Kontraktionen aufgebraucht wird. Nach diesem Autor haben die Kontraktionen an den Muskelfasern (durch Kompression) ihren Angriffspunkt, indem sie afferente Impulse auslösen, die nach dem Zuckerzentrum übergeleitet werden, mit dem Ergebnis, daß eine gesteigerte Glykogenspaltung in der Leber auftritt. Natürlich ist es auch möglich, daß die Rezeptoren dieses hypothetischen Reflexes durch eine chemische Substanz, die bei der Muskelkontraktion gebildet wird, gereizt werden, und es mag sein, daß diese anstatt lokal zu wirken, tatsächlich als Hormone wirken, indem sie mit dem Blut der Leber zugeführt werden. Dieser allgemeine Umriß soll auf die Bedeutung des Studiums der nervösen Hyperglykämie hinweisen, deren Ursachen man wie folgt unterscheiden kann:

1. die Reizung des Zentrums selbst — Piqûre;
2. die Reizung der afferenten Nerven,
3. die Reizung der efferenten Nerven.

2. Piqûre.

Dieser Versuch läßt sich am besten beim Kaninchen ausführen. Zu seiner Ausführung ergreift man mit der linken Hand den Kopf des Tieres und beugt ihn nach vorwärts, um dann einen mäßig scharfen Troikart gerade vor der Protuberanz durch den Schädel zu stoßen, bis man auf den Processus basillaris trifft. Dadurch punktiert man die Medulla oblongata zwischen dem Kern des achten und zehnten Nerven, wobei der Wirkungsbereich eine verhältnismäßige Breite hat. Durch Verletzung des Kleinhirnwurms bei dieser Operation entstehen gewöhnlich gewaltsame Bewegungen; zu deren Vermeidung als auch zur sichereren Lokalisation der Punktion haben Eckhard und neuerdings Stewart und Rogoff (1918) empfohlen, unter Lokalanästhesie die Membrana atlanto-occipitalis freizulegen, nach deren Spaltung bei der Beugung des Kopfes nach vorwärts der Boden des vierten Ventrikels leicht gesehen werden kann. Nach unserer Erfahrung ist die Punktion durch den Schädel durchaus befriedigend und der Eckhardschen Operation vorzuziehen, weil sich bei ihr Blutungen schwer vermeiden lassen.

Nach der Punktion steigt bei gut genährten Kaninchen der Blutzucker sehr schnell an und kann in einer Stunde die 3—4fache Höhe des normalen erreichen. Dann beginnt er entweder langsam zu fallen oder für eine Zeit auf der Höhe zu bleiben, um dann gewöhnlich in 6 oder 8 Stunden bis auf die normale Höhe abzufallen, obgleich er auch zeitweilig sogar für 24 Stunden oberhalb des Normalspiegels bleiben kann. Der Kurvenverlauf nach dem

Zuckerstich ist aus Abb. 19 zu ersehen. In dem während der ersten
Stunde nach dem Zuckerstich entleerten Urin ist gewöhnlich eine
beträchtliche Menge Zucker vorhanden, die in 3 Stunden bis zu
8 vH oder mehr ansteigen kann. Gewöhnlich wird diese Zuckerausscheidung von einer mäßigen Diurese begleitet, wenn auch
andererseits bei spärlicher Urinausscheidung ungeachtet des hohen
Blutzuckers wenig Zucker im Urin vorhanden sein kann.

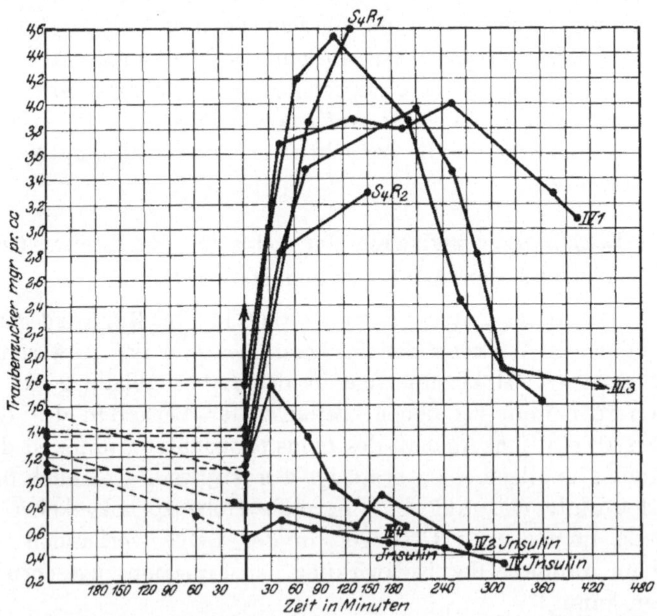

Abb. 19. Kurven der Zuckerstichwirkung auf normale und insulinbehandelte Kaninchen.
Ordinaten = Blutzucker mg pro ccm. Abszisse = Zeit in Minuten. (Banting, Best,
Macleod und Noble.)

Es entsteht nun die Frage, ob die durch die Punktion hervorgerufene Verletzung durch die Zerstörung irgend eines Zentrums
wirkt, welches eine tonisch-inhibitorische Wirkung auf die Glykogenspaltung hat oder welches gereizt diesen Prozeß beschleunigt?
Die letztere Möglichkeit ist die wahrscheinliche, so behauptet man,
daß der Zuckerstich bei vollständig narkotisierten Tieren relativ
unwirksam ist, obgleich Neubauer (1912), der Urethan benutzte,
und Borberg (l. c. Bang), der Äther benutzte, dieses verneinen.
Außerdem wird auch behauptet, daß die Wirkung in wenigen

Stunden vorübergehen kann, bevor das gesamte Glykogen aufgebraucht worden ist und daß eine zweite Punktion bei Tieren, die sich von der vorhergehenden erholt haben und deren Blutzucker auf die normale Höhe zurückgekehrt war, wiederum eine Hyperglykämie und eine Glykosurie hervorrufen kann. Vielleicht könnte diese Frage durch Anwendung elektrischer Reizung der Medulla oblongata geklärt werden, aber es ist mir nicht bewußt, daß dieses gemacht worden ist, ohne dabei ernsthafte Störungen der Atmung zu vermeiden, die für sich schon eine Hyperglykämie zur Folge haben können. Das vorhandene Beweismaterial spricht für die Ansicht, daß die Punktion zur Entwicklung von Schädigungsvorgängen (z. B. dem Auftreten von sauren Substanzen) führt, die als Reiz für die benachbarten unbeschädigten Nervenzentren wirken.

3. Die Beziehungen zwischen der Wirkung des Zuckerstiches und dem Glykogengehalt der Leber.

Auf Grund der Untersuchungen von Claude Bernard glaubt man, daß die Wirkung des Zuckerstiches von der Anwesenheit einer gewissen Glykogenmenge in der Leber abhängig ist. In neueren Arbeiten, bei denen vielmehr das Verhalten des Blutzuckers als der Zuckergehalt des Urins beobachtet wurde, ist diese Beziehung im allgemeinen bestätigt worden, wenn sich auch fand, daß der Blutzucker auf seine normale Höhe zurückgekehrt ist, während immer noch Glykogen in der Leber vorhanden war, was dem Aufhören der Reizwirkung der Punktion zugeschrieben werden kann.

So berichten Stewart und Rogoff über zwei Kaninchen (No. 187 und 157), bei denen der Zuckerstich keine ausgesprochene Hyperglykämie hervorrief und wo der Leberglykogengehalt 0,34 und 0,057 vH betrug. Bei diesen beiden Tieren rief auch Asphyxie keinen Anstieg des Blutzuckers hervor. Daß die Hyperglykämie zu fallen anfangen kann, bevor das gesamte Leberglykogen verschwunden ist, geht aus einer Beobachtung hervor, in der der Blutzucker das Maximum von 0,457 vH in ungefähr 2 Stunden nach dem Zuckerstich erreichte und dann sehr schnell in 5 Stunden auf 0,187 vH abfiel. Während des nächsten Tages blieb er auf dieser Höhe und 25 Stunden nach dem Zuckerstich betrug der Blutzucker immer noch 0,170 vH und der Leberglykogengehalt war 2 vH. In einem anderen Falle betrug der Leberglykogengehalt 17 Stunden nach dem Zuckerstich 0,6 vH, wobei der Blutzucker etwas über 2 Stunden darnach 0,4 vH und 9 Stunden darnach 0,2 vH betrug.

4. Die Wirkung des Insulins auf die Hyperglykämie nach Zuckerstich.

Diese Wirkung ist, wie aus den Kurven Abb. 19 zu ersehen, sehr ausgesprochen. In den Kurven sind die Wirkungen des Zuckerstichs an fünf normalen Kaninchen, denen an drei mit Insulin injizierten gegenübergestellt. Das Insulin verhütet die Hyperglykämie entweder, weil es die Reizung des glykogenspaltenden Prozesses verhindert oder weil es den Überschuß des ins Blut abgegebenen Zuckers so schnell verschwinden läßt, als er gebildet wird oder auch, weil es nach beiden Richtungen hin wirkt. Wir haben keinen direkten Beweis, welchen der beiden Vorgänge es primär beeinflußt, aber es ist doch von einiger Bedeutung, daß in den Lebern zweier mit Insulin behandelter Tiere nach dem Zuckerstich mehr Glykogen gefunden wurde, als bei zwei Tieren ohne Insulin (4,4 und 2,46 vH verglichen mit 0,59 und 2,0 vH). Nach seiner Wirkung auf die exogene Hyperglykämie kann es keinem Zweifel unterliegen, daß das Insulin ein schnelleres Eintreten des im Blute nach dem Zuckerstich vorhandenen Überschusses an Zucker ins Gewebe verursacht.

5. Efferente Nerven.

Indem wir jetzt die Möglichkeit außer acht lassen, daß tatsächlich ein Zuckerzentrum existiert, jedoch annehmen, daß die stärkere Glykogenspaltung nach dem Zuckerstich nur das Resultat von respriratorischen und zirkulatorischen Störungen ist, die durch die Reizung oder Zerstörung der Zentren in der Medulla oblongata bedingt werden, wollen wir jetzt die Beweise untersuchen, die dafür angeführt werden, daß der Leber durch gewisse Nerven efferente glykogenspaltende Impulse zugeführt werden. Die beiden möglichen Wege sind der Vagus (parasympathisch) und der Splanchnicus (sympathisch).

Claude Bernard zeigte, daß der Zuckerstich nach der Durchschneidung der Vagi in Form einer Glykosurie wirksam war, wohingegen Eckhard feststellte, daß dieses nach einer Durchtrennung des Rückenmarks oberhalb der ersten Thorakalwurzeln nicht der Fall war. Beide Untersucher stellten auch fest, daß der Zuckerstich nach der Durchtrennung des N. splanchnicus major unwirksam war, und sie kamen zu dem Schluß, daß dieses der Weg sei, auf dem die efferenten Impulse vermittelt würden. Immerhin rechtfertigen die Versuche eine solche

Schlußfolgerung nicht ohne weiteres, zumal, da der durch die Durchtrennung des vasokonstriktorischen Nervenweges entstehende Abfall des Blutdruckes an sich die Urinausscheidung so herabsetzen kann, daß die Urinausscheidung so weit unterdrückt wird, um ein Auftreten von Zucker im Urin auch bei Bestehen einer Hyperglykämie nicht zustande kommen zu lassen. Einige der früheren Untersucher versuchten auch den Sitz des efferenten Weges im Rückenmark durch elektrische Reizung an verschiedenen Stellen zu lokalisieren und Schiff (1859) kam zu dem Ergebnis, daß durch eine Reizung des Rückenmarkes an irgendeiner Stelle von den Hirnschenkeln abwärts bis zu der Stelle, wo die Wurzeln der visceralen Nerven das Rückenmark verlassen, eine Glykosurie hervorgerufen werden kann. Macleod (1907) fand bei Hunden in Äthernarkose einen Anstieg des Blutzuckers über den Narkosespiegel innerhalb 30 Minuten nach einer elektrischen Reizung des unteren Halsmarkes und des oberen Brustmarkes, eine Reizung unterhalb des neunten Thorakalsegmentes hatte keine Wirkung. Auf den ersten Blick schien dieses die Lokalisation des efferenten Weges zu beweisen, aber fernere Untersuchungen zeigten, daß die Störungen der Atmung in der Hauptsache für die Hyperglykämie verantwortlich zu machen waren, zumal, da keine bemerkenswerten Änderungen im Blutzucker auftraten, wenn durch künstliche Atmung oder durch Anwendung von Sauerstoff asphyktische Störungen vermieden wurden.

Die vielen Fehlerquellen, die augenscheinlich bei Versuchen in Frage kommen, wenn das Rückenmark narkotisierter Tiere freigelegt und gereizt wird, machen es schwierig, irgend einen nervösen Weg zu demonstrieren, der auf die Glykogenspaltung einen Einfluß ausübt. Auf der anderen Seite können doch solche Fasern im Nervus splanchnicus major leicht nachgewiesen werden. So fanden die Gebr. Cavazzani nach Reizung des Plexus coeliacus einen Anstieg des Blutzuckers in der Lebervene und Macleod (1906) einen solchen im arteriellen Blut bei Hunden in Äthernarkose, wenn der Splanchnicus der linken Seite gerade an seiner Eintrittsstelle in das Abdomen gereizt wurde, dabei entwickelte sich sehr bald ein ausgesprochener Grad von Glykosurie, der von einer Diurese begleitet war (Abb. 20). Wenn die Elektroden an dem undurchtrennten Nerven angelegt wurden, erhielt man viel schlagendere Ergebnisse als wenn man das periphere Ende nach der Durchschneidung reizte. Auch war es wesentlich, daß in der Leber eine große Menge Glykogen durch vorherige Fütterung der Tiere mit Brot und Zucker gespeichert war. Durch die Reizungen des undurchtrennten Nervens kommt es häufig zu einem gewissen Grad von Atemstörungen, wahrscheinlich infolge der Reizung afferenter Fasern des Splanchnicus, so daß auch hier die Möglichkeit einer asphyktischen Hyperglykämie in Betracht gezogen wer-

den muß. Durch reichliche Verabreichung von Sauerstoff wurde
versucht, diese auszuschalten (indem ein kontinuierlicher Sauer-
stoffstrom durch einen bis in die Bronchien reichenden Katheter

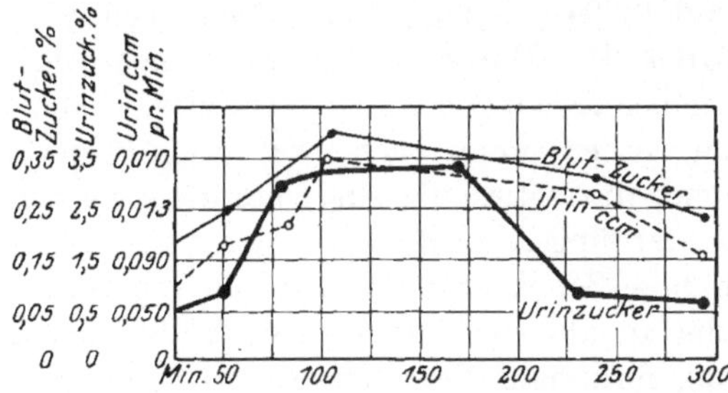

Abb. 20. Kurven der Beziehung zwischen Blutzucker und der im Urin ausgeschiedenen
Zuckermenge.

in die Lungen geschickt wurde); es ist bemerkenswert, daß,
obgleich die Hyperglykämie nach der Reizung immer noch auf-
taucht, sie doch nicht so ausgesprochen ist als ohne Sauerstoff.

In den vorhergehenden Versuchen wurde der Zucker mit Hilfe
der älteren Methoden von Waymouth Reid und Rona und
Michaelis bestimmt, bei denen beträchtliche Mengen arteriellen
Blutes benutzt werden mußten. Nach der Einführung der Mikromethoden wurde neuerdings das Blut direkt aus der Vena cava
an der Eintrittsstelle der Vena hepatica entnommen, wobei die
Cava vorübergehend ober- und unterhalb der Leber während des
Augenblickes der Entnahme der Blutprobe abgeklemmt wurde.
Die folgende Tabelle bringt die Durchschnittsresultate von 8 Versuchen mit dieser Methode, die keinen Zweifel darüber lassen,
daß die Reizung des Splanchnicus eine vermehrte Zuckerabgabe
aus der Leber in das Blut verursacht:

Blutzucker in der Vena cava.

	Vor der Reizung des N. splanchnicus major	5—10 Minuten nach der Reizung
Durchschnitt . .	0,148 (8 Beobachtungen)	0,190 (8 Beobachtungen)
Minimum	0,111	0,110
Maximum	0,199	0,280

(Macleod).

Unter Benutzung ähnlicher Methoden ist ebenfalls festgestellt
worden, daß die Reizung von Nervenfasern am Leberhilus auch

15*

eine vermehrte Zuckerabgabe zur Folge hat. In einem Versuch stieg der Blutzucker nach einer Reizung von 6 Minuten von 0,150 auf 0,294 vH an. In anderen nach einer 7 Minuten langen Reizung von 0,165 auf 0,204 vH und einer solchen von 8 Minuten von 0,125 auf 0,160 vH. Durch die Untersuchungen des arteriellen Blutes nach einer Reizung der Lebernerven sind ähnliche Resultate erhalten worden, wenn auch, wie schon bemerkt, die Zeitzwischenräume, die notwendig sind, um diese Veränderungen zu zeigen, sehr viel längere sind.

Obgleich diese Beobachtungen Resultate ergeben, die sehr einfach durch die Annahme erklärt werden, daß bei dem Prozeß Glykogenspaltung fördernde Nervenfasern im Spiele sind, so bleibt doch die Möglichkeit bestehen, daß diese Glykogenspaltung sekundärer Natur ist, die durch Veränderungen des Blutdruckes oder reflektorische Einwirkungen auf die Atmung hervorgerufen werden. Um diese Möglichkeiten auszuschließen, wurden die Nervenfasern des Leberhilus vor der Reizung des Splanchnicus vollständig durchtrennt, und es fand sich bei fünf Versuchen dieser Art kein Blutzuckeranstieg. Da nun bei diesen Versuchen sowohl die üblichen Grade von Veränderungen des Blutdruckes, als auch reflektorische Störungen der Atmung auftreten konnten, so sind diese Ergebnisse ein strenger Beweis für das Vorhandensein von Fasern im Splanchnicus und den Levernerven, die die Glykogenspaltung fördern.

Die Insulinwirkung bei dieser Art von Hyperglykämie ist wegen experimenteller Schwierigkeiten noch nicht untersucht worden. Da narkotisierte Tiere benutzt werden müssen, sind die Versuche an sich schon von zweifelhaftem Werte.

6. Die Adrenalinhyperglykämie.

Als Erster hat Blum gezeigt, daß die Injektion von Adrenalin gewöhnlich eine Glykosurie hervorruft. Sehr bald wurde nachgewiesen, daß eine reichliche Glykogenablagerung in der Leber diese Wirkung begünstigte, obgleich man fand, daß selbst bei hungernden Tieren das Adrenalin gewöhnlich eine gewisse Glykosurie hervorruft (Pollak 1909, Ritzmann 1909, Neubauer 1912 und Bang 1913).

Die meisten Autoren stimmen darin überein, daß das Adrenalin eine Verminderung des Leberglykogens verursacht. Nach BIERRY und GATIN-Gruzewska stellt es in der Tat ein gewisses Mittel dar, durch welches

sowohl die Leber als auch die Muskeln des Tieres von Glykogen freigemacht werden können, obgleich andere Beobachter, z. B. Drummond
und Noel Paton (1904) in der Lage waren, bei gefütterten Kaninchen
zu zeigen, daß, wenn man Adrenalin in langsam steigenden Dosen von
Zeit zu Zeit injiziert, keine ausgesprochene Verminderung des Glykogengehaltes auftritt; diese Beobachtung ist von Rolly bestätigt worden.
Nachdem Ritzmann (1909) das Bestehen einer Beziehung zwischen
der injizierten Adrenalinmenge und dem Auftreten der Glykosurie bei
Katzen und Kaninchen gezeigt hatte, fand er, daß dieses auch zwischen
dem Betrag des in den Geweben abgelagerten Glykogens und der Glykosurie der Fall war. So verursachte z. B. bei einem glykogenreichen Tier
eine Adrenalinlösung von 1:1 Million die Ausscheidung einer beträchtlichen Zuckermenge, wohingegen bei einem anderen praktisch glykogenfreien Tier diese Konzentration keinen glykosurischen Effekt hatte.
Ähnliche Unterschiede, die von der Adrenalinkonzentration im Blute
abhängig waren, sind auch von Bang und Pollak gezeigt worden.
Intravenös verabreichtes Adrenalin verursacht selten eine Glykosurie
(Pollak), teils, weil die Hyperglykämie nur vorübergehend ist, teils,
weil es dabei zu einer Störung der Urinausscheidung durch die Nieren
kommt. Wenn man zusammen mit dem Adrenalin ein Diuretikum gibt,
so wird die Glykosurie ein prominentes Symptom und die Hyperglykämie
dauert viel länger an.

Bei gutgenährten Kaninchen rufen subcutane Injektionen
gleicher Mengen von Adrenalin ungefähr denselben Grad von
Hyperglykämie hervor und Eadie und Macleod (1923) haben
auf Grund dieser Tatsachen versucht, eine Insulinstandardi-
sierungsmethode zu entwickeln, indem sie sich des Ausmaßes zu
versichern suchten, bis zu welchen variierende Mengen dieses
Hormons den Blutzuckeranstieg nach Injektion gleicher Mengen
von Adrenalin verhüten konnten. Eine ähnliche Methode war
schon vorher von Zuelzer (1909) zur Messung der Stärke der von
ihm hergestellten Pankreasextrakte benutzt worden (s. S. 58).

Obgleich man die Existenz einer allgemeinen Beziehung
zwischen dem Glykogengehalt der Leber und der hyperglykämischen Wirkung des Adrenalins voraussetzte, so hat doch eine
fernere Untersuchung einige sehr eigenartige und wichtige Tatsachen offenbart. So hat Pollak gefunden, daß Glykogen, welches
bei Hungerkaninchen nach einer Fütterung mit Traubenzucker abgelagert wird, nach einer Adrenalininjektion viel schneller verschwindet, als wenn es infolge einer Fütterung des Tieres mit Laevulose abgelagert worden war. Diese Unterschiede werden nur
bei Injektionen von geringen Mengen von Adrenalin sichtbar und
sind ein Anzeichen dafür, daß das aus Laevulose gebildete Glykogen

widerstandsfähiger als das aus Traubenzucker gebildete ist. Diese Tatsache ist besonders interessant, wenn man sie im Zusammenhang mit dem Diabetes betrachtet, bei dem, wie bekannt, Laevulose besser als Traubenzucker vertragen werden kann. So hat auch Neubauer beobachtet, daß bei Phosphorvergiftung in der Leber nach Verabreichung von Laevulose oder Rohrzucker noch Glykogen gebildet werden kann, während dieses nach Traubenzucker nicht der Fall zu sein pflegt.

Eine sehr wichtige, zuerst von Pollak gezeigte und später von Rolly bestätigte Tatsache ist die, daß, nachdem infolge Adrenalinverabreichung das gesamte Leberglykogen verschwunden ist, die Verabreichung von Adrenalin doch noch einen Blutzuckeranstieg hervorrufen kann, der sogar zu einer Glykosurie führt. Pollak behauptet, daß in der Leber von Tieren, die gehungert haben, durch Adrenalininjektion so viel Glykogen gebildet werden kann, als durch die Verfütterung kohlehydratreicher Nahrung, was er als Anzeichen für eine Neubildung von Glykogen ansieht. Es werden keine Daten angeführt, aus denen sich die Quelle dieses neuen Zuckers erschließen ließe, aber Bang weist auf Untersuchungen hin, bei denen die Bestimmungen der Stickstoffausscheidung zeigte, daß das Eiweiß nicht die ausschließliche Quelle sein konnte. Dies läßt die Möglichkeit einer Annahme zu, daß das Glykogen von Fett oder wie Bang vermutet, von irgendeinem Intermediärstoff des Kohlehydratstoffwechsels, der bis jetzt noch nicht identifiziert ist, abstammt. Man hat fernere Beweise für das Bestehen einer solchen hypothetischen intermediären Substanz durch Versuche zu erbringen versucht, in denen die Gewebe nach intravenöser Zuckerinjektion auf Glykogen und Zucker untersucht worden sind und auch durch andere Versuche, die sich mit der Insulinwirkung beschäftigen.

Die folgenden Resultate von Markowitz geben ein Bild, welch große Mengen von Zucker im Blute auftreten können und wieviel Glykogen in der Leber hungernder Kaninchen nach wiederholten Injektionen von Adrenalin abgelagert werden kann.

Bei 13 Kaninchen, denen 5 Tage oder länger die Nahrung entzogen worden war und die danach wiederholt für verschiedene Perioden bis zu 5 Tagen Adrenalininjektionen erhalten hatten, fanden sich folgende prozentuale Mengen an Leberglykogen: 0,33, 0,16, 0,98, 1,05, 0,34, 1,67, 0,152, 2,77, 1,45, 1,27, 1,09, 0,031,

1,12 vH. Bei einer anderen Reihe von Kaninchen stieg der Blutzucker am letzten Tage der Adrenalininjektion auf die folgenden Werte: 0,113, 0,194, 0,412, 0,407, 0,047, 0,446, 0,382, 0,305.

Ähnliche Glykogenbildungen können auch bei Tieren auftreten, die vorher dieses Stoffes entweder durch Hunger oder Strychnin oder infolge der Anwendung von Narkotica, oder nach einer Infektion (Hirsch und Rolly) beraubt worden sind. Von Bedeutung ist, daß nach Adrenalin und während Infektionen eine sehr starke Eiweißspaltung eintritt, obgleich sie bei Narkotica nicht vorhanden ist.

In Hinsicht auf den Wirkungsmechanismus des Adrenalins auf das Leberglykogen kann festgestellt werden, daß Snyder, Martin und Levin (1922) gezeigt haben, daß seine Wirkung an der durchströmten Schildkrötenleber in einer Beziehung zu dem ph der Durchstörmungsflüssigkeit steht und sie glauben, daß der vermutete direkte Adrenalineinfluß auf den glykogenspaltenden Prozeß von Veränderungen des Stromvolumens abhängig ist, der sich mit dem ph der Durchströmungsflüssigkeit ändert.

7. Die Wirkung des Insulins auf die Adrenalinhyperglykämie.

Wenn Insulin und Adrenalin gleichzeitig injiziert werden, so bringt das letztere Hormon viel schneller eine Hyperglykämie hervor als das erstere sie verhüten kann, gibt man aber das Insulin (bei Kaninchen) ungefähr eine Stunde vor dem Adrenalin, so kann der Blutzucker praktisch unverändert bleiben. Obgleich in bezug auf die Beeinflussung des Blutzuckers von den beiden Hormonen gesagt werden kann, daß sie Antagonisten sind, so muß doch daran erinnert werden, daß dieses von einer geringen physiologischen Bedeutung sein kann und nur der Tatsache zugeschrieben werden muß, daß das Insulin zu einem Verschwinden des Übermaßes von Zucker aus dem Blut führt, der durch das Adrenalin in der Leber freigemacht worden ist, gerade wie dies der Fall ist, wenn eine große Menge Zuckers aus dem Darm resorbiert oder parenteral eingeführt wird. Tatsächlich werden wir sehen, daß beide Stoffe Insulin sowohl als auch Adrenalin in der gleichen Weise auf die anorganischen Phosphate des Urins einwirken und daß beide wenigstens beim Hunde einen Anstieg des respiratorischen Quotienten und der Wärmeproduktion verursachen. Sie sind also keine

Antagonisten in dem Sinne, daß das eine die Wirkung des anderen hemmt.

Nichtsdestoweniger giebt es mehrere Gründe, aus denen heraus der offensichtliche Antagonismus zwischen Insulin und Adrenalin in bezug auf den Blutzucker von Interesse ist, von denen die folgenden Erwähnung verdienen:

1. Es kann möglich sein, die Stärke des Insulins dadurch zu messen, daß man den Betrag feststellt, der nötig ist, einen durch eine bestimmte Nenge von Adrenalin hervorgerufenen Blutzuckeranstieg zu hemmen, wobei das letztere selbst leicht zu standardisieren ist (Eadie und Macleod).

2. Der für den Wiederanstieg des Blutzuckers nach einem durch Insulin hervorgerufenen Abfall verantwortliche Reiz kann mit einer gesteigerten Adrenalinabgabe aus den Nebennieren verbunden sein (W. B. Cannon).

3. Das Adrenalin kann sich in Fällen von starker Hypoglykämie als brauchbares klinisches Gegengift erweisen.

4. Die nach Pankreasexstirpation eintretende Hyperglykämie mag einer unkontrollierten Wirkung des Adrenalins zuzuschreiben sein (Zuelzer, Hédon, Mayer usw.).

8. Die Auswertung des Insulins auf Grund seiner Wirkung auf die Adrenalinhyperglykämie.

Diese Auswertungsmethode ist ursprünglich von Zuelzer (1910) für die von ihm hergestellten Pankreasextrakte vorgeschlagen worden. Eadie und ich (1923) untersuchten die Möglichkeit ihrer Verwertung, indem wir Hungerkaninchen variierende Dosen von Insulin injizierten und darauf nach einem Zwischenraum von ein und einer Viertelstunde jedem Tiere gleiche Mengen Adrenalin injizierten. Der Blutzucker wurde in Blutproben bestimmt, die gerade vor der Adrenalininjektion und dann nach 1, 1 1/2, 2 und 3 Stunden danach entnommen wurden. Der Grad des Blutzuckeranstieges über die unmittelbar vor der Adrenalininjektion bestehende Höhe wurde dann kurvenmäßig mit den Insulinmengen, die injiziert worden waren, aufgezeichnet, das Ergebnis wird durch die Kreuzchen in Abb. 21 [1]) dargestellt.

---

[1]) Die Blutzuckerwerte 2 Stunden nach Adrenalin wurden deshalb für diese Kurve gewählt, weil sie zu dieser Zeit am konstantesten gefunden wurden.

Wie man sehen kann, besteht keine einfache Beziehung zwischen der Insulindose und ihrer hemmenden Wirkung auf die Adrenalinhyperglykämie. Die kleinen Dosen haben eine relativ größere Wirkung als die großen, was ja auch für die von Frank N. Allan bestimmten Traubenzuckeräquivalente des Insulins und für die von Macleod und Orr bestimmten a-Werte in der Auswertungsgleichung zutrifft.

Bringt man aber die Logarithmen der Insulindosen und diejenigen der Blutzuckeranstiege kurvenmäßig zur Darstellung, so fällt die Mehrzahl von ihnen in eine gerade Linie. Es wurde versucht, für diese Beziehung eine empirische Formel zu finden, die, wie folgt, aussieht:

$$\frac{\log 20\,d}{2{,}38} + \frac{\log r}{3{,}84} = 1,$$

wobei $d =$ Dosis, $r =$ Blutzuckeranstieg.

Wie man sehen kann, fallen die tatsächlichen Beobachtungen einigermaßen in den Verlauf der berechneten Kurve, wobei die größten Abweichungen bei Benutzung der kleinen Dosen entstehen.

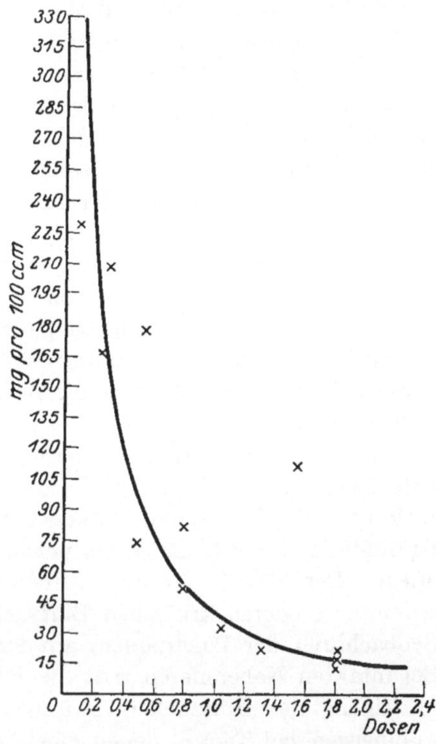

Abb. 21. Kurve des Verhältnisses zwischen den Einheiten Insulin (Abszisse) und der Herabsetzung der Adrenalinhyperglykämie (Ordinaten). (Eadie und Macleod.)

Da nun der Blutzuckeranstieg nach Adrenalin bis zu einem gewissen Grad von dem in der Leber abgelagerten Glykogen abhängig ist und ebenso andere physiologische Faktoren, wie z. B. das schon im Körper vorhandene Insulin, eine Rolle spielen, hat es sich doch gezeigt, daß die Auswertung des Insulins mit dieser Methode nicht genau genug durchgeführt werden kann.

9. Die Möglichkeit eines Einflusses des Adrenalins auf die Erholung von der Insulinhyperglykämie.

Die Vermutung, daß der Beginn des Wiederanstieges des Blutzuckers nach Insulin mit einer Hypersekretion von Adrenalin verbunden ist, steht in Übereinstimmung mit der Tatsache, daß viele hypoglykämische Symptome den durch Adrenalininjektion hervorgerufenen nicht unähnlich sind (die Pupillenerweiterung, der Schweißausbruch, die Pulsbeschleunigung usw.). Eine solche Hypersekretion würde auch der Erklärung des Blutzuckerwieder-anstiegs, der gewöhnlich bei glykogenreichen Tieren auftritt, günstig sein. Cannon, MacIver und Bliss fanden eine Bestärkung ihrer Ansicht in der von ihnen beobachteten Tatsache, daß bei der Katze nach Entfernung der Nebennieren, nachdem der Blutzucker durch Insulin herabgesetzt war, die oft bei Normaltieren auftretende vorübergehende Welle eines Blutzuckeranstieges nicht vorhanden war. Sie betrachten diese vorübergehende Welle als mit einer gesteigerten Adrenalinabgabe verbunden. Andererseits fanden sie, daß Insulin bei Katzen, denen eine Nebenniere entfernt und die andere entnervt worden war, viel häufiger Krämpfe hervorruft, als es bei normalen Tieren der Fall zu sein pflegt. Der Beweis für eine Adrenalinsekretion bei einem bestimmten niederen kritischen Blutzuckerspiegel wurde durch die Beobachtung der Pulsfrequenz am denervierten Herzen erhalten. Bei intakten Nebennieren tritt die Beschleunigung bei einer Erniedrigung des Blutzuckers zwischen 0,110 und 0,070 vH auf, wohingegen bei Tieren, denen eine Nebenniere entfernt und die andere entnervt worden war, keine Pulsbeschleunigung auftrat.

So behauptet auch Lewis (1923), daß die Insulinwirkung bei nebennierenlosen Ratten viel gefährlicher ist als bei normalen, und nach Sundberg (1923) sind Kaninchen, bei denen das Nebennierenmark zerstört ist, viel empfänglicher für Insulin. Immerhin können diese Ergebnisse von der Allgemeinschädigung der Operation selbst abhängen, denn, wie Stewart und Rogoff gezeigt haben, hat Insulin an nach ihrer Methode nebennierenexstirpierten Kaninchen genau denselben Einfluß als an Normaltieren, und sie konnten keinen Anhaltspunkt dafür erhalten, daß infolge von Insulininjektionen der Adrenalingehalt des Nebennieren-venenblutes ansteigt.

Boothby und Rowntree kamen zu dem Schluß, daß während der Insulinhypoglykämie eine Adrenalinhypersekretion eintritt, wobei sie ihre Beweisführungen auf den gewöhnlich beobachteten Anstieg des Sauerstoffverbrauches basierten.

10. Adrenalin als ein Gegengift gegen das Insulin.

Als ein klinisches Gegengift für die hypoglykämischen Symptome ist das Adrenalin besonders dann am Platze, wenn es durch einen Bewußtseinsverlust unmöglich geworden ist, Zucker per os zuzuführen. Als ein den Blutzucker erhöhendes Mittel ist es aber nur brauchbar, wenn die Leber Glykogen enthält, was bei unbehandelten Fällen von schwerem Diabetes unwahrscheinlich zu sein pflegt. Wenn das Bewußtsein wiedererlangt ist, sollte man immer Zucker per os zuführen, da ja die Adrenalinwirkung schnell vorübergeht; ebenso muß sorgfältig darauf geachtet werden, daß man keine Shock hervorrufenden Dosen verabreicht.

11. Die Nebennierenhypothese des Pankreasdiabetes.

Wenn auch von verschiedenen Gesichtspunkten aus diese Hypothese anziehend sein mag, so kann man doch nicht von ihr sagen, daß sie durch überzeugende Beweise gestützt wird. Stewart und Rogoff (1918, 1920, 1922, 1923) haben gezeigt, daß die früheren Untersuchungen von Zuelzer, Mayer, Frouin und Hédon und Giraud, in denen behauptet wurde, daß bei Tieren nach gleichzeitiger Pankreas- und Nebennieren-Exstirpation keine Hyperglykämie und Glykosurie auftrete, keinen Schluß zulassen, auf Grund des durch die doppelte Operation hervorgerufenen Shocks.

Um diese Hypothese genau zu prüfen, ist es, worauf sie hinweisen, notwendig, einen Weg ausfindig zu machen, auf dem die Tiere nach der Entfernung beider Drüsen einige Tage in einem ertragbar normalen Zustande am Leben erhalten werden können. Dies war sogar in den sehr sorgfältig ausgeführten Versuchen von Hédon und Giraud nicht erreicht worden. Diese Untersucher exstirpierten die Nebennieren bei Hunden, denen das gesamte Pankreas vorher entfernt worden war und die nur ein in die Bauchhaut eingenähtes Transplantat behalten hatten. Unmittelbar nach der Nebennierenexstirpation wurde das Transplantat entfernt, und es zeigte sich, daß der Blutzucker nur einen geringen Anstieg aufwies, um darauf in dem Maße unter das normale Niveau zu sinken, als das Tier allmählich moribund wurde. Der Tod trat nach ungefähr 7 Stunden ein.

Man weiß jetzt, daß die schnell tödliche Wirkung der totalen Nebennierenexstirpation viel mehr von der Entfernung der Rinde als der des Markes abhängt, welch letzteres doch die Quelle des Adrenalins darstellt.

Indem sie vom Vorteile dieser Tatsache Gebrauch machten, haben
Stewart und Rogoff diese Versuche wiederholt; dabei exstirpierten
sie eine Nebenniere und zerstörten bei der anderen durch Entnervung
und Markauskratzung mittels einer Curette die Möglichkeit der Adrenalin-
produktion. Nach dieser Operation bleiben die Tiere in einem erträglich
normalen Zustande, wenn sie auch etwas an Gewicht verlieren. Bei einem
dieser Tiere wurde 51 Tage nach der Operation bei einem Blutzucker
von 0,096 vH das Pankreas exstirpiert, worauf sich eine ausgesprochene
Hyperglykämie entwickelte (0,198 vH nach $5^1/_2$ Stunden, 0,286 vH nach
2 Tagen und 0,278 vH nach 6 Tagen), die von einer Glykosurie begleitet
war. Das Tier lebte 1 Woche lang nach der Pankreasexstirpation und
fraß täglich große Mengen von Fleisch. In einem anderen Versuch,
der ähnliche Resultate ergab, wurde die zurückbleibende (ausgekratzte)
Nebenniere 5 Tage nach der Pankreasexstirpation entfernt, aber sogar
hier betrug der Blutzucker nach $18^1/_2$ Stunden noch 0,288 vH, worauf er
dann abzufallen anfing und 48 Stunden nach der Nebennierenexstirpation
0,08 vH erreichte. Das Tier starb nach 67 Stunden infolge eines Kollapses, wobei der Blutzucker 0,054 vH betrug. Wie man erwarten konnte,
wurde die Urinausscheidung während der Entwicklung des Kollapses
stark verringert und der Zuckermenge im Urin ging dementsprechend
zurück.

Wenn man den Wirkungsmechanismus des antagonistischen
Effektes von Insulin auf die Adrenalinhyperglykämie betrachtet,
muß man dieselben Möglichkeiten wie beim Zuckerstich berück-
sichtigen, nämlich: die Verminderung der glykogenspaltenden
Wirkung und ein schnelleres Verschwinden des Zuckers aus dem
Blute. Ein Beweis, daß das erstere wenigstens teilweise verantwortlich ist, wurde von Noble und O'Brien durch die Befunde
aufgestellt, daß die Leber von Tieren, die gleichzeitig Insulin und
Adrenalin erhielten, mehr Glykogen aufwiesen als diejenigen, die
nur Adrenalin bekommen hatten, wobei beide Gruppen von Tieren
die gleiche Nahrung erhielten.

12. Die asphyktische Hyperglykämie.

Seit den Zeiten von Claude Bernard und Eckhard ist es
bekannt, daß nach Asphyxie eine Glykosurie auftreten kann.

In den Jahren 1891—1894 fand Araki, daß die Atmung in sauer-
stoffarmen Atmosphären das Auftreten von Glykosurie, Milchsäureaus-
scheidung und einen Blutzuckeranstieg hervorrief. Nach und nach sah
man es als möglich an, daß eine durch verschiedene andere Mittel verursachte Glykosurie ebenso in einer Asphyxie ihre Ursache haben könnte.
Unter diesen mögen besonders Substanzen erwähnt werden, die die
Sauerstoffbindung durch das Blut beeinflussen, wie z. B. Kohlenoxyd

und andererseits solche, die eine Lähmung der willkürlichen Muskeln wie das Kurare zur Folge haben. Wenn auch Claude Bernard seine Meinung aufrecht erhielt, daß dieses Gift seinen diabetischen Einfluß teilweise durch eine direkte Einwirkung auf die Leberzellen ausübte, so fand Schiff (1858), daß es keine Glykosurie hervorrief, wenn künstliche Atmung mit Luft oder Sauerstoff ausgeführt wurde. Seelig (1905) behauptete, daß die durch Äther hervorgerufene Glykosurie auch der Asphyxie zuzuschreiben sei, und daß sie durch Sauerstoffatmung verhindert werden könnte. Ebenso fand Underhill (1905) für das Piperidin als ein Hyperglykämie hervorrufendes Agens die Asphyxie als Ursache.

Diese Untersuchungen zeigen zur Genüge, daß Hyperglykämie und Glykosurie von Asphyxie abhängen können und bei einer weiteren Betrachtung dieses Gegenstandes drängen sich die folgenden Fragen von ganz allein auf:

1. Ist die Glykosurie immer von einer Hyperglykämie abhängig? Seit der Einführung der modernen Methoden zur Blutzuckerbestimmung war es ein leichtes, zu zeigen, daß eine wie auch immer hervorgerufene Asphyxie einen sehr schnellen Blutzuckeranstieg zur Folge hat, vorausgesetzt, daß die Glykogenspeicher genügend gefüllt sind; dies kann auch an narkotisierten Tieren gezeigt werden. So trat bei einem mit Äther narkotisierten Hunde 30 Minuten nach intermittierender Asphyxie eine Hyperglykämie auf und der Blutzucker stieg nach $2\,{}^1/_2$ Stunden auf 0,42 vH an. Nach dem Aufhören der Asphyxie fährt der Blutzucker (bei narkotisierten Hunden) gewöhnlich für ungefähr eine halbe Stunde zu steigen fort, um dann allmählich abzufallen. In neueren Experimenten fanden wir in Zusammenarbeit mit McCormick an nicht narkotisierten Tieren einen Blutzuckeranstieg sogar dann, wenn die Leber nur eine kleine Menge Glykogen aufwies. Diese Tatsache ist ein Anzeichen dafür, daß die Asphyxie ein besonders mächtiger Reiz für das Entstehen einer Hyperglykämie ist, und deswegen benutzen sie Stewart und Rogoff (1917) als eine Probe zur Bestimmung, ob ein Tier zum Nachweis einer Hyperglykämie durch andere experimentelle Einflüsse brauchbar ist.

2. Ist die Hyperglykämie dem Sauerstoffmangel oder der Kohlensäureanhäufung zuzuschreiben? Araki betrachtete den Sauerstoffmangel als die wesentliche Ursache, während Schiff, Tiffenbach und Eadie (1902) behaupteten, daß die Kohlen-

säureanhäufung dafür verantwortlich zu machen sei. Die genaueste Untersuchung in bezug auf diese Frage ist die von Kellaway (1920), der bei nicht narkotisierten Tieren beobachtete, daß Einatmung von Luftgemischen, die arm an Sauerstoff waren, viel leichter einen Anstieg des Blutzuckers hervorriefen als solche, die ohne Sauerstoffmangel ein Übermaß an Kohlensäure enthielten. Nach 8 Minuten langer Atmung eines Luftgemisches, das 5 vH Sauerstoff enthielt, fand er einen Blutzuckeranstieg von 0,126 vH auf 0,421 vH. In einem anderen ähnlichen Versuch rief ein Gasgemisch von 7,3 vH Sauerstoffgehalt nach zwei und einer Viertelstunde nur einen Blutzuckeranstieg auf 0,156 vH hervor. Andererseits konnten Kohlensäuremengen unter 5 vH ohne Erscheinungen vertragen werden, vorausgesetzt, daß der Sauerstoff in normaler Menge vorhanden war. Hieraus kann man den Schluß ziehen, daß bei einer gewöhnlichen Asphyxie der Sauerstoffmangel der bedeutendste Faktor für die Ursache der Hyperglykämie ist, daß aber auch die Kohlensäureanhäufung dabei eine Rolle spielt.

3. Ist die Hyperglykämie vollständig von einer beschleunigten Glykogenspaltung in der Leber abhängig? Stewart und Rogoff waren nicht in der Lage, irgendeine Hyperglykämie bei zwei Kaninchen zu beobachten, bei denen sich nach dem Tode kein Glykogen in der Leber vorfand. Immerhin ist es schwierig, in dieser Frage zu einer Antwort zu kommen, wenn man die Wirkung der Asphyxie an hungernden und gut genährten Tieren beobachtet, da es ja möglich ist, daß, obgleich man nach dem Tode kein Glykogen auffinden kann, dieses doch vor dem Beginn der Asphyxie vorhanden gewesen sein kann. Das Problem wurde deshalb dahingehend untersucht, ob es möglich war, daß eine Asphyxie nach der Ausschaltung der Leber aus der Zirkulation durch eine Ecksche Fistel und Unterbindung der Leberarterie (Macleod) eine Hyperglykämie hervorrufen konnte. In 6 von 7 Versuchen dieser Art brachte die durch Abklemmen des Respirationsschlauches hervorgerufene Asphyxie nur einen leichten Zuckeranstieg in arteriellem Blute zustande. Bei drei anderen auf gleiche Weise operierten Hunden war bei einer vollständig lähmenden Dosis Kurare, eine Einwirkung auf den Blutzuckerspiegel nicht zu beobachten. Aus diesen Versuchen können zwei wichtige Schlüsse gezogen werden:

1. daß die asphyktische Hyperglykämie nicht von einer Herabsetzung der oxydativen Vorgänge in den Geweben abhängig sein kann und
2. daß das Muskelglykogen nicht als Quelle für den vermehrten Zucker dienen kann.

Ein Versuch zur Erklärung einer solchen Wirkung des asphyktischen Blutes wurde auf die folgende Art gemacht:

Von einem asphyktischen Tier wurde Blut in eine mit Wasserstoff gefüllte Flasche entnommen, defibriniert und dann durch Glasröhren, die mit Wasserstoff gefüllt waren, in andere Gefäße mit Leberbrei und defibriniertem Blut übergeführt. Diese Mischung wurde dann in einer Wasserstoffatmosphäre bebrütet und die Geschwindigkeit, mit der das Glykogen aus der Mischung verschwand, mit Kontrollen, die gleiche Mengen von Leber und arteriellem Blut in einer Sauerstoffatmosphäre enthielten, verglichen. Nach 3stündiger Bebrütung fand sich im arteriellen Blut eine Glykogenspaltung von 45 vH in einem Versuche und in einem anderen von 48 vH, während die Glykogenspaltung im asphyktischen Blut 42,7 und 48 vH betrug. Im Gegensatz zu diesen Ergebnissen konnte leicht gezeigt werden, daß die Geschwindigkeit der Glykogenspaltung stark beschleunigt wurde, wenn die Atmosphäre Kohlensäure enthielt. Diese Ergebnisse sind also kein Anzeichen dafür, daß asphyktisches Blut einen beschleunigenden Einfluß besitzt. Immerhin muß an den grundlegenden Unterschied der Bedingungen in diesen Versuchen im Vergleich zu denen am intakten Tier erinnert werden. In Versuchen in vitro kann nur ein geringer unveränderlicher Betrag an Blut mit der Leber in Berührung kommen, wohingegen im Körper dauernd große Mengen durch dieses Organ hindurchgehen. Ebenso können Veränderungen in der Wasserstoffionenkonzentration innerhalb der Leberzelle auftreten, ohne daß es zu nachweisbaren Veränderungen im Blute selbst kommt.

4. Ist die nach Asphyxie gesteigerte Zuckerproduktion in der Leber einer direkten Wirkung durch das Blut oder der asphyktischen Reizung der Nerven oder beiden Prozessen zuzuschreiben? Da es wohl bekannt ist, daß während der Asphyxie alle Hauptnervenzentren gereizt werden, sollte man erwarten, daß die Zentren die die Glykogenspaltung in der Leber kontrollieren, auch eingeschlossen sind. Um dieses zu zeigen, wurde die Leber der nervösen Kontrolle entzogen, indem man die Fasern des Plexus hepaticus durchschnitt. In 8 Versuchen dieser Art an narkotisierten Hunden rief eine mechanische hervorgerufene Asphyxie bei 6 Hunden eine Hyperglykämie hervor, welche bei zweien ausgesprochen und bei den anderen nur leichten Grades war. Bei vier Kurareversuchen trat eine zweifellose Hyperglykämie auf. Soweit

man aus diesen Versuchen Schlüsse ziehen kann, scheint es, daß
die Asphyxie bei intakter Nervenkontrolle der Leber in Hinsicht
auf die Hyperglykämie wirksamer ist. Augenscheinlich kann nur
eine intensive Asphyxie, wie nach Kurare, direkt auf die Leberzellen einwirken und es besteht die Wahrscheinlichkeit, daß diese
Wirkung einer ph-Änderung im Blute zuzuschreiben ist. Wie
schon an anderer Stelle auseinandergesetzt worden ist, ist es unmöglich, in Leberextrakten irgendeinen Unterschied in der Wirkung der Glykogenase zu zeigen, wenn man normale Tiere mit
asphyktischen vergleicht. Andererseits ist es wohl bekannt, daß
die Diastasewirkung durch eine leichte Erhöhung der Acidität
stark beschleunigt wird, vorausgesetzt, daß die ursprüngliche
Reaktion der Fermentmischungen nicht schon an der sauren Seite
der Neutralität lag. Aus diesem Grunde kann die Kohlensäureanhäufung im asphyktischen Blut zusammen mit anderen durch
den Sauerstoffmangel entstehenden Säuren für die hyperglykämische Wirkung verantwortlich gemacht werden, indem sie die
Glykogenspaltung in der Leber beschleunigen.

Deshalb können wir den Schluß ziehen, daß bei der Asphyxie
das die Glykogenspaltung fördernde Zentrum zuerst durch geringe
Änderung in der Wasserstoffionenkonzentration, die einem Anstieg der CO_2-Spannung zuzuschreiben ist, gereizt wird, daß
aber dann, wenn die Asphyxie intensiver wird und daher auch die
Wasserstoffionenkonzentration weiter ansteigt, die glykogenspaltende Funktion der Leber auch direkt gereizt wird. Die durch
die Asphyxie hervorgerufenen Krämpfe tragen zu dieser Wirkung
noch bei, und man kann es wohl teilweise diesem Faktor zuschreiben, daß bei diabetischen Patienten erschöpfende Muskelarbeit eine schwerere Glykosurie hervorrufen kann. In welchem
Grade eine Hypersekretion von Adrenalin ein Faktor sein kann,
der auch zu diesem Zustande beiträgt, wird später noch besprochen werden.

Inwieweit die Hyperglykämie nach Reizung afferenter Nerven,
Verabreichung von Narkotica, Blutungen usw. einer Asphyxie
zuzuschreiben ist, kann nicht endgültig festgestellt werden, aber
dennoch ist es wichtig, daß man diesen Faktor ständig be-
rücksichtigen soll. Ich fand, wenn man durch intratracheale
Verabreichung von Sauerstoff Asphyxie vollständig verhütete,
daß die Reizung des zentralen Vagusendes oder des Rückenmarks

keinen bemerkenswerten Anstieg im Blutzucker verursachte. So stieg in einer Durchschnittszeit von 90 Minuten nach der ersten elektrischen Reizung des Nervus ischiaticus der Blutzucker bei 8 Hunden nur auf durchschnittlich 0,170 vH, wenn gleichzeitig Sauerstoff geatmet wurde, bei 7 anderen Hunden, denen kein Überschuß an Sauerstoff zugeführt wurde, stieg der Blutzucker durchschnittlich in einer Stunde auf 0,222 vH an. In ähnlicher Weise ist die hyperglykämische Wirkung solcher Substanzen wie Coniin, Nicotin, Piperidin und Pyridin wahrscheinlich hauptsächlich von der Störung des respiratorischen Mechanismus abhängig (Underhill).

13. Narkotica.

Gewöhnlich hat man auch die Asphyxie als das verantwortliche Moment für die mit einer Allgemeinnarkose verbundenen Hyperglykämie angesehen, aber Tatum und Atkinson (1922) haben doch einige Beweise herbeigebracht, die zeigen, daß auch andere Faktoren mit inbegriffen sind und daß die Wirkung teilweise eine periphere ist. Einige Beobachter glauben, daß eine Hypersekretion von Adrenalin für den Blutzuckeranstieg verantwortlich zu machen ist (Keeton und Roß 1919), was aber von Stewart und Rogoff (1917, 1918) verneint wird. Fujii (1921) fand, daß Äther nach doppelseitiger Splanchnicusdurchschneidung eine geringere Hyperglykämie verursachte; dieses Ergebnis mag von verschiedenen Faktoren abhängen. Der Grad der Hyperglykämie ist annähernd der Intensität der Narkose proportional, wenigstens beim Äther, und zweifellos spielt dabei die Asphyxie eine Rolle, zumal da eine intratracheale Zuführung von Sauerstoff zusammen mit einer leichten Äthernarkose nur leichte Grade von Hyperglykämie hervorruft. Morphium und Urethan erzeugen einen ausgesprochenen Blutzuckeranstieg, dagegen hat ein sehr stark wirksames Narkoticum wie die Isoamyläthylbarbitursäure (Amytal) diese Wirkung nicht, wie es von Page (1923) und Edwards und Page (1924) gezeigt worden ist und was auch wir wiederholt bestätigen konnten.

14. Die Insulinwirkung auf die asphyktische Hyperglykämie.

Bei unter Insulinwirkung stehenden Tieren (Kaninchen) verursacht Asphyxie selten einen Blutzuckeranstieg, und wenn es der Fall ist, so kehrt der Blutzucker sehr bald auf das niedrige Niveau

zurück, auf dem er sich vor der Asphyxie befand. In Abb. 22 sind
die Kurven solcher Versuche wiedergegeben, sie bedürfen wohl

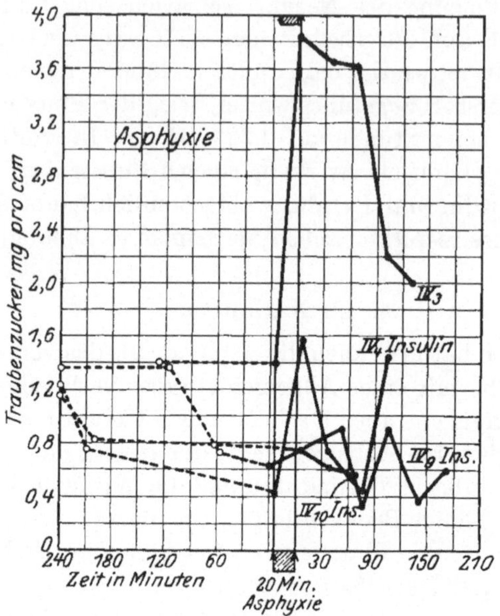

Abb. 22. Kurven der Asphyxiewirkung bei normalen und insulininjizierten Kaninchen
(Banting usw.).

keiner besonderen Erklärung. Ebenso verhindert Insulin die Entwicklung einer Hyperglykämie bei Kohlenoxydvergiftungen.

15. Die Insulinwirkung auf die durch Narkotica
hervorgerufene Hyperglykämie.

Wenn man während einer Insulinhypoglykämie Kaninchen
Äther einatmen läßt, so steigt der Blutzucker, wenn überhaupt,
in einem geringen Maße und umgekehrt, wenn man während einer
Ätherhyperglykämie Insulin verabreicht, verursacht es einen sehr
schnellen Blutzuckerabfall (Abb. 23). Bei Hunden, bei denen eine
durch Äther hervorgerufene Hyperglykämie bereits besteht, benötigt man mehr Insulin, um den Blutzucker auf eine normale Höhe
herabzudrücken, als wenn man den Tieren das Insulin vor der
Äthernarkose verabreicht. Diese Beobachtung stimmt mit der
klinischen Erfahrung überein, daß das Insulin bei der Verkleinerung

des Risikos chirurgischer Eingriffe an diabetischen Patienten viel wertvoller ist, wenn man es einige Zeit vor der Verabreichung des Narkoticums gibt, als wenn es nur zur Zeit der Operation verabreicht wird. Dies mag teils seinen Grund darin haben, daß irgendein, wenn auch nur vorübergehender Grad von Hyper-

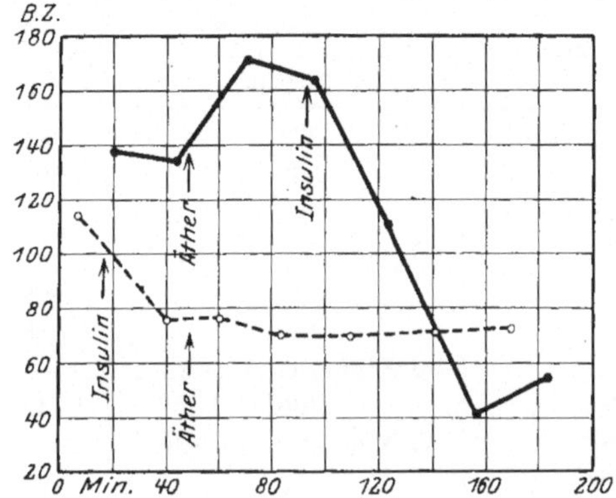

Abb. 23. Kurven der Insulinwirkung, wenn es vor und während der Äthernarkose verabreicht wird (Markowitz).

glykämie das chirurgische Risiko vermehrt. Ein anderer und wahrscheinlich viel wichtigerer Grund für die Wirkung einer vorausgehenden Insulinbehandlung liegt wohl in der Glykogenablagerung in der Leber.

Eine außerordentlich bedeutsame Tatsache ist die, daß das Insulin selten den Blutzucker bei diabetischen (pankreaslosen) Hunden während einer Äthernarkose herabsetzt. Dieses geht aus den folgenden von Hepburn, Latchford, McCormick und Macleod (1924) erhaltenen Resultaten hervor, wo ein Hund 5 Tage nach der Pankreasexstirpation ungefähr 10 Uhr 30 vormittags mit Äther narkotisiert wurde und dann in häufigen Zwischenräumen Blut zur Analyse aus der Femoralarterie entnommen wurde (S. Tabelle S. 244).

In einem anderen ähnlichen Versuche, bei dem 190 Einheiten Insulin als eine Dosis verabreicht wurden, fiel der Blutzucker in zwei Stunden nur von 0,329 auf 0,302 vH. Es kann kein Zweifel bestehen, daß das Insulin bei pankreaslosen Hunden während einer Äthernarkose praktisch wirkungslos ist. Ob die Hyperglykämie nicht auftreten würde, wenn pankreaslose Tiere, die einige Zeit

vorher eine große Menge Insulin erhalten haben, mit Äther narkotisiert werden, bleibt noch zu untersuchen. Wie es scheint,
neutralisiert die Ätherwirkung diejenige des Insulins, wenn kein
Leberglykogen vorhanden ist. Die Anwendung dieser Beobachtungen auf die klinische Praxis ist wohl klar.

Zeit	Blutzucker mg vH	
	A. femoralis	V. femoralis
11^{12} vorm.	373	384
11^{40} „	368	365
12^{05} nachm.	383	geronnen
12^{06} „	40 Einheiten Insulin	—
12^{44} „	414	409
1^{40} „	430	418
—	60 Einheiten Insulin	—
2^{46} „	460	442
2^{47} „	60 Einheiten Insulin	—
3^{35} „	472	443
3^{40} „	60 Einheiten Insulin	—
4^{55} „	450	430

(Hepburn u. a.).

Stewart und Rogoff (1923) haben gezeigt, daß das Insulin
eine durch Morphium hervorgerufene Hyperglykämie verhindern
kann. Es beeinflußt aber nicht die durch dieses Alkaloid hervorgerufenen Allgemeinsymptome, wenn es auch den bei Katzen
gewöhnlich auftretenden Temperaturanstieg hemmt.

16. Die vermutliche Beziehung der Nebenniere zur nervösen Hyperglykämie.

Blum vermutete auf Grund seiner Entdeckung der glykosurischen Wirkung des Adrenalins, daß die Glykosurie durch
Zuckerstich einer Reizung der Nebennieren zuzuschreiben sein
könnte. Die nahe Beziehung der Drüse zum sympathischen Nervensystem bildete eine Stütze für diese Vermutung, und im Jahre
1906 stellte André Mayer die Behauptung auf, daß der Zuckerstich nach doppelseitiger Nebennierenexstirpation bei Kaninchen
keine Glykosurie hervorriefe.

Fünf Jahre später kam Kahn (1911) auf Grund zahlreicher Versuche
zu dem Schluß, daß die Wirkung des Zuckerstiches und der Splanchnicus-

reizung von einer Erregung der Nebennieren abhinge, indem beide eine übernormale Adrenalinsekretion des chromaffinen Gewebes verursachten. Diese Untersuchungen rufen kein Vertrauen hervor, da auf die vielen komplizierenden Faktoren, die die Resultate erklären könnten, keine Rücksicht genommen wurde. Überdies sind viele der Kahnschen Beweise auf Befunde basiert, die sich auf ausgesprochene Veränderungen der chromaffinen Substanz nach Zuckerstich beziehen, die nach seiner Voraussetzung eine gesteigerte Adrenalinsekretion anzeigen müßten, wobei er aber keine Rücksicht auf die Möglichkeit nimmt, daß eine solche Veränderung nicht nur von einer vermehrten Adrenalinabgabe, sondern auch von einer verminderten Produktion abhängen kann. Einen ferneren Beweis für seine Ansicht sah er in der Tatsache, daß er nach dem Zuckerstich eine höhere Adrenalinkonzentration in der Nebennierenvene feststellte, als vorher. Zu diesem Zwecke wurde das Blut aber nicht direkt aus der Nebennierenvene entnommen, sondern aus der Vena cava, und der Adrenalingehalt wurde auf Grund der vasokonstriktorischen Eigenschaften des Blutes bestimmt, ohne dabei Rücksicht auf die Tatsache zu nehmen, daß in diesen Versuchen auch andere blutdrucksteigernde Substanzen als Adrenalin entstehen können, worauf Stewart und Rogoff hingewiesen haben. Selbst wenn er erfolgreich einen vermehrten Adrenalingehalt des Blutes demonstriert hätte, hat er nicht zeigen können, daß diese Vermehrungen groß genug waren, um die ausgesprochene Hyperglykämie zu erklären, die der Zuckerstich so prompt hervorrufen kann. Dieselbe Kritik gilt auch für die Arbeiten von Wakemann und Smit (1908) und von Borberg (l. c. Bang). Der letztere benutzte die Ehrmannsche Reaktion und behauptete, daß nach dem Zuckerstich die Adrenalinmenge des Nebennierenvenenblutes vermehrt ist. Die von Jarisch (1914) aufgestellte Nebennierenhypothese des Zuckerstiches kann auf Grund der unbefriedigenden Natur der von ihm veröffentlichten Versuchsresultate nicht akzeptiert werden. Im Hinblick auf die Tatsache, daß der Grad der Hyperglykämie nach dem Zuckerstich bei verschiedenen Tieren ungeachtet des richtigen Sitzes der Punktion im verlängerten Mark beträchtlich variieren kann, muß sehr sorgfältig darauf geachtet werden, daß nicht nur bei allen Versuchstieren der Leberglykogengehalt ein sehr großer ist, sondern, daß auch eine genügende Anzahl von Versuchen ausgeführt werden, um die Variabilität der erhaltenen Resultate selbst in Fällen eines genügenden Glykogenvorrates auszugleichen.

Bei Arbeiten dieser Art sind positive Resultate viel wertvoller als negative, wenn z. B. bei einem nebennierenlosen Tier, dessen Leber große Glykogenmengen enthält, durch den Zuckerstich eine ausgesprochene Hyperglykämie hervorgerufen werden kann, so scheint der Schluß, daß die Nebennieren keine wesentliche Rolle spielen, festzustehen. Ein Beweis solcher Art ist von Stewart und Rogoff (1917) geführt worden.

Bei einem Kaninchen wurde zuerst eine Nebenniere entfernt und nach der Erholung von der Operation die zurückbleibende vollkommen entnervt. Einige Zeit nach der zweiten Operation, nachdem große Mengen kohlehydratreicher Nahrung gefüttert wurden, führte man dann unter Lokalanästhesie mittels der Eckhardschen Methode den Zuckerstich aus. Blutzuckerentnahmen wurden vor dem Zuckerstich und $1\,{}^1/_2$, 2 und $2\,{}^1/_2$ Stunden nachher gemacht. Endlich wurde dann das Tier noch asphyktisch gemacht, bis die Herzaktion sich verlangsamte, wobei man dann eine vierte Blutprobe entnahm. Dies wurde aus dem Grunde getan, um sicherzustellen, daß das Tier in einem Zustande war, in dem es hyperglykämisch werden konnte. Wir wollen im folgenden die Versuchsresultate anführen: Die rechte Nebenniere wurde am 19. November entfernt und die linke am 30. November entnervt. Am 19. Februar fand sich bei dem im ausgezeichneten Zustande befindlichen Kaninchen ein Blutzucker von 0,12 vH, der 2 Stunden nach dem Zuckerstich auf 0,35 vH und nach $3\,{}^1/_2$ Stunden auf 0,45 vH anstieg. Darauf wurde das Tier für eine Periode von ungefähr 20 Minuten asphyktisch gemacht, mit dem Erfolge, daß der Blutzucker auf ungefähr 0,52 vH anstieg. Das Leberglykogen betrug in diesem Falle 2,4 vH und bei der Sektion fand sich kein akzessorisches chromaffines Gewebe. Dieses ist der überzeugendste Versuch. Immerhin wurden Ergebnisse ähnlicher Art bei zwei anderen Tieren erzielt. Es ist allerdings wahr, daß bei einigen nebennierenlosen Tieren, die eine verhältnismäßige Menge von Glykogen besaßen, sich weder nach dem Zuckerstich, noch nach einer Asphyxie eine Hyperglykämie entwickelte. Aber Stewart und Rogoff sehen diese negativen Resultate als bedeutungslos an, da es ja ebenso bei normalen Tieren vorkommen kann, daß nach Zuckerstich oder Asphyxie keine Hyperglykämie auftritt. Wertheimer, Battez (1910), Freund und Marchand (1914) und Trendelenburg und Fleischhauer (1913) stimmen auf Grund offensichtlich einwandfreier Versuche dem von Stewart und Rogoff gezogenen Schluß bei, daß beim Zuckerstich nicht die Hypersekretion von Adrenalin die Ursache der Hyperglykämie ist. Als ein Nebenbefund zeigen die Resultate von Stewart und Rogoff über allen Zweifel, daß die Glykogenbildung wenig, wenn überhaupt, durch die Nebennierenexstirpation beeinflußt wird.

Es ist klar, daß, wenn eine Hypersekretion von Adrenalin die unmittelbare Ursache der gesteigerten Glykogenspaltung bei den verschiedenen Formen der nervösen Hyperglykämie sein würde, es möglich sein müßte, das Adrenalin auch für die durch die Reizung des Nervus splanchnicus maior hervorgerufene Hyperglykämie verantwortlich zu machen. Bei diesem Versuche sind auch solche Störungen wie Asphyxie und vasculäre Änderungen der allgemeinen Zirkulation nicht in solchem Grade wie beim Zuckerstich vorhanden. Tatsächlich ist nun die Splanchnicusreizung nach der Exstirpation einer Nebenniere auf der korrespondierenden Seite ohne Wirkung auf den Blutzucker (Christie, Pearce und Macleod 1911). Auf den ersten Blick würde dieses Ergebnis den

Gesichtspunkt unterstützen, daß eine Adrenalinhypersekretion für die bei Tieren mit intakten Nebennieren auftretende Hyperglykämie verantwortlich zu machen sein müßte. Fernere Untersuchungen von Pearce und Macleod zeigten, daß die Reizung des Splanchnicus ebenso ihre gewöhnliche Wirkung vermissen ließ, nachdem man die Nervenverbindung zwischen den Nebennieren und der Leber ohne Schädigung der Nebennieren oder ihrer Nervenverbindungen zerstört hatte. Dieses Ergebnis würde scheinbar den Schluß rechtfertigen, daß eine gesteigerte Adrenalinsekretion der Nebennieren in das Blut an sich keine Hyperglykämie verursachen kann, wobei Stewart und Rogoff überzeugend gezeigt haben, daß eine solche Reizung einen ausgesprochenen Adrenalinanstieg des Nebennierenblutes hervorruft. Wir stehen deshalb zwei sich widersprechenden Ergebnissen gegenüber: 1. daß die Reizung des Splanchnicus nach Nebennierenexstirpation keine Hyperglykämie hervorruft und 2. daß die Splanchnicusreizung bei intakten Nebennieren aber durchtrennten Lebernerven ebenso ohne eine Einwirkung auf den Blutzucker bleibt. Wie es scheint, ist das Vorhandensein der Nebenniere als auch die Integrität der Nervenverbindungen wesentlich, und zur Erklärung eines solchen Zustandes müssen wir voraussetzen, daß die nervöse Kontrolle des glykogenspaltenden Mechanismus von dem Vorhandensein einer gewissen Adrenalinkonzentration im Blute abhängig ist. Um diese Möglichkeit zu prüfen, wurden die Wirkungen der Reizung des peripheren Endes des Plexus hepaticus vor und nach der Entfernung der Nebennieren verglichen, die Versuchsresultate sind in der folgenden Tabelle (S. 248) zusammengefaßt.

Bei intakten Nebennieren stieg der Blutzucker nach Plexusreizung sehr schnell an, wogegen nach der Nebennierenexstirpation (mit einer Ausnahme) ein leichter Abfall festzustellen war.

Gegen diese Versuche sind zwar Einwände möglich; der eine ist der, daß die Tiere narkotisiert waren, und der andere, daß das Fehlen der Wirkung nach Nebennierenexstirpation nicht durch das aktuelle Fehlen des Adrenalins im Blut, sondern durch einen durch

---

¹) Die in den Klammern befindlichen Zahlen geben die Zeit, die seit der letzten Nervenreizung verstrichen.

²) und ³) In diesen Versuchen wurden dieselben Tiere vor und nach der Nebennierenexstirpation beobachtet.

Der Einfluß der Reizung des Plexus hepaticus auf die Zuckermenge
im Plasma der V. cava.

Vor der Reizung g vH	Nach der Reizung g vH	Zeitintervall zwischen I u. II Minuten
A. Bei intakten Nebennieren		
I	II	
0,153	0,179	6
[1]) 0,165 (17)	0,204	7
0,150	0,294	6
0,125	0,160	8
0,233 (15)	0,243	3
0,292 (20)	0,372	8
0,425 (14)	0,472	6
[2]) 0,124	0,140	8
[3]) 0,156	0,194	10
B. Nach Nebennierenexstirpation		
0,155	0,149	8
0,133 (20)	0,120	8
0,323	0,274	8
0,239	0,225	8
0,141	0,145	9
0,137 (16)	0,126	10
[2]) 0,144	0,133	8
—	0,110	25
[3]) 0,273	0,400	10
0,179	0,157	(10)

die Operation hervorgerufenen Shockzustand bedingt war. Stewart
und Rogoff haben alle Arbeiten, in denen Schlüsse aus Resultaten
unter diesen Bedingungen gezogen wurden, richtig kritisiert und
wir sind uns wohl bewußt, daß ihre Kritik auch auf diese Versuche
anwendbar ist. Andererseits möchten wir darauf hinweisen, daß
bei unseren Versuchen der Zeitraum zwischen der Nebennierenexstirpation und der Plexusreizung (30 Minuten) wahrscheinlich
nicht lang genug war, um einen tiefen Shock hervorzurufen, und
andererseits war offensichtlich doch eine Verringerung der Adrenalinkonzentration in einem Grade eingetreten, der die Leit-
fähigkeit des Nervenweges herabsetzte.

17. Die Beziehungen der asphyktischen und der durch Narkose hervorgerufenen Hyperglykämie zu einer Hypersekretion von Adrenalin.

Es wird behauptet, daß nach Nebennierenexstirpation der Blutzucker von keinem dieser Zustände in irgendeinem Grade beeinflußt wird, der mit dem beim normalen Tiere auftretenden vergleichbar ist. Cannon und Hoskins (1911), Elliott (1912) und von Anrep und Kellaway (1912) haben Versuche angestellt, aus denen hervorgeht, daß infolge von Asphyxie und Narkose eine vermehrte Ausschwemmung von Adrenalin aus der Nebenniere stattfindet, wenn auch Gley und Quinquad (1918) und Stewart und Rogoff ihre Beweisführung nicht als hinreichend betrachten. Zur Stützung ihrer Stellungnahme haben Stewart und Rogoff zahlreiche Versuche veröffentlicht, in denen sich nach Asphyxie oder Äthernarkose bei Kaninchen, denen eine Nebenniere exstirpiert und die andere entnervt war, eine ausgesprochene Hyperglykämie einstellte. Auch wurden verschiedene Beobachtungen an Kaninchen gemacht, die die Entfernungen beider Nebennieren überlebten und bei denen daher die vollständige Entfernung der Adrenalinquelle im Körper nicht fraglich sein kann. Allerdings ist es wahr, daß nach einer solchen doppelseitigen Operation immer noch etwas accessorisches chromaffines Gewebe zurückbleiben kann. Aber angesichts der überzeugenden Resultate scheint es unglaubhaft, daß solche kleinen Gewebsspuren eine genügende Menge Adrenalin produzieren können, um die erhaltenen Resultate, welche der folgende Versuch zeigt (Stewart und Rogoff), auf sie zu beziehen.

Die rechte Nebenniere wurde am 19. September exstirpiert und die linke am 21. Oktober, der Blutzucker betrug am 25. November 0,13 vH, wobei sich das Tier in einem ausgezeichneten Zustande befand. 25 Minuten nach Beginn einer leichten Äthernarkose stieg der Blutzucker auf 0,16 vH an, und nach einer Stunde auf 0,27 vH. Darauf wurde das Tier so stark asphyktisch gemacht, daß eine Verlangsamung der Herzaktion festzustellen war. 20 Minuten danach war der Blutzucker auf 0,37 vH angestiegen. Der Leberglykogengehalt betrug bei diesem Tiere 3,13 vH.

Aus Gründen der Raumbeschränkung können wir hier nicht näher auf eine Auseinandersetzung der von beiden Seiten herbeigebrachten Beweise für die gegensätzliche Anschauung eingehen, ob bei Asphyxie oder in der Narkose tatsächlich ein Übermaß an

Adrenalin ins Blut abgegeben wird; aber es scheint doch klar zu sein, daß die Nebennieren auf irgendeine Art mit diesem Vorgang verbunden sind. Ebenso besteht darüber kein Zweifel, daß eine schwere Asphyxie, durch eine Erhöhung der Wasserstoffionenkonzentration des Blutes auf Grund einer gesteigerten Glykogenspaltung, eine Hyperglykämie hervorrufen kann.

Olmsted hat kürzlich durch Versuche an dekapitierten Katzen, die durch künstliche Atmung am Leben erhalten wurden, sehr klare Resultate zu dieser Frage beigetragen. Bei solchen Präparaten ist der Blutzucker unmittelbar nach der Dekapitation sehr hoch, wohl zweifellos infolge der vorausgehenden tiefen Narkose. Er fällt aber im Verlaufe von wenigen Stunden ungefähr auf die Normalhöhe ab. Wenn man nun durch Unterbrechung der künstlichen Atmung eine Asphyxie hervorruft, so tritt sehr schnell eine ausgesprochene Hyperglykämie ein. Werden dagegen die Nebennieren isoliert, so bleibt bei der Asphyxie der Blutzucker praktisch unverändert.

Die allgemeine Schlußfolgerung, die wir ziehen würden, ist die, daß die Nebennieren auf irgendeine Art die Erregbarkeit des Glykogenspaltungsmechanismus der Leber unterhalten. Auf welche Art dieses vor sich geht, sind wir nicht in der Lage, festzustellen.

18. Phlorrhizindiabetes.

Bei dieser Form des experimentellen Diabetes wird der Blutzucker wenig beeinflußt, obgleich große Mengen Zucker im Urin auftreten und der respiratorische Quotient nach Verabreichung von Kohlehydraten nicht mit einem Anstieg antwortet. Die Insulinwirkung auf diese beiden Symptome bei vollständig unter Phlorrhizin gehaltenen Hunden wurde von S. U. Page untersucht; aber es war keineswegs leicht, besonders in Hinsicht auf die Glykosurie befriedigende Daten zu erhalten, und zwar aus dem Grunde, weil die Hunde besonders stark zur Entwicklung hypoglykämischer Symptome neigten und weil das Phlorrhizin an sich bei diesem Tier zu einer Herabsetzung des Blutzuckers neigt. Die Ausatmungsluft wurde in einem ausbalancierten Spirometer aufgefangen, indem man die Hunde durch eine Maske atmen ließ. Die Versuchsresultate eines dieser Versuche finden sich in Tabelle 20.

Tabelle 20.

Nr.	Datum	Zeit	O_2 Aufnahme pro Stunde l	CO_2 Abgabe pro Stunde l	R. Q.	Bemerkungen
Hund 2	1922 5. Juli	—	—	—	—	Täglich Phlorhizin
„	10. „	10^{30} vorm.	3,40	2,40	0,70	—
„	10. „	1^{15} nachm.	3,31	2,35	0,71	40 g Rohrzucker 12^{00} mittags
„	11. „	—	—	—	—	11^{50} vormittags Insulin
„	11. „	2^{15} nachm.	3,52	3,20	0,91	40 g Rohrzucker 12^{05} nachm.
„	12. „	10^{30} vorm.	3,60	2,58	0,72	—
„	12. „	2^{15} nachm.	4,48	3,76	0,83	1^{00} nachm. 40 g Rohrzucker
„	13. „	10^{30} vorm.	3,72	2,70	0,73	—
„	13. „	—	2,90	2,45	0,84	40 g Rohrzucker 11^{50} vormittags

Während sich zwei Stunden nach der Verfütterung von 40 g Rohrzucker am 10. Juli keine Änderung im R. Q. zeigte, stieg dieser am 11. Juli nach einer Insulininjektion auf 0,91 und am 12. auf 0,83, am 13. auf 0,84 an, ein Anzeichen dafür, daß die Insulinwirkung diese Zeit lang angedauert hatte. Eine ähnliche verlängerte Insulinwirkung wurde in einem gleichen Versuch an einem anderen Hunde beobachtet. Bei einem Tier, welches täglich die gleichen Mengen mageren Fleisches erhielt und das unter Phlorrhizin in einem mäßigen diabetischen Zustande (D:N. Quotient 1,8 bis 1,9) gehalten wurde, betrug die tägliche Zuckerausscheidung für eine viertägige Periode 21,24 g, 21,96 g, 20,84 g, 22,14 g, sie fiel am Tage nach der Injektion einer genügenden Insulinmenge (18 E.), die den Blutzucker gerade bis an die Krampfgrenze herabsetzte, auf 16,26 g ab.

Vollständigere Beobachtungen wurden von M. Ringer gemacht, der die Respirationskammer von Graham Lusk benutzte. Während der Beobachtungsperiode bekamen die Hunde keine Nahrung. Der Grad des Anstieges des respiratorischen Quotienten nach Insulin war viel weniger ausgesprochen als in den Beobachtungen von Page. Dies kann der Tatsache zuzuschreiben sein, daß die Überventilation, die ein hervorstechendes Symptom der Insulinhypoglykämie bei Hunden ist, bei dem Gebrauch der Maske, wie sie Letzterer anwandte, eine Abatmung von CO_2 verursachte, die natürlich die Resultate stärker beeinflußt, als wenn, wie in der Respirationskammer, die Beobachtungsperioden länger sind.

Die Bestimmung der täglichen Stickstoff- und Zuckerausscheidung durch Nash haben einen ausgesprochenen Abfall des Stickstoffes am Insulintage gezeigt und ebenso fiel der D:N.-Quotient, um dann wieder anzusteigen.

Da nun der Mechanismus des Phlorrhizindiabetes unbekannt ist, so kann eine Untersuchung der Insulinwirkung auf die beiden Hauptsymptome keine Aufklärung über den Wirkungsmechanismus des Insulins bringen. Beide Substanzen wirken teilweise an intermediären Stoffwechselprodukten, die zwischen dem Zucker und den Substanzen stehen, die letzten Endes oxydiert werden.

XVI. Der Einfluß des Insulins auf den respiratorischen Stoffwechsel.

Bei pankreaslosen Tieren wie auch bei schwer diabetischen Patienten zeigt der respiratorische Quotient nach einer Verabreichung von Zucker keine Änderung oder wenn eine solche vorhanden ist, einen leichten Abfall. Gibt man aber Insulin, so steigt er unmittelbar an und gleichzeitig kommt es auch zu einem Wiederauftreten von Glykogen in der Leber. Diese beiden Prozesse gehen Hand in Hand und es war zu erwarten, daß sie nach Insulininjektion am normalen Tier dasselbe Verhalten zeigen würden, besonders dann, wenn Insulin zusammen mit Zucker verabreicht wird, und daß man auf diese Weise eine Erklärungsmöglichkeit für das schnelle Verschwinden des Zuckers aus dem Blut finden könnte.

Zweifellos tritt der Zucker, der nach Insulininjektion aus dem Blut verschwindet, in die Gewebszellen ein und er muß hier entweder oxydiert oder polymerisiert oder in eine nichtkohlehydratartige Substanz verwandelt werden. Wenn er oxydiert wird, dann muß sowohl der R. Q. als auch der Sauerstoffverbrauch ansteigen.

Wird er aber durch irgendeine intramolekulare Umlagerung in eine nicht kohlehydratartige Substanz verwandelt, die vielleicht mit den Fettsäuren verwandt ist, so muß diese Änderung durch eine Veränderung des respiratorischen Quotienten offenbar werden, wie sie z. B. bei winterschlafenden Tieren auftritt, während sie sich mit einer kohlehydratreichen Nahrung ernähren und als Vorbereitung für den Winterschlaf Fett ansetzen. Unter diesen Umständen steigt der respiratorische Quotient oft über 1 an, wobei das Kohlehydrat durch intramolekulare Sauerstoffverschiebung CO_2 bildet. Ein analoger Prozeß muß auch auftreten, wenn diese Veränderung nicht bis zur Vollendung fortschreitet, sondern nur so weit, als er zur Bildung von Intermediärkörpern zwischen Kohlehydraten und Fetten führt. Solch eine Veränderung des R. Q. kann von einer Änderung der absoluten im Körper zurückgehaltenen Sauerstoffmenge begleitet sein oder nicht· Eine andere Möglichkeit ist die, daß die Verbrennung von Kohlehydrat gesteigert und die von Eiweiß und Fett entsprechend vermindert sein könnte, wobei der vor sich gehende Prozeß nur eine Änderung des Verhältnisses der beim Stoffwechselprozeß beteiligten Grundstoffe darstellen würde. In einem solchen Falle könnte der respiratorische Quotient ohne einen entsprechenden Anstieg des Sauerstoffverbrauches ansteigen. Wenn dieser Wechsel mehr zwischen Kohlehydrat und Eiweiß stattfinden würde als zwischen Kohlehydrat und Fett, so könnte man dieses durch die Untersuchung des Stickstoffgleichgewichtes feststellen.

Die ersten Beobachtungen des respiratorischen Stoffwechsels an normalen Tieren wurden im November 1922 von Dickson und Pember an einem 7 kg schweren Hunde ausgeführt, und es fand sich, daß der respiratorische Quotient von 0,86 vor Insulin auf 1,16 in der Zeit von 90 Minuten nach der Insulininjektion anstieg. Der Gesamtcalorienverbrauch stieg von 15,35 auf 25,5 Calorien pro Stunde an. In zahlreichen Beobachtungen der gleichen Art an diesen und anderen normalen Hunden zeigte sich, daß das Ausmaß des Anstieges im Calorienverbrauch und ebenso gewöhnlich auch in der Ventilation annähernd parallel mit der Schwere der hypoglykämischen Symptome liefen, wobei die höchsten Werte in der Regel 2 oder $2^1/_2$ Stunde nach der Insulininjektion erhalten wurden und sich ungefähr 5 bis $5^1/_2$ Stunde hielten, wonach sie dann abzufallen begannen. Bei einer Gesamtzahl von 10 an diesen beiden Hunden ausgeführten Beobachtungen (teils in einer Respirationskammer, teils mit Maske und Spirometer) stieg der respiratorische Quotient nach der Insulininjektion in einem ausgesprochenen Maße bei 8 und mäßig bei 2 Beobachtungen. Die Symptome waren ausgesprochener und der Calorienverbrauch größer, wenn die Tiere 24 Stunden vor der Beobachtung gehungert hatten, als wenn sie reichlich mit Kohlehydraten ernährt wurden. Der Anstieg des R. Q. trat in der Mehrzahl der Beobachtungen früher ein als der Anstieg im Calorienverbrauch.

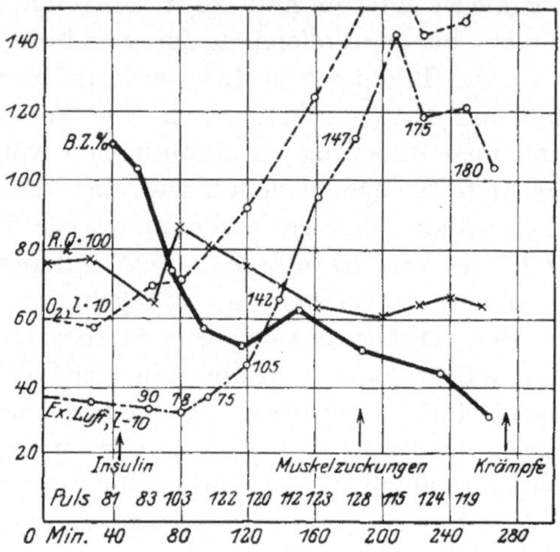

Abb. 24. Kurven der Insulinwirkung auf den Blutzucker. R.Q., O₂-Verbrauch, Atmung und Puls.

Um einen bestimmteren Einblick in das genaue Verhältnis des Blutzuckers zu den Symptomen und Änderungen des respiratorischen Stoffwechsels zu gewinnen, wurden diese Untersuchungen in Zusammenarbeit mit G. S. Eadie an 2 anderen Hunden wiederholt. Die Versuchsresultate sind in Kurvenform in Abb. 24 wiedergegeben. Bei den ersten Beobachtungen wurde eine Insulindosis verabreicht, die nach ungefähr 4 Stunden Krämpfe hervorrief. Während des anfänglichen Abfalles des Blutzuckers, in der ersten Stunde, stieg der R. Q. und der O₂-Verbrauch nur leicht an. Als aber nach ungefähr 2 Stunden ein leichter Wiederanstieg des Blutzuckers eingesetzt hatte, waren der R. Q. und der O₂-Verbrauch, begleitet von einem Anstieg in der Ventilation und der Pulsfrequenz, stärker angestiegen. Diese Veränderungen wurden sehr ausgesprochen, als der Blutzucker nach dem vorübergehenden Anstieg weiter zu fallen fortfuhr, bis unterhalb des Wertes, bei dem gewöhnlich Krämpfe auftreten; dann aber fiel der R. Q. ab. In einem anderen ähnlichen Versuch, bei dem eine krampferzeugende Insulindosis verabreicht wurde, fiel der Blutzucker sehr schnell in 30 Minuten auf 0,05 vH ab und dann im Verlaufe von 2 Stunden etwas langsamer bis auf 0,04 vH. In diesem Falle stieg der R. Q. auf ungefähr 1, während der Blutzucker im schnellen Abfall begriffen war. Der O_2-Verbrauch dagegen änderte sich nicht, bis der anfängliche Blutzuckerabfall beendigt war, alsdann fing er zu steigen an. Dieser Anstieg dauerte so lange an, wie der Blutzucker sich auf einem niedrigen Niveau befand. Nach dem Wiederanstieg des Blutzuckers trat dann eine Verringerung des O_2-Verbrauches ein. Die Ventilation, die Zahl der Atemzüge und die Pulsfrequenz stiegen parallel mit dem Sauerstoffverbrauch an.

Die Resultate dieser und verschiedener anderer ähnlicher Versuche zeigen klar, daß der respiratorische Stoffwechsel beim Hunde angeregt wird, wenn der Blutzucker durch Insulin auf 0,045 und 0,060 vH herabgesetzt wird. Außerdem ist diese Stoffwechselsteigerung von einer heftigen Reizung des Atemzentrums und einer Steigerung der Herzfrequenz begleitet. Obgleich diese Veränderungen vor dem Auftreten gesteigerter Muskelbewegungen einsetzen, so wurden sie doch durch das letztere Moment viel ausgesprochener. Der Energieverbrauch stieg gewöhnlich um 50 vH an. In einer der Beobachtungen dagegen war er viel größer und zeigte einen Anstieg von 28,8 auf 60,9 Cal. pro Stunde. Man hätte erwarten sollen, daß solch ein gesteigerter Stoffwechsel auch mit einem Anstieg in der Körpertemperatur verbunden sein würde, aber es fand sich gerade das Gegenteil, indem sie nämlich unveränderlich einen Abfall aufwies und nur nach jedem Krampfanfall leicht anzusteigen pflegte. Die Größe dieses Abfalles bei Hunden war viel geringer, als man es bei Mäusen und Kaninchen beobachtet hatte und überstieg nach Injektion von massigen Insulindosen nicht 2°C.

Das hervorstechende Symptom dieser Versuche, nämlich die Stoffwechselsteigerung, steht zweifellos in einer Beziehung zu dem Blutzuckerabfall, denn sie kann vollständig durch die Injektion einer genügenden Traubenzuckermenge verhindert werden, wenn diese den Blutzuckerspiegel auf einer solchen Höhe hält, daß keine hypoglykämischen Symptome eintreten. Dies geht aus der Kurve in Abb. 25 hervor, bei diesem Versuch wurden ungefähr eine Stunde nach dem Insulin 50 g Traubenzucker subcutan injiziert, als der Blutzucker ungefähr 0,08 vH erreicht hatte. Der Blutzuckerspiegel schwankte dann zwischen 0,08 und 0,09 mehrere Stunden lang und es stellten sich keine bedeutsamen Änderungen im Sauerstoffverbrauch oder der Pulsfrequenz ein, noch waren andere Symptome zu beobachten. Vor der Traubenzuckerinjektion war

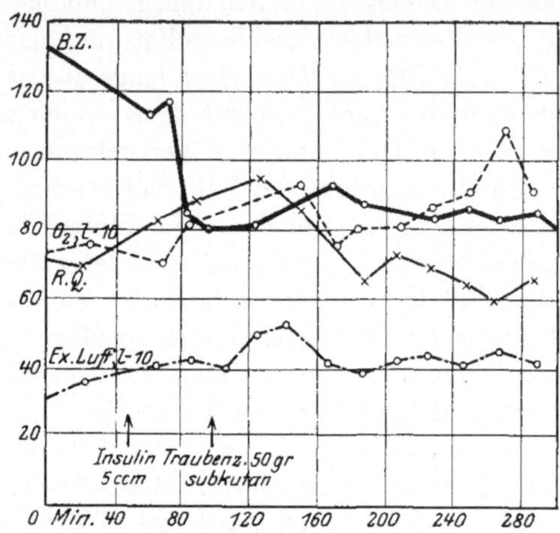

Abb. 25. Kurven der Wirkungen als Gegengift gegen die durch Insulin hervorgerufenen Änderungen der Atmung.

der R. Q. ziemlich scharf bis auf 1 angestiegen und fiel nach der Zuckerinjektion ab.

Ein sehr konstantes Charakteristikum bei allen Beobachtungen war der ausgesprochene Anstieg des R. Q., der ungefähr zur Zeit des beginnenden Blutzuckerabfalls eintrat. Dieses kann nun von einer vorübergehenden Abatmung von Kohlensäure aus dem Blut infolge des Auftretens saurer Substanzen oder einer primären Reizung des Atemzentrums oder von einer Veränderung der Art des Stoffwechsels zu einer solchen abhängig sein, bei der relativ mehr Kohlehydrat verbrannt wird. Dickson und Pember bestimmten mit der van Slykesschen Methode das Kohlensäurebindungsvermögen des Blutplasmas und den Gesamtgasgehalt (CO_2 und O_2) des Blutes in verschiedenen Stadien nach der Insulinverabreichung. Sie fanden beide nicht deutlich herabgesetzt, ausgenommen im Frühstadium, wo eine leichte Herabsetzung gewöhnlich zu beobachten war. Wir sind nicht sicher, ob dieses in einer Beziehung zum Anstieg des R. Q. steht, der auch in diesem Stadium auftritt und ob man dieses als Anzeichen dafür ansehen kann, daß im Frühstadium der Insulinwirkung sich im Blute saure Substanzen entwickeln. Von Brugsch ist auch die Wasserstoffionenkonzentration des Blutes mittels der Gaskettenmethode gemessen und dabei keine Veränderung beobachtet worden, erst als Krämpfe eintraten, fand sich ein ausgesprochener Anstieg. Dieses späte Auftreten einer gesteigerten Acidität des Blutes kann bei dem Anstiege des R. Q. keine Rolle spielen, der ja zur Zeit des schnellen Blutzuckerabfalles auftritt.

Auch an Kaninchen wurden Beobachtungen des respiratorischen Stoffwechsels ausgeführt, zumal da bei ihnen die hypoglykämischen Symptome sich in ihrem Charakter von dem bei Hunden beobachteten darin unterscheiden, daß dem Eintritt der Krämpfe nicht eine Periode einer ausgesprochenen Überventilation und Muskelzuckungen vorausgehen. Die Tiere wurden gewöhnlich mittels der Respirationsmaske untersucht. Die Resultate von 4 Versuchen sind in den Kurven in Abb. 26 zusammengesellt[1]).

In 2 Fällen blieb der Sauerstoffverbrauch praktisch konstant, während er bei zwei anderen einen leichten Abfall aufwies. Während der Periode des anfänglichen Blutzuckerabfalles zeigte sich bei dreien der Tiere ein ausgesprochener Anstieg des R. Q.; kurz vor dem Eintritt der Krämpfe dagegen fiel der R. Q. wieder ab. Dies bestätigt die Beobachtung an Hunden und kann als ein Anzeichen dafür angesehen werden, daß während der Periode des anfänglichen Blutzuckerabfalles eine Änderung in der Art des Stoffwechsels einsetzt, die auch noch während des Frühstadiums des darauf folgenden langsamen Abstieges des Blutzuckers bestehen bleibt.

Die aus diesen Beobachtungen gezogene Schlußfolgerung ist die, daß während des Frühstadiums der Insulinwirkung, wenn der Blutzucker schnell abfällt, die relative Menge der im Körper verbrannten Kohlehydrate etwas größer wird, aber doch nicht für mehr als einen geringen Bruchteil des verschwundenen Zuckers

---

[1]) Die Blutzuckerkurve von Versuch 1 ist ausgelassen.

in Frage kommt. Bei einer Betrachtung dieser Ergebnisse im Zusammenhang mit dem Verhalten des Glykogens zeigt sich, daß
die größere Menge des verschwundenen Zuckers in irgendeine
Intermediärform von Kohlehydrat verwandelt wird, die weder ein
reduzierender Zucker noch Glykogen ist.

Zahlreiche andere Untersuchungen ähnlicher Art sind an verschiedenen Tierarten in anderen Laboratorien ausgeführt worden,
von denen die wichtigsten die folgenden sind: Dudley, Laidlaw
und Trevan und Boock (1923) bestimmten entweder die Kohlen-

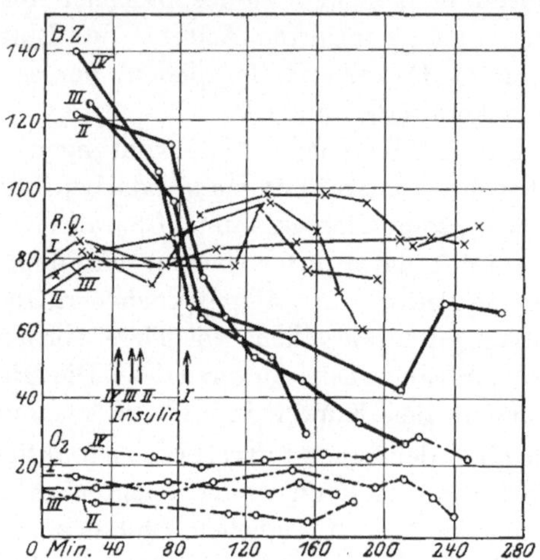

Abb. 26. Kurven des Verhaltens des R.Q. und des O₂-Verbrauches in ihrer Beziehung
zum Blutzucker bei insulininjizierten Kaninchen.

säureausscheidung oder die Sauerstoffaufnahme bei hungernden
Mäusen und Kaninchen nach Insulinverabreichung und fanden
beide herabgesetzt. Wenn sie die Mäuse in einem Brutschrank
von ungefähr 30° C setzten, um einen Abfall der Körpertemperatur
zu verhindern, der bei diesen Tieren ein hervorstechendes Symptom
der Insulinwirkung ist, so zeigte sich keine Einwirkung auf die
Ergebnisse des respiratorischen Stoffwechsels mit der Ausnahme,
daß ihre Entwicklung beschleunigt wurde. Verabreichung von
Traubenzucker verlangsamte den Abfall und hemmte ihn nur vorübergehend, wenn der Traubenzucker nicht vor dem Eintritt des
Abfalles verabreicht wurde. Wenn Krämpfe auftraten, verursachten sie keine Steigerung des Sauerstoffverbrauches. Kella-

way und Hughes (1923) beobachteten den respiratorischen Stoffwechsel einer 26 Jahre alten normalen Frau im Nüchternzustande,
nach der Injektion von 10 Insulineinheiten erhielten sie die folgenden Resultate:

Zeit	O_2 ccm pro Minute	R. Q.	Cal. pro Stunde	Blutzucker vH	Bemerkungen
10^{00} vorm.	230,6	0,756	66,7	0,125	
11^{30} „	224,0	0,741	63,5	—	
12^{30} nachm.	—	—	—	—	10 E. Insulin
1^{45} „	220,5	0,923	65,5	0,080	
2^{45} „	229,0	0,860	67,0	0,083	
3^{30} „	233,0	0,806	64,2	0,080	

In einer anderen ähnlichen Beobachtung stieg der Sauerstoffverbrauch von seinem Normalwert von 213 bis 222 ccm auf 239 ccm
pro Minute und der R. Q. von 0,77 auf 0,86. Das Hauptcharakteri-
stikum dieser Beobachtung ist der ausgesprochene Anstieg des
R. Q., der hauptsächlich von einer vermehrten Kohlensäureausscheidung abhängt. Dies trat in dem Frühstadium des Blutzuckerabfalles auf und kann deswegen als ein Beweis für die Verbrennung eines größeren Anteiles an Kohlehydrat angesehen
werden. Auf Grund dieser Ergebnisse äußerte Dale (1923) die
Vermutung, daß das Wesen der Insulinwirkung eine relative Vermehrung des Kohlehydratanteiles beim Verbrennungsprozeß sein
könnte, ohne daß dabei der gesamte respiratorische Stoffwechsel
beeinflußt zu werden braucht. Die Autoren selbst suchten durch
Berechnung zu zeigen, daß irgendeine sauerstoffarme Substanz
aus dem verschwundenen Zucker gebildet worden sein müßte.
Lyman, Nicholls und McCann (1923) stellten Beobachtungen
an 5 normalen Männern an und fanden, daß das Insulin einen
Anstieg des respiratorischen Quotienten verursachte, der gewöhnlich 30 Minuten nach der Injektion (intravenös) sein Maximum
erreichte, obgleich der Anstieg nicht eher einsetzt, als bis ein
beträchtlicher Blutzuckerabfall eingetreten war. Ebenso stellte
sich eine Vermehrung des Energieverbrauches von 2,5 bis 17,7 vH
ein, die ihr Maximum in 10—60 Minuten erreichte und dann
$1^{1}/_{2}$ bis $2^{1}/_{2}$ Stunden nach der Injektion auf ihren Ausgangswert zurückkehrte. Interessant ist, daß bei Parallelbeobach-

tungen an 7 Diabetikern die Änderungen des respiratorischen Stoffwechsels von ungefähr derselben Größenordnung von 2,9 bis 19,6 vH waren. Auch fand sich, daß Insulin und Adrenalin (welches an sich den Calorienverbrauch steigert) bis zu einem gewissen Grade Antagonisten waren, da die Verabreichung der beiden Hormone gleichzeitig oder kurz nacheinander eine geringere Änderung des Grundumsatzes und des R. Q. hervorriefen, als wenn jedes für sich allein verabreicht wurde. Krogh (1923) bestimmte ·den respiratorischen Stoffwechsel bei kurarisierten Kaninchen und fand nach Insulininjektion einen Anstieg des R. Q. (besonders bei einem niedrigen Anfangswert), der nicht von einer Änderung oder nur einem leichten Abfall des Sauerstoffverbrauches begleitet war. Obgleich nach der Insulininjektion der Blutzucker sofort abfiel, so wurde doch die Veränderung des respiratorischen Quotienten nicht vor einer halben Stunde manifest. Krogh stimmt mit Dales Ansicht überein, daß das wesentliche Charakteristikum der Insulinwirkung eine qualitative Änderung des Stoffwechsels ist, bei der es zur Oxydation eines höheren Anteiles an Kohlehydrat kommt.

Boothby und Rowntree untersuchten besonders den Insulineinfluß auf den Calorienverbrauch. Bei ruhenden normalen Personen im Nüchternzustand fand sich keine Wirkung, wohl aber trat nach Hunger, wenn der Blutzucker auf eine gewisse kritische Höhe abgefallen war, ein Anstieg ein. Da nun diese und andere Untersucher auch gezeigt haben, daß Adrenalin einen steigernden Einfluß auf den Calorienverbrauch hat, so ziehen sie den Schluß, daß eine Hypersekretion dieses Hormones für die Insulinwirkung verantwortlich zu machen ist. Cannon, MacIver und Bliß kamen zu einer ähnlichen Schlußfolgerung und beide Gruppen von Forschern glauben, daß eine gesteigerte Adrenalinsekretion einen Teil des Mechanismus darstellt, durch den die Erholung des Blutzuckers veranlaßt wird.

Noyons, Bouckaert und Sierens (1924) haben mit Hilfe des Noyonsschen Differentialcalorimeters bei Kaninchen die Wärmeproduktion und die rektale Temperatur in häufigen Zwischenräumen nach Insulininjektion beobachtet. Der Vorteil dieser Methode liegt darin, daß die Wärmeproduktion in häufigen Zwischenräumen bestimmt werden kann. Es zeigte sich, daß die Rektaltemperatur von der Zeit der Injektion an ständig abfiel und die Wärmeproduktion entweder anstieg oder konstant blieb, bis die hypoglykämischen Symptome einsetzten, wonach dann auch sie mit gelegentlichen Remissionen zu fallen begann. Die Rektaltemperatur betrug ungefähr 34° C und wenn eine Temperatur von 24° erreicht war, trat der Tod ein. Andererseits war eine Erholung, ob spontan oder durch Zuckerverabreichung verursacht, sowohl von einem Anstieg der Wärmeproduktion als auch der Temperatur begleitet, wobei der eine oft dem anderen vorausging. Die Vermutung der Autoren, daß die Krämpfe im hypoglykämischen Symptomenkomplex eine kompensatorische Reaktion des thermoregulatorischen Mechanismus auf die erniedrigte Temperatur darstellen, würde zu dem Schluß führen, daß keine Krämpfe auftreten sollten, wenn ein Temperaturabfall verhindert wird, was aber den Tatsachen widerspricht.

Bouckaert und Stricker (1924) studierten die Wärmeproduktion nach gleichzeitiger Injektion von Traubenzucker und Insulin bei Kaninchen. Wenn pro Stunde 4 g Traubenzucker zusammen mit einer genügenden Menge Insulin injiziert wurden, so daß der Blutzucker in 2 Stunden von 0,091 auf 0,070 abfiel, stieg die Wärmeabgabe nur von 0,093 auf 0,097 Cal. pro Minute nach einer Stunde und nach 2 Stunden auf 0,103 Cal. Dieses Resultat zeigt, daß eine vermehrte Verbrennung kein wichtiger Faktor bei der Erklärung des Verschwindens des Zuckers nach Insulinverabreichung sein kann. Bei diabetischen Patienten fanden Noyons und Stricker eine Herabsetzung der Wärmeproduktion in $1\frac{1}{2}$ Stunden nach der Insulininjektion, nach einer weiteren halben Stunde begann diese aber wiederum anzusteigen.

Zu den wichtigsten Beiträgen auf diesem Gebiete sind die von Burn und Dale (loc. cit.) zu rechnen, die bei decapitierten und eviszerierten Katzen den respiratorischen Stoffwechsel bestimmten, wie noch an anderer Stelle beschrieben werden wird. Während einer Dauerinfusion von Zucker ohne Insulin zeigte sich, daß der Sauerstoffverbrauch sich in derselben Richtung änderte, wie der Blutzucker. So betrug er z. B. 51 bis 62 ccm für 5 Minuten-Perioden, wenn der Blutzucker 0,42 vH betrug und 40 ccm in derselben Zeit, wenn der Blutzucker 0,240 vH war. Wurde durch eine Insulininjektion ein Blutzuckerabfall hervorgerufen, so stellte sich ein ausgesprochener Anstieg des O_2-Verbrauches ein. So stieg er in einem ausgesprochenen Falle von 60 ccm in 5 Minuten auf.

106 ccm in derselben Periode an. Dieser Anstieg trat unmittelbar nach der Insulininjektion auf und erreichte sein Maximum in 10 bis 15 Minuten, wonach er dann allmählich abfiel. Obgleich in den meisten Versuchen der vermehrte Sauerstoffverbrauch ausgesprochen war und auftrat, wenn der Blutzucker abfiel, so war er doch nicht genügend groß, um die Gesamtmenge des infolge der Insulininjektion verschwundenen Zuckers zu erklären. Burn und Dale berechneten die Gesamtmenge des verschwundenen Zuckers (mit der auf S. 303 angeführten Methode) und erhielten bei 2 Versuchen die folgenden Resultate:

Vor Insulin			Nach Insulin		
O_2 (Beobachtung)	Traubenzuckerverbrauch pro Stunde mg	O_2 (berechnet) der zur Verbrennung des Traubenzuckers nötig ist	O_2 (Beobachtung)	Traubenzuckerverbrauch pro Stunde mg	O_2 (berechnet) der zur Verbrennung des Traubenzuckers nötig ist
315	214	160	386	603	450
364	293	218	413	1736	1295

Bei 3 anderen Versuchen wurde gleichzeitig mit dem Sauerstoffverbrauch die Kohlensäureausscheidung gemessen. Vor der Insulininjektion war der R. Q. um 1 (1,02, 1,06 und 0,99) und blieb nach der Injektion praktisch auf derselben Höhe (0,92, 0,99 und 1,01). Wie andere Untersucher (Porges und Salomon) gefunden haben, ist der respiratorische Quotient an leberlosen Präparaten immer um 1, was ein Anzeichen dafür ist, daß beim Fehlen dieses Organes die Muskeln nur Kohlehydrat verbrennen können, eine Tatsache, aus der, wie wir schon anderswo gesehen haben, hervorgeht, daß die Muskeln auf die Verbrennung von Kohlehydraten beschränkt sind und daß ihnen Fett und Eiweiß nicht zugänglich sind, außer daß diese Stoffe in Kohlehydrat oder irgendeine verwandte Substanz umgeformt werden. Das Ausbleiben des Anstieges des R. Q. nach Insulin beim eviszerierten Tiere zeigt, daß der verschwundene Zucker nicht in Fett- oder Milchsäure verwandelt sein kann, denn wenn eine dieser beiden Veränderungen aufgetreten sein würde, so müßten sich Quotienten über 1 gefunden haben. Immerhin schließen diese Ergebnisse die Möglichkeit nicht aus, daß ein gewisser Betrag des infolge Insulin verschwundenen Zuckers beim Normaltier nicht von der Bildung fettähnlicher Substanzen in der Leber abhängig sein kann. Sehr interessant ist, daß ähnliche Beobachtungen an Katzen zwei Tage nach der Pankreasexstirpation Resultate ähnlicher Art als bei normalen (eviszerierten) Tieren ergaben, und es zeigte sich, daß nicht nur die Exstirpation dieser Drüse die Fähigkeit der Muskeln, Traubenzucker zu verbrennen, nicht ändert, sondern auch, daß Insulin die Zuckerassimilation in derselben Art nach der Pankreasexstirpation beeinflußt als vorher.

Andere Untersuchungen, die zu zahlreich sind, um sie hier ins Einzelgehende zu betrachten, haben im allgemeinen die Resultate, auf die wir bereits hingewiesen haben, bestätigt. Es kann kein Zweifel bestehen, daß der R. Q. bei normalen Tieren bald nach der Insulininjektion ansteigt. Auch Tsubura (1924) fand, daß dieses der Fall war, außerdem stellte er fest, daß ein Anstieg des Sauerstoff verbrauches eintrat, wenn durch Insulin eine Hypoglykämie hervorgerufen wurde, aber nicht, wenn diese durch gleichzeitige Zuckerinjektion besonders von Laevulose verhütet wurde. Wenn die Hypoglykämie sehr ausgesprochen war, trat eine Verringerung des O_2-Verbrauches ein, was man als ein Anzeichen der Verwandlung von Kohlehydrat in Fett ansehen kann. Lesser (1924) beobachtete bei hungernden Mäusen die Wirkung intraperitonealer Traubenzuckerinjektionen mit und ohne Insulin, wobei der R. Q. mit Insulin und Zucker unmittelbar von 0,77 auf 0,83 anstieg, was während der ersten Stunde nach Traubenzucker allein nicht der Fall war, wenn er dann auch in der zweiten Stunde anstieg. Sowohl mit Zucker allein als auch mit Zucker und Insulin zeigte sich bis zur zweiten Stunde ein geringer Abfall der Sauerstoffaufnahme, der bei großen Insulindosen noch ausgesprochener war. Lesser sieht den Anstieg des R. Q. als ein Zeichen vermehrter Kohlehydratverbrennung an, obgleich sich daraus das Verschwinden des Traubenzuckers nicht zur Genüge erklären läßt. Tolstoi, Loebel, Levine und Richardson (1924) fanden auch einen Anstieg des R. Q. bei der Entwicklung der Hypoglykämie und sie glauben, daß dieses durch eine vermehrte Kohlehydratverbrennung bedingt ist. Heymans und Matton (1924) konnten bei gut genährten Kaninchen nach Insulin keine Vermehrung der Kohlensäureausscheidung entdecken, außer, wenn sie genügende Mengen Insulin, die die Entwicklung hypoglykämischer Symptome zur Folge hatten, verabreichten. Bei Hungertieren fiel die Kohlensäureausscheidung und die Ventilation parallel mit der Körpertemperatur. Wenn sie Traubenzucker und Insulin zusammen verabreichten, trat keine Veränderung in der Kohlensäureausscheidung oder der Ventilation auf. So z. B. in einem Versuch, in dem 10 g Traubenzucker in einer Dauerinfusion über 2—3 Stunden gegeben wurden, hielt sich der Blutzucker um 0,5 vH und die Kohlensäureausscheidung stieg nur etwas an. Die Injektion großer Insulinmengen (60 E.) beeinflußte die Kohlensäureausscheidung unter diesen Umständen nicht, wenn sie auch den Blutzucker herabsetzte. Die Autoren kommen zu dem Schluß, daß die Insulinwirkung nicht von einer vermehrten Kohlehydratverbrennung abhängen kann.

Nach Laufberger (1924) wird der respiratorische Stoffwechsel durch Insulin nicht sichtbar beeinflußt, obgleich der R. Q. regelmäßig etwas ansteigt. Laroche, Grey und Taquet (1925) fanden sogar nach kleinen Insulindosen einen Anstieg des R. Q. sowohl beim normalen als auch diabetischen Menschen, ohne daß es zu einer Veränderung des Sauerstoffverbrauches oder der Lungenventilation kam. Gabbe (1924) beobachtete bei verschiedenartig ernährten Ratten einen Anstieg des R. Q. nach Injektionen von Insulindosen, die so klein waren, daß sie keine Hypoglykämie hervorriefen, er war gleichzeitig von einem Abfall des Sauerstoffverbrauches während einer Periode von 2 Stunden begleitet. Nach 3 bis 5 Stunden fiel der respiratorische Quotient und der Sauerstoffverbrauch stieg an. Dieser Untersucher beobachtete auch (l. c. Grevenstuk und Laquer), daß Fleischnahrung bei jungen Ratten den Abfall des Sauerstoffverbrauches, der gewöhnlich nach Insulininjektion eintritt, verhinderte und daß nach subcutaner Injektion von Glycin, Alanin, Kreatinin und Guanidin ein ähnlicher Effekt beobachtet wurde. Der Anstieg des respiratorischen Quotienten nach Verfütterung von Kohlehydraten wurde durch diese Substanzen verringert. Abderhalden und Wertheimer (1925) haben diese Beobachtungen dahingehend bestätigt, daß sich bei Ratten, die eine kohlehydratarme Diät erhielten, nach Insulin eine ausgesprochenere Steigerung des respiratorischen Stoffwechsels fand, wie wenn man sie kohlehydratreich ernährte.

Hawley und Murlin (1924) behaupten, daß die gewöhnlich nach Insulin beobachtete Herabsetzung des Stoffwechsels einer Verunreinigung zuzuschreiben ist, da sie durch den Gebrauch von

sehr reinen Präparaten verhütet werden kann, obgleich der R. Q.
bei diesen reinen Präparaten dennoch ansteigt; sie glauben nicht,
daß diese Veränderung in einer direkten Beziehung zu dem Blutzuckerabfall steht. Bornstein und Holm (1924) konnten keine
Änderung des R. Q., wohl aber eine leichte Herabsetzung der
Kohlensäureausscheidung und des Sauerstoffverbrauches bei einem
normalen Manne nach der Verabreichung einer Insulindose beobachten, die den Blutzucker von 0,08 auf 0,068 herabsetzte. Auf
Grund dieser und anderer Beobachtungen, bei denen gleichzeitig
Traubenzucker verabreicht wurde, kommen sie zu der Schlußfolgerung, daß kein Beweis dafür besteht, daß Insulin die Kohlehydratverbrennung steigert, und sie schreiben die oft beobachteten
hohen Quotienten einer Kohlensäureabatmung aus dem Blute zu.

Beobachtungen an diabetischen Tieren.

Die Insulinwirkung auf den R. Q. pankreasexstirpierter Hunde
ist schon an anderer Stelle beschrieben worden, und es soll
hier nur kurz auf andere Untersuchungen an diesen Tieren und
an diabetischen Patienten hingewiesen werden. Wilder, Boothby
u. a. (1922) beobachteten, daß nach Traubenzucker und Insulin
der respiratorische Quotient weniger und langsamer anstieg,
als nach Laevulose und Insulin, und daß sich der Grundumsatz
wenig änderte. Joslin, Gray und Root (1922), die kleinere
Insulindosen als die Rochesterbeobachter benutzten, fanden
bei Patienten mit gemischter Diät einen Durchschnittsanstieg
des Grundumsatzes von 9,4 vH und gewöhnlich einen leichten
Anstieg des R. Q. In einem Falle stieg der Quotient infolge
nacheinander gegebener Insulindosen auf 1,02 an. Fitz, Murphy
und Grant (1922) berichten über einen ausgesprochenen, zeitweilig
bis zum dritten Tage anhaltenden Anstieg des R. Q. nach Insulin, der in der Regel nicht von einem Anstieg des Grundumsatzes begleitet war. Das Bestehenbleiben der Insulinwirkung
auf den R. Q. läßt vermuten, daß das Insulin im Körper eine
Kohlehydratspeicherung veranlaßt haben kann, eine Fähigkeit,
die beim Diabetes ja herabgesetzt ist. McCann, Hannon und
Dodd (1923) als auch Lyman, Nicholls und McCann (loc.
cit.) haben auch über einen Anstieg des R. Q. nach Insulin und
Traubenzucker berichtet. Davies, Lambie, Lyon, Meakins
und Robson (1923) machten die interessante Beobachtung, daß

der R. Q. zeitweilig nach der Insulininjektion abfallen kann, wie es bei einem Patienten mit schwerer Acidosis der Fall war. Sie vermuten, daß dieses der Tatsache zuzuschreiben sei, daß Insulin ein Verschwinden der Ketonkörper verursacht und so Alkali frei werden läßt, welches Kohlensäure bindet, und damit die relative Menge dieses Gases in der Expirationsluft herabsetzt. Rabinowitch weist in einer umfassenden Untersuchung über den Zucker, die Ketonkörper, die Alkalireserve des Blutes, die titrierbare Säure, den Ammoniakgehalt des Urins und den respiratorischen Stoffwechsel darauf hin, daß der nach Insulininjektion beobachtete Anstieg des R. Q. teilweise der Verbrennung von Ketonkörpern zugeschrieben werden könnte. Immerhin steigt, abgesehen davon, der respiratorische Quotient infolge einer Insulinbehandlung des Diabetes an, was man als ein wahrscheinliches Anzeichen für eine Kohlehydratspeicherung im Körper ansehen kann. Dieses interessante Ergebnis zeigt auch, daß eine beträchtliche Dauerwirkung des Insulineinflusses bestehen muß, wenn man nicht annimmt, daß die gespeicherten Kohlehydrate ohne die Hilfe des Insulins verbrannt werden können oder zum wenigsten weniger Insulin zu ihrer Verbrennung benötigen, als es beim Traubenzucker der Fall ist.

Burgeß, Campbell, Osman, Payne und Poulton (1923) haben auch Beweise für eine beträchtliche Kohlehydratspeicherung infolge einer Insulinbehandlung beim Diabetes erbracht. In schweren Fällen wurden an drei aufeinanderfolgenden Tagen, während die Patienten sehr große Insulindosen (75 E.) täglich erhielten, respiratorische Quotienten über 1 beobachtet.

Bornstein und Holm (1924) fanden eine Verbesserung der Fähigkeit, Kohlehydrate zu verbrennen, obgleich sie die vermehrte Verbrennung nicht als adaequat für den verschwundenen Zucker ansehen und sie betrachten die Insulinwirkung eher in der Richtung der Zuckerbildung als der der Verbrennung im Körper. Als einen Nebenbefund bringen sie die Feststellung, daß das Kohlensäurebindungsvermögen des Blutes durch Insulin nicht gesteigert wird. In einer späteren Arbeit schreiben Bornstein und Griesbach das Unvermögen des diabetischen Organismus, Kohlehydrate zu verbrennen, dem Fehlen des Glykogens zu. Auch bestimmten sie die Menge des Sauerstoffes, der aus dem Blute nach Insulininjektion verschwand, welches in einem isolierten Muskelpräparat zirkulierte und fanden, daß der Sauerstoffverbrauch nur die Verbrennung von 20 bis 25 vH des verschwundenen Zuckers deckte. Der Sauerstoffverbrauch wurde aus der arteriovenösen Sauerstoffdifferenz und der Durchströmungsgeschwindigkeit berechnet.

E. und L. Hédon (1919) fanden bei einem pankreaslosen Hunde eine Verringerung des Sauerstoffverbrauches, wenn durch Insulininjektionen die Glykosurie zum Verschwinden gebracht wurde.

Bernhardt usw. (1924) beobachtete bei einem diabetischen Patienten im Nüchternzustande nach Insulin einen Anstieg des R. Q. mit einem geringen oder keinem Abfall des Sauerstoffverbrauches. Lublin (l. c. Grevenstuk und Laqueur) hebt die Bedeutung nicht nur der Unruhe der Patienten, sondern auch der Menge des im Körper gespeicherten Glykogens als Faktoren für die Erklärung der Variabilität der an diabetischen Patienten erhaltenen Stoffwechselbeobachtungen hervor.

Betrachtet man die klinischen Beweise im ganzen, so ist es doch augenscheinlich, daß beim Diabetes das Kohlehydratverbrennungsvermögen durch Insulin ausgesprochen gesteigert wird, wobei diese Wirkung nach Laevulose oft ausgesprochener ist als nach Traubenzucker. Hiermit geht ein Anstieg des Calorienverbrauches Hand in Hand. Diese Veränderungen können für mehrere Tage bestehen bleiben, so daß der respiratorische Quotient und der Calorienverbrauch im Nüchternzustande beide höher sind als vor Beginn der Insulinbehandlung.

XVII. Hypoglykämie.

Erst neuerdings hat man den physiologischen Störungen, die aus einer Herabsetzung des Blutzuckers resultieren, einige Aufmerksamkeit zugewandt, während man den entgegengesetzten Zustand eines Anstieges auf Grund seines Zusammenhangs mit dem Diabetes als viel bedeutsamer betrachtete. Der erste tatsächliche Beitrag zu diesem Gegenstand wurde von Mann und Magath (1921) geliefert, die zeigten, daß bei einer ausgesprochenen Hypoglykämie charakteristische und tödliche Symptome eintraten. Ihre Arbeit gab in diesem Zusammenhang den Schlüssel für die Erklärung der vermutlich toxischen Symptome ab, die einer Injektion einer großen Menge Insulin folgen. Verschiedene andere Substanzen können, wenn man sie parenteral verabreicht, ebenso eine Blutzuckerherabsetzung verursachen, die aber gewöhnlich so geringgradig ist, daß sie ohne Symptome verläuft.

1. Die Ausschaltung der Leber.

Bock und Hoffman (1874) und später Pavy und Siau (1903) fanden, daß nach einer Ausschaltung der Leber aus der Zirkulation bei Hunden ein stetiger Abfall des Blutzuckers bis zu sehr niedrigen Werten einsetzt. Diese Resultate wurden von zahlreichen Untersuchern bestätigt, nicht nur für Tiere, denen die Leber allein ausgeschaltet war (Macleod 1909 und Pearce 1913), sondern auch für Tiere, denen gleichzeitig das Pankreas exstirpiert (Chauveau und Kaufmann 1893, Kaufmann 1896, Montuori 1896, Macleod und Pearce 1913) und solche, die asphyktisch gemacht worden waren (Seegen 1890, Macleod und Pearce 1913). Zur Ausschaltung der Leber sind im allgemeinen zwei Methoden gebraucht worden: 1. die Verbindung der Vena portae mit dem zentralen Ende der Vena cava inferior mittels einer Crileschen Kanüle und darauffolgende Unterbindung der Arteria hepatica, 2. Entfernung der abdominellen Eingeweide nach Unterbindung der Arteria coeliaca, der Mesenterialarterien und der anastomosierenden Gefäße aus den A. haemorrhoidales, den Arterien des Oesophagus, der Vena portae, der Arteria hepatica und den Nierengefäßen. Das auf die zweite Art hergestellte Präparat besteht nur noch aus dem Herzen, den Lungen und Muskeln und ist zweifellos für die Untersuchung der Geschwindigkeit des Zuckerverbrauches von Muskelgeweben brauchbarer als das Herzlungenpräparat, welches von Knowlton und Starling (1912) oder Maclean und Smedley (1912) gebraucht wurde. Bei solchen Beobachtungen ist es ratsam, die Möglichkeit eines hemmenden Effektes der Narkotica auf die Gewebsglykolyse dadurch zu begegnen, daß man decerebrierte oder decapitierte Tiere benutzt. Dies ist kürzlich von Macleod und Pearce bei Hunden und von Dale und Burn (1924) bei Katzen gemacht worden, wobei die Benutzung der kleineren Katzen auf Grund der Einführung der Blutzuckermikromethoden jetzt möglich geworden ist.

Die Schwierigkeit bei decerebrierten und eviscerierten Hunden, den Blutdruck auf der Höhe zu erhalten, kann überwunden werden, indem man entweder Dauerinfusionen von Adrenalin (welches die Gewebsglykolyse nicht ernstlich beeinträchtigt), oder von defibriniertem Blut (verdünnt mit Lockescher Lösung) macht, welch letzteres vor der Unterbindung der Abdominalgefäße von dem Tier selbst gewonnen wird. Dieses Vorgehen wurde deshalb angenommen, weil man eine möglichst geringe Blutmenge in den abgebundenen Splanchnicusgefäßen zurücklassen wollte. In den

Versuchen von Macleod und Pearce wurden die folgenden Resultate erhalten:

Aus 100 g Blut verschwanden pro Minute
Milligramm Traubenzucker

1. Keinerlei Vorsichtsmaßregeln zur
   Gleicherhaltung des Blutdruckes   0,83—2,4
2. Injektion defibrinierten Blutes   0,46—0,97
3. Adrenalininjektion   1,13—2,8[1])

Es bestehen also in der Geschwindigkeit der Gewebsglykolyse beträchtliche Variationen, aber es ist unmöglich, diese mit dem Blutdruck, dem Narkotikum oder der Adrenalininjektion in Beziehung zu bringen. Es ist erwiesen, daß die Geschwindigkeit, mit der der Zucker verschwindet, obgleich variabel, so doch sehr viel größer als im Blut allein ist.

In den Versuchen von Burn und Dale an decapitierten und eviscerierten Katzen zur Erforschung der Insulinwirkung fiel der Blutzucker vor der Insulininjektion in einem Falle in 42 Minuten von 0,176 auf 0,156 vH (ungefähr 0,5 mg pro Minute). Diese Untersucher studierten auch die Geschwindigkei mit der der Traubenzucker bei Dauerinfussionen (15—60 mg in Locke'scher Lösung pro 10 Minuten) verschwand und berechneten, daß insgesamt 410 mg Traubenzucker in einer Stunde verschwanden, wobei das Gesamtvolumen an Blut und Lymphe in den Lymphgefäßen und Gewebsspalten auf 500 ccm für ein 3 kg schweres Tier angenommen wurde.

2. Hypoglykämie durch Leberausschaltung.

Obgleich es an narkotisierten Tieren möglich ist zu zeigen, daß der Blutzucker nach der Ausschaltung der Leber sehr schnell abfällt, so gestatten doch die Versuchsbedingungen keine geeignete Beobachtung der Wirkungen, die dadurch auf das Befinden des Tieres ausgeübt werden. Dies liegt teils daran, daß es kurzdauernde Versuche sind, bei denen sich das Tier nicht von den Wirkungen des Narkotikums erholt und teils daran, daß die Leber nur durch Unterbindung der Gefäße von der Zirkulation aus-

---

[1]) In einem Falle betrug bei Adrenalindarreichung die Schnelligkeit des Zuckerverschwindens für eine kurze Zeitperiode von 15 Minuten 4,46 mg pro Minute, bei Berücksichtigung dieses und anderer Ergebnisse ist es möglich, daß Adrenalin die Schnelligkeit der Gewebsglykolyse etwas beschleunigt, vielleicht weil es den Blutdruck besser unterhält.

geschaltet, aber in situ gelassen wird, und deshalb immer noch eine Einwirkung ausüben kann, die durch Zu- und Abfluß von Blut durch die *Vena cava* und die Lebervenen bedingt ist, dieser Prozeß wird besonders durch die Atembewegungen unterstützt. Mit diesem Blut können nun Bestandteile der absterbenden Leberzellen ausgewaschen werden, und diese können nicht allein Zucker, sondern auch verschiedene andere Produkte des autolytischen Prozesses enthalten.

Um diese Fehlerquelle zu vermeiden, haben neuerd ngs Mann und Magath (1921, 1922) eine Methode ausgearbeitet, mittels der die Leber nach der Ausbildung eines Kollateralkreislaufes zwischen der Vena cava und den Thorakalvenen extirpiert wird.

Zu diesem Zwecke wird zuerst ·eine umgekehrte Ecksche Fistel angelegt, indem man eine laterale Anastomose der Vena portae und der Vena cava macht und die letztere zentral von der Anastomose unterbindet. Auf diese Weise muß das venöse Blut der gesamten unteren Körperhälfte durch die Leber zum Herzen fließen. Der in der Leber entstehende Widerstand führt in wenigen Tagen zur Erweiterung, von Kollateralgefäßen, wie der V. azygos und der V. mammariae internae. Nach 2 Wochen, wenn der Kollateralkreislauf ausgebildet ist, wird die Pfordader nahe an ihrem Lebereintritt unterbunden, so daß das gesamte Blut der unteren Körperhälfte durch die Kollateralgefäße hindurchgehen muß. In einer dritten Operation wird dann die gesamte Leber ohne eine Störung der allgemeinen Zirkulation exstirpiert, so daß das Tier sich unmittelbar nach dem Aufhören der Narkose erholt und für eine Periode von 2—10 Stunden normal bleibt.

Darauf kommt es zum Eintritt charakteristischer Symptome, von denen das erste eine Muskelschwäche ist, die sich schnell mehr und mehr verstärkt, so daß das Tier nach einer kurzen Zeit unfähig ist, irgendeinen seiner Muskeln mit Ausnahme der Atemmuskeln zu bewegen. Darauf wird das Tier bewußtlos, die Muskeln sind schlaff und die Reflexe fehlen. Dieser Zustand dauert einen gewissen Zeitraum, gewöhnlich nicht mehr als eine Stunde, worauf dann die Reflexe in gesteigerter Form zurückkehren, es treten Muskelzuckungen ein, die sich zuerst nur auf einzelne Muskeln beschränken und nach stärkerer Ausbreitung in allgemeine Kämpfe übergehen, nach denen zuletzt der Tod eintritt. Nach der Entwicklung der Symptome leben die Tiere, wenn sie nicht behandelt werden, nur ungefähr 2 Stunden. Der Blutzucker beträgt beim Auftreten der ersten Symptome gewöhnlich 0,06 und 0,05 vH, mit dem Fortschreiten der Entwicklung der Symptome fällt er weiter ab und erreicht zur Zeit des Todes eine Höhe von 0,04 bis 0,03 vH.

Die Verknüpfung der Hypoglykämie mit dem Eintritt dieser Symptome würde an sich nicht den Schluß gestatten, daß diese beiden in einem Kausalzusammenhange stehen; daß dieses aber der Fall ist, wird durch die Tatsache bewiesen, daß eine Traubenzuckerinjektion in irgendeinem Stadium der Entwicklung der Symptome, auch wenn das Tier schon praktisch tot ist und aufgehört hat zu atmen, eine vollständige und sofortige Erholung zur Folge hat. So wurde z. B. eine Minute nach der Injektion von 5 g Traubenzucker pro Kilo ein praktisch moribundes Tier zu dem Zustand zurückgebracht, in dem es sich vor dem Eintritt der Symptome befand. Das Tier verbleibt dann für ungefähr eine Stunde in diesem erträglich normalen Zustande, worauf dieselben Erscheinungen, wie beim ersten Anfall verknüpft mit einem Blutzuckerabfall, wieder eintreten. Eine zweite Injektion stellt das Tier gewöhnlich wiederum wiederher, und dieses kann oft mehrmals mit Erfolg wiederholt werden. Immerhin treten nach 12 oder 14 Stunden Symptome einer anderen Art auf, von denen sich das Tier nach Traubenzuckerinjektion nicht erholt, und es stirbt dann bei einem Blutzuckerspiegel von normaler oder übernormaler Höhe. Wird der Traubenzucker nach der Leberextirpation langsam verabreicht, wie z. B. durch Verabreichung per os oder per rectum, so entwickelt sich keine Hypoglykämie, und die erste Art der Symptome tritt nicht auf. Auf diese Art haben Mann und Magath Tiere bis zu 34 Stunden lang nach der Leberextirpation am Leben erhalten.

Die spezifische Wirkung des Traubenzuckers auf die Frühsymptome ist sehr ausgesprochen, wenn auch Maltose und Mannose einen entschiedenen antitoxischen Effekt haben, und dieses in einem geringeren Grade beim Milchzucker und Dextrin der Fall ist. Andere Substanzen der Kohlehydratreihe oder solche, die ihr verwandt sind, haben keine Wirkung, wie z. B. Lactose, Laevulose, Saccharose, Glykokoll und Milchsäure; ebenso sind Adrenalin und Hypophysenextrakte ohne Wirkung.

Es ist von Bedeutung, daß die Hypoglykämie nach Leberextirpation sich bei pankreasexstirpierten Tieren schneller zu entwickeln scheint als bei Normaltieren, was von Macleod und Pearce beobachtet wurde. Immerhin entwickelten sich bei den pankreaslosen Tieren die hypoglykämischen Symptome bei einem höheren Blutzuckerspiegel, und obgleich eine Traubenzuckerinjektion sie zum Zurückgehen brachte, so hielt doch diese Wirkung nicht so lange an.

Die Leberextirpation bei Gänsen, bei denen die Operation auf Grund der natürlichen Anastomose zwischen dem Leberkreislauf und dem allgemeinen Kreislauf einfacher ist, ergab im allgemeinen dieselben Resultate wie bei Hunden. Die Symptome waren immerhin weniger ausgesprochen, obwohl der Blutzuckerabfall relativ ebenso groß war.

3. Insulinhypoglykämie.

Typische Resultate der Wirkung gleicher Insulindosen auf den Blutzucker bei Kaninchen sind in den Kurven von Abb. 27 wiedergegeben. Die ausgezogenen Linien stellen die Ergebnisse dar, die bei Tieren, die vorher mit kohlehydratreicher Nahrung gefüttert worden waren, erhalten wurden und die gestrichelten Linien diejenigen von Tieren, die vorher mehrere Tage gehungert hatten und die durch Adrenalin- oder Phlorhizin-Injektionen möglichst glykogenfrei gemacht worden waren. Bei beiden Gruppen von Tieren fällt der Blutzucker prompt nach der Injektion ab und erreicht ein niedriges Niveau, auf dem er entweder für eine

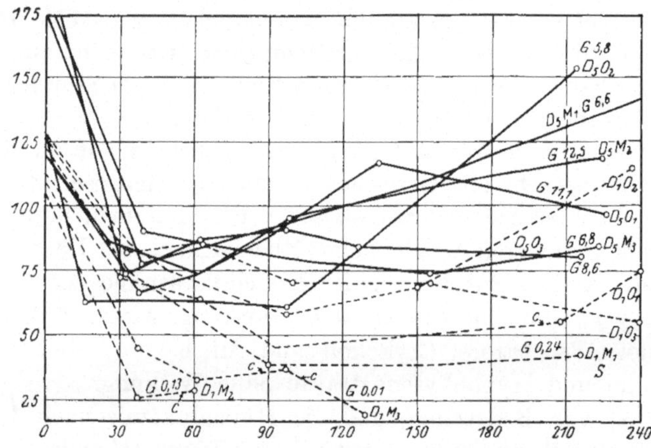

Abb. 27. Kurven der Insulinwirkung bei gut genährten (ausgezogene Linien) und hungernden (gestrichelte Linien) Kaninchen. Der Glykogengehalt der Leber der verschiedenen Tiere (G.) ist durch die in den Kurven eingezeichneten Zahlen in Prozent angegeben. (McCormick, Noble usw.)

beträchtliche Zeit einigermaßen konstant bleibt oder wieder anzusteigen anfängt. Dies hängt sehr weitgehend von dem Ernährungszustand der Tiere ab, wobei der Hauptfaktor der Glykogengehalt der Leber ist, der durch die Zahlen an den verschiedenen Kurven ausgedrückt wird. Wenn auch möglicherweise andere Faktoren, wie z. B. das Säurebasengleichgewicht des Körpers, gleichfalls irgendeinen Einfluß haben können. Zuerst wollen wir die beiden Phasen der Kurven in ihrer Beziehung zum Glykogengehalt der Leber betrachten.

4. Der anfängliche Blutzuckerabfall.

Der Blutzuckerabfall nach der Insulininjektion setzt praktisch sofort ein, ob das Insulin intravenös oder subcutan injiziert worden ist, hat nur einen geringen Einfluß auf den Beginn der Wirkung. Der Abfall tritt ständig während ungefähr 45—60 Minuten ein und seine Steilheit ist praktisch unabhängig vom Glykogengehalt der Leber, vorausgesetzt, daß der Blutzuckerspiegel vor der Injektion normal ist. Wenn, wie es zeitweilig bei gut genährten Tieren der Fall ist, der Blutzucker am Anfang höher als gewöhnlich ist, so fällt er nach der Insulininjektion schneller ab und obgleich er nicht ein so niedriges Niveau erreichen mag, so ist doch der absolute Betrag des Abfalles größer. Wenn man die Resultate nach intravenöser und subcutaner Injektion vergleicht, so ist der Blutzuckerabfall in der ersten halben Stunde bei der ersteren gewöhnlich größer, aber nach einer Stunde besteht zwischen beiden praktisch kein Unterschied mehr.

Der anfängliche Blutzuckerabfall ist innerhalb weiter Grenze unabhängig von der Insulindosis, und nur mit sehr kleinen Insulindosen können verschiedene Grade der Intensität der Reaktion in diesem Stadium gezeigt werden. Solch eine Beziehung läßt sich aus den Kurven in Abb. 28 ersehen, die aus Versuchen stammen, bei denen verschieden kleine Mengen desselben Insulins bei 4 Kaninchen injiziert wurde, die alle in bezug auf ihr Gewicht, das Alter und den Ernährungszustand möglichst gleich waren. In der ersten Stunde nach der Injektion kann eine gewisse Beziehung zwischen Dosis und Wirkung herausgefunden werden, wenn die tatsächlichen Resultate, wie es bei den Kurven auf der linken Seite der Fall ist, in eine Beziehung zu demselben Normalanfangswert des Blutzuckers gesetzt werden. Auf die Anwendung dieser Ergebnisse für die Auswertung des Insulins wird später noch hingewiesen werden. Aus den Kurven auf der rechten Seite in Abb. 28 geht solch eine Beziehung nicht hervor.

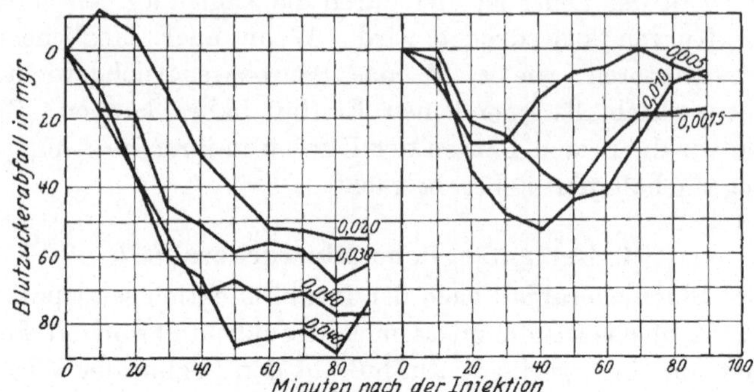

Abb. 28. Blutzuckerkurven nach der Injektion variierender Insulindosen, wie durch die an den Kurven vermerkten Zahlen angegeben (Macleod und Orn).

5. Der Erholungsvorgang.

Bei wohlgenährten Kaninchen erreicht der Blutzucker nach einer Durchschnittsdosis von Insulin in 3—5 Stunden gewöhnlich wieder seinen Normalwert, während bei solchen, die glykogenarm gemacht worden waren, der Wiederanstieg, wenn er überhaupt eintritt, über diese Periode hinaus stark verzögert sein kann. Die Geschwindigkeit des Wiederanstieges variiert deshalb bei beiden Tiergruppen selbst nach genau der gleichen Insulindosis sehr stark, wie dieses auch aus den Kurven in Abb. 27, wo in den Versuchen dieselben Insulindosen intravenös injiziert wurden, klar hervorgeht. In der Regel ist die Schnelligkeit des Wiederanstieges bei Tieren, die durch mäßigen Hunger teilweise glykogenarm gemacht wurden, viel gleichmäßiger wie bei solchen, mit reichen Glykogenspeichern in der Leber.

Diese Beziehungen weisen klar darauf hin, daß der Wiederanstieg des Blutzuckers von der Abgabe von Zucker, der aus den Glykogenspeichern der Leber stammt, abhängig ist. Hieraus ergeben sich zwei Fragen, die erste ist die nach dem Grund für die Steigerung des glykogenspaltenden Prozesses und die zweite nach der Ursache des verzögerten Anstieges, der auftritt, wenn wenig oder kein Glykogen verfügbar ist. Augenscheinlich tritt der Reiz der Glykogenspaltung nicht eher auf, als bis der Blut-

zucker ein gewisses niedriges Niveau erreicht hat, sonst müßte
der anfängliche Blutzuckerabfall bei glykogenreichen Tieren langsamer sein als bei glykogenarmen. Daß der Reiz, welcher Art er
auch immer ist, an dem Leberglykogen angreift, wird durch die
Tatsache bewiesen, die zuerst von Burn gezeigt und später von
Markowitz bestätigt wurde, daß der Wiederanstieg des Blutzuckers bei wohlgenährten Kaninchen nach der Lähmung des
sympathischen Nervensystems durch Ergotamin stark verzögert
wird. Burn und Marks fanden dieselbe Wirkung nach Splanchnicusdurchschneidung. McIver, Cannon usw. kamen zu der
Ansicht, daß das Einsetzen der Reizung einer gesteigerten Glykogenspaltung in der Leber zeitlich mit einer Hypersekretion von
Adrenalin zusammenfällt, da sie fanden, daß nach der Extirpation
des Nebennierenmarkes bei Katzen der geringe vorübergehende
Blutzuckeranstieg, der bei normalen Tieren oft als erster Schritt
des Erholungsprozesses beobachtet wird, nicht vorhanden ist.

Wenn eine gewisse Blutzuckerschwelle erreicht ist, tritt die
Erregung des glykogenspaltenden Prozesses ein, und es müssen
wenigstens zwei Faktoren vorhanden sein, die das Auftreten dieser
Erregung bestimmen. Einer von diesen ist die Eigenempfindlich-
keit des glykogenspaltenden Mechanismus in der Leber und der
andere der verfügbare Betrag gespeicherten Glykogens. Diese
beiden Prozesse sind nicht voneinander abhängig, denn es kann
eine große Menge Glykogen vorhanden sein, welches aber so fest
an die Leberzelle gebunden ist, daß ein viel stärkerer Reiz zur
Mobilisation nötig ist, als wenn nur eine Spur lose gebundenen
Glykogens vorhanden wäre. In anderen Worten ist die vorhandene Glykogenmenge der Leber nicht notwendigerweise ein
Anzeichen dafür, ob eine schnelle Zuckermobilisation möglich
ist oder nicht. Wenn nur Spuren von Glykogen vorhanden sind,
so kann die Zuckerabgabe nur für eine kurze Zeit andauern, wenn
nicht ein Prozeß der Zuckerbildung einsetzt, und es bestehen einige
Anzeichen dafür, daß nach Insulin ein solcher Vorgang einsetzt,
wenn er auch langsamer ist als der der Glykogenspaltung. Auf
diesen Prozeß ist der Wiederanstieg des Blutzuckers bei den Tieren
zurückzuführen, die keine Spur von Leberglykogen besitzen.

Die neueren Arbeiten von Burn und Marks, in denen gezeigt wurde, daß bei Kaninchen durch Verabreichung von Thyroxin das Verhalten nach Insulin stark beeinflußt wird, und

daß Schilddrüsenextirpation (Bodansky und Burn und Marks)
die Empfindlichkeit dieser Tierart gegen Insulin steigert, weist
im Zusammenhang mit der Arbeit von Cramer darauf hin, daß
ein sehr wichtiger Einfluß der Schilddrüse auf die Vorgänge der
Zuckerbildung besteht.

6. Das Verhalten des Blutzuckers nach Insulin bei anderen Tieren als Kaninchen.

1. *Hund*: Die typische Insulinwirkung auf den Blutzucker
bei dieser Tierart, wie sie aus Abb. 25 hervorgeht, ist der bei
Kaninchen beobachteten sehr ähnlich, mit dem Unterschied, daß
der Abfall nicht so steil ist und das Minimum in ungefähr 2 Stunden
erreicht wird. Die Kurve steigt dann etwas an, aber dieses hält
in der Regel nicht lange an und wird von einem weiteren Abfall
gefolgt, der andauert, bis das niedrigste Niveau in einer Zeit von
4—5 Stunden erreicht ist. Dieser vorübergehende geringe Anstieg
der Kurve am Ende des anfänglichen steilen Abfalles ist bei
Hunden und Katzen häufiger als bei Kaninchen. Bei der Katze
geht der Blutzuckerabfall wie beim Hunde vor sich, und der anfängliche steile Abfall ist nach $1\,^1/_2$ Stunden vollständig, worauf
dann das niedrigste Niveau oft nach einem vorübergehenden Anstiege in ungefähr 3 Stunden erreicht wird.

2. *Mensch*: Fletcher und Campbell (1922) haben die
Resultate, die sie bei 5 normalen und 15 diabetischen Menschen
erhielten, in Kurvenform zusammengestellt. Das Insulin wurde
am Morgen vor dem Frühstück nach der Entnahme eines Nüchtern-
blutzuckers gegeben, dann wurden 4 Stunden lang nach der Insulininjektion in halbstündigen Zwischenräumen weitere Blut-
entnahmen gemacht. Es fanden sich zwischen den Wirkungen
beim diabetischen und normalen Menschen keine sehr auffallenden
Unterschiede, wohl aber bestand eine Tendenz in bezug auf die
Größe des Abfalles, die vom normalen Blutzuckerspiegel abhängig zu sein schien, je höher nämlich der Blutzucker war,
desto größer war der Abfall. Bei zwei mehr als 4 Stunden ausgedehnten Beobachtungen fand sich in einer ein leichter Wiederanstieg, während bei den anderen die Kurve eine weitere Stunde
zu fallen fortfuhr, wonach sie dann konstant blieb. An die Stelle
des plötzlichen anfänglichen Abfalles, der für die kleineren Tiere,
besonders das Kaninchen, so charakteristisch ist, tritt beim

Menschen ein mehr gradueller, wobei der Unterschied wahrscheinlich von der relativen Zirkulationsgeschwindigkeit abhängig ist. Es wurde festgestellt, daß der Grad des Blutzuckerabfalles in keiner genauen Beziehung zur verabreichten Insulinmenge stand. So verursachte z. B. bei einem Patienten eine Injektion von 20 E. einen größeren Blutzuckerabfall als 30 E. und einen fast ebenso großen als 50 E.

3. *Kaltblüter*: Die ersten Beobachtungen in dieser Beziehung wurden von Noble und Macleod (1923) gemacht; sie waren nicht in der Lage, bei Schildkröten 5—6 Stunden nach Insulininjektion eine Blutzuckererniedrigung zu entdecken. Damals wurden keine Beobachtungen an Fröschen gemacht, weil bei diesen Tieren normalerweise nur eine geringe Menge Zucker im Blute vorhanden ist, besonders, wenn sie unter den üblichen Bedingungen des Laboratoriums gehalten werden. Inzwischen teilte mir Krogh mit, daß Rehberg bei Fröschen eine verzögerte Insulinwirkung beobachtet hatte, wie es aus der Entwicklung charakteristischer hypoglykämischer Symptome hervorging. Sein Mitarbeiter Hemmingsen veröffentlichte später Beobachtungen über einen ausgesprochenen Blutzuckerabfall bei 2 Fröschen, der 24 Stunden nach Insulininjektion eintrat. Andererseits trat bei Schmetterlingslarven ein Anstieg auf und bei der Larve des Flußkrebses konnte nach Insulin keine Wirkung auf die Geschwindigkeit, mit der injizierter Zucker aus dem Blute verschwand, beobachtet werden. Von Olmstedt (1924) wurde später die Beobachtung gemacht, daß bei Fröschen der Blutzucker beträchtlich ansteigt, wenn man sie 2 Tage bei einer Temperatur von 22° C hält, und daß Insulin auf diese Hyperglykämie keine Wirkung hat. McCormick und Macleod (1925) studierten die Insulinwirkung bei Myoxocephalus, aber es war ihnen nicht möglich, irgendeinen Einfluß in der Richtung der Herabsetzung des normalerweise niedrigen Blutzuckers zu zeigen. Bei gewissen Versuchen wurde das Insulin für eine Zeitlang täglich verabreicht, bevor der Fisch zur Blutentnahme getötet wurde, bei anderen wurde es nur für eine Periode von wenigen Stunden vor der Blutuntersuchung gegeben. Die niedrigsten Werte betrugen 16 und 8 mg vH, solche Werte können aber auch bei nicht injizierten Tieren auftreten.

Houssay, Sordelli und Mazzocco (1923) und später Houssay und Rietti (1924) haben Berichte über zahlreiche Untersuchungen der

Insulinwirkung an verschiedenen Kaltblütern veröffentlicht, wie z. B.
an kleinen Krokodilen, Fröschen, Kröten, Schildkröten, Schlangen und
Fischen. Bei Krokodilen (*Caimen sclerops*) verursachte die Injektion
von 10—60 E.-Insulin in 24 Stunden eine ausgesprochene Hypoglykämie,
die nach dem dritten und vierten Tage noch ausgesprochener wurde, und
wo sich dann auch typische Symptome einstellten. Darauf stieg der
Blutzucker etwas an, aber die Symptome traten in Zwischenräumen
wieder auf, und die Tiere starben 7—10 Tage nach der Injektion. Bei
argentinischen Fröschen (*Leptodactylus ocellatus*) und Kröten (*Bufo
marinus*) wurde die Hypoglykämie 5—8 Stunden nach der Insulininjektion offensichtlich, bei einem Falle wurden bis zu 4 Tagen charakteristische Symptome beobachtet.

Mann, Bollmann und Magath fanden, daß intravenöse Injektionen großer Insulinmengen bei *Rana pipiens* und auch bei Fischen
(*Lepisosteus plastostomus*) nach 24—36 Stunden eine Hypoglykämie zur
Folge hatten, wobei das niedrigste Niveau in einer Zeit von 60—96 Stunden erreicht wurde.

Diese ungewissen Resultate der Insulinwirkung auf den Blutzucker von Kaltblütern haben ein beträchtliches Interesse, da,
wie wir später sehen werden, sich einige Tage nach der Insulininjektion Symptome entwickeln, die denen bei Warmblütern infolge Hypoglykämie beobachteten ähnlich sind.

7. Die hypoglykämischen Symptome.

Bei der Hypoglykämie infolge Insulin wie auch bei der nach
Leberexstirpation treten, wenn der Blutzucker auf eine gewisse
Höhe abgefallen ist, ausgesprochene Symptome auf, die als
hypoglykämischer Symptomenkomplex bekannt sind. Sie variieren bei den verschiedenen Tieren etwas.

1. *Kaninchen*: Als Vorläufer der eigentlichen Symptome
beobachtet man Überregbarkeit, gesteigerte Furcht und Anzeichen sehr starken Hungers. Die eigentlichen Symptome bestehen aus heftigen Krampfanfällen, bei denen sich das Tier von
Seite zu Seite wirft, wobei der Kopf in den Nacken gezogen ist
und die Hinterbeine in einer Streckstellung gehalten werden.
Zeitweilig bestehen sie in Form einer stark ausgesprochenen
Schläfrigkeit, die sich allmählich zum Koma steigert. Die
Krämpfe sind denen durch Strychnin oder akuter Asphyxie
hervorgerufenen nicht unähnlich, ausgenommen, daß sie mehr
auf gewisse Muskelgruppen beschränkt sind. Nach einer Periode,
die von 30 Sekunden bis zu einer Minute dauert, hören die Krämpfe

auf, und das Tier liegt in einem bewußtlosen Zustande auf der
Seite, hat eine schnelle und flache Atmung und erweiterte Pupillen. Der Zustand des Tieres in diesem Stadium kann immerhin
beträchtlich verschieden sein, so z. B. zeigen wohlgenährte und
deshalb glykogenreiche Tiere zwischen den Krampfanfällen oft
ein augenscheinlich normales Verhalten, wobei dann durch Be-
wegungsversuche neue Krampfanfälle ausgelöst werden, die oft
heftiger sind als bei Tieren, die vorher gehungert haben. Zeitweilig scheint es, daß Tiere, denen häufig Insulin injiziert worden
ist, Krämpfen gegenüber einen gewissen Grad von Immunität
bekommen. Nach verschiedenen Zeitintervallen folgt auf das
Koma ein anderer Krampfanfall und dies kann alternierend eine
Stunde und länger anhalten, wobei dann die Krämpfe schwächer
und schwächer werden, bis zuletzt das Tier durch Atemstillstand
stirbt. Mit Entwicklung des Komas fällt die Rektaltemperatur.
Die Beziehungen dieser Symptome zum Blutzucker gehen aus
dem folgenden Protokoll hervor:

Versuch 24. April 1922:

8^{10} vorm. Blutzucker 0,129 vH, 5 ccm Insulin subcutan,

8^{55} „ „ 0,077 vH. Das Tier bekommt kurz vor 11^{30}
Krämpfe,

11^{40} „ „ 0,047 vH, Rektaltemperatur 37,1° C,

11^{48} „ Noch 2,5 ccm Insulin,

12^{00} mittags Krämpfe, Rektaltemperatur 36,0° C,

12^{10} nachm. Blutzucker 0,033 vH, Rektaltemperatur 36° C.

12^{15} „ Krämpfe,

12^{18} „ 5 g Traubenzucker in 40 ccm Wasser, subcutan, Rektaltemperatur 36,0° C,

12^{23} „ Blutzucker 0,056 vH; Rektaltemperatur 36,5° C; Kaninchen sitzt, macht normalen Eindruck,

12^{43} „ „ 0,091 vH; Rektaltemperatur 36,5° C, Kaninchen normal,

1^{05} „ „ 0,070 vH, Rektaltemperatur 37,6° C, normal.

2^{35} „ „ 0,043 „ „ 38,0° C,

3^{35} „ „ 0,053 „ „ 37,6° C, Krämpfe,

5^{40} „ „ 0,024 „ „ 35,0° C, Krämpfe.

Obgleich ausgesprochene Krämpfe bei wohlgenährten Tieren
gewöhnlich bei einem Blutzuckerspiegel von 0,045 vH auftreten,
so können sie bei Hungertieren doch oft erst dann eintreten, wenn
der Blutzucker viel niedriger ist, besonders nach der Injektion
größerer Insulindosen. Der Grund dieser Unterschiede hängt wahr-

scheinlich von der Tatsache ab, daß es die Konzentration oder Spannung des Traubenzuckers in den Nervenzellen ist, die für die Symptome verantwortlich gemacht werden muß, und diese läuft viel eher mit dem Blutzucker parallel, wenn der letztere sich nicht so schnell ändert, wie wenn die Veränderungen plötzlicher Art sind. Z. B. wird der Neigung zur Entwicklung der Hypoglykämie bei wohlgenährten Tieren nach dem anfänglichen Blutzuckerabfall durch Zuckermobilisation aus den Glykogenspeichern entgegengewirkt, daher fällt der Blutzucker so langsam bis zur Krampfgrenze ab, daß in dieser Zeit eine vollkommene Diffussion zwischen dem Blut und den Gewebsflüssigkeiten eintreten kann. Bei Hungertieren andererseits fällt der Blutzucker nach dem anfänglichen steilen Abfall mit einer ziemlichen Geschwindigkeit bis unter die Krampfgrenze weiter, so daß während dieser Zeit die Diffussion aus den Geweben nicht folgen kann. Aus einer Gesamtzahl von 971 Tieren, die 24 Stunden gehungert hatten, und denen dann Insulin injiziert worden war, wurden bei 158 keine Symptome beobachtet, obgleich ein und der andere Blutzucker erheblich unterhalb 0,040 vH war (Macleod und Orr 1924). Abgesehen von diesen Faktoren muß daran gedacht werden, daß verschiedene Kaninchen infolge von Hypoglykämie mehr zu Krämpfen neigen als andere. In der Tat gibt es auch einige Beweise dafür, daß gelegentlich ein Tier bis zu einem gewissen Grade durch wiederholte Insulininjektionen refraktär werden kann.

2. *Hund*: Beim Hunde sind die ersten Zeichen gewöhnlich sehr schnelle Atmung, Unruhe und allgemeine Überempfindlichkeit, verbunden mit einem Verlust des Interesses an der Umgebung und indifferentem Verhalten seinem Herrn gegenüber. Darauf treten gewöhnlich Muskelzuckungen auf, dabei kann es zu einer Erschlaffung der Sphinkteren kommen. Oft ist Bellen ein hervorstechendes Symptom und außerdem kann es zum Auftreten einer Salivation und Schaumbildung kommen. In diesem Stadium oder auch als erstes Symptom treten Krämpfe auf, die denen beim Kaninchen nicht unähnlich sind; zwischen den Krämpfen liegt das Tier augenscheinlich bewußtlos auf der Seite und zeigt oft heftige Muskelzuckungen, die sich beinahe bis zum Tetanus steigern können, dabei steigt die Schnelligkeit der Atmung und des Pulses an. Die Inspiration ist gewöhnlich kurz und ruckweise, auch tritt häufig ein inspiratorischer Tetanus auf, so daß

künstliche Atmung gemacht werden muß. Versuche, aufzustehen, sind manchmal die auslösende Ursache von Krampfanfällen, und während der Erholung sieht man oft, daß die Muskeln der Extremitäten besonders der vorderen vollständig das Vermögen der Koordination verloren haben. Bei Hunden in Äthernarkose haben sogar massive Dosen von Insulin keine unmittelbare Wirkung auf den Blutdruck. Mit der Entwicklung der Hypoglykämie fällt die Rektaltemperatur, die nach den Krampfanfällen ausgesprochene Anstiege zeigt, wie es aus dem folgenden Protokoll hervorgeht:

Hund, 8 kg (16. Juli 1923).

10^{50} vorm. Blutzucker 0,098 vH,
10^{55} „ Rektaltemperatur 38,65° C,
11^{00} „ Große Dosis Insulin,
12^{20} nachm. Blutzucker 0,067 vH.
12^{25} „ Temperatur 38° C,
12^{55} „ Tier offensichtlich krank,
1^{50} „ Besserung, neue Insulingabe,
2^{42} „ Blutzucker 0,048, Temperatur 37,3° C,
3^{35} „ Temperatur 36,9° C,
4^{46} „ Krämpfe,
3^{48} „ Temperatur 37,4° C,
4^{15} „ „ 37,3° C,
4^{30} „ Rohrzucker mittels Magenschlauches.

3. *Katze*: Das Verhalten dieses Tieres ist in dem folgenden Protokoll aus der Arbeit von Olmstedt und Logan (1923) sehr gut beschrieben:

Gewicht 2,6 kg.

12^{30} Uhr vormittags 0,8 ccm Insulin subc.

3 Uhr nachm.: Die Katze wird schwach und komatös, sie liegt auf der Seite und ist nur schwer zum Aufstehen zu veranlassen, sie stößt ein eigentümliches Schreien aus, hat einen Tremor in den Hinterbeinen, die Pupillen erweitern und ziehen sich in rascher Aufeinanderfolge zusammen. Abgang von Kot und Urin.

3^{10} Uhr nachm.: Die Katze wird überempfindlich, Zuckungen der Vorder- und Hinterbeine, reagiert auf Pfeifen durch weites Öffnen der Augen, die Pupillen sind stark dilatiert, Kniereflex durch die leichteste Berührung auslösbar, Beugereflex beim Kneifen in die Zehe, Atmung flach und frequent, starke Salivation.

Das Aufheben des Kopfes fällt schwer. Der Blutzucker beträgt 0,046 vH.

3^{20} Uhr: Sehr frequente und flache Atmung, Muskelzuckungen über den ganzen Körper. Der Kopf ist in den Nacken gezogen, stark dilatierte Pupillen, Vorderbeine rigide und ausgestreckt, Hinterbeine schlapp,

mit den Vorderbeinen werden Gehbewegungen ausgeführt. Rollende
Bewegungen, dauerndes Schreien, starke Speichelabsonderung, bei Drehbewegungen tritt kein Nystagmus auf. Blutzucker 0,043 vH.

3^{25} Uhr: Atmung äußerst frequent und flach, Schreien, Kopf ist
stark in den Nacken gezogen, Vorderfüße steif, Hinterfüße schlapp, der
Schwanz zeigt einige Rigidität, Gehbewegungen mit den Vorderbeinen,
rollende Bewegungen, Ausstoßen eines eigentümlichen Schreiens die
ganze Zeit, das Haar, besonders auf dem Rücken, ist gesträubt; Blutzucker 0,036 vH.

3^{30} Uhr: 10 ccm gesättigte Traubenzuckerlösungen subcutan.

3^{55} Uhr nachm.: Vorderbeine erscheinen normal, Hinterbeine sind
schlapp und zeigen unkoordinierte Bewegungen, das Tier kann auf-
sitzen, aber schwankt leicht von Seite zu Seite.

3^{58} Uhr nachm.: 6 ccm gesättigter Traubenzuckerlösung subcutan.
Das Tier macht einen einigermaßen normalen Eindruck, wenn es auch
noch etwas schwach ist.

9 Uhr nachm.: Das Tier wurde wiederum in Krämpfen gefunden.
10 ccm gesättigter Traubenzuckerlösung und 1 ccm Adrenalin subcutan.

9 Uhr vorm.: Das Tier hat sich augenscheinlich vollständig erholt
mit der Ausnahme, daß es etwas langsamer als normalerweise läuft.

4. *Maus*: Bei diesen Tieren variieren die Symptome in den
Einzelheiten etwas. Das Koma ist gewöhnlich ein stärker her-
vortretendes Symptom als die Krämpfe, besonders dann, wenn die
Tiere bei Zimmertemperatur gehalten werden, da unter diesen
Umständen, wie zuerst von Krogh beobachtet, die Körpertemperatur sehr schnell abfällt. Wenn man die Tiere bei einer
Temperatur von 25—30° C in einen Brutschrank setzt, so treten
eher Krampfsymptome auf, und ihr Eintreten kann, wie wir
später sehen werden, zum Zwecke der pharmakologischen Auswertung benutzt werden. Sie entwickeln sich gewöhnlich innerhalb einer Stunde nach der Insulininjektion, obgleich sich ihr
Einsetzen bis zu 2 Stunden verzögern kann.

Zuerst werden Ruhelosigkeit und Reizbarkeit beobachtet, in diesem
Stadium kann ein Schlag gegen den Kasten oder ein plötzliches Ge-
räusch das Tier zum Springen veranlassen. Darauf wird der Schwanz
steif und kann bogenförmig über dem Rücken getragen werden. Diese
Vorboten werden sehr bald von Krämpfen gefolgt, die gewöhnlich in
der Form auftreten, daß die Maus in die Luft springt und nach dem
Herunterfallen in einer unkoordinierten Art und Weise umherrennt und
dabei oft auf die Seite fällt. Zeitweilig bestehen die Krampfanfälle aus
einem die gesamte Muskulatur betreffenden tonischen Spasmus, der
wenige Sekunden andauert. In dem Intervall zwischen den Krämpfen
oder Spasmen liegt das Tier gewöhnlich in einem spannungslosen Zustand ausgestreckt, wobei es die Beine von sich streckt, diese Stellung

ist für die Maus sehr charakteristisch. Durch Anfassen des Tieres können gewöhnlich Krampfanfälle hervorgerufen werden. Dann werden die Krampfsymptome allmählich weniger ausgesprochen und die Maus verliert jedes Bewegungsvermögen und es tritt ein Stadium des äußersten Kollapses und Komas ein, wobei das Tier, wenn man es auf den Rücken legt, keinen Versuch macht, sich aufzurichten. Die Atmung wird sehr langsam, es tritt eine Protrusio bulbi und eine Pupillenerweiterung ein. Wenn die Insulindosis nicht zu groß gewesen ist, kann eine spontane Erholung eintreten. Tritt diese während des Komas ein, so können während der Erholung neue Krampfanfälle auftreten. Bemerkenswert ist, aus welch tiefem Grad von Koma ein Tier sich erholen kann, eine Tatsache, an die bei der Untersuchung der Wirkung verschiedener Substanzen auf diese Symptome gedacht werden muß.

5. *Mensch*: Die folgende Beschreibung stammt von Fletcher und Campbell (1922):

„Das Anfangssymptom kann in einem Gefühl der Nervosität oder Zittern bestehen, zeitweilig auch in einem außerordentlich starken Hungergefühl und zeitweilig in einem Gefühl der Schwäche und Interesselosigkeit. Der Blutzuckerspiegel, bei dem ein Patient den Abfall des Blutzuckers bemerkt, ist gewöhnlich für das betreffende Individuum ziemlich konstant. Wenn bereits eine Erfahrung über die Reaktion besteht, so wird der Anfall gewöhnlich von den Patienten bemerkt, wenn der Blutzucker auf 0,08 und 0,07 vH abgefallen ist; darauf folgen sehr schnell objektive Symptome. Am häufigsten ein profuser Schweißausbruch, ebenso ist abwechselndes Blaß- und Rotwerden ein häufiges Zeichen und zeitweilig eine Änderung in der Pulsfrequenz. Besonders bei Kindern wird die Hypoglykämie oft durch eine Steigerung der Pulsfrequenz entdeckt, wogegen bei Erwachsenen der Schweißausbruch das hervorstechende Symptom ist. Gleichzeitig werden auch die subjektiven Symptome schwerer. Das Nervositätsgefühl kann sich zu einem ausgesprochenen Angst- oder sogar Erregungszustand entwickeln. Das Zittergefühl ist möglicherweise eine Form der Inkoordination. Manche Patienten zeigen einen Verlust des Vermögens, mit ihren Fingern feine Bewegungen auszuführen. Richtiggehender Tremor ist in diesem Stadium nicht beobachtet worden. Zuzeiten kommt es zu einem Hitze- oder Kältegefühl, zeitweilig auch zu Ohnmachtsanfällen.

Einige haben über Schwindelgefühl und andere über Doppelsehen geklagt. Dies sind wohl die häufigsten Reaktionen, dabei beträgt der Blutzucker gewöhnlich zwischen 0,07 und 0,05 vH. Bei einer weiteren Herabsetzung des Blutzuckers werden viel schwerere Symptome beobachtet. Ausgesprochene Erregungszustände, sensorische und motorische Aphasie, Dysarthrie, Delirium, Desorientierung, Verwirrung sind beobachtet worden, aber keine Krämpfe." Bei der größeren Möglichkeit, das Eintreten der Symptome beim Menschen auf Grund ihrer subjektiven Erscheinungen zu entdecken, ist der Grad der Hypoglykämie, bei dem sie zuerst bemerkt werden, viel geringer als bei den Laboratoriumstieren, immerhin variiert die Höhe des Blutzuckerspiegels bei den verschiedenen

Individuen. „Es gibt Patienten, die die Hypoglykämie gewahr werden,
wenn der Blutzucker zwischen 0,8 und 0,9 vH beträgt. Andererseits
haben andere Patienten bei einem Blutzuckerspiegel von 0,054 vH keine
Symptome wahrgenommen. Eine ernste Reaktion ist bei einem Blutzucker von 0,06 vH beobachtet worden, und andererseits wurde ein Blutzucker von 0,04 im Verlaufe einer sehr leichten Reaktion bestimmt. Ein
Blutzuckerspiegel von 0,035 vH ist gewöhnlich mit Bewußtlosigkeit
verbunden. Der niedrigste beobachtete Blutzucker betrug 0,025 vH."

6. *Die Symptome bei Kaltblütern*: Wir beobachteten nach
Insulininjektionen keine Entwicklung hypoglykämischer Sym-
ptome, wenn die Tiere 4 Tage bei Zimmertemperatur gehalten
wurden. Wenige Monate später teilte uns A. Krogh mit, daß
Symptome eintraten, wenn die Frösche nach der Injektion längere
Zeit beobachtet wurden und daß diese Symptome mit dem bei
Säugetieren hervorgerufenen vergleichbar waren.

Die Symptome bestehen aus einer Übererregbarkeit, die von einer
muskulären Inkoordination gefolgt werden, so daß das Tier nicht in der
Lage ist, sein Gleichgewicht zu halten, zeitweilig kommt es auch zum
Auftreten von Krampfanfällen. Olmsted (loc. cit.) fand nachträglich,
daß das Einsetzen der Symptome durch Warmhalten der injizierten
Frösche stark beschleunigt werden konnte. Er beobachtete, „daß unmittelbar vor dem Krampfanfall die Haut des Frosches eine hellere Farbe
bekommt, die männlichen Frösche quaken gewöhnlich, die Extremitäten
werden steif ausgestreckt wie bei einer Strychninvergiftung, die Augen
sind von der Nickhaut bedeckt und die Pupillen dilatiert. Plötzlich
springt der Frosch außerordentlich heftig umher, fällt auf den Rücken
und überschlägt sich nach vor- und rückwärts. Dieser heftige Krampfanfall dauert nur wenige Sekunden. Dann wird der Frosch schlapp und
die Respiration und Muskeltätigkeit hört auf. Oft bleiben die Lungen
stark aufgeblasen, so daß die Seiten des Frosches aufgetrieben sind und
das Tier mit den Nasenlöchern unter Wasser und schlaff herabhängenden
Beinen auf dem Wasser schwimmt. Innerhalb weniger Minuten hebt es
die Nasenlöcher aus dem Wasser, öffnet seine Augen, zieht die Beine an
und fängt außerordentlich heftig an zu atmen. Gewöhnlich tritt vor
einer Stunde kein zweiter Krampfanfall auf, worauf sich dann der gesamte Vorgang wiederholt." Aus schon erwähnten Gründen war es unmöglich, das Eintreten dieser Symptome mit dem Blutzucker in Beziehung zu bringen. Nach Beobachtungen von Julian Huxley und
Fulton (1924) dauert es 5—6 Tage, bevor Symptome auftreten, wenn
die Tiere bei 7 °C gehalten werden; wohingegen sie schon nach 27 Stunden
eintraten, wenn man sie bei 25 °C hielt. Diese Beobachter fanden, daß
die Zeit des Eintretens der Symptome innerhalb weiter Grenzen in
keinem Verhältnis zur Insulindosis stand. Ebenso stellten sie fest, daß
sich die Symptome schnell entwickelten, wenn sie die Frösche, die für
einige Tage nach der Injektion in der Kälte gehalten wurden, einer
höheren Temperatur aussetzten.

Im Sommer 1923 setzte Olmstedt seine Untersuchungen über
die Insulinwirkung an Kaltblütern fort, wobei er einen Süßwasserfisch (*Amerius nebulosus*) benutzte. Bei Fischen, die 2 Tage nach
der Injektion bei Zimmertemperatur gehalten wurden, beschreibt
er eigentümliche Symptome, die er als in Beziehung zur Hypoglykämie stehend betrachtet.

„Die Menalaphoren des Fisches befanden sich zur Zeit der Insulininjektion im Kontraktionszustande, aber am folgenden Tage hatten sie
sich voll ausgebreitet und der Fisch wurde fast schwarz und blieb so
4 oder 5 Tage lang. Wenige Stunden vor dem Krampfanfall erschien der
Fisch schwach und war nicht in der Lage, gegen einen leichten Wasserstrom zu schwimmen. Zu dieser Zeit war er auch praktisch unempfindlich für Reize wie z. B. Berührung usw., währenddem konnte er passiv
in seinem Gefäß umhergeführt werden. Plötzlich aber jagte er mit einer
außerordentlichen Geschwindigkeit durch das Wasser, wobei diese oft
so groß war, daß er über den Rand des Gefäßes herausflog. Darauf trat
eine Periode ein, in der er unfähig war, sein Gleichgewicht zu halten. Wenn
er zu dieser Zeit ruhig war, drehte er sich sehr langsam in rollender Bewegung auf eine Seite, richtete sich dann selbst mit einem schnellen
Ruck auf, oder das Schwanzende des Fisches ging langsam in die Höhe,
bis der Fisch auf seinem Kopf stand, worauf dann der Schwanz plötzlich
mit einem Ruck wieder nach unten gebracht wurde, oder der Fisch fing
an zu schwimmen. Das plötzliche Schießen durch das Wasser nahm sehr
bald einen spiralartigen Verlauf, und der Fisch führte korkzieherartige
Bewegungen aus. Diese bei einigen 20 Fischen beobachtete Rotation
wurde im allgemeinen nach der rechten Seite ausgeführt.
Wenige Individuen drehten sich nach links und eins überschlug sich
gerade rückwärts. Wenn die Drehbewegungen aufhörten, schwamm der
Fisch entweder bewegungslos mit dem Kopf aus dem Wasser und dem
Schwanz steil nach unten, oder er sank zu Boden und lag bewegungslos
auf der Seite. Die Kiemen hörten auf, sich zu bewegen und das Tier
war vollständig träge. Nach einigen Minuten fingen die Augen zu rollen
an, dann setzten Kiemenbewegungen ein, und der Fisch bekam sein
Gleichgewicht wieder und schwamm gewöhnlich entlang der Oberfläche,
das Maul außerhalb des Wassers und schnappte heftig Luft. Anstatt
spiralartig durch das Gefäß zu schießen, zeigte der Fisch häufig ein
konvulsives Zittern und bewegte sich in einer Reihe ruckartiger Bewegungen nach rückwärts. Unmittelbar nach einem Krampfanfall wurde
der Fisch wiederum schwach und reagierte nicht auf Reize wie z. B.
Berührung, Erschütterung usw. Wenige Stunden später wurde er hypersensitiv und schoß sogar dann schon durch das Gefäß, wenn in einiger
Entfernung davon auf den Tisch geschlagen wurde." Die Insulinwirkung
hörte allmählich auf, wenn der Fisch bei Zimmertemperatur gelassen
wurde. Zu gleicher Zeit beobachtete McCormick ähnliche Symptome bei
anderen Fischen, nämlich *Myoxocephalus* und *Hemitripterus*.

Die Entwicklung der Symptome bei diesen Tieren ist besonders

auf Grund der Tatsache, auf die schon hingewiesen worden ist,
interessant, daß man bei ihnen nicht sicher einen Abfall des Blutzuckers nach Insulin hat feststellen können. Da nun Insulin bei
Myoxocephalus die Entwicklung der asphyktischen Hyperglykämie verlangsamt, so ist es andererseits wahrscheinlich, daß
doch auch eine Herabsetzung des normalen Blutzuckers auftreten kann (McCormick und Macleod 1925). Gemeinhin
hat man vorausgesetzt, daß die obigen Symptome ihrer Natur
nach hypoglykämische sind, aber es muß daran erinnert werden,
daß sie in mancher Hinsicht, denen durch Sauerstoffmangel
hervorgerufenen gleichen, der wie wohl bekannt, bei in Aquarien
gehaltenen Seewasserfischen schwierig zu vermeiden ist. Deshalb
ist es möglich, daß Asphyxie eher als Hypoglykämie z. T. für die
beobachteten Symptome verantwortlich zu machen ist.

8. Die Ursache der Symptome.

Die Symptome machen den Eindruck, daß sich im Körper
irgendeine Substanz entwickelt haben muß, die einen stark irri-
tierenden Einfluß auf das Zentralnervensystem hat. Die schla-
gende Ähnlichkeit gewisser Symptome mit denen, die durch
wirbelnde Umdrehungen beim normalen Kaninchen hervorgerufen werden können, läßt vermuten, daß der Vestibulapparat
gereizt wird. Der Hauptunterscheidungspunkt zwischen den
beiden Zuständen ist das Fehlen des Nystagmus bei Insulinkrämpfen, der ein charakteristisches Symptom nach Drehbewegungen ist. Überdies rufen wirbelnde Drehbewegungen
bei einem Tiere, das die Vorläufersymptome der Hypoglykämie aufweist, keinen Krampfanfall hervor. Es besteht
die Möglichkeit, daß Störungen der oxydativen Prozesse in den
Nervenzellen in einer Beziehung zu ihrer Reizung stehen, obgleich
die Symptome auch bei Tieren, die in einer sauerstoffreichen Atmosphäre gehalten werden, auftreten. Olmsted und Logan 1925
haben darauf hingewiesen, daß die Symptome bei Katzen und
Kaninchen in mancher Hinsicht den durch plötzliche Asphyxie
verursachten ähnlich sind. Der Sauerstoffmangel in den Nervenzellen kann entweder durch ein Versagen der Sauerstoffversorgung
durch das Blut oder durch die Entwicklung eines Zustandes in
ihrem Protoplasma sein, der sie unfähig macht, den verfügbaren
Sauerstoff zu verbrauchen. Die erstere Möglichkeit wird bis zu

einem gewissen Grade durch die Tatsache gestützt, daß das arterielle Blut bei Eintritt der hypoglykämischen Symptome, wie oft bemerkt worden ist, eine venöse Farbe aufweist.

In Hinsicht auf diese Tatsache haben Olmsted und Taylor (1924) die Sauerstoffsättigung des arteriellen Blutes bei decerebrierten und decapitierten Katzen bestimmt und waren in der Lage, einen leichten aber nichtsdestoweniger ausgesprochenen Abfall zur Zeit gerade vor dem Eintritt der Insulinkrämpfe festzustellen. Bei Kaninchen dagegen wurden durch eine Untersuchung des arteriellen Blutes keine Resultate erhalten, die einen Rückschluß erlaubten, obgleich Argyle, Campbell und Dudley fanden, daß nach Insulininjektionen der Sauerstoffgehalt von Luft, die einige Zeit vorher subcutan injiziert worden war, stark verringert wurde. Diese Resultate sind umso bedeutungsvoller, wenn man sie im Zusammenhang mit der Tatsache betrachtet, daß bei der Katze und beim Hunde die Hyperpnoe einer der Vorläufer des hypoglykämischen Zustandes ist. Es kann also kein Sauerstoffmangel durch mangelnde Aufnahme in der Lunge bestehen, und die Resultate von Olmsted und Taylor zeigen, daß kein Versagen des Sauerstofftransportes durch das Hämoglobin vorliegt. Daher sind wir zu dem Schluß gezwungen, daß der eingeatmete Sauerstoff in irgendeiner Form in den Geweben festgehalten werden muß, so daß seine Spannung in dem das Gehirn versorgenden Blute unzureichend wird und so Symptome von Sauerstoffmangel entstehen.

In Hinsicht auf den Wirkungsort des toxischen Faktors ist wenig Genaues bekannt.

Olmsted und Logan beobachteten, daß bei decerebrierten Katzen Insulin keine Hypoglykämie oder deren Symptome hervorrief, vorausgesetzt, daß die Durchtrennung des Hirnstammes weit genug nach vorn ausgeführt wurde, wohl aber war dies der Fall, wenn sie in der gewöhnlichen Art weiter nach hinten gemacht wurde, so daß die Hypophyse dabei nicht zerstört wurde. Später wies Cannon darauf hin, daß eine Schädigung des Hypothalamus bei der letzteren Operation der für die verschiedenen Resultate verantwortliche Faktor war. Auf jeden Fall entwickelten sich bei deceribrierten Tieren typische Krämpfe, wenn der Blutzucker genügend abfiel, wohingegen dies bei anderen Tieren nach der Dekapitation nicht der Fall war. Diese Resultate weisen darauf hin, daß eine Reizung des Mittelhirns, Pons oder der Medulla für die Symptome verantwortlich zu machen ist. Dies wird, wie es scheint, auch durch die Beobachtungen von Kleitman und Magnus gestützt, in denen gezeigt wurde, daß nach Durchschneidung des Rückenmarkes Insulinkrämpfe nur oberhalb der Durchtrennung auftraten. Späterhin fanden Olmsted und Taylor, daß bei dekapitierten Präparaten nach einer sehr starken Ventilation Symptome auftraten, die denen einer Insulinhypoglykämie außerordentlich ähnlich waren. Durch den schwächsten Reiz konnten Krampfanfälle heftiger Art hervorgerufen werden, nach der Injektion von Traubenzucker verschwanden diese Symptome vollständig. Wie es scheint, greift der mit der Hypoglykämie verbundene toxische Faktor auch am Rückenmark an, obgleich seine Wirkung gewöhnlich in den Zentren des Mittelhirnes lokalisiert ist. Kleitman und Magnus waren in der Lage, den vorderen Teil des Kleinhirns und das Labyrinth zu zerstören, ohne daß sie einen Verlust der Symptome wahrnehmen konnten. Diese Untersucher stellten auch eine sehr sorgfältige Untersuchung an, in welcher Art die nervösen Störungen sich entwickelten, so wurden z. B. die Körperstellreflexe und die Bewegungsreflexe beeinflußt, nicht aber der Drehnystagmus und die kompensatorischen Augenbewegungen.

9. Der relative Wert verschiedener Zucker und ähnlicher Substanzen in ihrem Einfluß auf die hypoglykämischen Symptome.

Was auch immer die Natur des toxischen Reizes sein mag, so steht dieser doch in einer klaren Beziehung zu der Verringerung der Traubenzuckermenge im Blut und in den Geweben. Das unmittelbare Verschwinden der hypoglykämischen Symtome nach Traubenzuckerzuführung zum Blut entweder auf dem Wege des Magen- und Darmkanals oder parenteral ist ein genügender Beweis dafür. Deshalb ist es von Interesse, den Wert anderer Zucker und verwandter Substanzen als Gegengifte zu bestimmen, zumal dadurch Licht auf die physiologische Bedeutung der verschiedenen Gruppen, die das Zuckermolekül zusammensetzen und auf ihre stereometrischen Beziehungen zueinander gewonnen werden können. Untersuchungen dieser Art wurden zuerst von Mann und Magath bei der Hypoglykämie nach Leberextirpation an Hunden gemacht. Sie kamen zu dem Schluß, daß Mannose, Maltose und Galactose aber nicht Laevulose einen heilenden Einfluß hatten, obgleich er schwächerer Natur als der des Traubenzuckers war.

Noble und Macleod (1923) stellten an Kaninchen mit Insulinkrämpfen eine sorgfältige Untersuchung derselben Art an und kamen zu folgendem Ergebnis: 1. Der Zucker, der am ausgesprochensten den Symptomen der Insulinhypoglykämie entgegenwirken kann, ist der Traubenzucker. Selbst, wenn das Tier

z. Zt. der Zuckerinjektion moribund ist, so kann dieser Zucker doch zu einer dauernden Wiederherstellung führen. Mannose ist beinahe, wenn auch nicht ganz so wirksam, wie Traubenzucker. 2. Laevulose, Galactose und Maltose werden oft von einer Besserung der Symptome gefolgt und verursachen einen ausgesprochenen Blutzuckeranstieg. Die Besserung ist gewöhnlich immerhin nur vorübergehend, und das Tier fällt wiederum in die Symptome zurück, denen es unterliegen kann, wenn nicht Traubenzucker oder Mannose injiziert wird. Zeitweilig kann durch Maltose eine dauernde Erholung erreicht werden, obgleich die Heilwirkung sich viel langsamer nach der Injektion entwickelt, als es bei Traubenzucker der Fall ist. 3. Arabinose, Xylose, Rohrzucker und Lactose haben keine offensichtliche Wirkung auf die Symptome, obgleich ein Anstieg des Reduktionsvermögens des Blutes entstehen kann (z. B. mit Arabinose). 4. Natriumlactat, Glycerin und Alkalien haben keinen Einfluß auf die Symptome.

Neuerdings haben Herring, Irvine und Macleod (1925) diese Beobachtungen dahin ausgedehnt, daß sie eine vollständigere Liste der Zuckerderivate untersuchten. Die meisten Beobachtungen wurden an Mäusen gemacht, wenige mit Maltose auch an Hunden, Katzen und Kaninchen. Die untersuchten Substanzen mögen wie folgt klassifiziert werden:

1. Unsubstituierte reduzierende Zucker:

Glucose: Sie wurde hauptsächlich als Vergleichsstandard für die anderen benutzt. Mannose, Laevulose, Galactose, Maltose und Lactose: Durch Benutzung dieser Verbindungen wurde die Wirkung der reduzierenden Gruppe in ihrer Verbindung mit den verschiedenen assymetrischen Systemen bestimmt.

2. Substituierte reduzierende Zucker:

Tetra-acetylfructose, 2, 3, 5, 6-Tetramethylglucose, 2, 3, 5-Trimethylglucose. Diese Verbindungen wurden zur Sicherstellung der Wirkung der reduzierenden Gruppe allein gebraucht.

3. Glucosidverbindungen:

Rohrzucker, Methylglucosid, β-Methylglucosid, Tetramethyl-β-Methylglucosid, Tertramethyl-γ-Methylglucosid, Traubenzuckermonoaceton, Salicin.

4. Den Zuckern verwandte Alkohole:

Mannit, Dulcit.

5. Zuckeranhydride:

β-Glucosan.

Positive Resultate, d. h. Aufhebung der Symptome wurden nur bei der ersten dieser Gruppen und beim der Tetraacetylfructose erzielt. Die nicht substituierten Zucker variierten immerhin beträchtlich in ihrem Wirksamkeitgrad. Traubenzucker und Mannose waren von gleicher Wirksamkeit, dann langsamer wirkend die Maltose und viel schwächer, da sie nur eine teilweise Besserung verursachten (unmittelbares Verschwinden der Reizbarkeit und Krämpfe, welches aber von Rückfällen mit keiner Dauererholung gefolgt war) waren Fructose, Galactose und Tetraacetylfructose.

Diese Ergebnisse rechtfertigen eine Zahl von Verallgemeinerungen. ,An erster Stelle ist es klar, daß die Anwesenheit der reduzierenden Gruppe wesentlich ist, zumal, da mit allen nicht reduzierenden Verbindungen und sogar mit α- und β-Methylglucosid, bei dem die reduzierende Gruppe im geringsten Maße verändert ist, vollständig negative Resultate erhalten wurden. Da die l-Arabinose die Symptome nicht zum Verschwinden bringt, kann man folgern, daß die cyclische Struktur des Zuckermoleküls von Bedeutung ist (Irvine).

Es sind, worauf Irvine hingewiesen hat, gewisse Assymetrien der Zuckerkette bei der Wirkung notwendig. Dies läßt sich nicht auf das zweite Kohlenstoffatom anwenden, denn während die Stellung bei dem Traubenzucker die folgende ist:

$$\mathrm{H-\overset{\displaystyle |}{\underset{\displaystyle |}{C}}-OH},$$ so findet sich bei der Mannose gerade die umgekehrte Stellung: $$\mathrm{OH-\overset{\displaystyle |}{\underset{\displaystyle |}{C}}-H}.$$ Beide Zucker aber sind als Gegengifte gegen die Hypoglykämie gleich wirksam. Auch scheint es, daß die primäre Alkoholgruppe bei der antihypoglykämischen Wirkung nicht eingeschlossen ist, da ja die Maltose, bei der diese Gruppe substituiert ist, auch eine Wirksamkeit nach dieser Richtung hin aufweist[1]).

Es bleiben nun noch die Kohlenstoffatome 3, 4 und 5 der Kette zu betrachten. Diese können in der folgenden Art geschrieben werden:

---

[1]) Obgleich dieses von ihrer schnellen Verwandlung in Traubenzucker im Blut abhängen kann.

$$O\,H - C - H \dots \dots \dots 3$$
$$H - C - O \dots \dots \dots 4$$
$$H - C - OH \dots \dots \dots 5$$

Sie haben bei der Mannose und Maltose dieselbe Anordnung. Die Substitution von 5 zerstört den heilenden Einfluß, wie es aus den negativen Ergebnissen mit Lactose und Arabinose hervorgeht. Dies ist, worauf Irvine hingewiesen hat, von einigem Interesse, weil dieses Glied bei der Ringbildung des Glykogens einbezogen ist. Das vierte Glied ist dasjenige, welches bei der Ringbildung des Traubenzuckers in Frage kommt, und wenn diese eintritt, so daß sich das Sauerstoffatom auf der entgegengesetzten Seite der Kohlenstoffatomkette befindet, wird die positive Reaktion vermindert, wie z. B. im Falle der Galactose. Was auch die exakte Bedeutung der Gruppierung jedes dieser drei Atome sein mag, so ist es doch klar, daß ihre Assymetrie unwirksam ist, wenn die reduzierende Gruppe fehlt, wie es aus dem negativen Verhalten der Arabinose und Xylose hervorgeht. Dieser Schluß wird auch durch das Verhalten der Tetra- und Trimethyglucose bestätigt, bei welcher Methylradikale an Stelle der Hydroxylgruppen treten und die reduzierenden Gruppen freibleiben. Auf der anderen Seite ist es bemerkenswert, daß sowohl Mannit als auch Rohrzucker negativ sind, obgleich bei ihnen die notwendigen Assymetrien, dagegen nicht die reduzierenden Gruppen vorhanden sind. Wenn eine Mischung von Galactose, die die normale reduzierende Gruppe enthält und Methylglucosid, bei dem die Assymetrie vorhanden ist, injiziert wird, so kann man keinen Gegeneffekt beobachten, woraus hervorgeht, daß beide der oben erwähnten Zustände in einem Molekül vorhanden sein müssen. Irvine drückt dies folgendermaßen aus: „Ein Überblick der zusammengefaßten Ergebnisse zeigt keine Ausnahme in bezug auf die Verallgemeinerung, die nicht entsprechend erklärt werden kann, und die sich dahingehend ausdrücken läßt, daß die Kohlehydratmoleküle, welche die Aufhebung der Krampfsymptome nach Insulinverabreichung bewirken, die nebenstehende Konfiguration enthalten:

Strukturformel.

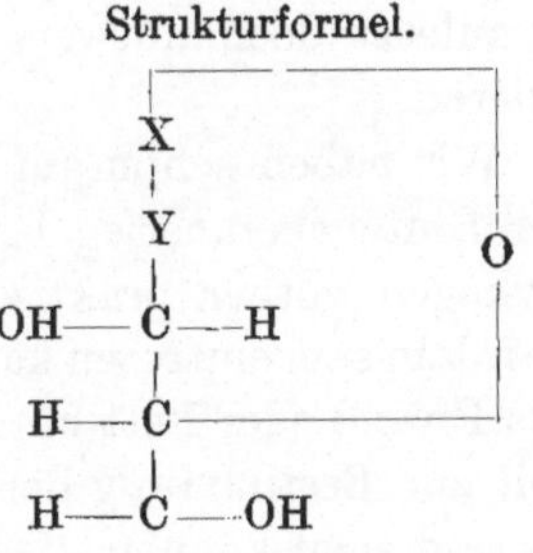

wobei entweder X oder Y eine reduzierende Gruppe darstellt." Von Interesse ist es, daß Glucosemonoaceton wirkungslos ist; diese Verbindung ist ein Derivat der γ-Glucose, zu der es durch sehr verdünnte Säuren leicht hydrolysiert wird. Fernerhin hat Irvine die Vermutung ausgesprochen, daß bei der Heilwirkung tatsächlich 2 Reihen von Reaktionen einbegriffen sind, wobei die eine in einem Angreifen an der reduzierenden Gruppe des Zuckers besteht und bei der anderen die assymetrische Kette der CHOH-Gruppen teilnimmt. Diese Ansicht wird durch das eigentümliche Verhalten der Galactose unterstützt, die in ihrer Heilwirkung nur halb wirksam ist.

Außerdem ist es bedeutungsvoll, daß die Zucker, die die Hypoglykämie beeinflussen, alle direkt durch Hefe vergärbar sind, nämlich Traubenzucker, Laevuloseund Mannose. Galactose, die viel weniger vergärbar ist als irgendeine der anderen Hexosen, steht auch entschieden, wie wir gesehen haben, in ihrer Wirkung hinter den anderen zurück. In Hinsicht auf die Beweisführung, daß die primäre Alkoholgruppe nicht von Bedeutung ist, muß darauf hingewiesen werden, daß dieses auf Beobachtungen der Maltosewirkung basiert ist; es ist möglich, daß die von diesem Disaccharid ausgeübte Wirkung von der Tatsache abhängt, daß die Maltose unmittelbar durch die im Blute vorhandene Maltase in Traubenzucker verwandelt wird, wie es Bial (1893) gezeigt hat. Es ist beachtenswert, daß dieser Zucker seine Gegenwirkung bei Katzen, Kaninchen und Hunden in viel geringerem Grade entfaltet als bei der Maus, was von einer schnelleren Hydrolyse bei diesem Tier abhängen kann. Ein Charakteristikum der Maltosewirkung bei größeren Tieren besteht in der Tatsache, daß die Besserung der Symptome, die oft kurz nach der Injektion auftritt, nicht anhält und deshalb Rückfälle häufig sind, so daß es zuletzt doch notwendig werden kann, Traubenzucker zu injizieren.

Wir haben schon auf die Tatsache aufmerksam gemacht, daß der Blutzuckeranstieg bei insulininjizierten Tieren, deren Leberglykogen vorher praktisch zum Verschwinden gebracht worden war, langsam eintreten kann und daß dieses auf eine Zuckerbildung aus Eiweiß oder Fett hinweist. Dieses eröffnet eine neue Möglichkeit zur Bestimmung der Substanzen, die als Zuckervorläufer im Tiere dienen können, denn wenn man findet, daß nach ihrer In-

jektion der Blutzucker schnell wieder ansteigt und die hypoglykämischen Symptome verschwinden, kann man vermuten, daß
Traubenzucker (oder möglicherweise Laevulose) gebildet worden
ist. Noble und ich dachten auf diese Weise eine gewisse Zuckerbildung aus Milchsäure festzustellen. Voegtlin und Dunn,
die in ihren Versuchen weiße Ratten benutzten, erhielten über-
zeugendere Resultate, so z. B. fanden sie, daß bei Ratten, die infolge einer Insulinhypoglykämie fast moribund waren, eine intra-
peritoneale Injektion von Glycerin von einer Wiederherstellung
gefolgt war, und Voegtlin teilte mir mit, daß diese Erholung
von einem Blutzuckeranstieg begleitet war. Natürlich besteht bei
solchen Versuchen immer die Möglichkeit, daß die injizierte Substanz eine Zuckermobilisation aus Glykogenspuren der Leber in
derselben Art anregen kann, wie es nach Adrenalininjektion der
Fall ist, oder daß sie sogar bei vollständiger Abwesenheit des
Glykogens eine Zuckerbildung aus Eiweiß und Fett hervorrufen
kann. Nichtsdestoweniger sind diese Versuche außerordentlich
anregend, und eine fernere Weiterführung kann noch wichtige
Ergebnisse zeitigen.

10. Andere Faktoren, die die Reaktion der Tiere auf Insulin beeinflussen.

Der Unterschied der Insulinwirkung bei gutgenährten Tieren
im Vergleich zu Hungertieren ist im gegenwärtigen Kapitel als
in erster Linie von dem in der Leber gespeicherten Glykogen abhängig angesehen worden. Aber auch andere diätetische Faktoren
können eine Rolle spielen, und von diesen hat man dem Aschege-
halt der Nahrung durch seinen Einfluß auf das Säurebasengleichgewicht des Körpers eine Bedeutung beigemessen. Nach den Befunden von I. H. Pages sind Kaninchen mit einer säurebildenden
Nahrung von Hafer und Brot resistenter gegen Insulin als solche
mit einer alkalibildenden von Hafer, Möhren und Kohl. Das
Durchschnittskohlensäurebindungsvermögen des Blutes der Tiere
mit einer säurebildenden Diät ist 51 Vol. vH und das derjenigen mit
einer alkalischen Diät von 74,4 bis 77,4 vH. Blatherwick u. a.
haben dieses bestätigt und außerdem gezeigt, daß die Unterschiede nicht vom Glykogengehalt der Leber abhängig sind, der
nach 24stündigem Hunger bei beiden Tiergruppen der gleiche ist.

Auch **Abderhalden** und **Wertheimer** haben diese Beobachtungen bestätigt und weiter ausgedehnt. Bei Ratten, die eine Zeit gehungert haben, ruft Insulin weniger leicht Symptome hervor als bei solchen, die vor einer kurzen Hungerperiode mit Kohlehydrat gefüttert werden, der Blutzucker fällt bei Tieren mit einer kohlehydratreichen Ernährung schneller als bei solchen mit einer kohlehydratarmen. Andererseits verursacht Adrenalin bei den letzteren eine ausgesprochenere Hyperglykämie. Die Abhängigkeit dieser Unterschiede in ihrer Beziehung zu den Unterschieden im Säurebasengleichgewicht bei Kaninchen wurde durch die Beobachtung des Kohlensäurebindungsvermögens des Blutes, der Urinreaktion und der Blutkörperchensenkungsgeschwindigkeit gezeigt. **Tiitso** fand auch in meinem Laboratorium, daß der Blutzucker, wenn er in kurzen Zwischenräumen unmittelbar nach der Insulininjektion bestimmt wurde, bei mit Zucker und Möhren gefütterten Kaninchen schneller als bei Hungertieren abfällt. Diese Versuche wurden in erster Linie unternommen, um nachzusehen, ob der Wiederanstieg des Blutzuckers früher auftreten würde, wenn die Leber glykogenreich war oder nicht.

Diese Untersuchungen zeigen klar, daß die Glykogenmenge der Leber nicht der einzige Faktor ist, der die Schnelligkeit der Erholung von einer Insulinhypoglykämie bestimmt. Es gibt augenscheinlich Dinge von größerer Bedeutung als die Glykogenmenge, und obgleich sie in Beziehungen zum Säurebasengleichgewichte stehn mögen, so sind sie doch wahrscheinlich auch von dem Einfluß irgend einer inneren Sekretion, die auf die Empfindlichkeit des glykogenspaltenden Mechanismus einwirkt, abhängig. Zweifellos ist die Voraussetzung falsch, daß die Leichtigkeit der Zuckermobilisation im Körper nur durch die in der Leber vorhandene Glykogenmenge bestimmt ist. In der Tat ist es wahrscheinlich, daß, wenn eine Glykogenbildung im Gange ist seine Spaltung weniger leicht angeregt werden kann, als wenn eine Tendenz in der umgekehrten Richtung besteht, wie z. B. bei einer niedrigen Alkalireserve. Allmählich haben sich doch auch Tatsachen angehäuft, die zeigen, daß die Schilddrüse bei der Kontrolle des Glykogenbildungsmechanismus eine wichtige Rolle spielt, und es ist möglich, daß ihr Einfluß es ist, der bei den verschiedenen Ernährungszuständen auf die Insulinwirkung einwirkt.

11. Andere Ursachen für Hypoglykämie.

Aus Gründen der Raumbeschränkung kann nur ein kurzer Hinweis auf die hypoglykämischen Wirkungen anderer Stoffe wie des Insulins gegeben werden. Einige von diesen, wie z. B. Phosphor, Uransalze und Salze verschiedener anderer Schwermetalle haben nur eine leichte und zweifelhafte Wirkung auf den Blutzucker. So waren waren Bowie und Pember in meinem Laboratorium nicht in der Lage, nach Phosphor, der auf verschiedene Art Kaninchen verabreicht wurde, irgendwelche konstanten Resultate zu erhalten. Gewisse Antipyrethica, Opium und Atropin sollen auch eine Blutzuckerherabsetzung verursachen, aber die Beweise dafür sind unzureichend. Andererseits kann durch Coccidiose (Collip 1923) eine beträchtliche Hypoglykämie verursacht werden und ebenso durch Nahrungsstoffe, die eine stark alkalische Asche haben. Salvarsan- und Pepton-Injektionen neigen auch zu einer Blutzuckererniedrigung.

Die Wirkungen der Verabreichung von Alkalien sowohl auf die Pankreashyperglykämie, wie sie besonders von Murlin und seinen Mitarbeitern untersucht worden sind, als auch auf die Kohlehydrattoleranz der Tiere, die von Elias u. a. studiert worden ist, haben auch eine Bedeutung in diesem Zusammenhang. Hydrazinsulfat ruft eine ausgesprochene Blutzuckerherabsetzung hervor, die mit einer ausgedehnten nekrotischen Zerstörung der Leberzellen verbunden ist (Underhill und Karelitz). Gibt man Hunden große Dosen, so tritt innerhalb 48 Stunden ein außerordentlich ausgesprochener Grad von Hypoglykämie, die mit einer Alkalose verbunden ist, auf. (Hendrix und McAmis). Im Hinblick auf die ausgedehnte Leberzellschädigung durch Phosphor, Hydrazin u. a. Metallgifte ist es nicht überraschend, daß der Blutzucker zurückgeht.

Die hervorstechendsten hypoglykämischen Wirkungen sind die von Guanidin und Glucokinin hervorgerufenen. Guanidinsulfat verursacht bei Kaninchen nach mehreren Stunden eine ausgesprochene Hypoglykämie, wobei Symptome auftreten können, die wenigstens vorübergehend durch Traubenzuckerinjektion gebessert werden können. So fanden Frank u. a., daß die Entwicklung dieser Symptome in Beziehung zu den Glykogenspeichern der Tiere stehen. So zeigten hungernde Kaninchen und Mäuse, wenn der Blutzucker 0,05 vH erreichte, Symptome, die denen nach Insulin ähnlich waren, wohingegen wohlgenährte Tiere sich immun verhielten. Immerhin sind zweifelsohne diese Symptome nicht vollständig von der Hypoglykämie abhängig, zumal, da Dimethylguanidin sie ohne gleichzeitige Beeinflussung des Blutzuckers hervorrufen kann. Verabreichung von Guanidin bei diabetischen Patienten soll keine Wirkung auf die Hyperglykämie haben (Izar), sein Einfluß auf pankreasexstirpierte Hunde ist augenscheinlich noch nicht untersucht worden.

Glucokinin nannte Collip Extrakte, die aus Hefe und einer Zahl von Pflanzengeweben mit Hilfe ähnlicher Methoden, wie sie bei der Insulindarstellung benutzt wurden, erhalten wurden; sie haben die Eigenschaft, den Blutzucker bei normalen und diabetischen Tieren herabzusetzen. Zwischen der Wirkung des Insulins und des Glucokinins besteht ein ausgesprochener Unterschied, dahingehend, daß die durch das letztere hervorgerufene Hypoglykämie sich langsam entwickelt und lange anhält. Zeitweilig besonders mit den früheren aus Hefe hergestellten Extrakten stieg der Blutzucker unmittelbar nach der Injektion an und fiel dann allmählich ab und erreichte das niedrigste Niveau nach 10—24 Stunden, wo dann bei einem Blutzucker von 0,045 vH Krampfsymptome eintraten. Traubenzuckerinjektionen besserten oft die Symptome, obgleich sie bei vielen injizierten Tieren den Eintritt des Todes nicht verhindern konnten. Um eine bessere Ausbeute von Glucokinin zu erhalten, war es von Bedeutung, das Gewebe vor seiner Extraktion mit heißem Wasser zu mazerieren und zu diesem Zwecke wurde es mit Kohlensäureschnee gefroren. Die Extrakte wurden dann durch fraktionierte Fällungen mit Alkohol gereinigt. Zeitweilig wurde der hypoglykämische Effekt nicht vor mehreren Tagen nach der Injektion bemerkbar, aber da die Kaninchen mittlerweile hungerten, war es, worauf Collip selbst hinwies, schwer, diese Wirkung als tatsächlich durch das Glucokinin hervorgerufen sicherzustellen. Verabreicht man Glucokinin pankreasexstirpierten Hunden, so setzt es auch die Hyperglykämie herab und vermindert die Zuckerausscheidung im Urin. Aber es ist ungewiß, ob die Tiere in einem normalen Zustand erhalten werden können, wie wir es bei Insulin gesehen haben. Bei einem solchen Tiere, dem aus Zwiebelspitzen dargestelltes Glucokinin gegeben wurde, hielt man den Blutzuckerspiegel für einige

Tage auf einem normalen Niveau, aber da sich Abscesse entwickelten, war es schwierig, festzustellen, bis zu welchem Grade der Extrakt für die verlängerte Wirkung tatsächlich verantwortlich zu machen war.

Ein höchst bemerkenswertes Ergebnis dieser Versuche war die Feststellung der Tatsache, daß das die Hypoglykämie hervorrufende Prinzip von Tier zu Tier in einer unbegrenzten Reihe übertragen werden kann. Wenn z. B. wenige Kubikzentimeter defibrinierten Blutes oder Serum eines hypoglykämischen Kaninchens einem normalen Kaninchen injiziert wurden, so sank der Blutzucker gewöhnlich innerhalb 24 Stunden oft in einem genügenden Grade ab, um Krämpfe oder den Tod des Tieres zu verursachen. Die Injektion einer ähnlichen Menge Blut von diesem Tiere in ein drittes hatte genau dieselbe Wirkung, und die Injektion von Tier zu Tier konnte mit ähnlichen Ergebnissen in einigen Fällen bis zu 12 solcher Reinjektionen wiederholt werden. Eine ganze Zahl von Stoffen und Zuständen kann zum Hervorrufen der Hypoglykämie beim ersten Tier der Serie benutzt werden, wie z. B. Glucokinin, eine sehr große Dose Insulin, Guanidinsulfat, Coccidieninfektion oder protrahierter Hunger. Es ist klar, daß sich irgendein sehr stark wirksames hypoglykämisches Agenz in dem geimpften Tiere entwickeln muß, zumal die tödliche Dosis in einer solch kleinen Blutmenge wie 0,05 ccm enthalten sein kann. Dieses Material ist resistent gegen Hitze, denn es wird z. B. nicht durch Erhitzen im Autoklaven bei 6 Atmosphären Druck zerstört und kann durch Kochen konzentriert werden, es kann dyalisiert werden und wird nicht mit dem Eiweiß durch Wolframsäure aus dem Blut ausgefällt, obwohl es durch Ammoniumsulfat fällbar ist.

Die durch überimpftes Blut hervorgerufenen hypoglykämischen Symptome bestehen in äußerster Schwäche, Krämpfen und Tod, Traubenzuckerinjektion kann die Tiere nur vorübergehend wiederherstellen. Obgleich die Tiere äußerst gefräßig Nahrung zu sich nehmen, kommt es zu einer ausgesprochenen Macies, was Collip auf die Vermutung brachte, daß eine ausgedehnte Eiweißspaltung im Gange sein müßte. Leider existieren keine Zahlen über das Verhalten des Blutzuckers bei diesen gefütterten Tieren, so daß, worauf Collip selbst hinweist, die Hypoglykämie bei den anderen injizierten Tieren teilweise dem Hungerzustand zugeschrieben werden kann. Auch ist es bemerkenswert, daß das Blut leberloser Hunde zur Injektion beim ersten Tier der Serie benutzt werden kann. Als was sich diese im Blut der Tiere stehende Substanz auch immer erweisen mag, über die große Bedeutung dieser ausgezeichneten Collipschen Beobachtungen besteht kein Zweifel. Das Glucokinin ist wahrscheinlich irgendeine einfache Form einer Insulinverbindung mit einer Substanz, die vielleicht auf Grund einer Hyperglykämie hervorrufenden Wirkung die typische Wirkung des Insulins verzögert, und in diesem Zusammenhange ist es von Interesse, zu wissen, wie es von Dubin und Corbitt gezeigt worden ist, daß typisches Insulin aus Glucokinin dargestellt werden kann, indem man das letztere an Holzkohle adsorbiert und dann diese mit Eisessig behandelt. Fisher und Mc Kindley und Collip selbst haben diese Beobachtungen bestätigt. Ellis fand eine interessante Glucokininwirkung auf das Wachstum von Maisschößlingen. Wenn man Glucokinin dialysiert, geht eine Substanz durch die Membran, die das Wachstum der Schößlinge verlangsamt, wohingegen der Rückstand im Dialysator dieses beschleunigt. Behandelt man Pflanzen mehrere Tage mit konzentriertem Dialysat, so entwickeln sich an den Spitzen der Blätter bräunliche Exsudate mit stark reduzierenden Eigenschaften, darauf sterben die Pflanzen ab; sie zeigen ausgesprochene Veränderungen an den Stärkekörnern.

Nach der Entdeckung der Möglichkeit, insulinähnliche Substanzen aus so leicht beschaffbarem Material, wie Hefe, darzustellen, hoffte man, daß dieses sich als eine fruchtbare Quelle zur fabrikatorischen Herstellung erweisen würde. Winter und Smith wandten diesem Problem ihre Aufmerksamkeit zu und fanden, daß nur Hefe bestimmter Abstammung brauchbar war und daß die Erträge unsicher waren. Da die Insulinerträge aus dem Pankreas bei vergleichsweise geringen Ausgaben vollständig hinreichend sind, so besteht augenblicklich kein Bedürfnis nach anderen Quellen von Rohmaterial für die Insulinherstellung.

XVIII. Der Mechanismus der Insulinwirkung.

1. Die Insulinwirkung auf die Glykolyse.

Die Schnelligkeit, mit der der Blutzucker nach der Insulininjektion abfällt, ließ die Vermutung aufkommen, daß eine intravaskuläre Reaktion irgendwelcher Art wenigstens zum Teil die verantwortliche Ursache sein könnte. Wenn man die großen Mengen von Traubenzucker, die bei einer gleichzeitigen Injektion von Insulin und Traubenzucker aus dem Blut zum Verschwinden gebracht werden können, betrachtet, so ist es klar, daß eine gesteigerte Assimilation in den Geweben als Hauptfaktor in Frage kommt; aber nichtsdestoweniger besteht die Möglichkeit, daß eine gesteigerte Glykolyse im Blute selbst ein Moment sein könnte, welches dazu beitrüge. Eadie, Macleod und Noble (1923) führten zur Prüfung dieser Möglichkeit Versuche aus. Zu sterilem defibriniertem Hundeblut wurden variierende Mengen Insulin zugesetzt und die Geschwindigkeit der Glykolyse mit der im selben Blut ohne Insulin stattfindenden verglichen, aber es konnte zwischen den beiden kein Unterschied gefunden werden.

Da nun die Möglichkeit bestand, daß das Insulin sich mit irgendeinem Stoffe im Körper verbinden müßte, bevor es seine glykolytische Wirkung ausüben könnte, so wurden die vorigen Versuche mit dem Unterschied wiederholt, daß man Blut vor der Insulininjektion entnahm und dessen Glykolyse mit der in Zwischenräumen nach der Insulininjektion entnommenem Blute verglich. Die Resultate eines solchen Versuches sind in der folgenden Tabelle enthalten:

		Zeit						
		10^{50}.	12^{00}	1^{00}	2^{00}	3^{00}	4^{00}	5^{00}
Prozent Glucose	A	0,094	0,085	0,086	0,032	0,020	Spur	—
	B	—	0,05?	0.073	0,028	0,016	„	—
	C	—	—	0,046	0,049	0,051	0,058	0,060

In der Tabelle gibt A die Werte der Geschwindigkeit, mit der der Zucker in den angegebenen Zeiten aus dem vor der Insulininjektion entnommenen Blute verschwindet, B. diejenige im Blut, das 1 Stunde nach der Insulininjektion entnommen wurde, und C den Blutzucker des Tieres an. Das Insulin wurde um 10^{50} Uhr und 11^{40} Uhr injiziert. Aus dem letzteren Werte (C) geht hervor, daß ein Insulin von hoher Wirksamkeit benutzt wurde und doch kann man keim Vergleich der Ergebnisse von A und B sehen, daß kein grundlegender Unterschied der Geschwindigkeit der Glykolyse in vitro vorhanden ist. Der geringe

Unterschied zwischen A und B nach 1 und 2 Stunden ist wahrscheinlich der Tatsache zuzuschreiben, daß die Temperatur des entnommenen Blutes vorübergehend unterhalb der des Körpers lag.

Dieser Versuch wurde mit genau den gleichen Ergebnissen am Kaninchenblut wiederholt.

So betrug der Prozentsatz der Glykolyse im Blut eines insulininjizierten Tieres, das 100 Minuten nach der Insulininjektion entnommen war, nach 150 Minuten bei Zimmertemperatur 22 vH im Vergleich mit dem Kontrollblut eines normalen Tieres, welches 22,4 vH aufwies. Da nun nach einem Zeitraum von dieser Länge irgendwelche dem Insulin zuzuschreibenden Unterschiede sich ausgeglichen haben konnten, so wurden diese Beobachtungen mit der Modifikation wiederholt, daß das Blut in kürzeren Zwischenräumen nach der Entnahme untersucht wurde. Zu diesem Zwecke wurde etwas Blut (3 oder 4 ccm) aus der Ohrvene entnommen und dann Insulin injiziert und 10 Minuten später eine neue Blutentnahme gemacht. Beide Blute wurden defibriniert und bei Körpertemperatur im Brutschrank gehalten und in Zwischenräumen von wenigen Minuten Proben von 0,1 ccm entnommen und der Blutzucker mit der Hagedorn-Jensenschen Methode (1923) bestimmt. Bei einem solchen Versuch waren 26—30 Minuten nach der Blutentnahme 7 vH Traubenzucker aus dem Blut vor der Insulininjektion und nur 5 vH nach der Injektion verschwunden. Es ist deshalb klar, daß für den anfänglichen Blutzuckerabfall gesteigerte Glykolyse nicht verantwortlich gemacht werden kann.

Der negative Charakter dieser Ergebnisse führte uns Schritt um Schritt zur Untersuchung anderer Möglichkeiten, so z. B. zur Untersuchung des Insulineinflusses auf die Geschwindigkeit der Glykolyse in Gemischen von Muskelsaft und Blut und in Aufschwemmungen von Leukozyten (steriler Eiter). Bei Versuchen der ersten Art gingen wir so vor, daß wir die Schnelligkeit, mit der der Zucker in gut gepufferten (Phosphat) Mischungen von Blut zusammen mit Buchner-Extrakt von Muskeln, der unter sterilen Kautelen aus fein gehackten Muskeln hergestellt wurde, verglichen, indem einigen Flaschen Insulin zugesetzt wurde. In einer anderen Reihe von Versuchen stellten wir einen Vergleich zwischen Mischungen, die von normalen Tieren gewonnen waren, mit denen an, die von vorher mit Insulin injizierten Tieren hergestellt waren. (Bei gewissen Versuchen wurde an Stelle des Insulins ein von Cohnheim und Hall (1908) beschriebenes Pankreaspräparat benutzt.) Typische Resultate von Versuchen dieser Art waren die folgenden:

Versuch: Kaninchen 1 erhielt 4 ccm Insulin 10^{30} Uhr vorm. und wurde 12 Uhr mittags getötet. Der Zucker im defibrinierten Blut betrug 0,063 vH. Ein normales Kaninchen 2 wurde 10^{45} Uhr vorm. getötet, das Blut entnommen und defibriniert und Muskelpreßsaft mittels der Buchnerschen Methode hergestellt. Dies alles zusammen wurde in den Eisschrank gestellt. Das Pankreas dieses Kaninchens (2) wurde in kochendes Wasser geworfen und der Extrakt beinahe zur Trockne eingedampft, Alkohol hinzugesetzt, abfiltriert, wiederum zur Trockne eingedampft und der Rückstand mit dest. Wasser aufgenommen (Cohnheim). Dann wurden die folgenden Mischungen gemacht:

a) 10 ccm Blut von Kaninchen 2, 4 ccm Muskelpreßsaft, 4 ccm Phosphatmischung, 2 Tropfen 10proz. Traubenzuckerlösung.

b) 10 ccm Blut vom Kaninchen 2, 4 ccm Muskelpreßsaft, 4 ccm Phosphatmischung, 2 ccm Insulin, 2 Tropfen 10 proz. Traubenzuckerlösung.

c) 10 ccm Blut vom Kaninchen 2, 4 ccm Muskelpreßsaft, 4 ccm Phosphatmischung, 2 Tropfen 10 proz. Traubenzuckerlösung, Pankreasextrakt von Kaninchen 2.

d) 10 ccm Blut vom Kaninchen 1, 2 ccm Muskelpreßsaft, 2 ccm Phosphatmischung, 2 Tropfen 10 proz. Traubenzuckerlösung.

e) 10 ccm Kochsalzlösung, 2 ccm Muskelpreßsaft, 2 ccm Phosphatmischung, 2 Tropfen 10 proz. Traubenzuckerlösung.

Analysen

Zeit	Traubenzucker-Prozent				
	a	b	c	d	e
	mg	mg	mg	mg	mg
12^{35}	180	185	173	129	85
1^{35}	140	182	157	111	82
2^{35}	160	182	157	113	75
3^{35}	137	167	135	99	91
4^{35}	137	162	137	77	80
5^{35}	119	155	119	62	83
Prozentuale Glykolyse nach 3 Stunden	23,8	9,1	22,0	25,2	—

Die Geschwindigkeit der Glykolyse war dieselbe im Blut plus Muskelsaft (a), wie die im Blut plus Muskelsaft plus Cohnheims Extrakt (c), sie war ausgesprochen langsamer bei Insulinzusatz (b). Während der ersten 3 Stunden der Bebrütung war die Glykolyse in den Mischungen von Blut und Muskelsaft (a) praktisch dieselbe wie im Blut des Insulininjizierten Tieres und Muskelsaft (d).

Wie hieraus ersehen werden kann, besteht kein Beweis dafür, daß Insulin diesen Vorgang beschleunigt. Im Gegenteil ruft der

Zusatz von Insulin, wie in den angeführten Versuchen und auch in anderen ähnlicher Art, eine Verlangsamung der Glykolyse hervor. Es ist möglich, daß dieses dem geringen Unterschied im ph zuzuschreiben sein kann, obgleich, wie wir schon auseinandergesetzt haben, große Mengen Pufferlösung benutzt wurden. Auf jeden Fall beschleunigt das Insulin diesen Prozeß sicherlich nicht.

In Hinsicht auf die Möglichkeit eines Insulineinflusses auf das Verschwinden des Zuckers aus sterilem Eiter kamen wir gleichfalls zu negativen Resultaten.

Diese Beobachtungen wurden nach den Vorschriften von Levene und Meyer (1912) gemacht, der Eiter wurde aus der Pleurahöhle eines Hundes, in die einige Tage vorher Terpentin injiziert worden war, gewonnen. In einem Versuche dieser Art wurden zwei Flaschen zusammen in den Blutschrank gesetzt; sie enthielten dieselbe Menge sterilen Eiters und Phosphatmischung zusammen mit Traubenzucker, und es fand sich, daß in der Flasche mit Insulin 87,4 vH und in der Kontrolle 86,6 vH Zucker verschwunden war. Da nun ein Teil des verschwundenen Zuckers in Glykogen oder irgendein anderes Polysaccharid umgewandelt sein konnte, hydrolysierten wir die Flüssigkeit mit Säure. Obgleich nun ein leichter Anstieg des Reduktionsvermögens auftrat, so konnte dieses doch nur einen ganz geringen Anteil des verschwundenen Zuckers decken, und es fanden sich nur Spuren von Glykogen in den bebrüteten Mischungen. Daraus schlossen wir, daß Insulin keine Wirkung auf das Verschwinden des Zuckers im sterilen Eiter außerhalb des Körpers hat. Wir wollen darauf hinweisen, daß in gewissen Einzelheiten diese Beobachtungen nicht in genau derselben Art ausgeführt wurden als die von Levene und Meyer. Der Unterschied war, daß die Eiterzellen nicht mit isotonischer Kochsalzlösung gewaschen wurden, wie diese Autoren empfehlen und daß die Traubenzuckerkonzentration in ihren Versuchen viel größer war, wie in den unsrigen.

Endlich führten wir auch einige Versuche aus, um zu sehen, ob Insulin die Geschwindigkeit der Traubenzuckervergärung durch Hefe oder durch das B. coli commune beeinflußte. Wir erhielten vollständig negative Resultate. Dies ist auch von Travell und Behre (1924), Heymans und Matton (1924), Laufberger (1924), von Fürth (1924), Ducceschi (1924) u. a. bestätigt worden.

2. Die Traubenzuckermenge, die Insulin im Organismus zum Verschwinden bringen kann.

Auf die Art, in der beim normalen Tiere Traubenzucker im Organismus nach seiner Injektion verschwindet, ist schon hingewiesen worden. Aber noch größere Mengen verschwinden, wenn der Zucker eine kurze Zeit nach Insulin injiziert wird. Dafür wurden in den folgenden Versuchen Beweise erhalten: 1. Eadie und Macleod fanden in Versuchen, auf die bereits hingewiesen wurde, daß der durch eine vorhergehende Insulininjektion erniedrigte Blutzucker durch Traubenzuckerinjektionen (2 g pro Kilogramm Körpergewicht), die bei normalen Kaninchen eine ausgesprochene Hyperglykämie hervorgerufen haben würden, sich nicht änderte. Wenn jedem von drei Kaninchen, die etwas über eine Stunde vorher Insulin bekommen hatten, 2 g Traubenzucker pro Kilogramm injiziert wurden, so betrugen die Blutzuckeranstiege nur 22, 39 und 43 mg (Durchschnitt 44 mg), wohingegen die gleiche Menge Traubenzucker beim normalen Kaninchen Blutzuckeranstiege von 64—205 mg hervorrief; 2. analoge Resultate wurden auch bei Hunden erhalten, so injizierten Dickson, Eadie, Macleod und Pember (1924) einem Hunde von 12,6 kg Gewicht eine genügende Menge Insulin um den Blutzucker auf 0,08 vH herabzusetzen. Darauf bekam dasselbe Tier 50 ccm einer 2 proz. Traubenzuckerlösung subkutan, ohne daß sich der Blutzuckerspiegel änderte und wie noch erwähnt werden mag, ohne irgendeine Änderung des Sauerstoffverbrauches. 3. Burn und Dale (1924) bestimmten die Geschwindigkeit, mit der bei dekapitierten und eviszerierten Katzen Traubenzucker aus der Zirkulationsflüssigkeit verschwand und fanden bei einem 2,6 kg schweren Tier diese zu 410 mg pro Stunde vor Insulin und 914 mg pro Stunde nach Insulininjektion. Bei diesem Versuch trat eine beträchtliche Hypoglykämie infolge der Insulininjektion auf. In anderen Versuchen wurde der Tendenz zur Hypoglykämie durch eine Steigerung der Traubenzuckerinfusionsgeschwindigkeit entgegengearbeitet und das Verschwinden des Traubenzuckers war unter diesen Umständen ganz enorm. So betrug z. B. in einer 40 Minutenperiode vor Insulin die Geschwindigkeit des Verschwindens des Traubenzuckers 369 mg pro Stunde, wohingegen in während vier aufeinanderfolgenden Perioden von 20 Minuten nach Insulin 1704, 1026, 1392 und 1452 mg pro Stunde verschwanden. 4. Bissinger, Lesser und Zipf (1923) haben dieses Problem untersucht, indem sie in regelmäßigen Zwischenräumen den durch 0,05 g Traubenzucker, welcher weißen Mäusen injiziert wurde (0,25 vH des Körpergewichtes), hervorgerufenen Anstieg des freien Zuckers und Glykogens mit und ohne Insulin bestimmten.

Bei Mäusen, die 18 Stunden gehungert hatten, betrug der freie Zucker 22 ($\mp$ 1,1 mg) und das Glykogen 20 ($\mp$ 1,6) mg. Nach Traubenzuckerinjektion erhielten sie die folgenden Werte:

	Zeit nach der Injektion	Zucker		Glykogen	
		Gesamt-menge	Verschwun-dener Betrag	Gefunden	Abgelagerte Menge
		mg	mg	mg	mg
A	$^1/_2$ Stunde	56	16	25	5
Ohne	$1^1/_2$ Stunde	45	27	35	10
Insulin	2—3 Stunden	26	46	42	12
B					
Mit	$^1/_2$ Stunde	29	43	36	16
Insulin	1 Stunde	22	50	20	6

Insulin steigerte die Geschwindigkeit, mit der der freie Zucker aus dem Tier verschwand, stark, und in 30 Minuten wurde 3mal so viel Glykogen in der Leber abgelagert, als dieses bei den Kontrollen der Fall war. In 1 Stunde dagegen fand sich die Glykogenmenge mit der bei hungernden Mäusen übereinstimmend. Nach diesen Ergebnissen würde es scheinen, als ob das gesteigerte Verschwinden des Traubenzuckers mit einer schnelleren Glykogenbildung verbunden ist, daß aber das so gebildete Glykogen nicht bestehen bleibt.

Diese Ergebnisse zeigen ganz klar, daß das Verschwinden des Zuckers aus dem Blute nach Insulin nicht allein von einem hemmenden Einfluß dieses Hormons auf die Vorgänge der Zuckerbildung in der Leber oder sonstwo im Körper abhängig sein kann. Wenn ein solcher Mechanismus verläge, so müßte die Geschwindigkeit, mit der sich die Hypoglykämie nach Insulin entwickelt, mit der nach Leberexstirpation eintretenden übereinstimmen, und eine Insulinverabreichung nach Leberexstirpation dürfte daher die Blutzuckerkurve nicht verändern. Mann und Magath (1923) haben dagegen gezeigt, daß nicht nur die Hypoglykämie nach Insulin sich viel schneller entwickelt als nach Leberexstirpation, sondern auch, daß sich die Blutzuckerkurve, wenn man Insulin leberexstirpierten Tieren injiziert, genau so wie beim normalen Tiere verhält. Diese Resultate sind notwendigerweise kein Beweis dafür, daß die Leber mit anderen Organen und Geweben an der Zurückhaltung des verschwundenen Zuckers keinen Anteil hat, wohl aber scheinen sie doch die Möglichkeit auszuschließen, daß die primäre Ursache in diesem Organ lokalisiert ist.

Es ist klar, daß die unmittelbare Ursache der Hypoglykämie eine gesteigerte Zuckerdiffusion aus dem Blut in die Gewebe ist, weil sich in ihnen eine Herabsetzung der Traubenzuckerspannung entwickelt. Zweifellos befindet sich der aus dem Blut in das Gewebe eintretende Traubenzucker im letzteren in einfacher Lösung, wo er eine gewisse Traubenzuckerspannung hervorruft. Von der Größe dieser Spannung und ihrem Verhältnis zu der des Blutes wird die Diffusionsgeschwindigkeit des Zuckers aus dem Blut in die Gewebe abhängen. Abgesehen von einem Gleichgewichtszustand mit dem Blutzucker muß sich diese Traubenzuckerspannung der Gewebe auch in einem gewissen Gleichgewichtszustand mit den Zwischenprodukten des Zuckerstoffwechsels befinden, so daß eine Störung an irgendeiner Stelle in der Kette dieser Vorgänge sich auf ihre Gesamtheit ausdehnen muß. Das Insulin muß durch die Steigerung irgendeines Stadiums des Zuckerstoffwechsels jenseits des freien Zuckers wirken, so daß ein Vakuum für Zucker in den Geweben entsteht; ein Zustand, den wir *Glukatonie* nennen wollen, und demzufolge Traubenzucker aus dem Blut verschwindet. Ein wertvoller Beweis für die Existenz eines Gleichgewichtes zwischen der Traubenzuckerspannung in den Geweben und dem Blute ist durch die Beobachtung von Folin und Berglund beigebracht worden und ebenso auch durch die Tatsachen, daß Traubenzucker im Humor aquaeus (Starkenstein 1911) und im Liquor in einer Konzentration vorhanden ist, die nicht weit von der des Blutes entfernt ist.

Dabei drängen sich ganz von selbst zwei Hauptprobleme zur Betrachtung auf: 1. Bis zu welchem Grade sind die verschiedenen Organe und Gewebe an der glukatonischen Wirkung des Insulins beteiligt? 2. Was wird aus dem verschwindenden Zucker? Die erstere dieser Fragen werden wir in diesem Kapitel betrachten, während eine Untersuchung der Frage, ob der Zucker in Glykogen verwandelt oder vollständig verbrannt wird, anderen vorbehalten ist (Kap. 12 u. 16).

3. Der Grad, in welchem die verschiedenen Organe und Gewebe an der hypoglykämischen Wirkung des Insulins beteiligt sind.

Im allgemeinen gibt es verschiedene Methoden, mit deren Hilfe dieses Problem angegriffen werden kann, und von denen die folgenden die wichtigsten sind: 1. Der Vergleich der Zuckerkonzentration im Blute, welches in ein Organ hinein und aus ihm herausfließt, vor und nach der Injektion von Insulin. Dieser Vergleich wird an Blutproben aus den entsprechenden Gefäßen des intakten Tieres angestellt; 2. die Beobachtung der Geschwindigkeit, mit der der Zucker aus der Durchströmungsflüssigkeit eines isolierten Organs verschwindet. 3. die Beobachtung, ob die Insulinwirkung durch die Entfernung eines oder mehrerer Organe des Tieres verändert wird.

4. Die Insulinwirkung auf die relative Zuckerkonzentration im Blute, welches in ein Organ hinein und aus ihm heraus fließt.

Bei dieser Methode ist es wesentlich, daß die beiden Blutproben nicht nur gleichzeitig entnommen werden, sondern auch, daß zahlreiche aufeinanderfolgende Proben untersucht werden, um die kleinen Unterschiede im Prozentgehalt an Zucker, die man im besten Falle erwarten kann, sicherzustellen, so daß sie nicht auf Grund der großen durchfließenden Blutmenge einem experimentellen Fehler zugeschrieben werden müssen. Auch ist es wichtig in Fällen, in denen die Unterschiede gering sind, die Möglichkeit der Veränderungen des Stromvolumens und des Wassergehaltes des Blutes zu kontrollieren. Diese Methode ist bei der Untersuchung der Insulinwirkung von Hepburn, Latchford, Mc Cormick und Macleod (1924), Cori, Cori und Goltz (1923), Foster, Lawrence (1924), Frank, Nothmann und Wagner (1923), Wertheimer (1923) und Faber (1923) mit Ergebnissen benutzt worden, die nicht vollständig übereinstimmen.

Wir benutzten bei unseren Beobachtungen mit Äther narkotisierte Hunde, die Blutproben wurden praktisch gleichzeitig aus der Vena portae, der Arteria femoralis, der Vena femoralis und bei einigen Beobachtungen aus der Vena cava gegenüber der Eintrittsstelle der Lebervenen entnommen. Bei neun Versuchen betrug die durchschnittliche Differenz zwischen dem arteriellen und venösen Blut der Muskeln (A. femoralis und V. femoralis) vor der Insulininjektion 0,016 vH (Minimum 6 und Maximum 26 vH) und die zwischen dem Blut der V. portae und den Lebervenen 0,009 vH (min. 0, max. 17 vH). In verschiedenen Zeitabständen nach der Insulininjektion erhielten wir bei vier Versuchen die in Tabelle 21 verzeichneten Resultate.

Tabelle 21.

Blutzucker mg vH					Bemerkungen
A. femoralis	V. femoralis	Differenz A. f. u. V. f.	Vena portae	Differenz A. f. u. V. f.	
94	83	11	94	0	vor Insulin
80	70	10	74	6	10 Min. nach Insulin
70	55	15	58	12	*45 „ „ „
179	159	20	162	17	vor Insulin
150	129	21	134	16	35 Min. nach Insulin
145	140	5	107	38	55 „ „ „
162	148	14	160	2	vor Insulin
138	126	12	140	$+2$	36 Min. nach Insulin
135	107	28	117	18	48 „ „ „
135	138	17	145	10	*100 „ „ „
103	96	7	99	4	vor Insulin
91	88	3	78	13	während der Injektion
61	83	$+$	74	$+$	*18 Min. n. „ „

*) Blutdruck sehr niedrig (30 mm Hg).

Die relativen Zuckerwerte des ein- und ausfließenden Blutes wurden infolge von Insulin nicht merkbar verändert, obgleich der Blutzucker abfiel.

Da die Breite, innerhalb der der Blutzucker abfallen kann, bei einem Tier mit normalem Blutzuckerspiegel eine begrenzte ist, wurde versucht, die Differenzen zwischen dem ein- und ausfließenden Blute durch das Hervorrufen einer Hyperglykämie, entweder exogen durch Dauerinfusion von Traubenzucker oder endogen durch Adrenalininjektion oder Asphyxie, zu vergrößern. Die Ergebnisse eines Versuches dieser Art, bei dem Insulin auf der Höhe der Adrenalinhyperglykämie gegeben wurde, finden sich in der umstehenden Tabelle (S. 308).

Wie man sehen kann, wurden in den verschiedenen Bluten weder während des Blutzuckeranstiegs infolge Adrenalin, noch während seines Abfalles nach Insulin bedeutende Änderungen beobachtet. Infolge dieser und zahlreicher anderer ähnlicher Versuche haben wir große Zweifel, ob man aus Beobachtungen dieser Art an narkotisierten Tieren befriedigende Ergebnisse

Blutzucker mg vH					Bemerkungen
A. femoralis	V. femoralis	Differenz A. f. u. V. f.	Vena portae	Differenz A. f. u. V. p.	
232	224	÷8	216	16	Nach Äther u. Operation
232	219	13	228	4	10 Min. später
264	244	20	271	+7	10 „ nach Adrenalin
318	282	26	298	20	30 „ „ „
292	286	6	291	1	60 „ „ „
309	288	21	293	16	12 „ „ Insulin
285	260	25	266	19	30 „ „ „
213	195	18	208	5	50 „ „ „
213	199	14	208	5	60 „ „ „
170	166	4	174	+4	90 „ „ „
168	157	11	140	28	120 „ „ „
—	—	—	—	—	Blutdruck 35 mm Hg
—	—	—	—	—	Glykogen 0,36 vH.

selbst bei sehr sorgfältiger Kontrolle der Bedingungen erwarten kann.

Cori, Cori und Goltz haben ähnliche Beobachtungen an Kaninchen mittels einer Methode, die die Anwendung der Narkose umging, gemacht.

Sie benutzten die folgende geistreiche Methode zur Blutentnahme aus den Lebergefäßen: In einer vorbereitenden Operation am Tage vor dem eigentlichen Versuch wurde ein Bauchfenster angelegt und das Ligamentum falciforme hepatis durchschnitten. Wenn nun das Tier in einem Winkel von 50° aufgerichtet wurde, fiel die Leber vom Zwerchfell nach vorn, und es konnte so Blut aus einer der vier Lebervenen mittels einer Spritze, die eine besonders gebogene Kanüle hatte und die durch das Bauchfenster eingeführt wurde, entnommen werden.

Es fand sich nun bei acht Kaninchen eine durchschnittliche Differenz von 28 mg vH (min. 24 vH, max. 33 vH) zwischen dem Blut der Lebervene und der V. jugularis. Bei fünf Versuchen mit Insulin war der obige Unterschied, bei zweien ausgesprochen niedriger, bei den anderen dreien bestand entweder kein Unterschied oder er war größer. Eine nähere Betrachtung der veröffentlichten Ergebnisse scheint doch die Schlußfolgerung nicht zu rechtfertigen, daß Insulin zeitweilig die von der Leber abgegebene Zuckermenge verringern kann. So war z. B. bei einem Versuch, der einen Abfall aufweist (Nr. 2), 1 Stunde vorher nur eine Einheit „Iletin" injiziert worden, wohingegen bei drei anderen

Fällen dieser Gruppe nach 10 Einheiten Insulin entweder keine Änderung oder augenscheinlich eine gesteigerte Abgabe vorhanden war. Es bleibt also nur ein Versuch, dessen Ergebnisse darauf hinweisen, daß das Insulin den glykogenspaltenden Vorgang beeinflußt haben könnte.

Da nun der vorhergehende Vergleich nicht für eine Zuckerretention in den Geweben spricht, deren Blut durch die V. jugularis gesammelt wird, so wurden die Beobachtungen am Blute der A. femoralis und V. hepatica wiederholt. Gleichzeitig wurde auch Blut aus der V. femoralis entnommen, um die Möglichkeit der Veränderung des Zuckerretentionvermögens der Muskeln zu zeigen. Die Durchschnittsdifferenz des Zuckers im Blute aus der Lebervene und Femoralarterie bei neun Normaltieren betrug 23 mg vH (max. 26 vH, min. 20 vH), bei vier von fünf Versuchen wurde 1 Stunde und mehr nach Insulininjektion eine ausgesprochene Verringerung beobachtet. Die Durchschnittsdifferenz zwischen dem Blute der A. femoralis und der V. femoralis betrug bei 20 Beobachtungen 8 mg vH (max. 13 vH, min. 3 vH). In den fünf angeführten Versuchen wurde die Differenz deutlich größer (ein Zeichen einer gesteigerten Zuckerretention) bei dreien und sie blieb praktisch unverändert bei zweien und wurde geringer innerhalb einer Zeit von 2 Stunden nach Insulin bei einem.

Außerdem liegen noch sieben Beobachtungen vor, bei denen der Blutzucker der A. und V. femoralis verglichen wurde. Bei dreien von diesen war die Differenz größer, woraus die Autoren schließen, „daß verschiedene Arten der Insulinwirkung unterschieden werden können"... „sowohl die Leber als auch die Muskeln werden gleichzeitig beeinflußt" oder „die Leber scheint allein verantwortlich zu sein" oder „die Muskeln werden allein beeinflußt". Leider wurden die Vergleiche bei dieser sorgfältigen Arbeit nicht in kürzeren Zwischenräumen nach der Insulininjektion ausgeführt, denn die größten Unterschiede bei Hungerkaninchen sind nicht innerhalb der ersten halben Stunde und nach 1 Stunde zu erwarten.

Cori, Pucher und Bowen (1923) haben auch die Zuckerkonzentrationen im arteriellen und venösen Blute diabetischer Patienten während der Insulinwirkung verglichen und dabei gefunden, daß bei sechs von sieben Fällen dieses eine stärkere Zuckerretention durch die Muskeln verursachte.

Frank, Nothmann und Wagner (1923) stellten einen Vergleich zwischen dem Blutzuckergehalt der V. femoralis und dem des Herzens nicht narkotisierter Kaninchen an. Bei Normaltieren war die Durchschnittsdifferenz nur 4 mg vom Hundert, die aber kurz nach Insulininjektion in die Femoralarterie bis auf 50 mg vH anstieg und nach 1 Stunde den Normalwert wieder erreichte.

Dieselben Untersucher beobachteten auch die Wirkung intraarterieller Insulininjektionen bei normalen und pankreaslosen Hunden auf das arterielle und venöse Blut. Die Ergebnisse bei pankreaslosen Hunden sind besonders instruktiv. Während bei Normaltieren im arteriellen Blut eine Kleinigkeit mehr Zucker war, so fand sich bei drei von fünf diabetischen Tieren das umgekehrte Verhältnis, d. h. das Blut der V. femoralis enthielt mehr Zucker als das der Arterie. Ungefähr 20 Minuten nach Insulininjektion wurde diese Differenz größer (weil der arterielle Blutzucker schneller fiel) und dann begann der venöse Blutzucker sehr schnell abzufallen, so daß er 20—50 mg vH niedriger wurde als der arterielle. Hieraus schließen die Autoren, daß der Zuckerverbrauch in den Muskeln beim Diabetes herabgesetzt ist.

In Blutproben, die gleichzeitig an der Basis des Fingernagels und aus einer Vene entnommen werden, ist bei normalen und diabetischen Individuen der Unterschied des Zuckergehaltes nur klein. Nach Zuckeraufnahme dagegen wird diese Differenz beim normalen Menschen ausgesprochen, nicht dagegen beim diabetischen. Gibt man nun dem letzteren Insulin, so stellt sich die bei normalen Individuen beobachtete Differenz ein (Lawrence). Das Fingerblut wird als arteriell angesehen.

Faber (1923) und Wertheimer (1923) fanden auch, daß der Unterschied in der Zuckermenge des Finger- und Venenblutes, wobei sich bei normalen Individuen im Ersteren eine größere Menge vorfindet, bei diabetischen Patienten nicht vorhanden ist, aber sich nach Insulin einstellt. Nimmt man diese Ergebnisse als Ganzes, so bestätigen sie den auch auf anderem Wege gewonnenen Schluß, daß Insulin die Geschwindigkeit, mit der die Muskeln Zucker aus dem Blutstrom absorbieren, beschleunigt. Dagegen zeigen sie nicht in befriedigender Weise, ob die Leber bei der Entstehung der Hypoglykämie durch eine geringere Zuckerabgabe mitwirkt.

5. Die Insulinwirkung auf die Geschwindigkeit, mit der Zucker aus der Durchströmungsflüssigkeit isolierter Organe verschwindet.

Im Gegensatz zur vorausgehenden ist diese Methode eine solche, die zur Demonstration, ob Zucker von einem Organ zurückgehalten oder gebildet wird oder nicht, sehr brauchbar ist, weil der Zucker in der Durchströmungsflüssigkeit entweder ansteigt oder abfällt und aus diesem Grunde leicht meßbare Veränderungen in der Menge hervorruft. Unter der Voraussetzung gleicher Versuchsbedingungen variiert die Geschwindigkeit, mit der der Zucker am durchströmten Kaninchen- oder Katzenherzen verschwindet, innerhalb enger Grenzen. Beim Kaninchenherzen werden z. B. die folgenden Werte verzeichnet:

Es verschwanden pro Gramm Herz und Stunde Milligramm Traubenzucker	Untersucher
1. 1,5	Locke u. Rosenheim (1907)
2. 0,5—1,0	Macleau u. Smedley (1913)
3. 2,2	Mansfeld (1914)
4. 0,7—1,6	Underhill u. Prince (1914)

Unter gewissen Umständen kann die Geschwindigkeit auch außerhalb dieser Grenzen liegen, so konnte Camis (1908) z. B. überhaupt kein Verschwinden feststellen, wohingegen Bayda (1912) über Zahlen in der Höhe von 7,1 mg berichtet, aber die Durchströmungsbedingungen in ihren Versuchen können keine exakten gewesen sein.

Zahlreiche Untersucher haben die Wirkungen von Pankreasextrakten auf die Geschwindigkeit des Zuckerverbrauches des isolierten Herzens untersucht. So fanden z. B. Maclean und Smedley am Herzen diabetischer Hunde und Katzen, daß der Zusatz von Pankreasextrakt zur Durchströmungsflüssigkeit den vorher herabgesetzten Zuckerverbrauch in einigen Fällen auf die normale Höhe steigerte, und es ist wohl bekannt, daß Knowlton und Starling (1912) glaubten, daß das herabgesetzte Zuckerverbrauchsvermögen des überlebenden Herzens des diabetischen Hundes durch Pankreasextrakt stark gesteigert werden konnte. In einer späteren Veröffentlichung dagegen zeigten Patterson und Starling (1913), daß der Zuckerverbrauch eines diabetischen Hundeherzens derselbe ist als der eines normalen. Die wichtigste neuere Arbeit ist die von A. H. Clarke. Dieser Untersucher arbeitete mit Hunden und fand, daß das durchströmte Pankreas keinen Zucker verbrauchte, wie aus der Untersuchung der Durchströmungsflüssigkeit hervorging, daß aber der Zuckerverbrauch des Herzens ausgesprochen anstieg, wenn die Nährflüssigkeit zuerst durch das Pankreas und dann durch das Herz geschickt wurde oder wenn diese beiden Organe zusammen durchströmt wurden. Aus Clarkes Untersuchungen geht zweifellos hervor, daß das Pankreas an die Durchströmungsflüssigkeit irgendeinen Stoff abgibt, der den Zuckerverbrauch des Herzens desselben Tieres beschleunigt.

Als das Insulin in konzentrierter Form verfügbar war, wurde seine Wirkung auf die Schnelligkeit des Zuckerverbrauchs am durchströmten Herzen von Hepburn und Latchford untersucht. Ein Kaninchenherz wurde in der von Locke beschriebenen Art durchströmt, bei der die Durchströmungsflüssigkeit, die man in einem unter dem Herzen angebrachten Gefäß auffängt, durch ein enges Glasrohr mittels Sauerstoffblasen in das Zuflußreservoir hochgedrückt wird. Für jedes Herz wurde eine Gesamtmenge von 150 ccm Durchströmungsflüssigkeit gebraucht und es wurden in Zwischenräumen zur Zuckerbestimmung mit der Shaffer-Hartmannschen Methode Proben von 1 ccm entnommen. Der ph der Durchströmungsflüssigkeit, die Herzfrequenz und das Durchströmungsvolumen wurden genau beobachtet und auf das Konstanthalten der Temperatur bei den verschiedenen Beobachtungen wurde große Sorgfalt verwandt. Jeder Versuch dauerte ungefähr 4 Stunden, während welcher Zeit als Bestätigung der Beobachtung von Locke und Rosenheim gefunden wurde, daß kein bedeutender Zuckerverlust infolge von Glykolyse oder Bakterieneinfluß in der Durchströmungsflüssigkeit an sich stattfand. Eine Vorsichtsmaßregel, deren Wichtigkeit wir als erwähnenswert ansehen, ist die, daß zur Bereitung der Lockeschen Lösung nur reinstes destilliertes Wasser gebraucht wurde, da ja in unserem Laboratorium von dem verstorbenen T. G. Brodie beobachtet wurde, daß bei der Herstellung der Lösungen mit dem gewöhnlichen destillierten Wasser weder das Herz noch der Darm längere Zeit überleben konnten[1]).

Das gewöhnliche destillierte Wasser kann Spuren von Stoffen enthalten, die auf irgendeine Art infolge des Chlorierens entstehen, das bei dem Wasser der Seestädte angewandt wird.

Es wurden an Herzen ohne Insulin zwölf Beobachtungen angestellt, deren Resultate in Form eines Diagramms in Abb. 29 (I) dar-

---

[1]) Destilliertes Wasser aus geschmolzenem Schnee oder von einer tiefen Quelle wurde in diesen Versuchen benutzt.

gestellt sind, wobei die weißen Säulen die Anzahl der Milligramm
Zucker per Gramm Herz pro Stunde angeben und die anderen
verschieden schattierten Säulen den p^h, die durchschnittliche

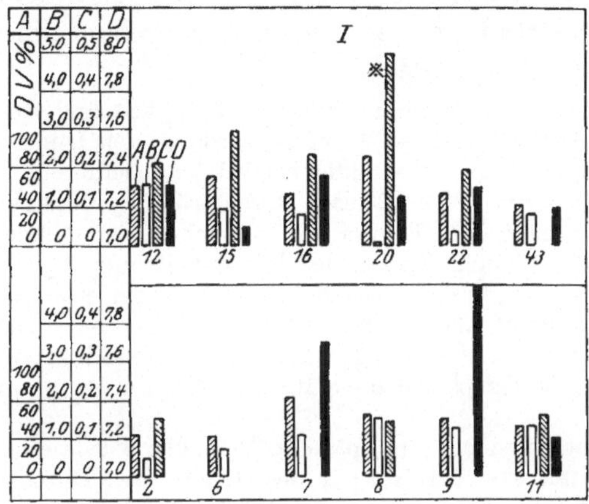

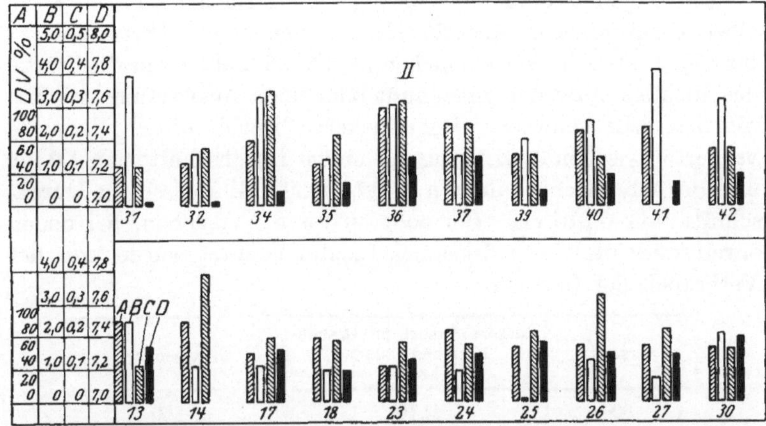

Abb. 29. Diagramm der Geschwindigkeit des Zuckerverbrauchs des Herzens, I ohne Insulin in der Durchströmungsflüssigkeit, II mit Insulin. A = das durchschnittliche Durchströmungsvolumen (D.V.) in Prozent des Anfangswertes. B = Milligramm Traubenzucker
pro Gramm Herz und Stunde. D = p_H der Durchströmungsflüssigkeit. Die tatsächlichen
Werte sind die am linken Rande des Diagramms verzeichneten. (Hepburn und Latchford.)

Durchströmungsgeschwindigkeit und den Glykogengehalt. Bei
allen Beobachtungen ohne Insulin beträgt die Durchschnitts-
geschwindigkeit des Zuckerverbrauchs 0,87 mg pro Gramm Herz

pro Stunde, wobei das Maximum 1,5 mg ausmacht. Der Durchschnittsglykogengehalt war 0,207 vH, wobei ein Fall mit einer außerordentlich großen Menge ausgelassen ist.

In Fällen, bei denen der Einfluß des Insulins untersucht wurde (Abb. 29 II), wurde dieses der Durchströmungsflüssigkeit auf verschiedene Art zugesetzt:

a) Insulinzusatz zur Durchströmungsflüssigkeit und Regulierung des p^h vor dem Versuch. Diese Methode wurde in den früheren Versuchen benutzt, aber nicht als vollständig befriedigend befunden.

b) Insulinzusatz zu 10—20 ccm Durchströmungsflüssigkeit, die ungefähr 1 Stunde nach dem Beginn des Versuches entnommen war, darauf Einstellung des p^h und Zusatz der Flüssigkeit zum Apparat.

c) Sehr kleine Mengen Insulin 0,1—0,25 ccm wurden der Durchströmungsflüssigkeit alle 15 Minuten zugesetzt. Diese Methode wurde bei den späteren Versuchen angewandt und zeigte sich als die am meisten befriedigende, da der p^h bei ungefähr 7,2 blieb, anstatt, wie sonst, anzusteigen.

d) Bei verschiedenen der späteren Versuche wurde eine Insulindosis 20—60 Minuten vor der Tötung des Tieres und Durchströmung des Herzens subkutan gegeben.

Die Ergebnisse dieser Versuchsreihen finden sich in Form eines Diagramms in Abb. 29 (II). In den ersten Versuchen (13 bis 27) als auch in den Versuchen 32, 35, 36 und 37 war die Stärke des Insulins entweder unbekannt oder nach Auswertung am Kaninchen sehr schwach. Der Zuckerverbrauch dieser Versuche variierte zwischen 0—4,11 mg mit einem Durchschnitt von 1,9 mg und der Glykogengehalt von 0,117—0,397 vH mit einem Durchschnitt von 0,215 vH. Bei acht späteren Versuchen, bei denen eiweißfreies und hochwirksames Insulin benutzt wurde, war der Verbrauch der folgende:

Versuch	Zuckerverbrauch pro Gramm Herz und Stunde mg	Glykogen vH
30	2,16	0,160
31	3,90	0,120
34	3,30	0,350
36	3,06	0,311
39	2,06	0,153
40	2,58	0,155
41	4,11	verloren gegangen
42	3,29	0,179
Durchschnitt	3,06	0,204

Aufzeichnungen der Herztätigkeit mittels des Kymographions bei verschiedenen Versuchen mit der Absicht, irgendeine pharmakologische Wirkung des Insulins zu entdecken, ergaben außer einer geringen Verbesserung der Durchströmung keine ausgesprochene Wirkung. Die durchschnittliche Durchströmungsgeschwindigkeit und der p^h waren bei den Insulinversuchen praktisch dieselben wie bei den Kontrollbeobachtungen.

Es ist ganz zweifellos, daß das Insulin die Schnelligkeit, mit der der Zucker aus der Durchströmungsflüssigkeit verschwindet, stark steigert. Bei fünf Fällen betrug dieser Anstieg mehr als das Doppelte des bei zwölf ohne Insulin durchströmten Herzen beobachteten Maximums und bei zwei Fällen sogar mehr als das vierfache. Es war nicht möglich, den gesteigerten Zuckerverbrauch durch eine gesteigerte Herztätigkeit zu erklären, wenn auch diese nicht genau gemessen wurde, so wurde sie doch genügend beobachtet (durch Zählen des Herzschlages und Messen des Schlagvolumens), um diesen Schluß zu rechtfertigen. Über das Schicksal des verschwindenden Zuckers, ob er vom Herzen vollständig verbrannt wird oder durch einen anoxybiotischen Prozeß gespalten wird oder zu einem Polysaccharid wie Glykogen polymerisiert wird, kann nichts ausgesagt werden; obgleich Hepburn und Latchford einigen Anhalt dafür fanden, daß keine Glykogenbildung auftrat. So betrug der Glykogenmenge normaler Herzen 0,207 vH und der insulinbehandelter 0,204 vH, wobei allerdings bei den verschiedenen Resultaten eine beträchtliche Variabilität vorhanden war.

Burn und Dale (1924) haben die Versuche von Hepburn und Latchford mit verschiedenen Modifikationen wiederholt, um sicherzustellen, ob hinzugesetzter Traubenzucker unter Insulin unmittelbar als Energiequelle verbraucht oder in irgendeiner Form im Herzen gespeichert wird. Um die Zeit, in der leicht feststellbare Veränderungen in der Zuckerkonzentration der Durchströmungsflüssigkeit gemessen werden können, zu verringern, beschränkten diese Untersucher das Volumen der Durchströmungsflüssigkeit auf 50 ccm. Dies wurde dadurch möglich gemacht, daß sie das Schäumen der Durchströmungsflüssigkeit dadurch eliminierten, daß sie an Stelle des Glasrohres, durch welches mittels Sauerstoffblasen die Flüssigkeit in das Reservoir gehoben wurde, eine mit Vaseline geschmierte Silberspirale benutzten. Mit

Hilfe dieser Modifikation war es in einigen Versuchen möglich, die Durchströmungszeit so abzukürzen, daß am selben Herzen Beobachtungen während einer normalen und einer Insulinperiode gemacht werden konnten. Die vom Herzen gebildete Kohlensäure wurde dadurch gemessen, daß man die Luft des Sammelreservoirs durch eine Reihe gewogener Natronkalkabsorptionsröhren schickte. Bei fünf „normalen" Herzen, die mit Locke-scher Lösung durchströmt wurden, betrug der durchschnittliche Zuckerverbrauch pro Gramm Herz und Stunde 1,36 mg und die Kohlensäurebildung 3,12 mg. Bei fünf Herzen, bei denen zu der Durchströmungsflüssigkeit 1 : 500 000 Insulinhydrochlorid zugesetzt wurde, waren die korrespondierenden Werte für Traubenzucker 3,44 mg und für Kohlensäure 4,66. Da nun der Anstieg der Kohlensäurebildung verhältnismäßig geringer ist als das Verschwinden des Traubenzuckers, so kann der verschwundene Zucker nicht vollständig einer gesteigerten Verbrennung zugeschrieben werden. Drückt man nun die tatsächlich gefundene Kohlensäure in Prozent des Betrages aus, der durch eine vollständige Oxydation des verschwundenen Traubenzuckers gebildet sein müßte, so findet sich die interessante Tatsache, daß das Insulin die Bildung eines größeren Anteiles der Kohlensäure aus dem Traubenzucker verursachte. So war bei fünf normalen Herzen die prozentuale Kohlensäuremenge in allen Fällen mit Ausnahme eines über hundert, wohingegen bei fünf Insulinherzen er in allen Fällen mit Ausnahme von zweien unter hundert lag. Die normalen Herzen hatten augenscheinlich einen Teil ihres Brennstoffes aus anderen Quellen bezogen als dem Traubenzucker, der aus der Durchströmungsflüssigkeit verschwand, im Gegensatz zu den Insulinherzen, die ihre Gesamtenergie aus dieser Quelle deckten. Obgleich mit Insulin der Herzschlag heftiger und schneller war als ohne, so war der Unterschied doch nicht genügend groß, um das gesteigerte Verschwinden des Traubenzuckers zu erklären.

Bei Benutzung einer Mischung des Blutes vom selben Tiere und Lockescher Lösung wurden die gleichen Resultate erhalten, wobei die Zahl für die Kohlensäure in diesen Versuchsreihen sehr überzeugend war.

In den folgenden zwei Versuchen wurden normale und Insulinperioden am selben Herzen beobachtet:

	Traubenzucker-verbrauch pro Gramm u.Stunde mg	CO_2-Bildung pro Gramm und Stunde mg	Prozentuale CO_2-Menge	Herzaktion, Schläge pro Min.
I (a) ohne Insulin	4,23	5,34	86	162—200
(b) mit „	5,64	4,55	55	136—172
II (a) ohne „	3,94	5,16	88	154—187
(b) mit „	3,03	2,45	55	90—164

Es ist klar, daß das gesteigerte Verschwinden des Zuckers nicht auf die gesteigerte Schlagfolge zurückgeführt werden kann, denn in beiden Fällen war diese während der Insulinperiode nicht nur langsamer, sondern auch weniger kräftig als bei der Kontrolle. Die tatsächliche Verringerung der Kohlensäure während der Insulinperiode ist ins Auge fallend, besonders beim ersten Versuche. Bei Versuchen ähnlicher Art an Herzen von pankreaslosen Katzen wurden ähnliche Resultate wie beim Normaltiere erzielt. In der Zusammenfassung sagen Burn und Dale „daß ein Anteil des zugesetzten Traubenzuckers, der unter Insulin verschwindet, nicht oxydiert wird; wobei ohne Frage der Gesichtspunkt noch nicht geklärt ist, ob dies überhaupt der Fall ist". Um dieses zu beantworten, wurden Versuche an eviszerierten Tieren ausgeführt.

Obgleich in den vorausgehenden Versuchen das schnellere Verschwinden des Zuckers aus der Durchströmungsflüssigkeit nicht mit einer gesteigerten Herztätigkeit in Beziehung gebracht werden konnte, fand Plattner (1924) am Starlingschen Herz-Lungenpräparat, daß Insulinzusatz die Geschwindigkeit des Verschwindens des Blutzuckers nicht steigert, solange als die Herzfrequenz nicht gesteigert wird. Wenn dieses eintrat, wurde der Zuckerverbrauch im Verhältnis zur gesteigerten Herzfrequenz größer. In einem der Versuche, bei dem ungefähr 600 ccm Blutmischung 60 Einheiten Insulin zugesetzt wurden (1 E. in 10 ccm), stieg der Zuckerverbrauch von 2,70 mg pro Gramm Herz und Stunde auf 3,9 mg, und die Herzfrequenz von 138 auf 200 Schläge pro Minute. Wir sind nicht in der Lage, dieses Resultat zu erklären.

Wir haben versucht, die Geschwindigkeit des Verschwindens des Zuckers an durchströmten Skelettmuskeln zu bestimmen, aber die großen technischen Schwierigkeiten, die sich bei der Ausführung dieser Versuche einstellten, haben dieses unmöglich gemacht. Für einige Zwecke mögen Durchströmung von Säugetierskelettmuskelpräparaten von Wert sein, aber sie sind zur Bestimmung der Geschwindigkeit, mit der Substanzen aus der Durchströmungsflüssigkeit aufgebraucht werden, unbrauchbar. Die beträchtliche Desorganisation des arterio-capillären Tonus, die vollständige Lähmung der Muskeln selbst und die unvermeidbaren Unvollkommenheiten der Durchströmungsflüssigkeit sind im Vergleich zum normalen lebenden Blute wahrscheinlich für diese Schwierigkeiten verantwortlich zu machen.

6. Die Lokalisation der Insulinwirkung durch die Untersuchung seiner Wirkung nach Ausschaltung verschiedener Organe.

Aus den Untersuchungen von Mann und Magath, bei denen gezeigt wurde, daß nach Leberexstirpation der Blutzucker infolge Insulin mit einer bei Normaltieren vergleichbaren Geschwindigkeit abfällt, weisen darauf hin, daß dieses Organ nicht der Hauptsitz der Insulinwirkung sein kann. Diese Ergebnisse beweisen notwendigerweise nicht, daß beim intakten Tiere die Leber an dem Verschwinden des Zuckers aus dem Blute keinen Anteil hat, denn es ist bemerkenswert, wie stark die Blutzuckerkurven nach Insulin bei den verschiedenen Tieren divergieren können, und nur nach einer großen Reihe von Beobachtungen würde irgendein Vergleich gerechtfertigt sein. Immerhin beweisen diese Versuche, daß die Leber bei der Insulinwirkung keine sehr wesentliche Rolle spielt. Auch schließen sie die von Winter und Smith vermutete Möglichkeit aus, daß die Leber mit dem Insulin zusammenwirkt, um das Zuckermolekül für die Verbrennung vorzubereiten.

Burn und Dale griffen dieses Problem an, indem sie dekapitierte Katzen benutzten, bei denen, wie schon früher in unserem Laboratorium von Olmsted und Logan gezeigt worden war, Insulin seine gewöhnliche hypoglykämische Wirkung entwickelt. Durch Dauerinjektion von Traubenzucker vermehrten Burn und Dale die Schnelligkeit des Zuckerverbrauchs mehrfach und fanden, daß eine vollständige Entfernung der abdominellen Eingeweide unter Zurücklassung der Leber keinen Einfluß auf die Ergebnisse hatte. Bei einem Präparat wurde die Haut abgezogen, ohne daß sich ein Unterschied bemerkbar machte. Da nun der Traubenzuckerzusatz bei diesen Versuchen die Schnelligkeit des Zuckerverschwindens stark steigerte, so ist dieses ein Beweis

gegen die Hypothese, die von Laufberger ohne augenschein-
liche Rechtfertigung aufgestellt wurde, daß das Insulin nur durch
die Hemmungen der Zuckerbildung aus Fett wirkt, während der
schon vorhandene Zucker mit der normalen Geschwindigkeit
verschwindet.

Angesichts dieser Versuche bleibt wenig Zweifel darüber, daß
der Hauptort der Insulinwirkung der Herzmuskel und die Skelettmuskeln sind, und es entsteht die Frage, was aus dem verschwindenden Zucker wird. Beim Suchen einer Antwort auf diese Frage,
die tatsächlich den Schlüssel des ganzen Insulinproblems darstellt,
kommt man natürlicherweise aus dem Bekannten in das Unbekannte. An erster Stelle tritt dann die Frage auf, ob Veränderungen entweder in der im Körper abgelagerten Glykogenmenge
oder in der Schnelligkeit der Kohlenhydratverbrennung eintreten,
die von einer genügenden Größenordnung sind, um das durch
Insulin verursachte Verschwinden des Zuckers zu erklären. Da
bisher gefunden wurde, daß dieses nicht der Fall ist, so muß nach
Veränderungen anderer Art gesucht werden, die für diesen Vorgang verantwortlich sind. Diese Fragen sind schon betrachtet
worden (Kap. 12 und 16) und im folgenden wollen wir einen
Überblick über die anderen Möglichkeiten, die untersucht worden
sind, geben.

7. Die Insulinwirkung auf den Gewebszucker.

Unsere Kenntnisse in bezug auf die Zuckerkonzentration in den
Geweben ist auf Grund der zahlreichen Schwierigkeiten ihrer Bestimmungen sehr begrenzt. Diese Schwierigkeiten sind teilweise
technischer Art und liegen in der Art der Zuckerextraktion, der Entfernung des Eiweißes und der reduzierenden Substanzen, die keine
Kohlehydrate sind (Restreduktion) aus den Extrakten, und teilweise sind sie physiologischer Natur, die der Anwesenheit von hydrolytischen und anderen Fermenten in den Geweben zuzuschreiben
sind, die nach dem Aufhören der Zirkulation stark aktiviert werden
und so Veränderungen der Konzentration des freien Zuckers verursachen. Tatsächlich fanden verschiedene Untersucher es unmöglich, durch eine Analyse des gesamten Tieres mehr als einen
Anteil einer kurz vor dem Tode injizierten Zuckermenge wiederzufinden. Wie Claude Bernard zuerst zeigte, erhöht injizierter
Zucker nur vorübergehend den Blutzuckerspiegel, und obgleich

nach der Injektion von konzentrierten Lösungen Veränderungen des
Wassergehaltes und der Zuckerausscheidung durch den Urin einen
gewissen Abfall in der Konzentration, der bald eintritt, erklären
können, so kann doch kein Zweifel bestehen, daß der größte Anteil
des Zuckers in die Gewebe geht. Was geschieht dort mit ihm?
Bleibt er dort für irgendeine Zeit als freier Zucker bestehen oder
wird er zu irgendeiner Speicherungsform polymerisiert, wie z. B.
Glykogen, oder wird er zu einer Verbindung wie Hexosephosphat
umgebaut, oder ist die Veränderung eine vollständigere, so daß
fettsäureähnliche Substanzen, die keine Kohlehydrate sind, resultieren? Gegenwärtig gibt es keine befriedigende Antwort auf
diese Fragen. Die gesteigerte Zuckerwanderung in die Gewebe
regt, wie Graham Lusk gezeigt hat, eine stärkere Kohlehydratverbrennung an, aber diese deckt doch nur einen kleinen Bruchteil des verschwindenden Zuckers.

Die gebräuchliche Methode der Untersuchung dieser Probleme bestand in einer Extraktion der Gewebe mit kochendem Wasser, wobei das
Eiweiß entweder mit Alkohol, oder Phosphorwolframsäure gefällt wurde.
Die letztere fällt auch Substanzen wie Kreatinin, die die Reduktionsreaktion stören. Von Brasol (1884) fand weniger als drei Viertel des
kurz vor dem Tode injizierten Zuckers wieder. Im Jahre 1913 konnte
Bang mit ähnlichen Methoden ungefähr drei Viertel wiederfinden, wenn
die Zuckerinjektion sehr schnell gemacht wurde, und nach einer langsamen Zuckerinjektion nur die Hälfte; von der verschwundenen Zuckermenge konnte nichts durch Säurehydrolyse der Extrakte wiedergefunden
werden. Kleiner (1916) modifizierte die Methode, indem er die vordere
Hälfte eines Tieres benutzte (die Aorta und V. cava wurden in der Höhe
des Zwerchfells abgebunden) und außerdem amputierte er ein Vorderbein
vor der Zuckerinjektion. Darauf wurden die reduzierenden Substanzen
der Muskelextrakte des amputierten Beins mit denen des am Präparat
zurückgelassenen nach der Zuckerinjektion verglichen, wobei der Blutzucker berücksichtigt wurde. In zwei von drei Versuchen konnte über
80 vH der injizierten Menge wiedergefunden werden. Selbst bei frisch
getöteten Tieren konnten nach einer Zuckerinjektion nach 15 Minuten
nur 55 vH wiedergefunden werden. 1 Jahr später war Palmer nach einer
sorgfältigen Erprobung der verfügbaren Methoden der Zuckerextraktion
aus den Geweben und der Eiweißfällung usw. in der Lage, mehr von
intravenös injiziertem Zucker wiederzufinden als seine Vorgänger. So
fand er eine halbe Stunde nach der Injektion von 24 g 63 vH und $1^1/_2$
Stunden nach der Injektion von 62 g 92 vH. Bei anderen Versuchen
nach 76 g 70 vH, nach 52 g 61 vH und nach 40 g 55 vH.

Das Interesse für diese Frage ist durch die Unmöglichkeit der
Erklärung des schnellen und ausgedehnten Verschwindens des

Blutzuckers nach der Insulininjektion stark gesteigert worden. Die Unfähigkeit dieses durch eine gesteigerte Glykogenbildung oder größere Verbrennung zu erklären, hat die Aufmerksamkeit auf die Konzentration des freien und gebundenen Zuckers in den Geweben gelenkt. Cori, Cori und Pucher haben mit zuerst dieses Problem in Angriff genommen. Sie verglichen bei Kaninchen und Meerschweinchen den freien Zucker der Leber, nach der Palmerschen Methode bestimmt, mit dem Blutzucker, wobei die Tiere vorher gehungert hatten oder mit Traubenzucker gefüttert worden waren. Ein Blutzuckeranstieg war immer mit einem ausgesprochenen Anstieg des freien Zuckers in der Leber und einem gleichzeitigen Anstieg des Glykogens verbunden. Andererseits fiel der freie Zucker parallel mit dem Blutzucker, während noch Glykogen gebildet wurde. Später fand Cori, daß bei einem durchschnittlichen Abfall des Blutzuckers von 54 vH der freie Zucker in der Leber um 40 vH verringert war. Bei sieben Mäusen, die getötet und unmittelbar darauf gefroren wurden, betrug der freie Zucker in der Leber durchschnittlich 0,3 vH (Max. 0,393, Min. 0,167). Bei sieben anderen vorher mit Insulin injizierten Mäusen (von 40—90 Min.) war der Durchschnitt 0,167 vH (das Max. 0,242, Min. 0,116). Das in der Leber zurückbleibende Blut muß dabei berücksichtigt werden, aber selbst wenn man dieses tut, so ist es doch augenscheinlich, daß das Insulin den freien Zucker in der Leber verringert.

Bei nur drei von acht Versuchen, in denen die Muskeln untersucht wurden, konnte eine ausgesprochene Verringerung des freien Zuckers gefunden werden, bei vieren war praktisch keine Veränderung und bei einem eine ausgesprochene Steigerung festzustellen. Auf Grund des Durchschnittes dieser etwas variablen Resultate kommen die Autoren zu dem Schluß, daß das Insulin den freien Muskelzucker nicht herabsetzt. Andererseits fand sich, daß in der Niere ständig eine ausgesprochene Verringerung festzustellen war.

Dieses Problem ist auch in meinem Laboratorium in Zusammenarbeit mit Eadie, Noble und Orr untersucht worden. Dabei haben wir dem Vergleich des freien Zuckers der Muskeln und der Leber bei Hungerkaninchen mit dem insulininjizierter Kaninchen oder solcher mit Insulin und Zucker injizierter besondere Aufmerksamkeit zugewandt.

Um eine postmortale Glykolyse oder andere Veränderungen, die die Zuckerkonzentration beeinflussen konnten, zu vermeiden, wurden die Gewebe unmittelbar nach der Tötung durch Schlag auf den Kopf, sehr schnell herausgeschnitten und sofort in flüssiger Luft gefroren. Die gefrorene Gewebsmasse wurde dann in einem eisernen Mörser pulverisiert und nach schnellem Abwiegen alkoholische Extrakte (70 vH) entweder bei Siedepunktstemperatur oder bei Gefrierpunktstemperatur hergestellt. Benutzten wir die letztere Methode, so wurden die Extrakte sehr schnell zentrifugiert und sorgfältig darauf geachtet, einen Temperaturanstieg zu vermeiden, wenigstens, bis die Extrakte dekantiert worden waren. Die dekantierten Extrakte wurden in warmem Luftstrom eingedampft.

Sowohl beim Muskel als auch bei der Leber wurde beobachtet, daß bei der kalten Alkoholextraktion mehr reduzierende Substanzen ausgezogen wurden als bei der heißen, was darauf hinweist, daß Hitze etwas von dieser Substanz zerstört. Teile der Extrakte wurden mit verschiedener Wirkung auf das Reduktionsvermögen hydrolysiert. Bei solchen, die mittels heißen Alkohols aus Muskeln hergestellt waren, stieg das Reduktionsvermögen immer an, hingegen konnte dieses bei Kaltextrakten nach der Hydrolyse eine Herabsetzung aufweisen. Der Einfluß der Hydrolyse auf die Leberextrakte war bei beiden Methoden sehr unregelmäßig, so daß zeitweilig eine Verstärkung und zeitweilig eine Verringerung des Reduktionsvermögens beobachtet wurde, das letztere besonders bei Kaltextrakten. Diese Ergebnisse sind ein fernerer Hinweis auf das Vorhandensein stark labiler Substanzen in den Extrakten. Nach Insulin fand sich eine geringere Menge reduzierender Substanz sowohl vor als auch nach Hydrolyse. Nach Insulin und Zucker enthielten Kaltextrakte von Muskeln mehr freie und gebundene reduzierende Substanz als die Kontrollen. Wenn man aber die großen Mengen des injizierten Zuckers berücksichtigt, so waren die Unterschiede doch sehr klein, was darauf hinweist, daß nach der Zuckerabsorption durch die Gewebe dieser sehr schnell in irgendeinen Stoff verwandelt wird, der kein Kohlehydrat ist. Auch fand ich bei Leberextrakten ähnlicher Art, daß die polymerisierten Kohlehydrate nach Zucker und Insulin vermehrt waren, aber es ist möglich, daß dieses dem Glykogen, welches durch das Zentrifugieren nicht niedergeschlagen war, zuzuschreiben ist. Obgleich diese Ergebnisse darauf hinweisen, daß das Insulin eine Verringerung des freien und gebundenen Zuckers, der in heißem Alkohol löslich ist, sowohl in der Leber als auch im Muskel hervorruft, so sind sie doch nicht befriedigend genug, und das gesamte Problem bedarf weiterer Untersuchungen. Durch Extraktionsmethoden ist es daher unmöglich, das Verschwinden der sehr großen Zuckermengen nach Insulin in die Gewebe zu erklären. Es sieht so aus, als ob aus dem Zucker eine bisher nicht festgestellte Substanz gebildet wird, die keine reduzierenden Eigenschaften besitzt, weder vor noch nach Hydrolyse, und die bei gewöhnlichen Temperaturen leicht zerstört wird.

8. Die Insulinwirkung auf Milchsäure, Acetaldehyd und verwandte Substanzen.

An anderer Stelle ist auf die Unmöglichkeit hingewiesen worden, daß die Bildung einer solchen Verbindung wie Lactacidogen für das Verschwinden des Zuckers verantwortlich gemacht werden kann. Ganz natürlicherweise ist auch dem Verhalten der Milchsäure nach Insulininjektion eine beträchtliche Aufmerksamkeit zugewandt worden. Im Anfangsstadium der Untersuchungen über diesen Stoff bestimmten wir die Menge der Milchsäure im Blut von Hunden in Äthernarkose vor und nach dem Blutzuckerabfall durch Insulin, ohne daß wir einen Anstieg fanden, der über die gewöhnlich gefundene Menge hinausging, wie sie in zahlreichen Beobachtungen über das Verhalten dieser Substanz bei Tieren, die einige Zeit unter Äther gehalten wurden, festgestellt worden war (Hepburn und Latchford). Briggs, Koechig, Doisy und Weber veröffentlichten später Ergebnisse, aus denen sie schlossen, daß die Milchsäure im Blute in dem Maße anstieg wie der freie Blutzucker abfiel. Isaac und Adler und Tolstoi u. a. fanden auch, daß die Milchsäure zeitweilig im Blute normaler und diabetischer Menschen nach Insulin vermehrt war, aber nicht in genügendem Maße, um den verschwundenen Zucker zu decken. Best und Scott unterwarfen dieses Problem einer sorgfältigen Untersuchung an Laboratoriumstieren mit ständig negativen Resultaten, und in der Tat ist es a priori augenscheinlich, daß eine Milchsäureanhäufung im Blute kein bedeutsamer Faktor für das bekannte Verschwinden sehr großer Zuckermengen sein konnte, wie z. B. im Falle einer gemeinsamen Zucker- und Insulininjektion. Auch in den Muskeln kommt es zu keiner Milchsäureanhäufung. Dies wurde zuerst von H. W. Dudley (private Mitteilung im Jahre 1923) gezeigt, der die Milchsäure in den Muskeln von Kaninchen sowohl unmittelbar nach dem Tode, als auch eine gewisse Zeit später untersuchte. Die Milchsäuremengen insulinbehandelter Tiere waren viel geringer als die bei Normaltieren gefundenen. Kuhn und Baur erzielten genau die gleichen Ergebnisse. Der Milchsäuregehalt der Muskeln von Kaninchen, die durch eine Überdosierung von Insulin getötet wurden, betrug ungefähr die Hälfte der bei Normaltieren (Hungertiere) vorhandenen und nur ein Drittel, wenn die Kaninchen beim Auftreten der hypoglykämischen Symptome getötet wurden. Die Milchsäuremenge stieg nicht an, wenn man die Muskeln eine Zeitlang stehen ließ. Diese Ergebnisse erhalten eine besondere Bedeutung, wenn man sie zusammen mit den folgenden Tatsachen betrachtet: 1. Daß die Totenstarre nach Insulinkrämpfen und -koma mit außerordentlicher Schnelligkeit einsetzt; 2. daß wässerige Extrakte dieser Muskeln von vorher wohlgenährten Tieren eher eine alkalische als eine saure Reaktion haben (Baur, Kühn und Wacker) und 3. daß die Muskeln von Tieren, die infolge von Hypoglykämie sterben, nur Spuren von Glykogen enthalten. Der Milchsäuregehalt der Muskeln erleidet augenscheinlich eine Veränderung nach Insulin, aber diese liegt gerade in der entgegengesetzten Richtung als man erwarten sollte.

Wir können diesen Gegenstand nicht verlassen, ohne auf die Arbeit von Isaac und Adler hinzuweisen, von denen Grevenstuk und Laqueur berichten, daß sie gefunden haben, daß Dioxyaceton ($CH_2OH \cdot CO \cdot CH_2OH$), wenn man es Mäusen und Ratten intraperitoneal injiziert, Glykogenbildung (Traubenzuckerbildung) hervorruft, hingegen, wenn es normalen Menschen per os verabreicht wird, dieses in Milchsäure, die im Blut und Urin auftritt, verwandelt wird. Dieser Prozeß wird durch Insulin gesteigert. Gibt man es schwer diabetischen Patienten per os, so wird das Dioxyaceton in Zucker verwandelt, dagegen bildet es nach Insulinbehandlung Milchsäure.

Als ein anderes mögliches Intermediärprodukt des Zuckerstoffwechsels soll Acetaldehyd durch Insulin beeinflußt werden. Neuberg, Gottschalk und Strauß fanden mittels der Sulfitfixationsmethode von Neuberg einen Anstieg im Leberbrei nach Insulinzusatz, der zwischen 100 und 400 vH betrug.

Bei der Fortsetzung dieser Untersuchungen durch Gottschalk (l. c. Grevenstuk und Laqueur) wurde die Tatsache offenbart, daß der Acetaldehydgehalt in Mischungen von Leber-

brei und Insulin durch den Zusatz von Glykogen stark anstieg,
aber nur in mäßigem Grade, wenn Traubenzucker, Laevulose,
Hexosephosphat, Dioxyaceton und Glycerinaldehyd zugesetzt
wurden. Daraus wurde geschlossen, daß das Insulin die Acet-
aldehydbildung anregt, im Gegensatz zum Adrenalin, welches in
gewissen Konzentrationen die entgegengesetzte Wirkung hat.
Auf Grund der Wahrscheinlichkeit, daß viel Intermediärprodukte
des Kohlehydratstoffwechsels sehr stark labiler Natur sind, und
sich nicht in genügend großen Mengen in den Geweben anhäufen,
um mittels der gewöhnlichen chemischen Methoden aufgefunden
zu werden, ist das von Neuberg und Gottschalk für das Auffinden des Acetaldehyds benutzte Prinzip eines, von dem man
hoffen kann, daß es auch auf andere Intermediärprodukte anwendbar ist. Diese Ergebnisse sind in meinem Laboratorium
bestätigt worden.

9. Insulin und Gewebsredukase.

Eine bestechende Methode zur Untersuchung des Mechanismus
der Insulinwirkung ist von Ahlgren eingeführt worden. Man
glaubt, daß die Reduktion des Methylenblaues durch die Gewebe
von Fermenten abhängt, die man Wasserstoffträger genannt hat,
und die labilen Wasserstoff von oxydierbaren Stoffwechselprodukten (Wasserstoffspender) auf den Farbstoff übertragen, der deshalb als ein Wasserstoffakzeptor wirkt. Man betrachtet die Zeit, in
der Methylenblau entfärbt wird, als ein Maß für die Geschwindigkeit und Größe der Reduktionsprozesse in den Geweben (Weinland und Thunberg). Wenn die Konzentration oxydierbarer
Stoffwechselprodukte wie in häufig gewaschenen Muskeln niedrig
ist, so wird die Entfärbung stark verlängert. Sie kann aber wiederum durch Zusatz organischer Substanzen einschließlich solcher,
von denen man glaubt, daß sie Intermediärprodukte bei der Verbrennung des Traubenzuckers (z. B. Milchsäure) sind beschleunigt
werden, obgleich dieser Zucker an sich keine Einwirkung hat.
Die Gewebe normaler Tiere, wenn sie nur mäßig ausgewaschen
sind, können Traubenzucker in einen Wasserstoffspender ver-
wandeln, wohingegen diejenigen, diabetischer (pankreasexstirpierter) Tiere dies nicht können; dabei entsteht die Frage, ob
dieser Unterschied von der Gegenwart des Insulins abhängt.
Ahlgren hat dieses bejahend beantwortet, indem er fand, daß

der Zusatz von Traubenzucker und Insulin zu einem Gewebe, das eine suboptimale Konzentration an wasserstoffspendender Substanz enthielt, oder zu diabetischen Geweben eine Beschleunigung der Entfärbungszeit zur Folge hat. Markowitz hat die Ahlgrenschen Versuche mit den folgenden Ergebnissen wiederholt:

Der Herzmuskel eines Kaninchens wurde in isotonischer Kochsalzlösung mit einer scharfen Schere zerschnitten, diese dann dekantiert und der zerkleinerte Muskel mehrmals ausgewaschen und ausgepreßt, um die Konzentration der Wasserstoffspender zu verringern und das vorhandene Insulin zu entfernen. Eine schnell abgewogene Menge (0,2 g) des Muskels wurde zu 0,2 ccm einer Pufferlösung, die 1 : 1000 Methylenblau enthielt, hinzugesetzt. Das Ganze befand sich in einer passenden Vakuumröhre, die dann evakuiert wurde. Diese wurde dann zusammen mit Kontrollröhren in ein Wasserbad gebracht und die Entfärbungszeit beobachtet:

Rohr	1	2	3	4
Traubenzucker 1 vH	0,2 ccm	0,2 ccm	—	—
$m/_{10}$ Laktat	—	—	—	0,2 ccm
Insulin	—	0,2 ccm	—	—
Wasser	0,4 ccm	0,2 ccm	0,6 ccm	0,4 ccm
Entfärbungszeit in Minuten	54	23	52	31

Wasser allein und Traubenzucker brauchte eine viel längere Zeit zur Entfärbung als Traubenzucker plus Insulin oder Lactate, die als Wasserstoffspender bekannt sind. Dieses bestätigt Ahlgrens Resultate, und auch in einer großen Zahl anderer Versuche ähnlicher Art mit gewaschenen Muskeln normaler Tiere ist dieses im allgemeinen die Regel gewesen; obgleich wir nicht in der Lage waren, darin zu einem für uns befriedigenden Resultat zu kommen, daß Pankreasexstirpation bei Fröschen einen bemerkenswerten Unterschied ausmacht. Die Insulinwirkung ist bei einer gewissen Konzentration eine optimale. So stieg bei einer Reihe von Versuchen, bei denen variierende Mengen zu einer Traubenzuckerlösung zugesetzt wurden, die Entfärbungszeit bis zu einer gewissen Konzentration, um dann, wenn mehr vorhanden war, abzufallen. Auch Ahlgren machte diese Beobachtungen und erklärt so die zeitweilig mit dieser Methode erhaltenen negativen Resultate.

Unser Interesse an diesen Untersuchungen wurde teilweise dadurch geweckt, daß wir es für möglich hielten, sie als eine Grundlage für eine Insulinauswertungsmethode in vitro zu benutzen, aber wir haben in dieser Richtung keinen Erfolg gehabt. Bei weiterer Fortsetzung dieser Arbeiten wandte sich unsere Aufmerksamkeit der Möglichkeit zu, daß die Redukasereaktion von Hefe zu einem ähnlichen Zwecke benutzt werden könnte und tatsächlich fanden wir, daß die Entfärbung einer gepufferten Aufschwemmung von Hefe mit Glukose durch Zusatz fabrikmäßig hergestellten Insulins im Verhältnis zum zugesetzten Betrage gehemmt wurde. Eine Wiederholung dieser Versuche mit demselben Insulin, nachdem es mittels der Dudleyschen Methode gereinigt worden war, zeigte dagegen, daß diese Ergebnisse Verunreinigungen zugeschrieben werden mußten. Es mag erwähnt werden, daß eine ähnliche Reinigung die Resultate, die mit der Ahlgrenschen Methode am Muskel erhalten wurden, nicht beeinflußten. Wir glauben, daß beim gegenwärtigen Stand der Frage Schlüsse in Hinsicht auf die physiologische Bedeutung der Ahlgrenschen Resultate nicht zu rechtfertigen sind. Sie können sicherlich nicht als ein Beweis dafür angesehen werden, daß die Hyperglykämie beim Diabetes durch einen Verlust der Gewebe, Traubenzucker zu verbrennen, hervorgerufen wird. Andere interessante Versuche, bei denen der Einfluß anderer Hormone wie Adrenalin, Pitruitrin und der verschiedener Alkaloide, untersucht wurde, haben zu Ergebnissen geführt, die bedeutsam sein können oder nicht. Aber wir sind nicht in der Lage, diese hier ins Einzelgehende zu besprechen.

Nitzescu und Cosma (l. c. Grevenstuk und Laqueur) haben auch Teile der Ahlgrenschen Versuche wiederholt und unter anderem gefunden, daß Insulin die Schnelligkeit der Entfärbung bei Gegenwart von Oxybuttersäure usw. beschleunigt. Ein Ergebnis, das auch von Rosling mit wässerigen Pankreasextrakten erzielt wurde.

Grevenstuk und Laqueur berichten in diesem Zusammenhange über Untersuchungen von Heymans und Matton, in denen die Möglichkeit eines Einflusses des Insulins auf die Lipschitzsche Reaktion untersucht wurde, die von einer Reduktion des Metadinitrobenzols durch die Gewebe abhängt. Von beiden Untersuchern und auch von Cloedt und van Canneyt wurden vollständig negative Resultate erhalten. Auch konnten diese Untersucher die Befunde von Buchner und Grafe, daß Insulin die Kohlensäurebildung isolierter Gewebe beschleunigen kann, nicht bestätigen.

XIX. Die Einwirkung des Insulins und anderer Hormone auf die Phosphate des Blutes, des Urins und der Muskeln.

Ausgesprochene Veränderungen des Kohlehydratstoffwechsels scheinen unveränderlich mit Veränderungen im Stoffwechsel der Phosphorsäure verbunden zu sein. Diese Verknüpfung muß mehr als eine bloße Koinzidenz sein. Sie weist darauf hin, daß die Phosphorsäure im intermediären Stoffwechsel der Kohlehydrate eine Rolle spielt; eine Möglichkeit, die ein noch größeres Interesse bekommt, wenn man daran denkt, daß während der Vergärung von Traubenzucker Hexosephosphat gebildet wird und daß nach Embden u. a. bei der Muskelkontraktion eine Verbindung ähnlicher Natur eine Rolle spielt. Als erster beobachtete Fiske (1920 und 1921) eine vorübergehende Verminderung der Phosphatausscheidung im Urin, während der Zuckerverdauung, die von einem kompensatorischen Anstieg gefolgt war. Diesen Veränderungen im Urin gehen ähnliche im Blut parallel. In Fällen, bei denen der Blutzucker erhöht ist, wie z. B. beim Diabetes oder bei der alimentären Hyperglykämie, ruft die intravenöse Injektion von Phosphatlösungen eine Herabsetzung des Zuckergehaltes hervor. Diese Anzeichen einer Beziehung zwischen dem Phosphat- und Zuckerstoffwechsel sind zuerst durch die Beobachtungen von Wigglesworth, Woodrow, Winter und Smith (1923) gestützt worden, daß Insulin eine Herabsetzung der anorganischen Phosphate des Blutes hervorruft. Dies wurde von Blatherwick, Bell und Hill (1923), Perlzweig, Lathan und Keefer (1923) und Harrop und Benedict (1923, 1924) für das Blut und den Urin sowohl normaler als auch diabetischer Individuen bestätigt.

1. Der Urin.

In Hinsicht auf diese Beobachtungen schien es wichtig, die genaue zeitliche Beziehung zwischen den Veränderungen der Zucker- und Phosphorausscheidung und auch der anderer Urinbestandteile nach der Verabreichung von Insulin und Zucker bei normalen und diabetischen Hunden zu bestimmen. Dies wurde von S. S. Sokhey und Frank N. Allan (1924) ausgeführt.

Nach einer vorausgehenden Hungerperiode von 3 Tagen wurden die Hunde in Zwischenräumen von ungefähr 3 Stunden während des Tages katheterisiert, und während der Nacht wurde der Urin im ganzen gesammelt. Am Morgen einer jeden Tagesperiode wurden 50 ccm Wasser mittels Magenschlauches verabreicht und 150 ccm zur Nacht. Die Beobachtungen begannen jeden Morgen um 10 Uhr. Die Ergebnisse typischer Versuche finden sich in dem Diagramm (Abb. 30), in dem die vertikalen Linien dreistündigen Perioden entsprechen und die horizontalen den Mengen der verschiedenen Substanzen, die pro Stunde während jeder dieser Perioden ausgeschieden wurden. Die Ausscheidung der Phosphorsäure wird durch die dick ausgezogene Linie dargestellt, die des Stickstoffes durch die starke gestrichelte Linie, die der Gesamtacidität durch die schwach gestrichelte und die des Ammoniaks durch die Striche und Punkte. Die über jeder dieser Linie stehenden Zahlen stellen die Gesamtausscheidung während 24 Stunden dar und die Zahlen an den Ordinaten den Stundendurchschnitt.

An Normaltagen, wie am 4., 7. und 10. März (Abb. 30), kann man beobachten, daß die stündliche Ausscheidung der Phosphorsäure von einem niedrigen Punkt am frühen Vormittag ansteigt und ihr Maximum während der späten Abendstunden erreicht. Andererseits ist die Stickstoffausscheidung während des Tages etwas höher als während der Nacht, wobei der höchste Wert gewöhnlich in den frühen Nachmittagsstunden erreicht wird. Die Phosphorsäureausscheidung während der Nacht ist beträchtlich höher als die während des Tages, eine Tatsache, die schon vorher von Fiske und Campbell und Webster (1921) beobachtet wurde. Die Ammoniakausscheidung und die Acidität änderten sich gleichsinnig mit der Phosphorsäure.

Wurde nun während des Vormittags Insulin gegeben (was durch die Pfeile angedeutet ist), wie z. B. am 5. und am 8. März, so fielen die Phosphate, anstatt anzusteigen, prompt ab und verschwanden 2—6 Stunden nach der Injektion beinahe vollständig. Dann trat ein ausgesprochener Anstieg auf, so daß die Phosphate 9—12 Stunden nach der Injektion auf 35 mg angestiegen waren, was mehr als das Dreifache der durchschnittlichen stündlichen Ausscheidung ist. Danach fiel die Phosphatausscheidung wiederum sehr schnell ab, so daß sie am nächsten Morgen ungefähr ihre normale Höhe erreichte.

In einer anderen Beobachtung an einem anderen Hunde, die in dem Diagramm nicht verzeichnet ist, wurde gefunden, daß die Periode der verminderten Phosphatausscheidung durch eine Wiederholung der Insulindose verlängert werden konnte, obgleich der Anstieg dann doch

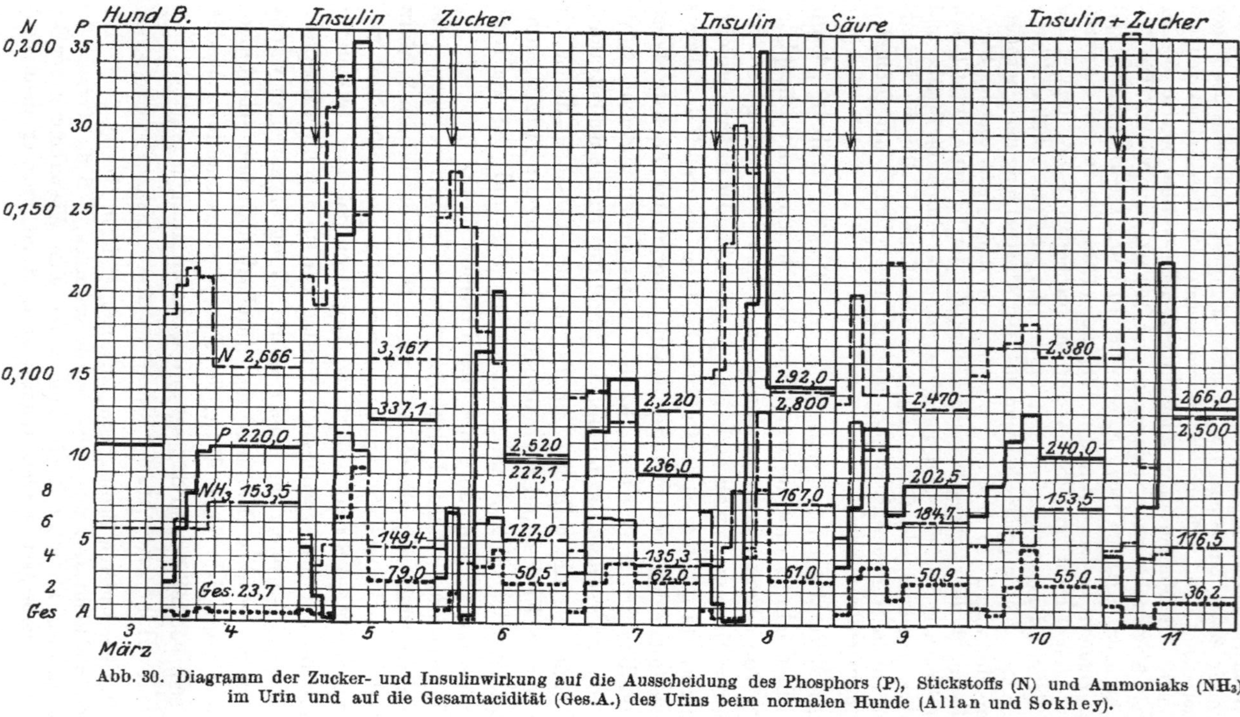

Abb. 30. Diagramm der Zucker- und Insulinwirkung auf die Ausscheidung des Phosphors (P), Stickstoffs (N) und Ammoniaks (NH$_3$) im Urin und auf die Gesamtacidität (Ges.A.) des Urins beim normalen Hunde (Allan und Sokhey).

auftrat, selbst wenn, wie aus dem Fortbestehen der schweren hypoglykämischen Symptome hervorgeht, die Insulinwirkung noch nicht abge-
klungen war. Bei einer Beobachtung dieser Art überwog ein kompensatorischer Anstieg der Phosphatausscheidung diese Herabsetzung, so
daß die Totalausscheidung in 24 Stunden größer als normalerweise war.
In einem anderen ähnlich behandelten Falle dagegen war die Gesamtausscheidung verringert anstatt vermehrt, auch wurde dieses nicht durch
einen Anstieg der Phosphatausscheidung am darauf folgenden Tage
kompensiert.

Als Begleiterscheinung dieser Veränderungen in der Phosphatausscheidung kann man beobachten, daß die Stickstoffausscheidung während der Periode, wenn die Phosphate beinahe aus dem
Urin verschwunden sind, gesteigert ist, und daß diese Steigerung
auch während des kompensatorischen Anstieges der Phosphatausscheidung anhält, wonach sie dann zu der normalen Höhe
zurückgeht. Die tägliche Ausscheidung ist gegenüber der normalen
um 20 vH vermehrt. In einer der Beobachtungen, wo drei Insulininjektionen gemacht wurden, war die tägliche Stickstoffausscheidung annähernd verdoppelt. Die Ammoniakausscheidung und die
Titrationsacidität des Urins liefen beinahe parallel zur Phosphatausscheidung, ausgenommen, daß die Ammoniakausscheidung
relativ weniger zu fallen neigte als die Acidität, wenn der Anstieg
der Stickstoffausscheidung sehr ausgesprochen war. Endlich ist
es wichtig, zu bemerken, daß die Urinmenge bei niedriger Phosphatausscheidung gewöhnlich vermindert war und nach 6 Stunden
einen ausgesprochenen Anstieg aufwies. In einigen Fällen trat
diese sekundäre Diurese auf, während immer noch ernste hypoglykämische Symptome vorhanden waren. Hieraus geht hervor,
daß während des Blutzuckerabfalls infolge von Insulin die Phosphatausscheidung im Urin praktisch aufhört und daß die Stickstoffausscheidung stark ansteigt. Dieser Anstieg der Stickstoffausscheidung kann darauf hinweisen, daß im Körper nicht genügend präformiertes Kohlehydrat vorhanden war, an dem das
Insulin angreifen konnte, so daß Eiweiß zur Zuckerbildung aufgespalten wurde. Die Möglichkeit einer Störung des Säurebasen-
gleichgewichts kann für diese Veränderungen nicht verantwortlich
gemacht werden, zumal da, wenn überhaupt eine solche nach
Insulin vorhanden ist, diese doch sehr gering zu sein pflegt;
außerdem haben Fiske und Shokhey gezeigt, daß durch Verabreichung von Säuren bei hungernden Katzen keine Verände-

rungen in der Phosphatausscheidung auftreten. Diese Ergebnisse
ließen es interessant erscheinen, auf dieselbe Art die Einwirkung
des Zuckers zu untersuchen. Ein solches Ergebnis ist in dem
Diagramm für den 6. März verzeichnet (Abb. 30).

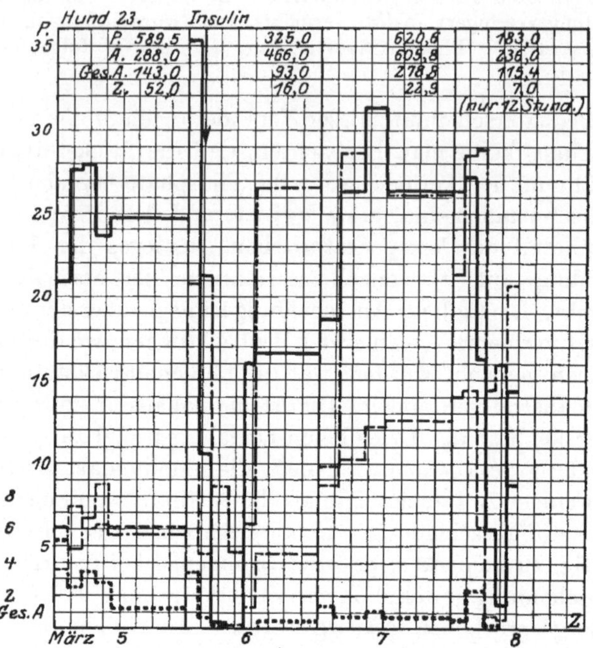

Abb. 31. Diagramm der Insulinwirkung auf die Ausscheidung des Phosphors, Stickstoffs
usw. im Urin bei pankreasexstirpierten Hunden (Allan und Sokhey).

Der Hund erhielt zu der durch den Pfeil angezeigten Zeit 50 g
Traubenzucker mittels Magenschlauches. Während $2\,^1/_2$ Stunden nach
der Verabreichung zeigte die Phosphorsäureausscheidung ihren gewöhnlich am Vormittag beobachteten Anstieg, worauf sie dann abfiel und
beinahe vollständig verschwand, um wiederum nach 5 Stunden anzusteigen, wenn auch nicht nahezu im selben Grade als nach Insulin. Die
Gesamtausscheidung von 24 Stunden war nicht größer als normalerweise. Daraus geht hervor, daß der Zucker eine verzögernde Wirkung
auf die Phosphatausscheidung hat, die der nach einer großen Insulindose
ähnlich, wenn auch weniger ausgesprochen, ist. Der vielleicht interessan-
teste Wirkungsunterschied zwischen Zucker und Insulin bezieht sich auf
die Stickstoffausscheidung, die nach Zucker anstatt anzusteigen allmählich abfällt und während der Nacht sehr niedrig wird und auch noch
am folgenden Tage unterhalb der normalen Höhe bleibt.

Diese Ergebnisse können so erklärt werden, daß Insulin, wenn es allein gegeben wird, nicht nur den gesamten freien Zucker des Körpers verbraucht, sondern auch eine Zuckerbildung aus Eiweiß hervorruft, ein Vorgang, der durch die gleichzeitige Verabreichung von Insulin und Zucker verhütet wird. Diese eiweißsparende Wirkung des Zuckers erklärt wahrscheinlich auch die früher von Allan und Macleod (1923) erhaltenen Resultate, daß bei wohlgenährten Tieren die tägliche Stickstoffausscheidung durch mäßige Insulingaben verringert wird.

Wenn Insulin und Zucker zusammen verabreicht wurden, so trat ein vorübergehender Anstieg der Stickstoffausscheidung auf, obgleich die in 24 Stunden ausgeschiedene Gesamtmenge normal blieb, die Wirkung auf die Phosphatausscheidung lag in derselben Richtung als nach Insulin allein, wenn sie auch weniger ausgesprochen war. Es fand sich, daß die gesteigerte Stickstoffausscheidung nach Insulin allein nicht von einem entsprechenden Anstieg in der Kreatininausscheidung begleitet war. Die einzige Veränderung, die in der Ausscheidung dieses Stoffes in einem Falle beobachtet wurde, wo eine zweite Insulininjektion verabreicht worden war, die einen Kollaps des Tieres zur Folge hatte, war die, daß die Ausscheidung von 6 mg pro Stunde auf 4,3 mg abfiel. Das Fehlen einer gleichzeitig mit der Stickstoffausscheidung ansteigenden Kreatininausscheidung würde scheinbar darauf hinweisen, daß der Stickstoff nicht als von endogenem Eiweiß abstammend betrachtet werden kann.

Diese bedeutsamen Resultate mit Insulin und Zucker ließen es ratsam erscheinen, mit Hilfe ähnlicher Methoden die Wirkung verschiedener anderer Zustände zu untersuchen, von denen bekannt ist, daß sie einen Einfluß auf den Kohlehydratstoffwechsel haben. So beobachteten Sokhey und Allan durch Insulin am Leben erhaltene pankreasdiabetische Hunde (Abb. 31). Wenn man ihnen Futter und Insulin entzog, so fand sich, daß am darauf folgenden Tage die 24stündige Phosphatausscheidung mehr als doppelt so groß als die eines normalen Tieres war, wenn sie auch ähnliche stündliche Veränderlichkeiten zeigte; ebenso war die Stickstoffausscheidung sehr hoch. Nach Insulinverabreichung (6. März) fielen die Phosphate unmittelbar ab und erreichten in 5—7 Stunden beinahe einen Nullpunkt, wonach kein kompensatorischer Anstieg zu sehen war, sondern nur eine Rückkehr auf eine mäßige Höhe, so daß die Tagesausscheidung an einen Wert herankam wie ihn Normaltiere aufweisen.

Nach der Entdeckung der Tatsache, daß Zuckerverabreichung einen ähnlichen, wenn auch verzögerten, Einfluß auf die Phosphatausscheidung hatte wie das Insulin, kam man auf die Vermutung, daß der Zucker dadurch wirkt, daß er die innere Sekretion des Insulins im Pankreas anregt. Wenn dieses die korrekte Erklärung für die Zuckerwirkung wäre, so dürfte eine Zuckerverabreichung bei pankreaslosen Hunden nicht dieselben Veränderungen in der Phosphatausscheidung hervorrufen als wie sie bei normalen Tieren beobachtet wird. Markowitz hat diese Frage einer Prüfung unterzogen, indem er hungernde pankreasexstirpierte Hunde einige Tage nach dem Aussetzen des Insulins benutzte.

Bei einer der Beobachtungen wurde das Insulin am 6. Juli entzogen und die stündliche Phosphatausscheidung für jede der gewöhnlich dreistündigen Perioden betrug am 8. Juli 13,9, 14,6, 14,3, 16,7 und 14,3; am 9. Juli: 17,1, 16,2, 17,1, 17,2, 12,2. Am 10. Juli wurden 20 g Traubenzucker verabreicht und die stündlichen Mengen an Phosphorsäure waren: 14,3, 18,1, 20,8, 13,4, und 13,6. Diese Beobachtungen wurden an drei anderen pankreasexstirpierten Tieren mit dem gleichen Erfolge wiederholt, nämlich daß der Zucker, anstatt ein Verschwinden der Phosphorsäure hervorzurufen, von einem leichten Anstieg in der Ausscheidung gefolgt war. Nur bei einem Tiere trat ein geringer Abfall auf. Schon vorher hatten Bollinger und Hartmann ähnliche Resultate erhalten.

Diese Ergebnisse zeigen einwandfrei, daß das Verhalten der Phosphorsäureausscheidung bei normalen Tieren nach Verabreichung von Traubenzucker von einer Reizung der inneren Sekretion des Insulins durch den Zucker abhängig ist.

Adrenalin ruft in der Phosphat- und Stickstoffausscheidung ähnliche Veränderungen hervor wie Insulin (Abb. 32). Ausgenommen, daß der sekundäre Anstieg nicht so ausgesprochen ist und daß die gesteigerte Stickstoffausscheidung auch am Tage nach der Verabreichung noch fortbesteht.

Gibt man Insulin und Adrenalin zusammen, so treten dieselben Veränderungen in der Phosphat- und Stickstoffausscheidung ein, als wenn man jedes für sich gibt, wie es aus dem Versuch vom 22. Mai hervorgeht, wenn sie sich auch einander in bezug auf den Blutzucker neutralisieren. Da nun Insulin und Adrenalin auf den Blutzucker die entgegengesetzte Wirkung, aber auf die Phosphatausscheidung die gleiche Wirkung haben, so ist es klar, daß sie in bezug auf den Kohlehydratstoffwechsel nicht streng antagonistisch sein können. Es ist möglich, daß durch Adrenalin, Insulin und gesteigerte Zuckerzufuhr dasselbe Kohlehydratstoffwechselprodukt gebildet wird, zu dessen Bildung Phosphat notwendig ist. Nebenbei soll noch bemerkt werden, daß die in diesen Versuchen an Hungertieren beobachtete gesteigerte Stickstoffausscheidung nicht nur an dem Tage, an dem das Insulin gegeben wurde, sondern auch noch am folgenden Tage entschieden auf eine Steigerung des Eiweißstoffwechsels hinweist, wie es schon vorher von Eppinger, Falta und Rudinger (1908), Noel Paton (1903) u. a. beobachtet wurde, obgleich Allan sie ablehnt („Glycosuria and Diabetes").

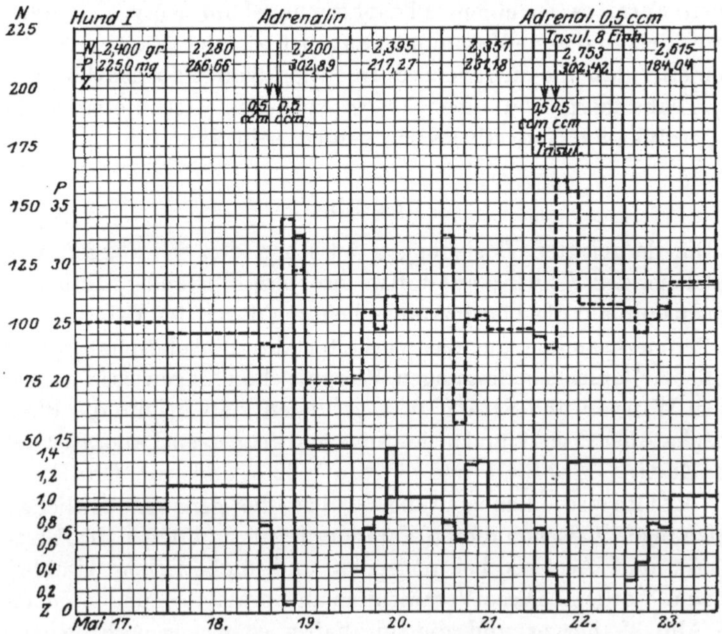

Abb. 32. Diagramm der Adrenalinwirkung auf die Ausscheidung des Phosphors, Stickstoffs usw. im Urin beim normalen Hunde (Allan und Sokhey).

Die Wirkung einer Phlorhizininjektion bei einem hungernden Tiere ist ähnlich der der Pankreasexstirpation.

Sokhey und Allan fanden, daß die Phosphate mit den gewöhnlichen täglichen Schwankungen ständig anstiegen, so daß 3 Tage nach Beginn der Injektionen die 24stündige Gesamtausscheidung fast das Dreifache erreicht hatte. Zu dieser Zeit war das Tier natürlich ausgesprochen diabetisch; die Stickstoffausscheidung, die am Abend des ersten Phlorhizintages anzusteigen begonnen hatte, erreichte am vierten Tage mehr als das Zweifache ihres Normalwertes. Als das Phlorhizin abgesetzt wurde, fiel unmittelbar die Ausscheidung sowohl der Phosphate als auch des Stickstoffes, so daß nach 2 Tagen die Phosphatausscheidung unterhalb der normalen lag. Das Hauptinteresse dieser Beobachtungen liegt darin, daß sie parallel zu den bei pankreasexstirpierten Hunden gefundenen verlaufen. Auch ist es bedeutsam, daß ein ähnliches Übermaß von Phosphatausscheidung von Mandel und Lusk (1904) u. a. an diabetischen Patienten beobachtet wurde.

Diese Tatsachen lassen die Vermutung aufkommen, daß beim Diabetes sowohl in seiner experimentellen als auch seiner klinischen Form es zu einem Phosphormangel im Körper kommen kann, und in diesem Zusammenhange ist es interessant, daran zu erinnern, daß die intravenöse Injektion von Phosphatlösungen bei Diabetikern von einer ausgesprochenen Herabsetzung der Hyperglykämie und Glycosurie gefolgt sein kann.

2. Das Blut.

Die dargelegten Beziehungen zwischen den Wirkungen verschiedener den Kohlehydratstoffwechsel beeinflussender Stoffe und dem Insulin auf die Phosphatausscheidung durch den Urin lenkten die Aufmerksamkeit auf das Verhalten der Blutphosphate unter ähnlichen Versuchsbedingungen. Worauf schon hingewiesen wurde, haben Winter und Smith u. a. gefunden, daß Insulin die Blutphosphate herabsetzt, und neuerdings sind in unserem Laboratorium von Eadie, Macleod und Noble (1925) und von Chaikoff und Markowitz Beobachtungen über die genauen zeitlichen Beziehungen zwischen diesen Veränderungen und denen des Blutzuckers und Acetons bei normalen und diabetischen Hunden gemacht worden. Diese Verhältnisse an normalen Hunden gehen aus Abb. 33 hervor und die an diabetischen aus Abb. 12 auf S. 93. Wie man sehen kann, fallen die anorganischen Phosphate des Blutes beinahe parallel mit dem Blutzucker, aber die Phosphate fangen bei dem Erholungsprozeß eher zu steigen an wie der Zucker. Im Urin treten die Phosphate nicht eher wieder auf, als bis ein einigermaßen hoher Blutspiegel erreicht ist und, wie es scheint, liegt die Nierenschwelle für die Phosphate bei einer Höhe von 25—35 mg vH. Nach dem Auftreten der Phosphate im Urin kommt es zu der gewöhnlichen, vermehrten Ausscheidung. Man kann beobachten, daß bei dem Tiere, von dem die Ergebnisse der Kurve in Abb. 33 stammen, auf Grund ernster hypoglykämischer Symptome Traubenzucker injiziert werden mußte. Obgleich hieraus ein ausgesprochener Blutzuckeranstieg resultierte, so rief dies doch einen sekundären Abfall der Blutphosphate hervor, ohne irgendeine Veränderung des Phosphatgehaltes des Urins. Bei Kaninchen fand sich 2—3 Stunden nach Insulin entweder ein Abfall oder ein Anstieg der Blutphosphate. Diese Veränderung hing zweifellos davon ab, ob zur Zeit der Blutentnahme der sekundäre Anstieg der Phosphate eingesetzt hatte oder nicht.

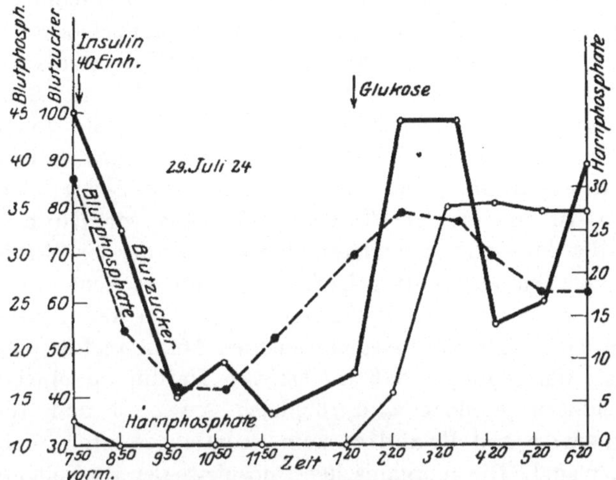

Abb. 33. Kurven der Insulinwirkung auf die Blutphosphate (anorganisch) und den Blutzucker beim normalen Hunde (Eadie, Noble usw.).

3. Muskel.

Wir möchten die vorausgehenden Resultate dadurch erklären, daß wir voraussetzen, daß die Phosphorsäure irgendeine Verbindung mit dem Zucker, der in die Gewebe eintritt, eingeht und daß diese Verbindung später aufgespalten und die Phosphorsäure wieder in Freiheit gesetzt wird. Mit anderen Worten also könnte eine Verbindung gebildet werden, die dem Hexosephosphat nahesteht, welches von Harden und Young als ein Intermediärprodukt bei der Aufspaltung des Zuckers durch die Hefe beschrieben worden ist. Um diese Möglichkeit zu prüfen, haben wir untersucht, ob das von Embden beschriebene Lactacidogen durch Insulin beeinflußt wird. Embden, Laqueur und ihre Mitarbeiter glauben, daß der Traubenzucker nicht direkt

vom Muskel verbraucht wird, sondern nur nachdem er in eine
Form übergegangen ist, die direkt vom Glykogen ableitbar ist.
Sie basieren diese Hypothese auf die Tatsache, daß bei der Milchsäurebildung im Muskel Phosphorsäure in annähernd äquimole-
kularem Verhältnis entsteht. Als ein Maßstab für die im Muskel
vorhandene Menge des Lactacidogens betrachten sie die Differenz
der anorganischen Phosphate vor und nach der Bebrütung von
Muskeln, die unmittelbar nach dem Tode herausgeschnitten worden sind. Es scheint nun möglich, daß Insulin eine Lactacidogen-
bildung hervorrufen kann, wenigstens als ein Intermediärprodukt.
Zur Prüfung dieser Möglichkeit haben wir mit Hilfe der Embden-
schen Methode den Lactacidogengehalt der Muskeln von Kaninchen, die mit Insulin öder Insulin und Traubenzucker behandelt
worden waren, mit dem normaler, nicht injizierter Tiere verglichen. In einigen der Versuche benutzten wir Buchner-Extrakt der Muskeln, in anderen dagegen wurde der Muskel mit
Hilfe von flüssiger Luft gefroren und dann zerrieben. Wie man
aus den Resultaten in der Tabelle 22 ersehen kann, findet sich
infolge des Insulineinflusses ein leichter Abfall anstatt eines Anstieges. Wir glauben, daß infolge von Insulin im Muskel kein
Lactacidogen gebildet wird, obgleich Audova und Wagner
und Harrop und Benedict zum entgegengesetzten Schluß gekommen sind. Die anorganischen Phosphate der Muskeln andererseits waren bei den Tieren, denen man Insulin und Traubenzucker injiziert hatte, vermehrt. Es ist schwer, die Bedeutung
dieses Ergebnisses zu erklären.

Collazo u. a. (1924) waren auch nicht in der Lage zu zeigen,
daß Insulin und Zucker einen Anstieg des Lactacidogens hervorruft. Beobachtungen über die Milchsäuremenge der Muskeln,
sowohl vor, als nach längerem Stehen bestätigen diese Ergebnisse.
In der Tat ruft das Insulin eine ausgesprochene Verminderung
der Milchsäure hervor. Dies wurde von H. W. Dudley im Juni
1923 beobachtet und ist von Kuhn und Baur (1924) und Collazo,
Haendel und Rubino (1924) vollständig bestätigt worden. Es
ist natürlich wichtig, daß bei Beobachtungen dieser Art Krämpfe
vermieden werden müssen, da ja, wie Embden, Schmits und
Meincke (1923) gezeigt haben, das Lactacidogen nach Strychnin-
krämpfen vermindert ist. Wir haben also gegenwärtig keinen
Hinweis darauf, was aus dem Phosphor, der aus dem Blut und

Tabelle 22.

Phosphorsäure in Zentigramm pro 100 g gefrorenen Muskels.

Vor der Bebrütung	Nach der Bebrütung	Lactaciodogen—Phosphor
I. Normale Kaninchen		
34	55	22
31	44	13
29	46	18
42	58	16
38	65	26
42	62	19
Durchschnitt 33	55	19
II. Kaninchen nach Insulininjektion		
41	50	9
34	47	13
28	47	10
31	46	15
47	62	14
32	53	19
30	56	25
35	45	9
Durchschnitt 33	54	16
III. Kaninchen nach Insulin- und Zuckerinjektion		
45	57	12
45	56	11
43	54	14
46	55	9
44	57	13
Durchschnitt 44	56	12

dem Urin nach der Insulininjektion oder während anderer Störungen des Kohlehydratstoffwechsels verschwindet, wird. Ebenso ist es unmöglich, zu sagen, ob die Phosphorsäure in dem für diese Veränderungen verantwortlichen Vorgang eine wesentliche Rolle spielt.

XX. Die Beziehung anderer innersekretorischer Drüsen zum Kohlehydratstoffwechsel.

Neben den Langerhansschen Inseln sind es vier Drüsen ohne Ausführungsgang, nämlich die Schilddrüse, die Nebenschilddrüsen, die Hypophyse und die Nebennieren, von denen man zu verschiedenen Zeiten behauptet hat, daß sie einen wichtigen Einfluß auf den Kohlehydratstoffwechsel haben. Ein großer Teil der Arbeiten über dieses Gebiet ist von sehr zweifelhafter Verläßlichkeit, aber nichtsdestoweniger ist es sicher, daß wenigstens die Schilddrüse und die Nebennieren irgendeine solche Beziehung haben, und vielleicht ist diese auch von der Hypophyse als wahrscheinlich anzunehmen. Zur Erklärung des Mechanismus dieses pluriglandulären Einflusses sind phantastische Hypothesen ausgearbeitet worden, aber erst neuerdings hat man unbestreitbare Tatsachen feststellen können. Wir wollen uns gegenwärtig nur mit wenigen von diesen befassen.

1. Die Nebennieren.

Die hauptsächlichsten Beziehungen dieser Drüsen und ihres innersekretorischen Produktes, des Adrenalins, sind an verschiedenen Stellen dieses Buches besprochen worden, so die Beziehung zum Pankreasdiabetes, zu den verschiedenen Formen der experimentellen Hyperglykämie und zur Insulinhypoglykämie. Auch ist der Adrenalineinfluß auf die Phosphatausscheidung betrachtet worden. Neuerdings haben J. H. Burn und H. P. Marks wichtige Veränderungen der hyperglykämischen Adrenalinwirkung nach Schilddrüsenexstirpation oder Schilddrüsenfütterung beobachtet, die wir im nächsten Abschnitt betrachten werden.

2. Die Schilddrüse.

Obgleich zu verschiedenen Zeiten behauptet wurde, daß die Assimilationsgrenze für Zucker durch Schilddrüsenexstirpation oder Schilddrüsenfütterung bedeutend geändert wird, so war doch bis 1913 nichts Genaues festgelegt, als Cramer und Krause zeigten, daß Schilddrüsenzusatz zur Diät bei Katzen und Ratten ein Verschwinden des Leberglykogens hervorrief, was dann von Kuriyama bestätigt wurde. Da nun, wie wir gesehen haben, der Wiederanstieg des Blutzuckers nach einer Insulinhypoglykämie weitgehend von der Zuckermobilisation aus den Glykogenvorräten der Leber abhängig ist, so ist es von Interesse, den Einfluß der Schilddrüsenexstirpation und der Schilddrüsenfütterung auf die Insulinwirkung zu beobachten. Als erster hat dieses

Bodansky an Schafen ausgeführt. Bei diesen Tieren ist der Blutzucker verhältnismäßig niedrig, zwischen 0,06 und 0,07 vH, und er wird nach einer intravenösen, aber nicht subcutanen Injektion von Insulin (5—15 E.) innerhalb von 35 Minuten auf 0,04 vH herabgesetzt, größere Dosen haben kaum eine stärkere Wirkung, obgleich die Wirkungsdauer viel länger ist ($1\frac{1}{2}$ Stunden für 5 E., 5 Stunden für 15 E.). Selbst nach Benutzung der größten Dosen wurden keine Symptome beobachtet. Gleichzeitige Injektion von Thyroxin und Insulin (5 E.) hatten eine die Hypoglykämie verlängernde Wirkung, ohne daß die Intensität beeinflußt wurde. Ein gleiches Resultat wurde erhalten, wenn man das Thyroxin vor dem Insulin gab. Wenn man andererseits das Thyroxin erst dann injizierte, wenn der niedrigste Blutzuckerwert überschritten war, so folgte danach eine ausgesprochene Hyperglykämie (Blutzuckeranstieg auf 0,095 vH). Auch fand Bodansky, daß Insulin eine stärkere Wirkung hat, wenn man es schilddrüsenexstirpierten Schafen verabreicht. So z. B. fiel nach 5 E. Insulin der Blutzucker für eine längere Zeit auf ein niedrigeres Niveau und brauchte länger zum Wiederanstieg als es bei normalen Tieren der Fall war. Burn und Marks erhielten ähnliche Resultate an Kaninchen. Außerdem fanden sie, daß durch diese Operation ein großer Teil der Unregelmäßigkeit, mit der diese Tiere auf Insulin antworten, verschwindet. Ducheneau fand nach Schilddrüsenexstirpation eine Steigerung der tödlichen Insulinwirkung bei Kaninchen.

Burn und Marks haben diese Beobachtung durch neuere Versuche noch beträchtlich erweitert, indem sie zeigen konnten, daß zwischen der Schilddrüse und dem Blutzucker eine viel nähere Beziehung besteht, als man bisher vermutete. Wenn man für eine Periode von einer Woche zur täglichen Diät eines Kaninchens Schilddrüsenextrakt hinzufügt, so wird dieses Tier relativ unempfindlich gegen Insulin. So hat z. B. eine zehnfach größere Dosis als die, die vor der Schilddrüsenzufuhr Krämpfe hervorrief, keine Symptome zur Folge. Augenscheinlich wird der glykogenspaltende Mechanismus empfindlicher, so daß die Zuckermobilisation bei einem geringeren Grade von Hypoglykämie eintritt als dem, der beim normalen Tiere nötig ist. Daß dieses die richtige Erklärung für das Ergebnis ist, wurde durch die Tatsache gezeigt, daß eine Adrenalininjektion bei einem auf gleiche Art mit Schilddrüse gefütterten Tier einen höheren Grad von Hyperglykämie als gewöhnlich hervorrief. Wenn die Schilddrüsenfütterung eine längere Zeit (10—14 Tage oder länger) fortgesetzt wurde, so trat eine eigentümliche Umkehrung ihres Einflusses auf die Wirkung sowohl von Insulin und Adrenalin ein, denn nach dieser Zeit wurden die Kaninchen äußerst empfindlich für das erstere und weniger für das letztere Hormon. Während sowohl der Früh- als auch der Spätphase des Schilddrüseneinflusses bestand ein umgekehrtes Verhältnis zwischen der Wirkung des Insulins und Adrenalins auf den Blutzucker, eine Beziehung, wie sie beim normalen Tiere in ähnlicher Weise besteht. So variiert, wie wir gesehen haben, bei Kaninchen der Grad, in dem Adrenalin Hyperglykämie hervorruft, gerade so, wie es bei der Reaktion auf Insulin der Fall ist, Burn und Marks haben nun gefunden, daß Tiere, die für das eine Hormon empfindlich sind, eine relative Unempfindlichkeit für das andere besitzen.

Tötete man die Tiere während der ersten Phase der Schilddrüsenfütterung (herabgesetzte Insulinwirkung), so fand sich keine bedeutsame Änderung des Leberglykogengehaltes, während der zweiten Phase (gesteigerte Insulinwirkung) wurde das Glykogen weniger und verschwand endlich vollkommen (bei einem Tiere nach 18 Tagen). Augenscheinlich hängt die gesteigerte Empfindlichkeit für Insulin von dem Verschwinden des Leberglykogens ab, und es ist bedeutsam, daß unter diesen Umständen eine Hypoglykämie auch spontan auftreten kann. Von noch größerem Interesse ist die neueste Entdeckung dieser Untersucher, nämlich, daß bei einem Kaninchen, welches lange genug mit Schilddrüse behandelt worden ist, so daß es gegen Insulin überempfindlich ist, eine Traubenzuckerverabreichung nur einen vorübergehenden Blutzuckeranstieg macht, der von einem sehr schnellen Abfall gefolgt wird, der so ausgesprochen sein kann, daß das Tier schwere hypoglykämische Symptome entwickelt. Eine weitere Verabreichung von Zucker kann diese Symptome nur vorübergehend durch einen teilweisen Wiederanstieg zum Verschwinden bringen, aber sie treten sehr bald wieder auf, so daß es schwierig ist, den Tod infolge von Hypoglykämie zu verhüten. Es kann darüber kein Zweifel bestehen, daß die erste Zuckerinjektion wirkt, indem sie die innere Sekretion von Insulin aus dem Pankreas anregt, und dieses Insulin ist es, welches diesen unkontrollierbaren Grad von Hypoglykämie hervorruft, indem es in einem Organismus wirkt, der in der Leber keinen Zucker mehr bilden kann. Auch ist es möglich, daß eine längere Schilddrüsenfütterung entweder Eiweiß oder Fette aufbraucht, die beim normalen Tiere nach der Erschöpfung der Glykogenreserve zur Zuckerbildung dienen. Die allmähliche Wiederherstellung des Blutzuckers, die bei vollständig glykogenfreien Tieren nach der Insulininjektion eintritt, hängt, wie wir gesehen haben, von einer Zuckerbildung ab, und daß eine solche augenscheinlich unter den Umständen, wie sie in den Versuchen von Burn und Marks vorliegen, nicht auftritt, kann wohl einer Erschöpfung dieses Prozesses infolge der Schilddrüsenfütterung zuzuschreiben sein. Es ist auch möglich, daß ein anderer Faktor dabei eine Rolle spielt, nämlich, daß durch irgendeine Wirkung des Schilddrüsenhormones auf die Zellen der Langerhansschen Inseln die innere Sekretion von Insulin hypersensitiv gemacht wird.

Diese Versuche bilden eine starke Stütze der von vielen vertretenen Anschauung, daß eine nahe Beziehung zwischen den Drüsen mit innerer Sekretion in bezug auf die Kontrolle des Kohlehydratstoffwechsels besteht. Da wir nun den Einfluß der Schilddrüse auf den Eiweißstoffwechsel kennen, so kann man die Bedeutung dieser Ergebnisse leicht einsehen.

3. Die Hypophyse und das Pituitrin.

Burn hat einen interessanten Antagonismus zwischen Insulin und Pituitrin gezeigt. Gibt man große Dosen Pituitrin intravenös, so kann es ähnlich wie Insulin die durch Adrenalin oder Äther hervorgerufene Hypoglykämie verhindern, obgleich es, allein gegeben, auch einen Blutzuckeranstieg hervorrufen kann. Gibt man nun Pituitrin zusammen mit Insulin, so vermindert es den Blutzuckerabfall stark, wenn es ihn nicht vollständig verhindert. Mit anderen Worten kann eine Pituitrindosis, die an sich keine ausgesprochene Wirkung auf den Blutzucker hat, nichtsdestoweniger die hypoglykämische Wirkung des Insulins vollständig aufheben. Burn betrachtet dieses als Anzeichen eines direkten Antagonismus zwischen den beiden Hormonen, der, wie wir gesehen haben, zwischen Adrenalin und Insulin nicht in dem Maße zutrifft.

Es ist häufig beobachtet worden, daß der Blutzucker bei decerebrierten Katzen stark ansteigt, und man hat die Möglichkeit in Betracht gezogen, daß dieses in einer Beziehung zu einer Hypersekretion der Hypophyse stehen könnte. Um diese Möglichkeit zu prüfen, decerebrierten Olmsted und Logan Tiere, indem sie den Schnitt vor die Corpora quadrigemina legten und die Hypophyse nicht verletzten; in solchen Fällen wurde ständig eine ausgesprochene Hyperglykämie beobachtet. Bei anderen Tieren wurde nach der Decerebrierung die Hypophyse durch sorgfältige Präparation entfernt und es fand sich, daß, obgleich der Blutzucker unmittelbar nach der Operation hoch war, er allmählich auf die normale Höhe abfiel. In einer späteren Arbeit wiesen Olmsted und Taylor auf eine Vermutung von W. B. Cannon hin, daß die Ursache der verschiedenartigen Wirkung einer hohen oder niedrigen Decerebrierung nicht von der An- oder Abwesenheit der Hypophyse abzuhängen brauchte, sondern ob der Hypothalamus beschädigt war oder nicht. Auf jeden Fall ist es interessant, daß das Insulin den Blutzucker leichter herabsetzt, wenn die Hypophyse fehlt, als wenn sie vorhanden ist. Zur Illustration dieser Tatsache mögen die folgenden Resultate dienen:

Tabelle 23.

Katze Nr.	Blutzuckerspiegel in vH in stündlichen Zwischenräumen nach Decerebrierung						
	1	2	3	4	5	6	
30	—	0,316	0,298	0,320	0,320	—	Hypophyse intakt
5	0,230	0,270	0,300*	0,170	0,160	—	„ „
2	0,240*	0,240	0,235	0,200*	—	—	„ „
44	—	0,250	0,172	0,120	0,101	0,084	„ exstirpiert
6	0,230	0,212*	0,24	0,080	0,058*	0,052	„ „
28	0,170*	0,136	0,084	0,072	—	—	„ „
29	*	—	0,048†	0,026†	0,040†	—	„ „

* Insulin injiziert.   † Krämpfe.

Bei intakter Hypophyse war es ihnen nicht möglich, den Blutzucker so weit herabzusetzen, daß Krämpfe auftraten, wohingegen dieses bei Abwesenheit der Drüse leicht war.

XXI. Die pharmakologische Auswertung des Insulins.

Während der ersten Zeit der Anwendung verschiedener Drüsenpräparate von therapeutischem Wert in der Praxis bestand gewöhnlich eine beträchtliche Verwirrung in Hinsicht auf ihre Dosierung. Die Präparate verschiedener Hersteller wurden nicht nur nach vollständig verschiedenen Standarden ausgewertet, sondern es bestand auch eine beträchtliche Unregelmäßigkeit in der Wirkungsstärke der Produkte derselben Firma. Bei einigen Drüsenpräparaten ist das durch diese Unregelmäßigkeiten bedingte Risiko in bezug auf die Gesundheit nicht sehr wesentlich, aber im Falle des Insulins würde dieses beinahe sicher von sehr ernsten Folgen gefolgt sein, wenn die Stärke der Präparate unbekannt und ungleichmäßig sein würde. Ein Patient, der schwache Präparate benutzt, würde in einem falschen Gefühl von Sicherheit leben, wohingegen eine sehr viel ernstere Situation durch ungewöhnlich starke Präparate durch Hervorrufen hypoglykämischer Symptome, auf die in diesem Buche so häufig hingewiesen worden ist, eintreten würde[1]).

Es würde nicht am Platze sein, in diesem Buche auf die technischen Einzelheiten der biologischen Auswertung ins Einzelgehende einzugehen. Wir wollen uns mit einer allgemeinen Übersicht über die dabei benutzten Hauptprinzipien beschränken und auf den Grad von Genauigkeit, der erwartet werden kann, hinweisen.

Die erste Frage betrifft den Wert einer Insulineinheit. Als man fand, daß gewöhnlich charakteristische Symptome eintreten, wenn bei einem gefütterten Kaninchen der Blutzucker den Wert

---

[1]) Im Anfangsstadium der Insulinarbeit fand sich im Kaninchen ein brauchbares Untersuchungsobjekt für die biologische Auswertung, und dementsprechend wurden an der Universität Toronto Schritte unternommen, um eine Kontrolle auf die Herstellung von Insulin gleicher Wirksamkeit zum Gebrauche in der Praxis auszuüben. Es wurde ein Prüfungslaboratorium für das in Canada und in den U.S.A. hergestellte Insulin eingerichtet, und dieses war in der glücklichen Lage, in Zusammenarbeit mit dem Medical Research Council von Großbritannien die Kontrolle auszuüben. Auch in den verschiedenen europäischen Ländern wurden Prüfungslaboratorien eingerichtet. Außerdem wurde die internationale Dosierung durch eine Konferenz der hygienischen Sektion des Völkerbundes sichergestellt.

von 0,045 vH erreicht, so wurde als eine Einheit der Betrag definiert, der diese Wirkung hervorrufen konnte. Diese Definition mußte sehr bald geändert werden, da es sich fand, daß das Körpergewicht und die Glykogenmenge in der Leber die Resultate beeinflußten, und man kam dahin überein, daß Tiere von einem Durchschnittsgewicht von 2 kg gebraucht werden sollten, die 18—24 Stunden kein Futter erhalten hatten. Man kam nun zur Frage, ob das Verhalten des Blutzuckers oder das Eintreten der Symptome als Basis für die Auswertung angenommen werden sollte, und aus Gründen, die noch weiter auseinandergesetzt werden sollen, wurde das erstere als Standard gewählt. Beim Gebrauch dieser Methode war es nun die Frage, zu welcher Zeit nach der Insulininjektion das Blut zur Analyse entnommen werden sollte. Die Resultate von Mc Cormick, Noble und Macleod, auf die wir schon hingewiesen haben, zeigten, daß keine feststehende Periode bestand, während welcher der Blutzucker bei den verschiedenen Kaninchen den niedrigsten Wert erreichte, selbst wenn sie für eine gewisse Zeit keine Nahrung erhalten hatten. Danach war es klar, daß die Auswertung nicht auf die Analyse einer Blutprobe beschränkt werden konnte. Daher nahm man den Durchschnitt von drei Ergebnissen, die $1\frac{1}{2}$, 3 und 5 Stunden nach der Insulininjektion erhalten wurden, als Grundlage an. Diese Zwischenräume wurden deshalb gewählt, weil bei den meisten Kaninchen der niedrigste Blutzuckerspiegel nach ungefähr $1\frac{1}{2}$ Stunden erreicht ist und der Wiederanstieg auf die normale Höhe nach ungefähr 5 Stunden. Ein anderer Grund für die Benutzung des Durchschnittes mehrerer Blutzucker war der, daß er eine Betrachtung der Dauer der hypoglykämischen Wirkung zuläßt. In diesem Stadium wurde festgestellt, daß die Einheit, wie sie ursprünglich definiert war, für die Behandlung gewisser Diabetesfälle zu groß war und nach den Versuchen mit Bruchteilen kam man zu der Entscheidung, ein Drittel der Originaleinheit als Standard anzunehmen.

Auf der ersten Sitzung des Standardisierungskomitees der Gesundheitsabteilung des Völkerbundes wurde eine Insulineinheit provisorisch definiert als ein Drittel des Betrages, der den Blutzucker eines Normalkaninchens von 2 kg Gewicht, welches 24 Stunden kein Futter erhalten hatte, innerhalb von 3 Stunden bis zur Krampfgrenze herabsetzte.

Wenn auch diese Definition nicht mit der Einheit übereinstimmt, wie sie durch die Bestimmung des Durchschnitts der Blutzuckerherabsetzung, wie oben ausgeführt, gewonnen wird, so hat sie den großen Vorteil, daß sie auch von denen akzeptiert werden kann, die entweder das Eintreten von Krämpfen oder eine Blutzuckerbestimmung als die Methode der Auswertung benutzen. Tatsächlich ist es unmöglich, den genauen Wert einer Einheit auf Grund der Verschiedenartigkeit der Reaktion verschiedener Tiere auf Insulin in einem absoluten Maße niederzulegen. Für praktische Zwecke ist das Wichtigste, daß man irgendeinen Standard hat, mit dem eine verläßliche Auswertungsmethode verglichen werden kann. Zu diesem Zwecke ist ein Trockenpräparat von Insulinhydrochlorid hergestellt worden (vom Medical Research Council) und seine Auswertung hat ergeben, daß 1 mg = 8 Einheiten ist. Dieses Ergebnis ist, wie erwähnt werden mag, hauptsächlich auf den Grad der Hypoglykämie basiert, den dieses Pulver bei Kaninchen hervorruft. Außerdem ist auch noch seine krampferzeugende Wirkung mit dem eines anderen Standardpräparates an Mäusen verglichen worden[1]).

Die internationale Insulineinheit kann daher definiert werden als die Menge, die eine Wirkung auf den Kohlehydratstoffwechsel hervorruft, die der gleich ist, die von einem Achtel eines Milligramms des Standardpräparates von Insulinhydrochlorid hervorgerufen wird. Die Einführung dieses Standards wird die Auswertung der verschiedenen Insulinpräparate, die gegenwärtig im Gebrauch sind, nicht wesentlich ändern, denn er ist sorgfältig mit ihnen verglichen worden, um irgendwelche Verwirrung zu vermeiden, und auf diese Art ist ein bestimmter Wert für eine Einheit für alle Zeiten festgesetzt worden. Die genaue Methode der Ausführung einer biologischen Auswertung bleibt offen, denn es würde gegenwärtig, wo wir noch so wenig von der physiologischen Wirkung des Insulins wissen, unsinnig sein, irgendeine besondere Methode für diesen Zweck festzulegen.

Wir wollen ganz kurz die Prinzipien der gegenwärtig am häufigsten gebrauchten Methoden erwähnen.

---

[1]) Dieser internationale Standard befindet sich beim Völkerbund, und die Prüfungslaboratorien haben die Möglichkeit, ihre eigenen Standarde von Zeit zu Zeit damit zu vergleichen.

1. Die Auswertungsmethoden.

Wir wollen darauf hinweisen, daß bei allen Methoden der genaueren Bestimmung der Werte des Präparates eine angenäherte Bestimmung vorangeht, die eine ungefähre Auskunft über die zu erwartende Wirkungsstärke gibt.

1. Die Toronto-Methode: Jedem von drei sorgfältig ausgewählten und vorbereiteten Kaninchen wird subkutan 1 ccm einer Lösung injiziert, die so genau als möglich 2,5 Einheiten Insulin enthält (gerade an der Krampfgrenze). Drei andere Kaninchen erhalten 0,8 ccm derselben Lösung (= 2 E.) und eine dritte Gruppe von 3 Kaninchen 0,6 ccm (= 1,5 E.). Die Insulinkonzentration ist in allen Fällen die gleiche, wobei vorausgesetzt wird, daß die Absorptionsgeschwindigkeit gleichmäßig ist, so daß die Unterschiede zwischen den Dosen nicht in der Anfangswirkung, wohl aber in der in einem gewissen Zeitraum hervorgebrachten Gesamtwirkung, zum Ausdruck kommen. Dieses Vorgehen wurde deshalb angenommen, weil es sich als unmöglich herausstellte, irgendeine Proportionalität zwischen der Größe des anfänglichen Blutzuckerabfalles und der Insulinmenge zu entdecken, wenn nicht sehr kleine Dosen benutzt wurden (Macleod und Orr) und selbst dann war die Proportionalität weit entfernt von einer Genauigkeit. Auch besteht bei sehr kleinen Dosen eine größere Variabilität in der Wirkung als bei mittleren, wahrscheinlich, weil eine gewisse Menge Insulin injiziert werden muß, bevor irgendeine Wirkung auf den Blutzucker bemerkbar wird. Mit anderen Worten: Es muß eine bestimmte Schwelle erreicht werden, und um dieses zu erreichen, wird die zu injizierende Insulinmenge bei verschiedenen Tieren verschieden sein, entsprechend der schon im Körper vorhandenen Insulinmenge. Injiziert man Insulin in Lösungen, die eine übereinstimmende Konzentration besitzen, so wird diese Schwelle immer überschritten werden, wohingegen bei ungleicher Konzentration das Insulin so langsam bei den schwächeren absorbiert werden kann, daß seine Konzentration im Blut niemals die Schwelle erreicht, obgleich es die innere Sekretion von Insulin im Pankreas oder auch andere Drüsen mit innerer Sekretion, die irgendeine Kontrolle auf den Blutzucker ausüben, beeinflussen kann. Welches die Erklärung auch immer sein mag, so besteht doch kein Zweifel, daß mit der obigen Methode konstantere Resultate erreicht werden als wenn Insulinlösungen von verschiedener Konzentration injiziert werden (Orr). Die Blutzuckerentnahmen werden bei jedem der neun Kaninchen vor der Injektion gemacht und dann $1\frac{1}{2}$ Stunde, 3 und 5 Stunden nach der Insulininjektion, wobei die Tiere bei gleichmäßiger Temperatur gehalten werden.

Der Wert der Einheit wird dann an der folgenden Formel berechnet:

$$\frac{a}{b} \times \frac{w}{c} \times 1{,}5.$$

a = der Differenz zwischen dem Durchschnitt der Blutzuckerwerte nach Insulin und dem Blutzuckerwert vor der Injektion.

b = der Differenz zwischen dem Blutzuckerwert unmittelbar vor der Injektion und 0,045 vH (Krampfblutzuckerspiegel).

w = dem Gewicht des Tieres in Kilogramm.

c = der Menge des injizierten Insulinpräparates in Kubikzentimetern.

1,5 = ein Faktor, der der Tatsache gerecht wird, daß die Einheit ein Drittel der Menge ist, die den Blutzuckerspiegel bei einem Kaninchen von 2 kg Gewicht auf 0,045 vH herabsetzen würde, deshalb $\left(\dfrac{3}{2} = 1,5\right)$.

Obgleich diese Formel eine empirische ist, so hat sie sich doch als sehr brauchbar für die Praxis erwiesen. Der Wert a ist der bedeutsamste, wobei bei seiner Bestimmung auf zwei Fehlermöglichkeiten geachtet werden muß. Auf eine von diesen haben wir schon hingewiesen, nämlich daß der Durchschnitt der Blutzuckerherabsetzung und nicht der niedrigste Blutzucker genommen werden muß. Die andere ist die Voraussetzung, daß der Blutzuckerabfall direkt proportional der Zahl der Insulineinheiten ist, was offensichtlich nicht der Fall sein kann, denn zwei Einheiten müssen eine entschieden geringere Wirkung haben als die, welche man nach einer Einheit erhält, und die man dann mit 2 multipliziert. In dem Maße, wie die Dosis c ansteigt, muß das Ausmaß, bis zu welchem der Blutzucker herabgesetzt wird (a) fortschreitend weniger und weniger werden. Stellt man die Beziehungen zwischen a und c in einem Koordinatensystem dar, wobei die a-Werte als Ordinaten und c als Abszisse eingetragen werden, so erhält man eine Kurve, die zuerst steil ansteigt und dann mit einer Vergrößerung der Dosis mehr und mehr der Abszisse parallel läuft. Es mag möglich sein, dieser Fehlerquelle gerecht zu werden, indem man die genaue Gleichung dieser Kurve bestimmt, aber gegenwärtig hat es sich als das Praktischste herausgestellt, daß man Insulindosen benutzt, deren Wirkung in den oberen Teil des Anstieges der Kurve fallen. Es ist von Interesse, zu bemerken, daß F. N. Allan für die Traubenzuckeräquivalente des Insulins eine ähnliche Kurve erhielt.

Infolge der verschiedenen Reaktion verschiedener Kaninchen auf dieselbe Insulindosis können mit der obigen Methode Resultate erhalten werden, die nicht gut miteinander übereinstimmen. Wenn in irgendeiner der Gruppen ein Resultat eine Abweichung von den anderen von mehr als 25 vH zeigt, so wird die gleiche Insulindosis drei anderen Kaninchen injiziert, und dieser Vorgang wird so lange wiederholt, bis die Resultate innerhalb dieser Grenzen übereinstimmen. Stimmen die Durchschnitte der drei Gruppen nicht innerhalb 25 vH überein, so wird die Auswertung bei neun anderen Kaninchen wiederholt. Mit Hilfe dieser etwas mühsamen Methode wird ein Endwert erreicht, der nicht erheblich von dem wahren abweicht, wie sich durch die Tatsache erweisen läßt, daß eine erneute Bestimmung wenigstens innerhalb 10 vH der Fehlergrenzen liegt. Dies ist für klinische Zwecke keine ernstliche Abweichung und die Auswertung des Insulins ist zum wenigsten so genau wie die irgendeines anderen Drüsenproduktes mit den Ausnahmen von Pituitrin, Adrenalin und Thyroxin. Es ist immer ratsam, Parallelbeobachtungen mit einem standardisierten Insulinpräparat anzustellen, und zu diesem

Zwecke sollte man zweifellos ein Trockenpräparat verwenden. Von diesem soll man eine genügende Menge vorrätig halten, um es eine längere Zeit zu gebrauchen, und wenn ein neuer Standard in Gebrauch genommen wird, so sollte dieses geschehen, bevor der alte vollständig aufgebraucht ist. Auch muß gelegentlich dieser Standard mit dem internationalen

Datum	Dosis pro 2 kg Gew. ccm	Einheiten	Durchschnitt jeder Gruppe	Auswertungsdurchschnitt
14. April	0,075	29,6	—	—
	—	29,4	29.5	—
	0,100	22,0	—	—
	—	22,1	—	—
	—	30,4*	24,8	—
	0,125	22,2	—	—
	—	17,7	—	—
	—	20,5	20,1	24,8
17. April	0,075	28,6	—	—
	—	19,6	—	—
	—	21,6	23,1	—
	0,100	17,8	—	—
	—	13,6	—	—
	—	21,0	17,5	—
	0,125	16,9	—	—
	—	19,5	18,2	19,6
1. Mai	0,75	18,6	—	—
	—	22,3	—	—
	—	23,5	—	—
	—	25,6	—	—
	—	25,6	23	—
	0,100	14,6	—	—
	—	20,4	—	—
	—	15,8	—	—
	—	19,6	—	—
	—	16,6	—	—
	—	14,0	20,2	—
	0,125	13,6	—	—
	—	17,6	—	—
	—	13,0	—	—
	—	15,4	—	—
	—	20,4	—	—
	—	15,8	19,2	20,8

Durchschnitt 21,7 Einheiten

verglichen werden. Durch den Vergleich mit einem Standard wird die Fehlerquelle, die in jahreszeitlichen Veränderungen in der Empfindlichkeit der Tiere für Insulin liegt, auf ein Minimum herabgesetzt.

Um die Art der Ergebnisse, die mit demselben Präparat von Insulinhydrochlorid zu verschiedenen Zeiten gewonnen wurden, zu illustrieren, führen wir summarisch die Ergebnisse an. (Ins einzelne gehende Protokolle finden sich in dem Bericht des Standardisierungskomitees des Völkerbundes.)

1 ccm Lösung enthält 2,5 mg Insulinhydrochlorid, daher enthält 1 mg 8,4 Einheiten.

Andere Auswertungen dieses Materials mit derselben Methode sind die folgenden:

Toronto:

6. und 7. April . . . . 7,9 Einheiten

8., 9., 13., 14., 15., 16., 17. April u. 1. Mai 8,2 „

Andere Laboratorien

Lilly Co. . . . . 8,2—8,6 Einheiten

Squibb Co. . . . . 8,45 „

2. Die Vergleichsmethode, wie sie in den National Research Laboratories gebraucht wird:

Die, wie oben beschrieben, vorbereiteten Kaninchen werden in zwei Gruppen A und B geteilt. Jedes Kaninchen der Gruppe A bekommt 0,5 Einheiten des Standards pro Kilogramm Körpergewicht und jedes Kaninchen der Gruppe B eine Menge des zu untersuchenden Insulins, die ein ungefähres Äquivalent des Standards darstellt.

Dann wird der Wert a der obigen Gleichung bestimmt. Nach einem Zwischenraum von mehreren Tagen werden die Beobachtungen wiederholt, mit dem Unterschiede, daß die Kaninchen der Gruppe A jetzt das unbekannte Insulin und die der Gruppe B den Standard bekommen. Der Wert der Einheit wird dann aus dem Verhältnis der Wirkung des Standards und des unbekannten Insulins berechnet. Daß dieser Vorgang nicht vollständig den Faktor der verschiedenen Empfänglichkeit ausmerzen kann, geht aus dem folgenden Ergebnis hervor:

Zehn Kaninchen mit einem Anfangsgewicht von 2 kg wurden während 6 Wochen unter genau gleichen Bedingungen gehalten und jedes bekam einmal die Woche dieselbe Dose pro Kilogramm Körpergewicht desselben Insulinpräparates injiziert, wenn auch verschiedene Kaninchen verschiedene Dosen erhielten.

Die Werte a in Milligramm vom Hundert für jedes Kaninchen in verschiedenen Wochen sind die folgenden (Macleod und Orr (S. 352

Grevenstuk und Laqueur haben gleicherweise beobachtet, daß dasselbe Tier bei verschiedenen Gelegenheiten nicht gleichartig auf Insulin reagiert.

Das Prinzip des Vergleiches mit einem Standard, welches bei diesem Vorgehen so gut durchgeführt ist, schaltet immerhin Fehler aus, die verschiedenen auf die Tiere einwirkenden Faktoren zuzuschreiben sind, wie z. B. Änderungen der Temperatur, unvermeidbare Änderungen in der Diät und andere unbekannte Faktoren. Jetzt, wo ein internationaler

Kaninchen	Woche							Durchschnitt
	1	2	3	4	5	6	7	
1	38	46	25	(72)[1]	31	46	—	37
2	36	34	26	36	27	39	—	33
3	53	46	30	49	62	45	—	47
4	—	—	43	51	56	46	—	49
5	43	28	39	25	21	36	25	31
6	23	30	(51)	28	28	31	—	28
7	29	29	(54)	48	38	41	—	37
8	25	28	(43)	39	32	40	50	35,5
9	17	(57)	40	60	35	—	—	31
10	28	23	(63)	38	48	34	—	34

[1] Die in Klammern befindlichen Zahlen werden zur Berechnung des Durchschnittes nicht verwandt.

Standard besteht, muß das Prinzip des Vergleiches, wie es auch immer angewandt wird, die Insulinauswertung sehr vereinfachen.

3. Die an der Universität Amsterdam gebrauchte Methode:
Diese Methode ist auf das Verhalten des Blutzuckers basiert, aber sie zieht auch das Eintreten von Krämpfen in Betracht. 2 und 4 Stunden nach der Injektion verschiedener Insulindosen bei 20 Kaninchen wird der Blutzucker bestimmt und die Zahl der Tiere mit Krämpfen festgestellt. Als Krampfgrenze betrachtet man einen Blutzucker von 0,045 vH, oder das Eintreten von Krämpfen. Wird diese bei 75 vH der injizierten Tiere erreicht, so betrachtet man den entsprechenden Insulinbetrag gleich drei Einheiten (Grevenstuk und Laqueur).

Gewisse Laboratorien machen die Auswertung ausschließlich vom Eintreten hypoglykämischer Symptome abhängig, und, wenn dieses in Form der Vergleichsmethode ausgeführt wird, so erhält man ganz befriedigende Resultate. Die Ausgaben bei Anwendung von Kaninchen bei einer solchen Methode führten Fraser und Krogh dazu, die Möglichkeit des Gebrauches von Mäusen zu diesem Zwecke zu untersuchen. Krogh betrachtet als eine Mauseinheit Insulin die Menge, die bei 50 vH der injizierten Tiere innerhalb von 2 Stunden ausgesprochene Symptome hervorruft, wobei das Tier nach der Injektion bei einer Temperatur von nicht weniger als 30° gehalten wird. Die Auswertung geschieht durch einen Vergleich mit einem Standardpräparat, welches bei einer gleichen Zahl von Mäusen derselben Zucht zur gleichen Zeit mit dem zu untersuchenden injiziert wird.

Nach unserer Erfahrung ist diese Methode, selbst wenn sie mit aller möglichen Vorsicht in bezug auf den Zustand der Tiere usw. ausgeführt wird, nicht so zuverlässig, als die, welche auf die Herabsetzung des Blutzuckers basiert ist. Auf jeden Fall bestehen verschiedene theoretische Einwände gegen die Krampf-

methode, obgleich sie zweifellos mit Hilfe des Vergleichsprinzips
sehr brauchbar ist. Die Haupteinwände sind die folgenden:

1. Obgleich bei kurz vorher gefütterten Kaninchen die Symptome gewöhnlich auftreten, wenn der Blutzucker 0,045 vH erreicht, so kann dieses doch bei Hungertieren erst der Fall sein,
wenn ein viel niedrigerer Blutzuckerspiegel erreicht ist (Mc Cormick, Macleod und Noble, Grevenstuk und Laqueur,
Clough, Allan und Root usw.).

2. Die Tendenz für das Auftreten von Symptomen bei einem
Blutzuckerspiegel von 0,045 vH soll sich mit der Verfügbarkeit
reinerer Präparate vermindert haben. Dies ist besonders von
Grevenstuk und Laqueur betont worden, die die Anzahl der
Kaninchen mit Symptomen an der Krampfgrenze mit denen
verglichen, die keine zeigten. Dies wurde in zehn aufeinanderfolgenden Perioden über 18 Monate durchgeführt. In der ersten
Periode zeigten 69 vH der Tiere Krämpfe. In jeder darauffolgenden
Periode fiel der Anteil ständig ab, bis zuletzt nur noch 41 vH
Krämpfe aufwiesen. Dies scheint doch darauf hinzuweisen, daß
die Blutzuckerherabsetzung an sich nicht die alleinige Ursache
der Symptome sein kann. Grevenstuk und Laqueur vermuten,
daß sie tatsächlich einer Beimischung irgendeiner Substanz zum
Insulin zuzuschreiben sind, die die Krämpfe hervorruft, nachdem
der Blutzucker herabgesetzt ist. Immerhin kann es sein, daß
reinere Präparate schneller wirken und so einen Blutzuckerabfall
mit einer Geschwindigkeit hervorrufen, mit der die Traubenzuckerspannung der Gewebe nicht Schritt halten kann.

3. Zeitweilig treten Krämpfe oder ihnen ähnliche Symptome
auf, bevor der Blutzucker die gewöhnliche Krampfgrenze erreicht
hat (Macleod und Orr, Grevenstuk und Laqueur).

4. Die Methode zeigt höchstens an, ob der Blutzucker die
Krampfgrenze erreicht hat und gibt keine Auskunft in bezug
auf die Dauer der hypoglykämischen Wirkung.

5. Zur Behandlung des Diabetes ist nicht die Tendenz des
Präparates, Krämpfe hervorzurufen, sondern sein Einfluß auf
den Blutzucker das Wichtige.

2. Andere Auswertungsmethoden.

Auswertungsmethoden, die auf anderen Prinzipien als der
Herabsetzung des Blutzuckers oder dem Eintreten hypoglyk

ämischer Symptome beruhen, sind von Zeit zu Zeit versucht worden. Auf einige von diesen ist gelegentlich in anderen Kapiteln hingewiesen worden, und wir wollen sie in diesem nur kurz streifen:

1. Da die Kurve des Verhältnisses zwischen den injizierten Insulineinheiten und dem Grad der Blutzuckerherabsetzung den größten Unterschied bei kleinen Insulindosen zeigt, so wurde die Möglichkeit in Betracht gezogen, daß dieser Teil der Kurve durch eine gesteigerte Blutzuckermenge, an dem das Insulin angreifen kann, ausgedehnt werden könnte. Dies wurde entweder durch Injektion von Traubenzuckerlösungen oder durch Adrenalin erreicht (Eadie und Macleod). Bei Anwendung der ersteren Methode wurden jedem von mehreren Kaninchen, die 75 Minuten vorher verschiedene Dosen Insulin erhalten hatten, 2 g Traubenzucker pro Kilogramm Körpergewicht subkutan injiziert. Man hoffte, daß das Maß des Blutzuckeranstiegs eine einfache Beziehung zur Insulindosis zeigen würde. Aber die Resultate waren nicht befriedigender als die an Normaltieren erhaltenen. Bei der letzteren Methode, die früher schon von Zülzer für seine Pankreasextrakte vorgeschlagen worden war, werden gleiche Mengen eines sorgfältig ausgewerteten Adrenalinpräparates und verschiedene Insulinmengen gut gefütterten Kaninchen injiziert, und obgleich sich eine interessante Beziehung vorfand, erwies sich die Methode doch nicht als praktisch brauchbar (Eadie und Macleod).

2. Es kann kein Zweifel darüber bestehen, daß das verschiedenartige Verhalten verschiedener Tiere Insulin gegenüber auch bei allen Vorsichtsmaßregeln in Hinsicht auf Diät, Haltung usw. dem Einfluß des vom Pankreas sezernierten Insulins und von Hormonen, wie Thyroxin, Adrenalin und Pituitrin, auf den Kohlehydratstoffwechsel zuzuschreiben ist. Man hat versucht, diese Einflüsse auszuschalten. So hat F. N. Allan pankreaslose Tiere benutzt, obgleich es sich gezeigt hat, daß eine nahe Beziehung zwischen der Insulindosis und der Menge des von dem Tiere verbrauchten Traubenzuckers — Glucoseäquivalent — besteht, so erwies sich die Methode als solche doch nicht für die Auswertung als praktisch brauchbar. Bodansky, Burn und Dale haben schilddrüsenlose Tiere (Kaninchen) benutzt und haben im Vergleich mit der an Normaltieren über eine entschieden größere Konstanz der Insulin-

auswertung an diesen Tieren berichtet. Stewart und Rogoff benutzten nebennierenlose Tiere, ohne daß sie einen Unterschied in der Reaktion auf Insulin feststellen konnten. Cannon, Mc Iver u. a. fanden im Gegenteil, daß die Schnelligkeit des Wiederanstieges des Blutzuckers durch Nebennierenexstirpation beeinflußt wird.

Sicherlich ist keine dieser Methoden der am Normalkaninchen genügend überlegen, um ihre Anwendung zu Auswertungszwecken zu rechtfertigen. Es sind verschiedene Versuche gemacht worden, irgendeine brauchbare Insulinreaktion in vitro zu entdecken. So z. B. die Entfärbung von Methylenblau im Vakuum bei Anwesenheit frischen Gewebes und von Traubenzucker (Methode von Thunberg) und ebenso eine ähnliche Wirkung der Hefe, aber beide haben keinen Erfolg gezeitigt.

Literaturverzeichnis.

I.

Allen, F. M.: Studies Concerning Glycosuria and Diabetes. 1913. Leonard, Boston.

Bensley, R. R.: Harvey Lectures, 1914—15, 250. Americ. journ. of Anat. XII, 297. 1911.

Biedl, A.: Innere Sekretion. Berlin 1910.

Bowie, D. J.: Anat. record XXIX, 57. 1924.

Dale, H. H.: Phil. trans. roy. soc., B, CXCVII, 25. 1905.

Dewitt, L. M.: Journ. of exp. med. VII, 193. 1906.

Diamare, V.: Journ. internat. d'Anat. A, XVI, 155. 1899. Internat. Monatsschr. f. Anat. u. Physiol. XVI, 155. 1900. Ebenda XXII 129. 1905. Bolletino della Società di Naturalisti Napoli. 1895.

Gentes, M.: Cpt. rend. des séances de la soc. de biol. LIV, 202. 1902.

Gianelli, L.: Atti d. R. accad. dei fisiocrit. in Siena XII, 106. 1900.

— und Giacomini, E.: Comun. sci. dell. R. Accad. d. fisiocr. Siena 1896.

Harris, V. D. und Gow, W. J.: Journ. of physiol. XV, 349. 1894.

Heiberg, K. A.: Zeitschr. f. physiol. Chem. XLIX, 293. 1906. Münch. med. Wochenschr. Nr. 51, 2532. 1907.

Helly, K.: Arch. f. mikroskop. Anat. LXVII, 124. 1906.

Homans, J.: Proc. of the roy. soc. of med. B, LXXXVI, 73. 1913. Journ. of med. research XXX, 49. 1914; XXXIII, 1. 1915.

Jackson, F. Slater: Journ. of metabolic research II, 141. 1922.

Kühne und Lea: Untersuch. a. d. physiol. Inst. d. Univ. Heidelberg II, pt. 4448. 1882.

Küster, H.: Arch. f. mikroskop. Anat. LXIV, 158. 1904. Proc. of the roy. soc. of med. B, LVIII, 73. 1913. Journ. of med. research XXX, 49. 1914.

Laguesse, E.: Cpt. rend. des séances de la soc. de biol. 1893, 9, s. V., 819. Journ. de l'anat. et de la physiol. XXXI, 475. 1895. XXXII, 171, 208. 1896. Cpt. rend. de l'assoc. des anatomistes, Bibliogr. anat. X, 260. 1902. Le Pancréas. 1906. A. Storck et Cie., Lyon. Journ. de physiol. et de pathol. gén. XIII, 5. 1911.

Lane, M. A.: Americ. journ. of anat. VII, 409. 1907.

Lewaschew, S. W.: Arch. f. mikroskop. Anat. XXVI, 453. 1886.

Lombroso, U.: Ergebn. d. Physiol. IX, 1. 1910.

Mankowski, A.: Arch. f. mikroskop. Anat. LIX, 286. 1902. (Vgl. Laguesse: Journ. de physiol. et de pathol. gén. XIII, 5. 1911.)

Martin, W. B.: Anat. record IX, 475. 1915. Journ. of metabilic research I, 45. 1922.

Oppel, A.: Lehrbuch d. vergl. mikroskop. Anat. d. Wirbeltiere, Teil III. Jena 1900.

Pearce, R. M.: Americ. journ. of anat. II, 445. 1902—03.

Renaut: Cpt. rend. hebdom. des séances de l'acad. des sciences LXXXIX, 247. 1879.

Rennie, J.: Zentralbl. f. Physiol. XVIII, 729. 1904.
Saguchi, S.: Americ. journ. of anat. XXVIII, 1. 1920.
Sajous: The Internal Secretions and the Principles of Medicine. Philadelphia: Davis 1903.
Schafer, E.: Sharpey: Lancet II, 321. 1895. The Endocrine Organs. London: Longmans, Green & Co. 1916.
Scott, W. C. M.: Unpublished.
Sokoloff: Vgl. Laguesse.
Ssobolew: Virchows Arch. f. pathol. Anat. u. Physiol. CLXVIII, 91. 1902.
Statkewitsch, P.: Arch. f. exp. Pathol. u. Pharmakol. XXXIII, 415. 1894.
Tschassownikow: Vgl. Laguesse.
Vincent, S. und Thompson, F. D.: Journ. of physiol. XXXV, Proc. XLV. 1906—07. Internal Secretion and the Ductless Glands. London: Edward Arnold 1922. Internat. Monatsschr. f. Anat. u. Physiol. XXIV, 61. 1908.
Warthin, A. S.: Endocrinology and Metabolism, ed. by Barker II, 697 1922. Appleton.
Weichselbaum, A. und Kyrle, J.: Arch. f. mikroskop. Anat. LXXIV, 223. 1909.

II.

Allen, F. M.: Glycosuria and Diabetes, 1913, S. 924. Boston: Leonard. Journ. of metabolic research I. 1922.
Bensley, R. R.: Americ. journ. of anat. XII, 297. 1911.
Carraro, A.: Journ. de physiol. et de pathol. gén. XII, 409. 1910.
D'Arnozan und Vaillard: Arch. de physiol. 3 S., III, 287. 1884.
Dewitt, L. M.: Journ. of exp. med. VII, 193. 1906.
Diamare, V.: Internat. Monatsschr. f. Anat. u. Physiol. XXII, 129. 1905.
Gellé, E.: Journ. de Physiol. et de pathol. gén. X, 644. 1908.
Hess, O.: Arch. f. d. ges. Physiol. CXVIII, 536. 1907.
Homans, J.: Proc. of the roy. soc. of London, B, LXXXVI, 73. 1913.
Kirkbride, M. B.: Journ. of exp. med. XV, 101. 1912.
Kyrle, J.: Arch. f. mikroskop. Anat. LXXII, 141. 1908.
Laguesse, E.: Le Pancréas. Lyon: A. Storck et Cie. 1906.
— und Gontier de la Roche: Cpt. rend. des séances de la soc. de biol LIV, 854. 1902.
Lane, M. A.: Americ. journ. of anat. VII, 409. 1907.
Lombroso, U.: Ergebn. d. Physiol. IX, I. 1910.
MacCallum, W. G.: Johns Hopkins hosp. bull. XX, 265. 1919.
Marrassini, A.: Arch. ital. de biol. XLVIII, 369. 1907.
Milne, L. S. und Peters, H. L.: Journ. of med. research XXVI, 415. 1912.
Pende, N.: Policlinico XII, 514. 1905.
Pratt, J. H.: Journ. of the americ. med. assoc. LIX, 322. 1912.
— und Spooner, L. H.: Arch. of internal med. VII, 665. 1911.
Schulze, W.: Arch. f. mikroskop. Anat LVI, 491. 1900.
Ssobolew, L. W.: Virchows Arch. f. pathol. Anat. u. Physiol. CLXVIII, 91. 1902.
Tiberti, N.: Arch. ital. de biol. LI, 117. 1909.
Tschassownikow, S. : Arch. f. mikroskop. Anat. LXVII, 758. 1906.

III.

Bensley, R. R.: Americ. journ. of anat. XII, 297. 1911.
Bowie, D. J.: Anat. record XXIX, 57. 1924.
Diamare, V.: Internat. Monatsschr. f. Anat. u. Physiol. XVI, 155. 1899.
     Ebenda XXII, 129. 1905. Zentralbl. f. Physiol. XVIII, 432. 1904.
     Ebenda XIX, 545. 1905.
Jackson, F. Slater: Journ. of metabolic research II, 141. 1922.
Laguesse, E.: Le Pancréas. Lyon: A. Storck et Cie. 1906.
Macleod, J. J. R.: Journ. of metabolic research II, 149. 1922.
Massari: Rend. R. Accad. dei Lincei VII, 134. 1898.
McCormick, N. A.: Transact. Roy. Canadian Inst. XV, 57. 1924.
     Bull. Biol. Board of Canada, Dec., 1924.
— und Noble, E. C.: Contribs. to Canadian Biol. II, pt. 1. 1924.
— und Macleod, J. J. R.: Proc. of the roy. soc. of London, B, XCVIII,
     1. 1925.
Pearce, R. M.: Americ. journ. of the med. sciences CXXVIII, 178. 1904.
Rennie, J.: Journ. of anat. and physiol. XXXVII, 375. 1903. Quart.
     journ. of microscop. soc. XLVIII, 379. 1904.
— und Fraser, T.: Biochem. journ. II, 7. 1907.
Scott, Unpublished.
Simpson, W. C. M. W.: Unpublished.
Stannius: Anatomie der Wirbeltiere. Berlin 1846.
Vincent, S. und Thompson, F. D.: Internat. Monatsschr. f. Anat. u.
     Physiol. XXIV, 61. 1907.
Vincent, S., Dodds, E. C. und Dickens, F.: Lancet II, 115. 1924.

IV.

Allard, E.: Arch. f. exp. Pathol. u. Pharmakol. LIX, 111. 1908.
Allen, F. M.: Glycosuria and Diabetes. Boston: Leonard 1913.
Bock und Hoffmann: Malys Jahresbericht. IV, 195. 1874.
Bowie, D. J.: Anat. record. XXIX, 57. 1924.
Campbell, W. R. und Macleod, J. J. R.: Medicine III, 195. 1924.
Cruickshank, E. W. H.: Journ. of physiol. XLVII, 1. 1913.
Ehrmann, R.: Arch. f. d. ges. Physiol. CXIX, 295. 1907.
Graham, G.: Lancet CCVI, 63. 1924.
— und Harris, G. F.: Ibid. CCIV, 1150. 1923.
Hédon, E.: Arch. de méd. expt. III, 44. 1891. Rev. de méd. XXX,
     617. 1910.
Joslin, E. P.: Treatment of Diabetes Mellitus, 3rd ed. Philadelphia:
     Lea & Febiger. 1923.
Knowlton, F. P. und Starling, E. H.: Proc. of the roy. soc. of Lon-
     don, B, LXXXV, 218. 1912. Journ. of physiol. XLV, 146. 1912.
Laguesse, E.: Le Pancréas. Lyon: A. Storck et Cie. 1906.
Lepine, J.: Le Diabèté Sucré. Paris: Felix Alcan 1909.
Lombroso, U.: Ergebn. d. Physiol. IX, 1. 1910.
MacCallum, W. G.: Text-book of Pathology, 2nd ed. Philadelphia:
     Saunders 1921.
Maclean, H.: Lancet CCIV, 1039. 1923. Ibid. CCV, 829.
Macleod, J. J. R. und Ruh, H. O.: Americ. journ. of physiol. XXIII,
     278. 1909.
— und Pearce, R. G.: Zentralbl. f. Physiol. XXVI, 1311. 1912.
     Americ. journ. of physiol. XXXII, 184. 1913.

Mering, J. v. und Minkowski, O.: Zentralbl. f. klin. Med. X, 393. 1889.
Arch. f. exp. Pathol. u. Pharmakol. XXVI, 371. 1889.
Minkowski, O.: Berlin. klin. Wochenschr. XXVII, 167. 1890. Zentralblatt f. klin. Med. XI, 81. 1890. Berlin. klin. Wochenschr. XXIX, 90, 639. 1892. Arch. f. exp. Pathol. u. Pharmakol. XXXI, 85. 1893. Ebenda LVIII, 271. 1908. Ebenda Schmiedeberg Supp. 1908, 395.
Opie, E. L.: Diseases of the Pancreas. Philadelphia: Lippincott 1910.
Pavy, W. W. und Siau, R. L.: Journ. of physiol. XXIX, 375. 1903.
Pflüger, E.: Arch. f. d. ges. Physiol. CXVIII, 265. 1907. Ebenda CXIX, 227. 1907.
Sandmeyer, W.: Zeitschr. f. Biol. XXXI, 12. 1895.
Thiroloix, J.: Arch. de physiol. 1892, 716.
Verzár, F. und Fejér, A. V.: Biochem. Zeitschr. LIII, 140. 1913. Ebenda LXVI, 1914. Several papers.
Warthin, A. S.: Endocrinology and Metabolism. II, 697, 1922. ed. by Barker, Appleton.

V.

Ausset: Semaine méd. 1895, 376.
Banting, F. G. und Best, C. H.: 1. Journ. of laborat a. clin. med. VII, 251. 1922. 2. Ibid. VII, 464. 1922. 3. Transact. roy. soc. Canada, Sec. V., XVI, 27. 1922.
Banting, Best und Macleod: Proc. am. physiol. soc., Dec. 1921. Americ. journ. of physiol. LIX, 479. 1922.
Blumenthal: Zeitschr. f. diätet. u. physikal. Therapie, 1898, 276.
Bormann: (Vgl. Murlin), Murlin, J. R., Endocrinology VII, 519. 1923.
Capparelli: Biol. Zentralbl. XIII, 495. 1893.
Cohnheim, O.: Zeitschr. f. physiol. Chem. XLII, 401. 1904.
Clark, A. H.: Journ. of exp. med. XXIV, 621. 1916; XXVI, 721. 1917.
Collip, J. B.: Transact. roy. soc. Canada, Sec. V.,. XVI, 28. 1922.
Forschbach: Arch. f. exp. Pathol. u. Pharmakol. LX, 131. 1908.
Gley: Cpt. rend. des séances de la soc. de biol. LXXXVII, 1322. 1922. Ibid. 1891 und 1892. Anal. de la soc. de med. de Gand. 1900.
Hédon: Diabete pancreatique Trav. de Physiol. 1898, 148.
Hougounenq und Doyon: Arch. ne physiol. 1897, 834.
Ibrahim: Biochem. Zeitschr. XXII, 24. 1909.
Knowlton und Starling: Journ. of physiol. XLV, 146. 1912—13.
Kleiner und Meltzer: Proc. of the nat. acad. of sciences (U. S. A.) I, 338. 1915.
Kleiner: Journ. of biol. chem. XL, 153. 1919.
Lépine und Martz: Vgl. Lépine, Le Diabèté Sucré. Paris: Felix Alcan 1909.
Leschke: Arch. f. Anat. u. Physiol. 1910, 401.
Minkowski und von Mering: Arch. f. exp. Pathol. u. Pharmakol. XXVI, 371. 1890; XXXI, 85. 1892.
Macleod und Pearce, R. J.: Americ. journ. of physiol. XXXII, 184. 1913; XXXIII, 378. 1914.
Maclean und Smedley: Journ. of physiol. XLV, 462. 1913.
Murlin, Kramer und Sweet: Reprint.
Patterson und Starling: Journ. of physiol. XLVII, 137. 1914.
Paulesco: Cpt. rend. des séances de la soc. de biol. LXXXV, 555. 1921.
Rennie und Fraser: Biochem. journ. II, 7. 1907.
Scott, E. L.: Americ. journ. of physiol. XXIX, 306. 1912.

Vanni und Burzagli: Vgl. Murlin.
Zuelzer: Berlin. klin. Wochenschr. XLIV, 474. 1907. Zeitschr. f. exp.
Pathol. u. Therapie V, 307. 1908.
—, Dohrn und Marxer: Dtsch. med. Wochenschr. XXXIV, 1380. 1908.
Zuelzer: U. S. Patent, Nr. 1270790, 28. Mai 1912. Britisches Patent,
Nr. 8514, A. D. 1908 (August Zimmermann für Chemische Fabrik
auf Aktien, E. Schering, Berlin).

VI.

Allen, Piper, Kimball und Murlin: Proc. of the soc. f. exp. biol. a.
med. XX, 519. 1923.
Best und Scott: Journ. of biol. chem. LVII, 709. 1923.
— und Macleod: Americ. journ. of physiol. LXIII, 390. 1923.
Collip, J. B.: Vgl. Banting, Best, Collip und Macleod, Transact. roy. soc.
Canada XVI, 28. 1922.
Doisy, Somogyi und Shaffer: Journ. of biol. chem. LV, Proc. XXXI.
1923.
Dudley: Biochem. journ. XVII, 376. 1923.
Dodds und Dickens: Brit. journ. of exp. pathol. V, 115. 1924.
Epstein und Rosenthal: Journ. of the Americ. med. assoc. LXXXII,
1890. 1924.
Grevenstuk und Laqueur: Insulin. München: J. F. Bergmann 1925.
Krogh: Private communication.
Kimball und Murlin: Journ. of biol. chem. LVIII, 337. 1923.
Murlin, Clough, Gibbs und Stokes: Journ. of biol. chem. LVI, 253.
1922.
Moloney und Findlay: Journ. of biol. chem. LVII, 359. 1923.
Mattill, Piper, Kimball und Murlin: Quart. journ. of exp. physiol.
Suppl. XIII, 182. 1923.
Piper, Allen und Murlin: Journ. of biol. chem. LVIII, 321. 1923.
Robertson, T. B. und Anderson: Med. journ. of Australia II, 189.
1923.
Shonle und Waldo: Journ. of biol. chem. LVIII, 731. 1924.
Widmark: Biochem. journ. XVII, 668. 1923.
Witzemann und Livshis: Journ. of biol. chem. LVII, 425. 1923;
und Ibid. LVIII, 463.

VII.

Allan, Frank N.: Americ. journ. of physiol. LXVII, 275. 1924.
—, Bowie, Macleod und Robinson: Brit. journ. of exp. pathol.
V, 75. 1924.
Banting, F. G. und Best, C. H.: Journ. of laborat. a. clin. med. VII,
464. 1922.
Carlson, A. J. und Drennan, F. M.: Americ. journ. of physiol. XXVIII,
391. 1911.
— und Ginsburg, H.: Ibid. XXXVI, 217. 1914.
—, Orr, J. S. und Jones, W. S.: Journ. of biol. chem. XVII, 19. 1914.
Lombroso, U.: Ergebn. d. Physiol. IX, 1. 1910.
Markowitz, J. und Simpson, W. W.: Transact. roy. soc. Canada,
Sec. V, XIX, 71. 1925.
McClure, C. W., Vincent, B. und Pratt, J. H.: Americ. journ. of
physiol. XLII, 596. 1916.

Sokhey, S. S. und Allan, Frank N.: Biochem. journ. XVIII, 1170.
1924.
Widmark, E. und Carlens: Biochem. Zeitschr. CLVI, 453. 1924;
CLVIII, 3, 81.

VIII.

Allan, Frank N.: Americ. journ. of physiol. LXVII, 275. 1924. Ibid.
LXXI, 472. 1925.
Banting, Best,, Collip, Campbell und Fletcher: Can. med. assoc.
journ. XII, 141. 1922.
Chaikoff, I. L., Macleod, J. J. R., Markowitz, J. und Simpson,
W. W.: Americ. journ. of physiol. LXXIV, 36. 1925.
Campbell, W. R. und Macleod, J. J. R.: Medicine III, 195. 1924.
Collip, J. B. (vgl. Banting, Best, Collip und Macleod): Transact. roy.
soc. Canada, Sec. V, XVI, 43. 1922.
Cruickshank, E. W. H.: Journ. physiol. XLVII, I. 1913.
Cori, C. F.: Journ. of pharmacol a. exp. therapeut. XXV, I. 1925.
Davies, H. W., Lambie, C. G., Lyon, D. M., Meakins, J. und Rob-
son, W.: Brit. med. journ. I, 847. 1923.
Joslin, E. P., Gray, H. und Root, H. F.: Journ. of metabolic research
II, 651. 1922.
Lyon, Murray: Journ. of pharmacol. a. exp. therapeut. XXI, 229. 1923.
McCormick, N. A. und Macleod, J. J. R.: Transact. roy. soc. XVII,
63. 1923.
Wilder, R. M., Boothby, W. M., Barborka, C. J., Kitchen, H. D.
und Adams, S. F.: Journ. of metabolic research II, 701. 1922.
Williams, J. R.: Ibid. II, 729. 1922.

IX.

Benedict, F. G. und Joslin, E. P.: Carnegie Inst. of Washington Publi-
cation 1910, Nr. 136; 1912, Nr. 176.
Embden und Salomon: Beitr. z. chem. Physiol. u. Pathol. (Hofmeisters
Beiträge) VI, 63. 1905.
Falta, W.: Zeitschr. f. klin. Med. LXV, 300, 463. 1908; LXVI, 401. 1908.
— und Gigon, A.: Ibid. LXI, 297. 1907.
Geelmuyden, H. Chr.: Ergebn. d. Physiol. XXI, Abt. II. 1923.
Geyelin, H. R. und Du Bois: Vgl. Lusk.
Grafe und Wolf: Vgl. Geelmuyden.
Greenwald, I.: Journ. of biol. chem. XVI, 375. 1913.
Hartogh und Schumm: Arch. f. exp. Pathol. u. Pharmakol. XLV, 11.
1901.
Hesse: Vgl. Geelmuyden.
Janney, N. W. und Csonka, F. A.: Journ. of biol. chem. XXII, 203.
1915.
— und Blatherwick, N. R.: Ibid. XXIII, 77. 1915.
Langfeldt, E.: Acta med. scandinav. LIII, 1. 1920.
Loewi, O.: Arch. f. exp. Pathol. u. Pharmakol. XLVII, 68. 1902.
Lusk, G.: The Science of Nutrition (Philadelphia), 3rd ed., 1917.
Lüthje: Zeitschr. f. klin. Med. XXXIX, 397. 1900; XLIII, 225. 1901.
Pflügers Arch. f. d. ges. Physiol. CVI, 160. 1904.
Mandel, A. R. und Lusk, G.: Americ. journ. of physiol. X, 47. 1903.
Markowitz, J.: Transact. roy. soc. Canada, Sec. V., XIX, 79. 1925.
Mohr: Vgl. Geelmuyden.

Pflüger, E.: Das Glykogen. Bonn 1905.
— und Junkersdorf, P.: Arch. f. d. ges. Physiol. CXXXVII, 269. 1911.
Reilly, F. H., Nolan, F. W. und Lusk, G.: Americ. journ. of physiol. I, 395. 1898.
Rubner: Vgl. Geelmuyden.
Rumpf: Berlin. klin. Wochenschr. XXXVI, 185. 1899. Zeitschr. f. klin. Med. XLV, 260. 1902.
Sandmeyer: Zeitschr. f. Biol. XXXI, 12. 1895.

X.

Benedict, F. G. und Joslin, E. P.: Carnegie Inst. of Washington Publikations 1910, Nr. 136; 1912, Nr. 176.
Bernstein und Falta, W.: Dtsch. Arch. f. klin. Med. CXXV, 233. 1918.
Chaikoff, I. L., Macleod, J. J. R., Markowitz, J. und Simpson, W. W.: Americ. journ. of physiol. LXXIV, 36. 1925.
Geelmuyden, H. Chr.: Ergebn. d. Physiol. XXI, XXII, 51. 1923.
Grafe, E. und Wolf, C. G. L.: Dtsch. Arch. f. klin. Med. CVII, 201. 1912.
Hari, P.: Arch. f. d. ges. Physiol. CXXX, 112. 1909.
La Franca, S.: Zeitschr. f. exp. Pathol. VI, 1. 1909.
Leimdörfer, A.: Biochem. Zeitschr. XI, 326. 1912.
Leo, H.: Zeitschr. f. klin. Med. XIX, 101. 1891.
Lusk, G.: Science of Nutrition. 3. Aufl. Philadelphia: Saunders 1917.
Magnus Levy, Ad.: Vgl. Geelmuyden.
Mohr, L.: Zeitschr. f. exp. Pathol. IV, 910. 1907.
Morgulis: Fasting and Undernutrition. New York: Dutton 1923.
Nagai, H.: Zeitschr. f. allgem. Physiol. IX, 243. 1909.
Nehring. O. und Schmoll, E.: Zeitschr. f. klin. Med. XXXI, 59. 1896.
Pembrey, M. S.: Journ. of physiol. XXVII, 66. 1901.
Pflüger, E.: Vgl. Geelmuyden.
Pettenkofer, M. und Voit, C.: Zeitschr. f. Biol. III, 380. 1867.
Rolly: Dtsch. Arch. f. klin. Med. CV, 494. 1912.
Rubner, M.: Biochem. Zeitschr. CXLVIII, 263. 1924.
Weintraub, W. und Laves, E.: Zeitschr. f. physiol. Chem. XIX. 603. 1894.

XI.

Bainbridge, F. A. und Beddard, A. P.: Biochem. journ. II, 89. 1907.
Bang, I., Ljungdahl, M. und Bohm, V.: Beitr. z. chem. Phys. und Pathol. IX, 408. 1907.
Biedermann, W.: Handb. der vergleich. Physiol. II. Teil I, 1. 1910—11.
Bottazzi, F.: Arch. ital. de biol. XXXV, 317. 1901.
Bradley, H. C. und Kellersberger, E.: Journ. of biol. chem. XIII, 425. 1913.
Cammidge, P. J.: Recent Advances in Diabetes. 1923.
Carlson, A. J. und Luckhart, A. B.: Americ. journ. of physiol. XXIII, 148. 1908.
Cori, C. F., Cori, G. T. und Pucher, G. W.: Journ. of pharmacol. a. exp. therapeut. XXI, 377. 1923.
Cramer, A.: Zeitschr. f. Biol. XXIV, 67. 1888.
Cramer, W.: Brit. journ. of exp. Pathol. V, 128. 1924.
— und Krause: Proc. roy. soc. LXXXVI, 550. 1913.
Cremer, Max: Ergebn. der Physiol. I, 803. 1902.

Croftan, A. C.: Arch. f. d. ges. Physiol. CXXVI, 407. 1909.

Ehrmann, R. und Wohlgemuth, J.: Biochem. Zeitschr. XXI, 423. 1909.

Frentzel, J.: Arch. f. d. ges. Physiol. LVI, 273. 1894.

Fürth, V.: Biochem. Zeitschr. CL, 265. 1924.

Grube, K.: Journ. of physiol. XXIX, 276. 1903. Arch. f. d. ges. Physiol. CVII, 490. 1905; CXXXIX, 428. 1911.

Harden, A. und Young, W. J.: Transact. chem. soc. LXXXI, 1224. 1902.

Huber, G. C. und Macleod, J. J. R.: Americ. journ. of physiol. XLII, 619. 1917.

Ishimori, K.: Biochem. Zeitschr. XLVIII, 332. 1913.

Karczag, L., Macleod, J. J. R. und Orr, M. D.: Transact. roy. soc. Canada, Sec. V, XIX, 57. 1925.

Kilborn, L. J. und Macleod, J. J. R.: Quant. journ. of exp. physiol. XII, 317. 1920.

Kohl, H. G.: Die Hefepilze. Leipzig: Quelle & Meyer 1908.

Laufberger: Zeitschr. f. d. ges. exp. Med. XLII, 570. 1924.

Laurent: Ann. de la soc. Belgique de microscopie XIV, 1890.

Lindner und Henneberg: Vgl. Biedermann.

Maclean, H.: Biochem. journ. IV, 467. 1909.

Macleod, J. J. R.: Diabetes: Its Pathological Physiology. London: E. Arnold 1913.

— und Pearce, R. G.: Americ. journ. of physiol. XXVII, 341; XXVIII 403. 1911.

Mann, F. G. und Magath, T. B.: Arch. of internal med. XXX, 73, 171. 1922.

Markowitz, J.: Americ. journ. of physiol. 1925. In press. Transact. roy. soc. Canada, Sec. V., XVIII, 141. 1924.

Mc Cormick, N. A. und Macleod, J. J. R.: Transact. roy. soc. Canada, Sec. V, XVII, 63. 1923. Proc. of the roy. soc of London, B., XCVIII, 1. 1924.

Mendel, L. B. und Saiki, T.: Americ. journ. of physiol. XXI, 64. 1908.

Meyer, J. de: Arch. internat. de physiol. VIII, 204. 1909.

Minkowski, O.: Arch. f. exp. Pathol. u. Pharmakol. XXXI, 85. 1893.

Milne, L. S. und Peters, H. L.: Journ. of med. research XXVI, 415. 1912.

Myers, V. C. und Killian, J. C.: Journ. of biol. chem. XXIX, 179. 1917. Practical Chemical Examination of the Blood. 2. Aufl. St. Louis: Mosby & Co.

Noble, E. C. und Macleod, J. J. R.: Journ. of physiol. LVIII, 33. 1923.

Otten, H. und Galloway, T. C.: Americ. journ. of physiol. XXVI, 347. 1910.

Paton, Noel: Journ. of physiol. XXII, 121. 1897.

Pavy, F. W. und Bywaters, J. H.: Journ. of physiol. XLI, 168. 1910.

— und Siau, R. L.: Ibid. XXIX, 375. 1903.

Pearce, R. G. und Macleod: Vgl. Macleod, Diabetes. 1913.

Pflüger, E.: Das Glycogen. Leipzig: Vogel 1905. Arch. f. d. ges. Physiol. XCVI, 269. 1903.

Pick, F.: Beitr. z. chem. Physiol. u. Pathol. III, 163. 1902.

Pollak, Leo: Arch. f. exp. Pathol. u. Pharmakol. LXI, 166. 1909.

Pugliese, A. und Domenichini, F.: Arch. ital. de biol. XLVII, 1. 1907.

Röhmann, F.: Zentralbl. f. Physiol. XIII, 455. 1899.
— und Bial, M.: Arch. f. d. ges. Physiol. LV, 469. 1894.
Schlesinger: Dtsch. med. Wochenschr. XXXIV, 593. 1908.
Schöndorf, B.: Arch. f. d. ges. Physiol. XCIX. 191. 1903.
— und Grebe, F.: Ebenda CXXXVIII, 525. 1911.
— und Wacholder, K.: Ebenda CLVII, 147. 1914.
Sérégé, M. H.: Cpt. rend. des séances de la soc. de biol. LVIII, 521. 1905.
Snyder, C. D., Martin, L. E. und Levin, M.: Americ. journ. of physiol. LXII, 442. 1922.
Slater, W. K.: Journ. of physiol. LVIII, 163. 1923.
Starkenstein, E. und Henze, M.: Zeitschr. f. physiol. Chem. LXXXII, 417. 1912.
Travell und Behre: Proc. of the soc. f. exp. biol. a. med. XXI, 478. 1924.
Wichowski: Handb. der biochem. Arbeitsmethoden III, Teil 1, 282. 1909.
Winter, L. B. und Smith, W.: Journ. of physiol. LVII, 100. 1923.
Wohlgemuth, J.: Biochem. Zeitschr. XXI, 381. 1909.

XII.

Babkin, B. P.: Brit. journ. of exp. pathol. IV, 310. 1923.
Bissinger, Lesser und Zipf: Klin. Wochenschr. II, 2233. 1923.
Brugsch, T.: Dtsch. med. Wochenschr. I, 491. 1924.
Brugsch, T., Benatt, A., Horsters, H. und Katz, R.: Biochem. Zeitschr. CXLVII, 117. 1924.
Burn, J. H.: Journ. of physiol. LVII, 318. 1923.
Collazo, Haendel und Rubino: Dtsch. med. Wochenschr. I, 747. 1924.
Cori, C. F., Cori, G. T. und Pucher, G. W.: Journ. of pharmacol. a. exp. therapeut. XXI, 377. 1923.
Cori: Journ. of pharmacol. a. exp. therapeut. XXV, I. 1924.
Dubley, H. W. und Marrian, G. F.: Biochem. journ. XVII, 435. 1923.
Gigon, A. und Staub: Klin. Wochenschr. II, 1670. 1923.
Issekutz: Biochem. Zeitschr. CXLVII, 264. 1924.
Lesser, E. J.: Die innere Sekretion des Pankreas. Jena 1924.
Macleod, J. J. R., Noble, E. C. und O'Brien, M. K.: Transact. roy. soc. Canada, Sec. V., XVIII, 129. 1924.
Macleod, J. J. R.: Beaumont Lectures, Wayne Co. Med. Soc., Jan. 1923.
Mc Cormick, N. A. und Macleod, J. J. R.: Transact. roy. soc. Canada, Sec. V., XVII, 63. 1923.
Nitzescu, I. I. und Popescu-Inotesti, C.: Cpt. rend. des séances de la soc. de biol. LXXXIX, 1403. 1923.
Noble, E. C. und Macleod, J. J. R.: Journ. of physiol. LVIII, 33. 1923.
Snyder, C. D., Martin, L. E. und Levin, M.: Americ. journ. of physiol. LXII, 442. 1922.

XIII.

Abel, J. J., Rowntree, L. G. und Turner, B. B.: Journ. of pharmacol. a. exp. therapeut. V, 275, 611. 1914.
Bailey, C. V.: Arch. of internal med. XXIII, 455. 1919.
Bang, I. C.: Der Blutzucker. Wiesbaden 1913.
Bass, M. H.: Americ. journ. of dis. of childr. IX, 63. 1915.
Benedict, S. R.: Journ. of biol. chem. XXXIV, 203. 1918.
— und Osterberg, E.: Ibid. XXXIV, 209. 1918.
Benedict, S. R., Osterberg, E. and Neuwirth, I.: Ibid. XXXIV, 217. 1918.

Bierry, H. und Giaja, J.: Cpt. rend. des séances de la soc. de biol. LXVI,
    579. 1909.
— und Fandard, L.: Cpt. rend. hebdom. des séances de l'acad. des
    sciences Paris. CLIV, 1717. 1912; CLVIII, 61. 1914.
— und andere: Various papers in Cpt. rend. hebdom. des séances
    de l'acad. des sciences und Cpt. rend. des séances de la soc. de biol.
    for 1912 to date. (Vgl. Grevenstuk und Laqueur.)
Bouchaert, J. P. und Stricker, W.: Cpt. rend. des séances de Belge
    XCI, 100. 1924.
Brinkmann, R. und van Dam, E.: Arch. internat. de physiol. XV,
    105. 1919.
Brun, J. H. und Dale, H. H.: Journ. of physiol. LIX, 164. 1924.
Condorelli: Vgl. Grevenstuk und Laqueur.
Denis, W. Aub, J. C. und Minot, A. S.: Arch. of internal med. XX,
    964. 1917.
Eadie, G. S.: Americ. journ. of physiol. LXIII, 513. 1922. Brit. med.
    journ. 14. Juli 1923, Teil II, 60.
— und Macleod, J. J. R.: Americ. journ. of physiol. LXIV, 285.
    1923.
Ege, R.: Biochem. Zeitschr. CVII, 246. 1920.
Embden, G., Lüthje, H. und Liefmann, E.: Beitr. z. Chem. u.
    Pathol. X, 265. 1907.
Faber, K. und Norgaard, A.: Acta med. scandinav. LIV, 289. 1920—21.
Falta, W. und Richter-Quittner, M.: Biochem. Zeitschr. C, 148. 1919.
Folin, O. und Wu, H.: Journ. of biol. chem. XXXVIII, 81. 1919.
— und Berglund, H.: Journ. of biol. chem. LI, 213. 1922.
Forrest, Winter und Smith: Journ. of physiol. LVII, 224. 1923.
Frank, E. und Bretschneider, A.: Zeitschr. f. physiol. Chem. LXXI,
    157. 1911.
Gettler, G. A. und Baker, W.: Journ. of biol. Chem. XXV, 211. 1916.
Goto, K. und Kuno, N.: Arch. of internal med. XXVII, 224. 1921.
Grevenstuk und Laqueur: Insulin. München: J. F. Bergmann 1925.
Hagedorn, H. C.: Acta med. scandinav. LIII, 672. 1920. Biochem.
    Zeitschr. CVII, 248. 1920.
— und Jensen, B. N.: Ebenda CXXXV, 46. 1923.
Hamburger, H. J.: Brit. med. journ. Teil I, 267. 1919.
— und Brinkman, R.: Biochem. Zeitschr. LXXXVIII, 97. 1918;
    XCIV, 131. 1919.
— und Alons, C. L.: Ebenda XCIV, 129. 1919.
Hamman, I. und Hirschman, I. I.: Arch. internal of med. XX, 761.
    1917.
Henriques, V. und Ege, R.: Biochem. Zeitschr. CXIX, 121. 1921.
Hewitt, J. A. und Pryde, J.: Biochem. journ. XIV, 395. 1920.
Hopkins, A. H.: Americ. journ. of the med. sciences CXLIX, 254. 1915.
Höst, H. F. und Hatlehol, R.: Journ. of biol. chem. XLII, 347. 1920.
Huber, G. C. und Macleod, J. J. R.: Americ. journ. of physiol. XLII,
    619 (Proc.). 1917.
Ishimori, K.: Biochem. Zeitschr. XLVIII, 332. 1913.
Jacobsen, A. T. B.: Biochem. Zeitschr. LVI, 471. 1913.
John, H. J.: Journ. of metabolic research. I, 497. 1922.
Kausch, W.: Arch. f. exp. Pathol. u. Pharmakol. XXXVII, 274. 1896.
Kleiner, I. S.: Journ. of biol. chem. XXXIV, 471. 1918.
Langstein: Ergebn. d. Physiol. III, Teil I, 453. 1904.

Lepine, R.: Le Diabète sucré. Paris: Felix Alcan 1909.
— und Bouldu: Cpt. rend. hebdom. des séances de l'acad. des sciences, Paris CXXXVII, 686. 1903.
Lesser, E. J.: Biochem. Zeitschr. LIV, 252. 1913.
Levine, P. A. und Meyer, G. M.: Journ. of biol. chem. XI, 347, 353. 1912.
Lewis, R. C. und Benedict, S. R.: Journ. of biol. chem. XX, 61. 1915.
Linossier und Rogue: Arch. méd. exp. par. XII, 228. 1895.
Maclean, H.: Journ. of physiol. L, 168. 1916. Biochem. journ. XIII, 135. 1919. Modern Methods in the Diagnosis and Treatment of Glycosuria and Diabetes. London 1922.
— und de Wesselow, O. L. V.: Quart. Journ. of med. XIV, 103. 1921.
Macleod, J. J. R.: Journ. of biol. chem. XV, 497. 1913.
— und Pearce, R. G.: Americ. journ. of physiol. XXXII, 184. 1913; XXXVIII, 425. 1915.
— und Fulk, M. E.: Ibid. XLII, 193. 1917.
—, Christie, C. D. und Donaldson, J. D.: Journ. of biol. chem. XI, Proc. XXVI. 1912.
Markowitz, J.: Transact. roy. soc. Canada, Sec. V. XIX, 79. 1925.
McCormick, N. A. und Macleod, J. J. R.: Proc. of the roy. soc. of London, B, XCVIII, 1. 1925.
McGuigan, H. und Ross, E. L.: Journ. of biol. chem. XXXI, 533. 1917.
Michaelis, L. und Rona, P.: Biochem. Zeitschr. XIV, 476. 1918; XVIII, 375. 1909.
Myers, V. C.: Journ. of laborat. a. clin. med. V, 566. 1920. Proc. of the soc. f. exp. biol. a. med. XIII, 178. 1916.
— und Bailey, C. V.: Journ. of biol. chem. XXIV, 147. 1916.
Nitzescu und Popescu Inotesti: Cpt. rend. des séances de la soc. de biol. XC, 534, 536 und 538. 1924. (Quoted by Grevenstuk and Laqueur.)
Oppler, B.: Zeitschr. f. physiol. Chem. LXXV, 71. 1911.
— und Rona, P.: Biochem. Zeitschr. XIII, 121. 1908.
Pavy, F. W.: Carbohydrate Metabolism and Diabetes. London: J. & A. Churchill 1906.
Rona, P. und Arnheim, F.: Biochem. Zeitschr. XLVIII, 35. 1913.
— und Döblin, A.: Ebenda XXXII, 489. 1911. XXXI, 215.
Saito, S. und Katsuyama, K.: Zeitschr. f. physiol. Chem. XXXII, 231. 1901.
Scott, E. L.: Americ. journ. of physiol. XXXIV, 271. 1914; XLV, 578. 1918; LV, 349. 1921.
— und Ford, T. H.: Ibid. LIX. 481 (Proc.). 1922; LXIII, 520. 1922.
— und Honeywell, H. E.: Ibid. LV, 362. 1921.
— und Kleitman, N.: Ibid. LV, 349, 355. 1921.
Shaffer, P. A.: Journ. of biol. chem. XIX, 297. 1914.
— und Hartmann, A. F.: Ibid. XLV, 365. 1921.
Stepp, W.: Dtsch. Arch. f. klin. Med. CXXIV, 177. 1917. Zentralbl. f. inn. Med. XL, 377. 1919.
Stiven, D. und Reid, W.: Biochem. journ. XVII, 556. 1923.
Tachau, H.: Zeitschr. f. klin. Med. LXXIX, 421. 1914. Dtsch. Arch. f. klin. Med. CIV, 437. 1911.
Weintraud, W.: Arch. f. exp. Pathol. u. Pharmakol. XXXIV, 303. 1894.

Wesselow, O. L. V. de: Biochem. journ. XIII, 148. 1919.
Winter, L. B. und Smith, W.: Journ. of physiol. LVII, 100. 1923.
  Proc. of the roy. soc. of London, B, XCVII, 20. 1924.
Winter und Smith: Brit. med. journ. I, 12 und 711. 1923.
Williams, J. R. und Humphreys, E. M.: Arch. of internal med. XXIII,
  537, 546. 1919.
Wishart, M. B.: Journ. of biol. chem. XLIV, 563. 1920.
Woodyatt, R. T.: Harvey Lectures XI, 326. 1915—16.
— und Sansun, W. D. und Wilder, R. M.: Journ. of the Americ.
  med. assoc. LXV, 2067. 1915.

XIV.

Allen, F. M.: Glycosuria and Diabetes. Boston: Leonard 1913.
Bailey, C. V.: Arch. of internal med. XXIII, 455. 1919.
Bang, I. C.: Der Blutzucker. Wiesbaden 1913.
Benedict, S. R. und Osterberg, E.: Journ. of biol. chem. XXXIV,
  209. 1918.
— und Neuwirth, I.: Ibid. XXXIV, 217.' 1918.
Eadie, G. S.: Americ. journ. of physiol. LXIII, 513. 1922.
Faber, K. und Norgaard, A.: Acta med. scandinav. LIV, 289. 1920
  bis 1921.
Folin, O. und Berglund, H.: Journ. of biol. chem. LI, 213. 1922.
Goto, K. und Kuno, N.: Arch. of internal med. XXVII, 224. 1921.
Graham, G.: Diabetes. Oxford Medical Publications. 1923.
Hagedorn, H. C.: Acta med. scandinav. LIII, 672. 1920.
Hamman, I. und Hirschman, I. I.: Arch. of internal med. XX, 761.
  1917.
Henriques, V. und Ege, R.: Biochem. Zeitschr. CXIX, 121. 1921.
Hopkins, A. H. Americ. journ. of the med. soc. CXLIX, 254. 1915.
Jacobsen, A. T. B.: Biochem. Zeitschr. LVI, 471. 1913.
John, J. H.: Journ. of metabolic research I, 497. 1922.
Maclean, H.: Modern Methods in the Diagnosis and Treatment of
  Glycosuria and Diabetes. London 1922.
— und de Wesselow, O. L. V.: Quart. journ. of med. XIV, 103. 1921.
Macleod, J. J. R. und Fulk, M. E.: Americ. journ. of physiol. XLII,
  193. 1917.
— und Christie, C. D. und Donaldson, J. D.: Journ. of biol. chem.
  XI, Proc. XXVI. 1912.
Scott, E. L. und Ford, T. H.: Ibid. LIX, 481 (Proc.). 1922; LXIII,
  520. 1922.
Williams, J. R. und Humphreys, E. M.: Arch. of internal med. XXIII
  537, 546. 1919.
Woodyatt, R. T.: Harvey Lectures XI, 326. 1915—16.
—, Sansun, W. D. und Wilder, R. M.: Journ. of the Americ. med.
  assoc. LXV, 2067. 1915.

XV.

Allen, Frank N.: Americ. journ. of physiol. LXVII, 275. 1924.
Anrep, G. V.: Journ. of physiol. XLV, 307. 1912.
Araki, T.: Zeitschr. f. physik. Chem. XV, 335. 1891; XIX, 422. 1894.
Bang, I.: Der Blutzucker. Wiesbaden 1913.
Bernard, Claude: Leçon sur le Diabete, S. 377. Paris 1877.
Bierry, M. H. und Gatin-Greuzewska, Z.: Cpt rend. des séances de
  la soc. de biol. LVIII, 902. 1905.

Boothby, W. M. und Rowntree, L.: Journ. of pharmacol. a. exp.
    therapeut . XXII, 99. 1923.
Borberg (vgl. Bang).
Cannon, W. B. und Hoskins, R. G.: Americ. journ. of physiol. XXIX,
    274. 1911.
—, MacIver, M. A. und Bliss, S. W.: Ibid. LXIX, 46. 1924.
Christie, C. D., Pearce, R. G. und Macleod, J. J. R.: Proc of the
    soc. f. exp. biol. a. med. VIII, 110. 1911.
Drummond, H. D. und Paton, Noel: Journ. of physiol. XXXI, 92.
    1904.
Eadie, G. S. and Macleod, J. J. R.: Americ. journ. of physiol.
    LXIV, 285. 1923.
Eckhard, C.: Beitr. z. Anat. u. Physiol. IV, 4. 1869.
Edie, E. S.: Biochem. journ. I, 455. 1906.
Edwards, D. J. und Page, I. H.: Americ. journ. of physiol. LXIX, 177.
    1924.
Elliott, T. R.: Journ. of physiol. XLIV, 374. 1912.
Freund, H. und Marchand, F.: Arch. f. exp. Pathol. u. Pharmakol.
    LXXVI, 324. 1914.
Frouin, A.: Cpt. rend. des séances de la biol. de soc LXIV, 216. 1908.
Fujii, I.: Tohoku journ. of exp. med. II, 169. 1921.
Gley, E. and Quinquad, A.: Journ. de physiol. et de pathol. gén. XVII,
    807. 1918.
Hédon, E. and Giraud, G.: Cpt. rend. des séances de la soc. de biol.
    LXXXIII, 1310. 1920.
Hepburn, J., Latchford, J. K., McCormick, N. A. und Macleod,
    J. J. R.: Americ. journ. of physiol. LXIX, 555. 1924.
Hirsch und Rolly: Dtsch. Arch. f. klin. Med. LXXVIII, 380. 1903.
Jarisch, A.: Arch. f. d. ges. Physiol. CLVIII, 478. 1914.
Kahn, R. H.: Ebenda CXL, 209. 1911.
Kellaway, C. H.: Journ. of physiol. LIII, 211. 1920.
Keeton, R. W. und Ross, E. L.: Americ. journ. of physiol. XLVIII,
    146. 1919.
Lewis: Cpt. rend. des séances de la soc. de biol. LXXXIX, 1118. 1923.
Macleod, J. J. R.: For references see Diabetes, Its Pathological Phy-
    siology. London: E. Arnold 1913.
Mayer, A.: Cpt. rend. des séances de la soc. de biol. LX, 1123. 1906;
    LXIV, 219. 1908.
Nash, T. A.: Journ. of biol. chem. LVIII, 453. 1923.
Neubauer, E.: Biochem. Zeitschr. XLIII, 335. 1912.
Page, I. H.: Americ. journ. of physiol. LXVI, 1. 1923.
Page, S. W.: Transact. roy. soc. Canada XVIII, 135. 1924.
Pflüger, E.: Arch. f. d. ges. Physiol. XCVI, 1. 1903.
Pollak, Leo: Arch. f. exp. Pathol. u. Pharmakol. LXI, 149. 1909.
Ringer, M.: Journ. of biol. chem. LVIII, 483. 1923.
Ritzmann, H.: Arch. f. exp. Pathol. u. Pharmakol. LXI, 231. 1909.
Rolly: Dtsch. Arch. f. klin. Med. LXXXIII, 107. 1905.
Schiff: Untersuchungen über die Zuckerbildung in der Leber. Würz-
    burg 1859.
Seelig, A.: Arch. f. exp. Pathol. u. Pharmakol. LII, 481. 1905.
Snyder, C. D., Martin, L. E. und Levin, M.: Americ. journ. of physiol.
    LXII, 442. 1922.

Stewart, G. M. und Rogoff, J. M.: Americ. journ. of physiol. XLIV,
543. 1917; XLVI, 90. 1918; LI, 366. 1920; LII, 304. 1922; LXV,
319. 331, 342, 1923.
Sundberg, C.: Cpt. rend. des séances de la soc. de biol. LXXXIX, 807.
1923.
Tatum, A. L. und Atkinson, A. J.: Journ. of biol. chem. LIV, 331.
1922.
Tieffenbach (vgl. Bang).
Trendelenburg, P. und Fleischhauer: Zeitschr. f. d. ges. exp. Med.
I, 369. 1913.
Underhill, F. P.: Journ. of biol. chem. I, 113. 1905.
Waterman, N. und Smit, H. J.: Arch. f. d. ges. Physiol. CXXIV, 198.
1908.
Wertheimer, E. und Battez, G.: Arch. internat. de physiol. IX, 363.
1910.
Zuelzer, G.: Berlin. klin. Wochenschr., 22. April 1907, S. 475. Zeitschr.
f. exp. Pathol. u. Therapie V, 307. 1908.

XVI.

Abderhalden, E. und Wertheimer, E.: Arch. f. d. ges. Physiol. CCV,
547. 1924.
Boothby, W. M. und Rowntree, L.: Journ. of pharmacol. a. exp.
therapeut. XXII, 99. 1923.
Bornstein, Griesbach und Holm: Zeitschr. f. d. ges. exp. Med. XLIII,
391. 1924.
— und Holm: Ebenda XLIII, 376. 1924. Dtsch. med. Wochenschr.
I, 503. 1924.
Boukaert, J. P. und Stricker, W.: Cpt. rend. des séances de la soc. de
biol. XCI, 97, 100, 102. 1924.
Burgess, Campbell, Osman, Payne und Poulton: Lancet CCV, 777.
1923.
Burn, J. H. und Dale, H. H.: Journ. of physiol. LIX, 164. 1924.
Campbell, W. R. und Macleod, J. J. R.: Medicine III, 195. 1924.
Cannon, W. B., MacIver, M. A. und Bliss, S. W.: Americ. journ. of
physiol. LXIX, 46. 1924.
Dale, H. H.: Lancet CCIV, 989. 1923.
Davies, Lambie, Lyon, Meakins und Robson: Brit. med. journ.
I, 847. 1923.
Dickson, B. R., Eadie, G. S., Macleod, J. J. R. and Pember, F. R.:
Quart. journ. of exp. physiol. XIV, 123. 1924.
Dudley, Laidlaw, Trevan and Boock: Journ. of physiol. LVII, Proc.,
XLVII. 1923.
Fitz, R., Murphy, W. P. und Grant, L. B.: Journ. of metabolic re-
search II, 749. 1922.
Grevenstuck und Laqueur: Insulin. München: J. F. Bergmann 1924.
Gabbe, E.: Klin. Wochenschr. III, 612. 1924.
Hawley, E. E. und Murlin, J. R.: Journ. of biol. chem. LIX, Proc.
XXXII. 1924.
Hédon, E. und L.: Cpt. rend. des séances de la soc. de biol. LXXXIX,
1194. 1923.
Heymans, C. und Mathon, M.: Arch. internat. de pharmaco-dyn. et
de thérapie XXIX, 311. 1924.

Joslin, E. P., Gray, H. und Root, H. F.: Journ. of metabolic research
     II, 651. 1922.
Kellaway, C. H. und Hughes, T. A.: Brit. med. journ. I, 710. 1923.
Krogh, A.: Dtsch. med. Wochenschr. XLIX, 1321. 1923.
Laroche, G. und Taquet: Cpt. rend. des seances de la soc. de biol. XC,
     1386. 1924.
Laufberger: Zeitschr. f. d. ges. exp. Med. XLII, 570. 1924.
Lesser, E. J.: Die innere Sekretion des Pankreas. Jena 1923.
Lubin (vgl. Grevenstuk und Laqueur).
Lyman, R. S., Nicholls, E. und McCann, W. S.: Proc. of the soc. f.
     exp. biol. a. med. XX, 485. 1923. Journ. of pharmacol. a. exp.
     therapeut. XXI, 343. 1923.
McCann, W. S., Hannon und Dodd: Bull. of Johns Hopkins hosp.
     XXXIV, 205. 1923.
Murlin, J. R., Endelmann, L. und Kramer, B.: Journ. of biol. chem.
     XVI, 79. 1913—14.
Noyons, A. K. und Stricker, W.: Cpt. rend. de metabolisme de base.
     1924. 178.
—, Bouckaert, J. und Sierens, A.: Cpt. rend. des séances de la soc.
     de biol. XC, 365. 1924.
Porges und Salomon: Biochem. Zeitschr. XXVII, 143. 1910.
Rabinowitsch, I. M.: Arch. of internal med. XXXII, 796. 1923.
Tolstoi, E., Loebel, R. O., Levine und Richardson: Proc. of the
     soc. f. exp. biol. a. med. XXI, 449. 1924.
Tsubura, S.: Biochem. Zeitschr. CXLIX, 40. 1924.
Wilder, Boothby, Barborka, Kitchen und Adams: Journ. of meta-
     bolic research. II, 701. 1922.
Zondek, Bernhardt, Goldscheider und Jungmann: Klin. Wochen-
     schr. I, 649. 1924.

XVII.

Abderhalden, E. und Wertheimer, E.: Arch. f. d. ges. physiol. CCV,
     547. 1924.
Banting, Best, Collip, Macleod und Noble: Americ. journ. of physiol.
     LXII, 162. 1922.
Bial, M.: Arch. f. d. ges. Physiol. LIII, 156. 1893; LIV, 72.
Blatherwick, Long, Bell, Maxwell und Hill: Americ. journ. of
     physiol. LXIX, 155. 1924.
Bock und Hoffmann: Experimental Studien über Diabetes. Berlin
     1874.
Bodansky: Proc. of the soc. f. exp. biol. a. med. XXI, 46. 1923.
Burn, J. H.: Journ. of physiol. LVII, 318. 1923.
Ders. und Dale, H. H.: Ibid. LIX, 164. 1924.
Burn und Marks: Ibid. LX, 131. 1925.
Campbell, J. A. und Dudley, H. W.: Ibid. LVIII, 348. 1924.
Cannon, W. B., MacIver, M. A. und Bliss, S. W.: Americ. journ.
     of physiol. LXIX, 46. 1924.
Chauveau, A. und Kaufmann, M.: Cpt. rend. des séances soc. de la
     soc. de biol. XLV, 23. 1893.
Collip, J. B.: Journ. of biol. chem. LV, Proc. 1923; LVI, 513. 1923;
     LVII, 65; LVIII, 163.
Dickson, Eadie, Macleod und Pember: Quart. journ. of exp. physiol.
     XIV, 123. 1924.

Dubin, H. E. und Corbitt, H. B.: Proc. of the soc. f. exp. biol. a. med. XXI, 16. 1923.

Ellis: Americ. journ. of physiol. LXVIII, 119. 1924.

Fisher, N. F. und McKinley, E. B.: Proc. of the soc. f. exp. biol. a. med. XXI, 248. 1924.

Fletcher, A. A. und Campbell, W. R.: Journ. of metabolic research II, 637. 1922.

Frank, E., Nothmann. A. und Wagner, A.: Vgl. Grevenstuk und Laqueur.

Hemmingsen, A. M.: Skandinav. Arch. f. Physiol. XLVI, 56. 1924.

Hendrix, B. M. und McAmis, A.: Journ. of biol. chem. LIX, Proc. XXII. 1924.

Herring, P. T., Irvine, J. und Macleod, J. J. R.: Biochem. journ. XVIII, 1023. 1924.

Houssay, B. A., Sordelli, A. und Mazzocco, P.: Cpt. rend. des séances de la soc. de biol. LXXXIX, 744. 1923.

— und Rietti, C. T.: Ibid. XCI, 27. 1924.

Hutchinson, H. B., Winter, L. B. und Smith, W.: Biochem. journ. XVII, 683. 1923.

Huxley, Julian und Fulton, J. F.: Nature CXIII, 234. 1924.

Kaufmann, M.: Arch. de physiol. Series V, VIII, 151. 1896.

Kleitmann und Magnus: Arch. f. d. ges. Physiol. CCV, 148. 1924.

Knowlton, F. P. and Starling, E. H.: Proc. of the roy. soc. of med. LXXXV, 218. 1912. Journ. of physiol. XLV, 146. 1912.

Maclean, H. und Smedley, I.: Ibid. XLV, 470. 1912.

Macleod, J. J. R.: Americ. journ. of physiol. XXIII, 278. 1909.

— und Pearce, R. G.: Ibid. XXXII, 184. 1913; XXXIII, 378. 1914.

— und Orr, M. D.: Journ. of laborat. a. clin. med. IX, 591. 1924.

Mann, F. C. und Magath, T. B.: Transact. sec. pathol. a. physiol., J.A.M.A., 1921. Americ. journ. of the med. sciences CLXI, 37. 1921. Americ. journ. of physiol. LV, 285. 1921; LIX, 484. 1922.

Mann, F. C., Bollmann, J. L. und Magath, T. B.: Ibid. LXVIII, 115. 1924.

McCormick, N, A.: Transact. Royal Canadian Inst. Dec. 1924.

— und Macleod, J. J. R.: Proc. of the roy. soc. of London, B, XCVIII, 1. 1925.

—, Macleod, J. J. R., Noble, E. C. und O'Brien, M. K.: Journ. of physiol. LVII, 234. 1923.

Montuori: Arch. ital. de biol XXV, 122. 1896.

Noble, E. C. und Macleod, J. J. R.: Journ. of physiol. LVIII, 33. 1923. Americ. journ. of physiol. LXIV, 547. 1923.

Olmsted, J. M. D.: Americ. journ. of physiol. LXIX, 137. 1924.

— und Logan, H. D.: Ibid. LXVI, 437. 1923.

— und Taylor, A. C.: Ibid. LXIX, 142. 1924.

Page, I. H.: Ibid. LXVI, 1. 1923.

Pavy, F, W. und Siau, R. L.: Journ. of physiol. XXIX, 375. 1903.

Seegen, J.: Die Zuckerbildung im Tierkörper. Berlin 1890.

Tiitso, Max: Proc. of the soc. f. exp. biol. a. med. XXIII, 40. 1925.

Underhill, F. P. und Karelitz, S.: Journ. of biol. chem. LVIII, 147. 1923.

Winter, L. B. und Smith, W.: Journ. of Physiol. LVII, XL. 1923.

XVIII.

Bissinger, Lesser und Zipf: Berlin. klin. Wochenschr. II, 2233. 1923.

Burn, J. H. und Dale, H. H.: Journ. of physiol. LIX, 164. 1924.

Briggs, Koechig, Doisy und Weber: J. B. C. LVIII, 721. 1924.

Baur und Kuhn: Münch. med. Wochenschr. I, 541. 1924.

Baur, Kuhn und Wacker: Ebenda I, 169. 1924.

Buchner und Grafe: Klin. Wochenschr. II, 2320. 1923.

Brasol, von: Arch. f. Anat. u. Physiol. 1884, 211.

Cori, Cori und Pucher: Journ. of pharmacol. a. exp. therapeut. XXI, 377. 1923.

Cloedt und van Canneyt: Cpt. rend. des séances de la soc. de biol. XCI, 92. 1924.

Camis, M.: Zeitschr. f. allgem. Physiol. VIII, 371. 1908.

Clarke, A. G.: Johns Hopkins, hosp. reports XVIII, 229.

Cohnheim, O.: Zeitschr. f. physik. Chemie XXXIX, 336. 1903; XLII, 401. 1904; XLVII, 253. 1906.

Cori, C. F., Pucher, G. W. und Bowen: Proc. of the soc. f. exp. biol. a. med. XXI, 122. 1923.

Cori, C. F., Cori, G. T. und Goltz, H. L.: Journ. of pharmacol. a. exp. therapeut. XXII, 355. 1923.

Dickson, Eadie, Macleod und Pember: Quart. journ. of exp. physiol. XIV, 123. 1924.

Ducceschi, V.: Bull. d. soc. med. chirurg. di Pavia XXXVI, 215. 1924.

Dudley, H. W.: Private communication.

Eadie, G. S. und Macleod, J. J. R.: Americ. journ. of physiol. LXIV, 285. 1923.

Eadie, G. S., Macleod, J. J. R. und Noble, E. C.: Ibid. LXV, 462. 1923.

Faber, A.: Insulin og Diabetes. Copenhagen 1923.

Frank, E., Northmann, A. und Wagner, A.: Klin. Wochenschr. I, 581, 759. II, 1404, 1923.

Furth, O. V.: Biochem. Zeitschr. CL, 265. 1924.

Gayda, T.: Zeitschr. f. allg. Physiol. XIII, 1. 1912.

Hall, G. W.: Americ. journ. of physiol. XVIII, 283. 1907.

Hepburn, J. und Latchford, J. K.: Ibid. LXII, 177. 1922.

—, Latchford, McCormick und Macleod: Ibid. LXIX, 555. 1924.

Heymans, C. und Matton, M.: Arch. internat. de pharmaco-dyn. et de thérapie XXIX, 311. 1924.

Isaac und Adler: Klin. Wochenschr. I, 954. 1924.

Knowlton, F. P. und Starling, E. H.: Journ. of physiol. XLV, 146. 1912.

Laufberger: Klin. Wochenschr. I, 264. 1924. Zeitschr. f. d. ges. exp. Med. XLII, 570. 1924.

Lawrence: Brit. med. journ. I, 516. 1924.

Levene, P. M. und Meyer, G. M.: Journ. of biol. chem. XI, 361. 1912.

Locke, F. S. und Rosenheim, O.: Journ. of physiol. XXXVI, 205. 1907.

Maclean, H. und Smedley, I.: Ibid. XLV, 470. 1913.

Mann, F. C. und Magath, T. B.: Americ. journ. of physiol. LXV, 403. 1923.

Mansfeld, G. V.: Zentralbl. f. Physiol. XXVII, 267. 1914.

Neuberg, Gottschalk und Strauß: Dtsch. med. Wochenschr. II, 1407. 1923.

Nitzescu und Cosma: Cpt. rend. des séances de la soc. de biol. XC, 1077. 1924. (Vgl. Grevenstuk und Laqueur.)

Olmsted, J. M. D. und Logan, H. D.: Americ. journ. of physiol. LXVI, 437. 1923.
— und Taylor, A. C.: Ibid. LXIX, 142. 1924.
Patterson, S. W. und Starling, E. H.: Journ. of physiol. XLVII, 137. 1913.
Plattner: Journ. of physiol. LIX, 289. 1924.
Rosling: Cpt. rend. des séances de la soc. de biol. LXXXVIII, 112. 1923.
Starkenstein, E.: Zeitschr. f. exp. Pathol. u. Therapie X, 1. 1911.
Tolstoi, und andere: Proc. of the soc. f. exp. biol. a. med. XXI, 449. 1924.
Travell und Behre: Ibid. XXI, 478. 1924.
Underhill, E. P. und Prince: Journ. of biol. chem. XVII, 299. 1914.
Wertheimer, E.: Klin. Wochenschr. II, 2362. 1923.

XIX.

Allan, Frank, N. und Macleod, J. J. R.: Transact. roy. soc. Canada, · Sec. V, XVII, 47. 1923.
Allen, F. M.: Glycosuria and Diabetes. Boston: Leonard 1913.
Audova und Wagner: Cpt. rend. des séances de la soc. de biol. XC, 308. 1924.
Banting, F. G. und Gairns, S.: Americ. journ. of physiol. LXVIII, 24. 1924.
Blatherwick, N. R., Bell, M. und Hill, E.: Proc. of the Americ. soc. biol. chem. LXI, 241. 1924.
Bollinger, A. und Hartman, F. W.: Journ. of biol. chem. LXIV, 91. 1925.
Campbell, J. A. und Webster, T. A.: Biochem. journ. XV, 660. 1921.
Chaikoff, I. L., Macleod, J. J. R., Markowitz, J. und Simpson, W. W.: Americ. journ. of physiol. LXXIV, 36. 1925.
Collazo, J. A., Haendel, M. und Rubino, P.: Klin. Wochenschr. III, 323. 1924. Dtsch. med. Wochenschr. L, 747. 1924.
Dudley:, H. W.: (Private communication).
Eadie, G. S., Macleod, J. J. R. und Noble, E. C.: Americ. journ. of physiol. LXXII, 614. 1925.
Elias, H. und Weiß: Wien. Arch. f. inn. Med. IV, 29. 1922.
Embden, Laqueur, usw.: Zeitschr. f. physiol. Chem. Various papers since 1914.
Embden, G., Schmitz, E. und Meincke, P.: Zeitschr. f. physiol. Chem. CXIII, 10. 1921.
Eppinger, Falta und Rudinger: Zeitschr. f. klin. Med. LXVI, 1. 1908.
Fiske, C. H.: Journ. of biol. chem. XLI, Proc. LIX. 1920; XLIX, 171. 1921.
— und Sokhey, S. S.: Ibid. LXIII, 309. 1923.
Harrop, G. A. und Benedict, E. M.: Proc. of the soc. f. exp. biol. a. med. XX, 430. 1923. Journ. of biol. chem. LIX, 683. 1924.
Kuhn und Baur: Münch. med. Wochenschr. I, 541. 1924.
Mandel, A. R. und Lusk, G.: Dtsch. Arch. f. klin. Med. LXXXI, 472. 1904.
Paton, Noel: Journ. of physiol. XXIX, 286. 1903.
Perlzweig, W. A., Lathan, E. und Keefer, C. S.: Proc. of the soc. exp. f. biol. a. med. XXI, 33. 1923.
Sokhey, S. S. und Allan, F. N.: Biochem. journ. XVIII, 1170. 1924.

Wigglesworth, V. B., Woodrow, C. E., Winter, L. B. und Smith, W.: Journ. of physiol. LVII, 447. 1923.
Winter, L. B. und Smith, W.: Ibid. LVIII, 327. 1924.

XX.

Bodansky: Trans XI Internat. Congress of Physiology. Edinburgh 1923. (Quart. journ. of exp. physiol. 1923.) Proc. of the soc. f. exp. biol. a. med. XX, 538 und XXI, 46. 1923.
Burn: Journ. of physiol. LVII, 318. 1923.
Burn und Marks: Journ. of physiol. LIX; Proc. physiol. soc. VIII. 1924. Journ. of physiol. LX, 131. 1925.
Cramer und Krause: Proc. of the roy. soc. of London, B, LXXXVI, 550. 1913.
Cramer: The british journ. of exp. pathol. V, 128. 1924.
Ducheneau: Cpt. rend. des séances de la soc. de biol. XC, 248. 1924.
Eppinger, Falta und Rudinger: Zeitschr. f. klin. med. LXVI, 1. 1908.
Geiger: Pflügers Arch. f. d. ges. Physiol. CII, 629. 1924.
Kuriyama: Americ. journ. of physiol. XLIII, 481. 1917.
Macleod: Diabetes. London: Ed. Arnold 1913.
Olmsted und Logan: Americ. journ. of physiol. LXVI, 437. 1923.
Ders. und Taylor: Ibid. LXIX, 142. 1924.

XXI.

Allan, F. N.: Americ. Journ. of physiol. LXVII, 275. 1924.
Banting, Best, Collip, Macleod und Noble: Ibid. LXII, 162. 1922.
Bodansky: Proc. of the soc. exp. f. biol. a. med. XX, 538. 1923. Auch XXI, 46 und 416. 1924.
Clough, Allen und Root: Americ. journ. of physiol. LXVI, 461. 1923.
Clough, Allen und Murtin: Quart. journ. of exp. physiol. Suppl.-Nr., XIII, 88. 1923.
Eadie und Macleod: Americ. journ. of physiol. LXIV, 285. 1923.
Fraser: Journ. of laborat. a. clin. med. VIII, 425. 1923.
Grevenstuk und Laqueur: Insulin. München: J. F. Bergmann 1925.
McCormick, Macleod, Noble und O'Brien: Journ. of physiol. LVII, 234. 1923.
Macleod und Orr: Journ. of laborat. a. clin. med. IX, 591. 1924.
Sansum und Blatherwick: Endocrinology VII, 661. 1923.

Sachverzeichnis.